ELETROMAGNETISMO

Blucher

AIRTON RAMOS

ELETROMAGNETISMO

Eletromagnetismo

Editora Edgard Blücher Ltda.

Blucher

Rua Pedroso Alvarenga, 1245, 4º andar
04531-934 - São Paulo - SP - Brasil
Tel.: 55 11 3078-5366
contato@blucher.com.br
www.blucher.com.br

Segundo o Novo Acordo Ortográfico, conforme 5. ed. do *Vocabulário Ortográfico da Língua Portuguesa*, Academia Brasileira de Letras, março de 2009.

FICHA CATALOGRÁFICA

Ramos, Airton
Eletromagnetismo / Airton Ramos. - São Paulo: Blucher, 2016.

Bibliografia
ISBN 978-85-212-0969-0

1. Eletromagnetismo 2. Física I. Título

15-1026 CDD 537

Índices para catálogo sistemático:
1. Eletromagnetismo

Prefácio

A teoria eletromagnética é uma das maiores conquistas intelectuais da humanidade e, possivelmente, aquela que envolveu o maior número de pensadores e experimentadores ao longo do maior período da história humana. Desde tempos ancestrais, pessoas curiosas observaram intrigadas as propriedades não usuais das pedras de âmbar e magnetita, bem como os fenômenos associados a descargas atmosféricas, descargas eletrostáticas e luminescência em torno de objetos metálicos pontiagudos.

Entretanto, somente a partir do trabalho pioneiro do inglês William Gilbert no século XVI a ciência do eletromagnetismo começou a emergir. Experimentador excelente, descobriu diversos materiais que possuíam propriedades semelhantes ao âmbar, determinou que as forças de interação elétrica e magnética diminuem com o aumento da distância, especulou sobre a origem do campo magnético da Terra e contribuiu significativamente por meio de seus experimentos para que o conceito de campo magnético fosse estabelecido cerca de dois séculos mais tarde.

Os próximos passos principais no desenvolvimento da nova ciência foram dados pelo francês Charles Augustin de Coulomb, em 1785, que foi bem-sucedido ao descrever, por meio de um experimento extremamente engenhoso para a época, a lei de interação entre cargas elétricas; e por seu compatriota André-Marie Ampère e o dinamarquês Hans Christian Oersted que, em 1820, descreveram a lei que determina a geração de campo magnético por meio da corrente elétrica. Surgiu, assim, o primeiro vínculo entre a eletricidade e o magnetismo, até então considerados fenômenos completamente independentes.

A conexão seguinte foi estabelecida em 1831 pelo inglês Michael Faraday, ao anunciar que uma corrente elétrica surge nos condutores de um circuito elétrico quando existe variação no tempo do fluxo magnético através de sua área. Por fim, todo o conjunto formidável de fatos experimentais e teorias elaboradas ao longo de mais de dois séculos de pesquisas foi reunido de maneira coerente pelo também inglês James Clerk Maxwell, em 1865, naquilo que ele designou como "uma teoria dinâmica do campo eletromagnético". Nessa brilhante construção teórica, Maxwell estabeleceu a conexão final entre a eletricidade e o magnetismo, denominada corrente de deslocamento, por meio da qual um campo elétrico variável no tempo dá origem a um campo magnético. Desde então, as equações de Maxwell formam a base conceitual e a principal ferramenta de análise de teóricos, experimentadores e desenvolvedores de equipamentos e sistemas eletromagnéticos.

Atualmente, graças ao extraordinário desenvolvimento tecnológico do século XX, a humanidade é quase tão dependente do eletromagnetismo quanto cada ser humano é dependente do oxigênio que respira. Em função de sua importância e complexidade, o ensino dessa ciência nas escolas de engenharia tornou-se altamente especializado, quase sempre seguindo a diretriz básica de dividi-la em tópicos como: eletrostática, magnetostática, campos variáveis no tempo e ondas eletromagnéticas, entre outros.

Contudo, desde os tempos de estudante e especialmente durante os anos como professor dessa disciplina, sentia que essa divisão era demasiadamente artificial e até certo ponto prejudicial ao aprendizado. Muitas conexões importantes entre os diversos fenômenos, bem como certos aspectos gerais da teoria, não são adequadamente evidenciados porque a segmentação clássica tende a separar tópicos intimamente relacionados.

Este livro é uma tentativa de apresentar o eletromagnetismo como uma ciência unificada. Não há qualquer separação entre o estudo da eletricidade e o do magnetismo e evitamos a divisão da teoria entre estática e dinâmica. As propriedades eletromagnéticas da matéria são apresentadas em conjunto, enfatizando a origem comum na carga elétrica das partículas subatômicas.

A organização dos tópicos em cada capítulo baseia-se na similaridade. Atenção especial foi dedicada à apresentação de certos temas geralmente negligenciados na literatura básica, como: teoria da dispersão dielétrica, teoria do ferromagnetismo e teoria da irradiação de cargas puntiformes.

Acredito que o formalismo matemático empregado é sóbrio e suficiente para um livro de engenharia. Os exemplos, as técnicas de análise e os exercícios propostos situam-se no meio termo entre a ciência pura e a aplicada, com o objetivo de estimular no estudante a capacidade analítica essencial para um profissional desenvolvedor em engenharia elétrica.

Os dois primeiros capítulos apresentam as principais leis eletromagnéticas e a estrutura matemática e conceitual necessária para descrevê-las e interpretá-las. O restante do livro trata das aplicações básicas, embora mantendo um nível elevado de abstração e idealidade. Em síntese, são apresentados: diversos métodos de cálculo de campo e potencial, força e energia; propriedades eletromagnéticas da matéria; modelagem de circuitos elétricos e magnéticos; e geração e propagação de ondas eletromagnéticas.

Assumimos que os leitores possuem os conhecimentos matemáticos necessários, em especial em relação às teorias das equações diferenciais e do cálculo vetorial. Nos Apêndices, são apresentadas as fórmulas vetoriais mais utilizadas e algumas demonstrações matemáticas essenciais que julgamos ser inoportuno incluir no texto principal. Além disso, o último Apêndice fornece as respostas para todos os exercícios propostos que não envolvem demonstração.

Airton Ramos

Conteúdo

CAPÍTULO 1

As leis de força e o conceito de campo

Os fenômenos estudados na teoria eletromagnética são provenientes das interações entre partículas eletricamente carregadas. A carga elétrica de um átomo está localizada nos elétrons e prótons e se encontra confinada em volumes extremamente pequenos, pois os raios atômicos são da ordem de décimos de nanômetro (1 nm = 10^{-9} m). Os núcleos atômicos isolados são muito menores, com raios da ordem de 10^{-14} m, e os elétrons isolados são praticamente puntiformes. Em virtude dessas dimensões ínfimas, uma aproximação geralmente válida no estudo da teoria eletromagnética é o modelo da carga puntiforme. Considera-se que uma carga puntiforme ocupa uma posição exata no espaço, ou seja, suas dimensões são desprezíveis em relação às distâncias consideradas. Trata-se, em geral, de uma boa aproximação para descrever as interações entre elétrons e núcleos atômicos, mas mesmo para estruturas maiores e mais complexas, envolvendo átomos e moléculas ionizadas, essa aproximação é aplicável se as distâncias envolvidas forem muito maiores que as dimensões do agregado molecular. No estudo de sistemas eletromagnéticos macroscópicos, ou seja, nos quais uma grande quantidade de partículas esteja envolvida e ocupando volumes muito maiores que as dimensões de qualquer uma dessas partículas, as teorias baseadas no modelo da carga puntiforme são usadas para descrever as interações eletromagnéticas entre quantidades de carga contidas em elementos infinitesimais de volume dentro dessas distribuições.

1.1 LEI DE COULOMB

A lei de força para a interação elétrica foi desenvolvida em 1785 a partir de experimentos realizados pelo francês Charles Augustin de Coulomb. Ela é aplicável a partículas cuja aproximação de carga puntiforme seja válida. A lei de Coulomb estabelece que a força entre duas partículas em repouso depende do produto de suas cargas elétricas e varia com o inverso do quadrado da distância que as separa, estando sempre orientada ao longo da reta que une as partículas. A lei de Coulomb é geralmente escrita na seguinte forma:

$$\mathbf{F}_e = \frac{1}{4\pi\varepsilon_o}\frac{q_1 q_2}{d^2}\mathbf{u} \tag{1.1}$$

onde q_1 e q_2 são as cargas das partículas, d é a distância que as separa no vácuo e a constante $1/4\pi\varepsilon_o$ foi incluída para compatibilizar as unidades envolvidas. ε_o é denominada permissividade elétrica do vácuo. Com a carga medida em coulomb (C), a força medida em newton (N) e a distância medida em metros (m) no Sistema Internacional, ε_o tem o valor aproximado de $8{,}854 \times 10^{-12}$ C^2/Nm^2 ou F/m [a unidade faraday (F) equivale a C^2/Nm]. Na Equação (1.1), o vetor unitário **u** indica a direção e o sentido da força elétrica aplicada. A força exercida sobre q_2 tem os mesmos módulo e direção, porém, sentido contrário à força exercida sobre q_1. Se as posições de q_1 e q_2 são identificadas pelos vetores $\mathbf{r}_1$ e $\mathbf{r}_2$, então a expressão geral da força sobre q_2 é:

$$\mathbf{F}_e = \frac{q_1 q_2}{4\pi\varepsilon_o}\frac{(\mathbf{r}_2 - \mathbf{r}_1)}{|\mathbf{r}_2 - \mathbf{r}_1|^3} \tag{1.2}$$

Observe que, se as cargas são de mesmo sinal, os vetores de força em cada partícula corretamente apontam no sentido do afastamento das cargas; e, se as cargas são de sinais contrários, os vetores de força apontam no sentido da aproximação das cargas. Quando existem várias partículas carregadas interagindo, é possível obter a força elétrica total sobre cada uma simplesmente somando vetorialmente as forças calculadas pela lei de Coulomb para cada par de partículas. Em situações reais envolvendo volumes macroscópicos de matéria contendo quantidades imensas de elétrons e núcleos atômicos, é impossível considerar a soma de todos os pares de partículas carregadas para se obter a força total resultante sobre cada uma. Simplesmente não há como descrever corretamente a posição instantânea exata de cada partícula nem a quantidade exata de partículas no objeto. A Figura 1.1 mostra um exemplo em que uma partícula é colocada próxima de um objeto contendo muitas outras partículas carregadas distribuídas de uma maneira específica.

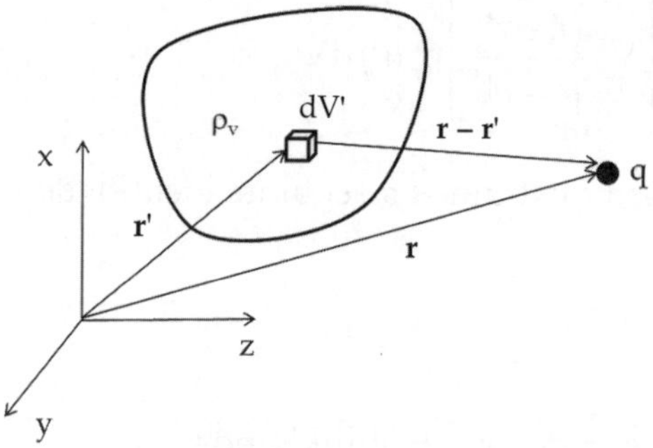

Figura 1.1 Partícula carregada próxima de um volume contendo uma carga distribuída.

Se a densidade de partículas nesse volume é muito alta, podemos ampliar o conceito de carga puntiforme para descrever uma distribuição muito concentrada de partículas carregadas como uma função contínua das coordenadas espaciais: a densidade de carga. Um elemento infinitesimal de volume nesse objeto contém uma quantidade infinitesimal de carga elétrica de acordo com a seguinte equação:

$$dq(\mathbf{r}') = \rho_v(\mathbf{r}')dV' \tag{1.3}$$

onde $\rho_v(\mathbf{r}')$ (em C/m^3) é a densidade volumétrica de carga na posição identificada pelo vetor **r'**. Com base nesta descrição, a força exercida sobre a carga puntiforme pode ser calculada pela equação:

$$\mathbf{F}_e(\mathbf{r}) = \frac{q}{4\pi\varepsilon_o}\int_{V'}\frac{(\mathbf{r}-\mathbf{r}')}{|\mathbf{r}-\mathbf{r}'|^3}\rho_v(\mathbf{r}')\,dV' \tag{1.4}$$

A Equação (1.4) pode ser usada para definir o campo elétrico como sendo a força por unidade de carga na posição de uma partícula puntiforme colocada na região de influência de uma distribuição de partículas eletricamente carregadas no espaço. Ou seja, o campo elétrico é um campo vetorial que, quando multiplicado pela carga, resulta na força aplicada nesta partícula pela distribuição de carga elétrica que criou o campo. Em função da lei de Coulomb, para cargas em repouso, o campo elétrico no vácuo pode ser escrito na forma a seguir:

$$\mathbf{E}(\mathbf{r}) = \frac{1}{4\pi\varepsilon_o}\int_{V'}\frac{(\mathbf{r}-\mathbf{r}')}{|\mathbf{r}-\mathbf{r}'|^3}\rho_v(\mathbf{r}')\,dV' \tag{1.5}$$

Com base nesta equação, podemos avaliar algumas propriedades importantes do campo elétrico. Ao aplicarmos o operador divergente em ambos os lados, obtemos:

$$\nabla \cdot \mathbf{E}(\mathbf{r}) = \frac{1}{4\pi\varepsilon_o} \int_{V'} \left[\nabla \cdot \frac{(\mathbf{r}-\mathbf{r}')}{|\mathbf{r}-\mathbf{r}'|^3} \right] \rho_v(\mathbf{r}')\, dV'$$

No Apêndice B demonstramos a seguinte identidade vetorial:

$$\nabla \cdot \frac{(\mathbf{r}-\mathbf{r}')}{|\mathbf{r}-\mathbf{r}'|^3} = 4\pi\delta(\mathbf{r}-\mathbf{r}')$$

onde $\delta(\mathbf{r})$ é a função delta de Dirac definida por:

$$\delta(\mathbf{r}) = 0 \text{ se } \mathbf{r} \neq 0$$

$$\int_V \delta(\mathbf{r})\, dV = 1 \text{ se V inclui a posição } \mathbf{r} = 0\text{; caso contrário } \int_V \delta(\mathbf{r})\, dV = 0$$

Assim, o divergente do campo elétrico é dado por:

$$\nabla \cdot \mathbf{E}(\mathbf{r}) = \frac{1}{\varepsilon_o} \int_{V'} \rho_v(\mathbf{r}')\, \delta(\mathbf{r}-\mathbf{r}') dV' = \frac{\rho_v(\mathbf{r})}{\varepsilon_o} \tag{1.6}$$

Levando em conta o significado físico do divergente de um campo vetorial, concluímos que a densidade volumétrica de fluxo do campo elétrico é proporcional à densidade de carga. Para o fluxo elétrico total através de uma superfície fechada e aplicando o teorema de Gauss, obtemos o seguinte:

$$\oint_S \mathbf{E} \cdot d\mathbf{S} = \frac{1}{\varepsilon_o} \int_V \rho_v\, dV = \frac{Q}{\varepsilon_o} \tag{1.7}$$

onde Q é a carga elétrica total dentro do volume limitado pela superfície de integração.

As duas equações anteriores são conhecidas como **lei de Gauss** e mostram que as cargas elétricas são as fontes de fluxo elétrico. Cargas positivas geram campo com divergência positiva, ou seja, com fluxo total para fora do volume; e cargas negativas produzem campo com divergência negativa, ou seja, fluxo para dentro do volume. Outra propriedade pode ser obtida aplicando-se o operador rotacional na Equação (1.5), com o seguinte resultado:

$$\nabla \times \mathbf{E}(\mathbf{r}) = \frac{1}{4\pi\varepsilon_o} \int_{V'} \left[\nabla \times \frac{(\mathbf{r}-\mathbf{r}')}{|\mathbf{r}-\mathbf{r}'|^3} \right] \rho_v(\mathbf{r}')\, dV'$$

O integrando dessa equação se anula, pois $\nabla \times (\mathbf{r}-\mathbf{r}')/|\mathbf{r}-\mathbf{r}'|^3 = 0$. Assim, concluímos que o rotacional do campo elétrico gerado por cargas em repouso é nulo. Levando em conta o significado físico do rotacional, podemos concluir que a circulação do campo ao longo de qualquer caminho é nula. Em outras palavras, o trabalho realizado pelo campo ao se movimentar uma partícula carregada em um percurso fechado é zero, ou seja, o campo é conservativo. Isso significa também que o campo elétrico proveniente de cargas em repouso (ou em movimento uniforme) não é capaz de manter uma corrente elétrica permanente em um circuito. Estas conclusões são descritas pelas equações a seguir:

$$\nabla \times \mathbf{E} = 0 \tag{1.8}$$

$$\oint_L \mathbf{E} \cdot d\mathbf{L} = 0 \tag{1.9}$$

1.2 LEI DE BIOT-SAVART

A força elétrica não é a única forma de interação entre as cargas elétricas. Os experimentos realizados pelo francês André-Marie Ampère e pelo dinamarquês Hans Christian Oersted em 1820 mostraram que condutores transportando corrente elétrica se atraem ou se repelem dependendo da intensidade e do sentido dessas correntes. A lei experimental deduzida pode ser assim descrita usando os símbolos mostrados na Figura 1.2:

$$d\mathbf{F}_m = \left(\frac{\mu_o}{4\pi}\right)\frac{i_2 d\mathbf{L}_2 \times \left(i_1 d\mathbf{L}_1 \times \mathbf{u}\right)}{r^2} \tag{1.10}$$

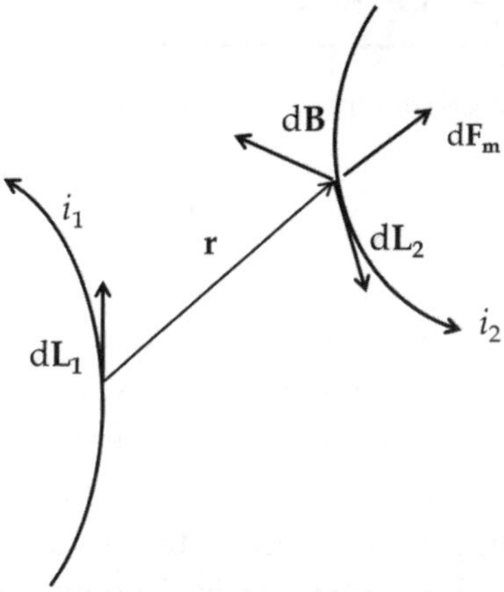

Figura 1.2 Força entre correntes de acordo com os experimentos de Ampère e Oersted.

Essa é a expressão da força sobre o segmento dL_2 do condutor que transporta a corrente i_2 em virtude da interação com a corrente i_1 no segmento dL_1. Esses segmentos diferenciais são orientados em direção e sentido das respectivas correntes.

Note que ‘**ru**’ é o vetor de posição do elemento dL_2 em relação a dL_1 (**u** é vetor unitário e r é a distância). $\mu_0/4\pi$ é uma constante usada para compatibilizar as unidades das grandezas envolvidas. A constante μ_0 é denominada permeabilidade magnética do vácuo e no Sistema Internacional de Unidades tem o valor $4\pi \times 10^{-7}$ Ns^2/C^2 ou H/m [Henry (H) equivale a Ns^2m/C^2].

A corrente elétrica em um condutor é a taxa de transporte de carga através da área da seção transversal do condutor. As partículas carregadas, elétrons livres em metais ou íons em soluções iônicas, podem se movimentar sob a ação de um campo elétrico aplicado no condutor. A Figura 1.3 mostra esquematicamente o fluxo de partículas carregadas através da seção transversal de um condutor cilíndrico. Se as partículas transportam carga q, têm densidade volumétrica n e se deslocam com velocidade média v no condutor, a cada intervalo dt de tempo uma quantidade de carga dQ atravessa a área transversal S do condutor segundo a equação dQ = qnvSdt. A corrente elétrica no condutor é, então, dada por:

$$i = \frac{dQ}{dt} = qnvS \tag{1.11}$$

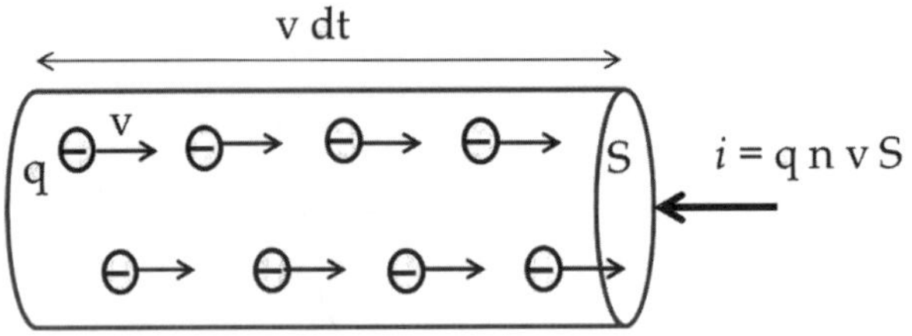

Figura 1.3 Representação esquemática da corrente elétrica em um condutor.

A unidade de medição de corrente elétrica é o ampere (A), que equivale a 1 C/s atravessando a seção transversal do condutor. Dependendo da forma e da extensão da área da seção transversal (e outros fatores a serem discutidos futuramente), o fluxo de partículas pode não ser homogêneo. Nesse caso, para descrever a distribuição de corrente no condutor, usa-se um campo vetorial denominado de densidade de corrente, cujo módulo é a corrente por unidade de área em uma posição específica da seção transversal do condutor e cuja direção e sentido são aqueles do fluxo de partículas nessa posição. Para uma distribuição uniforme de corrente no condutor, a densidade de corrente pode ser calculada a partir da Equação (1.11):

$$j = qnv \tag{1.12}$$

Essa expressão é válida também para distribuições não uniformes de corrente desde que as variações de velocidade e densidade de partículas ao longo da seção transversal do condutor sejam devidamente consideradas. Podemos obter a força total sobre o condutor 2 na Figura 1.2 por meio de duas integrações sucessivas: primeiro ao longo do fio 1 e depois ao longo do fio 2. A partir da Equação (1.10), obtemos:

$$\mathbf{F}_m = \int_{L_2} i_2 d\mathbf{L}_2 \times \left(\frac{\mu_o}{4\pi} \int_{L_1} \frac{i_1 d\mathbf{L}_1 \times \mathbf{u}}{r^2} \right)$$

O termo entre parênteses nessa fórmula é um campo vetorial que depende apenas da corrente i_1 e da geometria do condutor 1. É denominado indução magnética. A expressão que define a indução magnética produzida por uma corrente filamentar (seção transversal do condutor desprezível) é denominada lei de Biot-Savart e pode ser escrita na seguinte forma:

$$\mathbf{B} = \frac{\mu_o}{4\pi} \int_{L'} \frac{i\, d\mathbf{L}' \times (\mathbf{r} - \mathbf{r}')}{|\mathbf{r} - \mathbf{r}'|^3} \tag{1.13}$$

onde **r'** é o vetor de posição do segmento dL'.

Esse resultado é atribuído ao trabalho dos franceses Jean-Baptiste Biot e Félix Savart, que, baseados nos resultados de Oersted, verificaram experimentalmente que a força exercida pelo campo gerado pela corrente elétrica em um fio reto sobre o polo magnético de um ímã é proporcional à intensidade da corrente, inversamente proporcional ao quadrado da distância perpendicular ao fio e atua na direção perpendicular ao plano que contém o fio e o ponto de atuação.

Com a definição da indução magnética, a expressão da força sobre uma corrente filamentar pode ser escrita na seguinte forma:

$$\mathbf{F}_m = \int_{L} i\, d\mathbf{L} \times \mathbf{B} \tag{1.14}$$

A indução magnética pode, então, ser definida como a força magnética por unidade de corrente e unidade de comprimento em uma corrente filamentar. As duas equações anteriores aplicam-se às correntes filamentares, mas podem ser escritas em uma forma mais geral considerando a seguinte relação que facilmente pode ser demonstrada usando as equações (1.11) e (1.12):

$$i\, d\mathbf{L} = \mathbf{j}\, dV$$

Com isso, podemos reescrever a indução magnética e a força magnética em uma distribuição de corrente da seguinte forma:

$$\mathbf{B} = \frac{\mu_o}{4\pi} \int_{V'} \frac{\mathbf{j} \times (\mathbf{r} - \mathbf{r}')}{|\mathbf{r} - \mathbf{r}'|^3} dV' \tag{1.15}$$

$$\mathbf{F}_m = \int_V \mathbf{j} \times \mathbf{B} \, dV \tag{1.16}$$

Baseados na Equação (1.15), podemos avaliar duas importantes propriedades da indução magnética. Ao aplicarmos o operador divergente nessa equação, obtemos:

$$\nabla \cdot \mathbf{B} = \frac{\mu_o}{4\pi} \int_{V'} \nabla \cdot \left[\frac{\mathbf{j} \times (\mathbf{r} - \mathbf{r}')}{|\mathbf{r} - \mathbf{r}'|^3} \right] dV'$$

Porém, em função da fórmula vetorial $\nabla \cdot (\mathbf{A} \times \mathbf{G}) = (\nabla \times \mathbf{A}) \cdot \mathbf{G} - (\nabla \times \mathbf{G}) \cdot \mathbf{A}$, e uma vez que $\nabla \times \mathbf{j} = 0$, pois $\mathbf{j}$ depende unicamente de $\mathbf{r}'$, e $\nabla \times (\mathbf{r} - \mathbf{r}')/|\mathbf{r} - \mathbf{r}'|^3 = 0$, concluímos que o integrando nessa equação é nulo. Assim, temos que:

$$\nabla \cdot \mathbf{B} = 0 \tag{1.17}$$

Ou seja, a indução magnética é um campo com divergência nula. Ao aplicarmos o teorema de Gauss, concluímos que o fluxo magnético através de qualquer superfície fechada é sempre nulo.

$$\oint_S \mathbf{B} \cdot d\mathbf{S} = \int_V \nabla \cdot \mathbf{B} \, dV = 0 \tag{1.18}$$

Agora, ao aplicarmos o operador rotacional na Equação (1.15), obtemos:

$$\nabla \times \mathbf{B} = \frac{\mu_o}{4\pi} \int_{V'} \nabla \times \left[\frac{\mathbf{j} \times (\mathbf{r} - \mathbf{r}')}{|\mathbf{r} - \mathbf{r}'|^3} \right] dV'$$

No Apêndice B, demonstra-se que a integral nessa equação pode ser transformada da seguinte forma:

$$\int_{V'} \nabla \times \left[\frac{\mathbf{j} \times (\mathbf{r} - \mathbf{r}')}{|\mathbf{r} - \mathbf{r}'|^3} \right] dV' = 4\pi \, \mathbf{j} - \int_{V'} \frac{(\mathbf{r} - \mathbf{r}')}{|\mathbf{r} - \mathbf{r}'|^3} \, (\nabla' \cdot \mathbf{j}) \, dV'$$

onde $(\nabla' \cdot)$ é o operador divergente aplicado nas coordenadas de $\mathbf{r}'$. Assim, podemos escrever o rotacional da indução magnética como sendo dado por:

$$\nabla \times \mathbf{B} = \mu_o \, \mathbf{j} - \frac{\mu_o}{4\pi} \int_{V'} \frac{(\mathbf{r} - \mathbf{r}')}{|\mathbf{r} - \mathbf{r}'|^3} \, (\nabla' \cdot \mathbf{j}) \, dV' \tag{1.19}$$

Uma vez que estamos tratando de fontes que não variam no tempo, ou seja, cargas em repouso ou movimento uniforme que produzem densidades de carga e de corrente constantes, o termo de divergência no integrando citado é nulo. Isso pode ser verificado a partir do seguinte desenvolvimento baseado no teorema de Gauss:

$$\int_{V'} \nabla' \cdot \mathbf{j}\, dV' = \int_{S'} \mathbf{j} \cdot d\mathbf{S}' = 0$$

Essa equação expressa o princípio da continuidade. O fluxo total da densidade de corrente através de uma superfície fechada é igual à corrente elétrica total que atravessa essa superfície, ou seja, a carga total por unidade de tempo que sai do volume limitado por esta superfície. Se esse fluxo não se anula, a carga total no volume varia no tempo e o problema é diferente do que estamos tratando neste capítulo, pois envolve campos variáveis no tempo. Este será um dos temas abordados no próximo capítulo. Assim, para problemas envolvendo densidades estáticas de carga e corrente, temos o seguinte:

$$\nabla \cdot \mathbf{j} = 0 \tag{1.20}$$

$$\nabla \times \mathbf{B} = \mu_o\, \mathbf{j} \tag{1.21}$$

$$\oint_C \mathbf{B} \cdot d\mathbf{L} = \mu_o \int_S \mathbf{j} \cdot d\mathbf{S} = \mu_o\, i \tag{1.22}$$

onde a Equação (1.22) é obtida da Equação (1.21) aplicando-se o teorema de Stokes, sendo C uma curva fechada e S uma superfície aberta limitada por C. A integral de fluxo da densidade **j** resulta na corrente i que atravessa a superfície S. A Equação (1.20) é denominada equação da continuidade (para o caso estático) e as equações (1.21) e (1.22) descrevem a lei de Ampère. Estas equações são apresentadas aqui no contexto de fontes invariantes no tempo. No próximo capítulo, veremos como elas devem ser modificadas para incluir os efeitos da variação no tempo das densidades de carga e de corrente no sistema eletromagnético.

Essa divisão entre fontes estáticas e fontes variáveis no tempo é artificial e tem finalidade puramente didática. Uma fonte de campo macroscópica é uma amostra de material eletricamente carregado ou um condutor atravessado por corrente elétrica. Em qualquer caso, as partículas carregadas nunca estão realmente em repouso ou em movimento uniforme, pois a agitação térmica mantém um estado permanente de movimentação caracterizado por deslocamentos bruscos e aleatórios (estamos nos referindo a temperaturas diferentes de 0 K). Uma vez que esses deslocamentos são muito rápidos e de pequena amplitude, para finalidades práticas, os campos gerados pelas oscilações na densidade de carga e de corrente podem ser considerados como ruído eletromagnético. Além disso, em relação ao funcionamento de equipamentos eletromagnéticos, é necessário considerar que qualquer sistema precisa ser inicializado em algum momento e possivelmente será desligado em um momento posterior. Isso significa que, durante certos intervalos de tempo, as densidades de carga e corrente nos condutores do sistema estarão variando. Se o cálculo dos campos gerados envolve esses intervalos de comportamento transitório do sistema, então a teoria apresentada até aqui pode não ser adequada. Contudo, em geral não é esse o caso e, decorrido o tempo característico do transitório, as densidades de carga e corrente serão praticamente constantes e a análise poderá ser feita de acordo com o que foi apresentado até este ponto. De fato, os modelos discutidos neste capítulo são de aplicação muito mais geral do que se poderia supor com base apenas nas premissas das demonstrações realizadas. As aplicações incluem casos em que as correntes efetivamente são mantidas por fontes de tensão alternadas desde que a frequência seja suficientemente baixa para que a parcela de campo irradiado possa ser desprezada. Um exemplo típico é o caso dos campos gerados pelas correntes que circulam no sistema de distribuição de energia elétrica com frequência de 60 Hz. Nesses casos, os campos podem ser calculados com boa exatidão usando as leis de Coulomb, Gauss, Biot-Savart e Ampère, tal como foram apresentadas neste capítulo.

1.3 FORÇA DE LORENTZ

De acordo com o que foi apresentado anteriormente, a interação entre cargas elétricas origina dois tipos de força: a força elétrica e a força magnética. Uma carga puntiforme no espaço sujeita a campos elétrico e magnético gerados por outras fontes de campo experimenta, então, uma força resultante de duas componentes. A componente elétrica da força é facilmente calculada a partir das equações (1.4) e (1.5):

$$\mathbf{F}_e = q\mathbf{E} \tag{1.23}$$

A componente magnética pode ser obtida a partir da Equação (1.16), considerando a densidade de corrente para uma carga puntiforme em deslocamento como sendo descrita por uma função impulso:

$$\mathbf{j} = q\mathbf{v}\,\delta(\mathbf{r} - \mathbf{r}')$$

onde $\mathbf{v} = d\mathbf{r}'/dt$.

Note que essa expressão é equivalente à Equação (1.12) se considerarmos a densidade de partículas carregadas como sendo $n = \delta(\mathbf{r} - \mathbf{r}')$. Isso faz sentido em se tratando de uma carga puntiforme. Substituindo na expressão da força magnética (1.16), obtemos:

$$\mathbf{F}_m = \int_{V\to\infty} q\mathbf{v}\,\delta(\mathbf{r} - \mathbf{r}') \times \mathbf{B}\, dV = q\mathbf{v} \times \mathbf{B}$$

$$\mathbf{F}_m = q\mathbf{v} \times \mathbf{B} \tag{1.24}$$

Assim, a força resultante sobre uma carga puntiforme no campo eletromagnético é dada por:

$$\mathbf{F} = q(\mathbf{E} + \mathbf{v} \times \mathbf{B}) \tag{1.25}$$

Essa equação define o que é denominado de força de Lorentz. Note que para usá-la é necessário que os campos e a velocidade sejam descritos no mesmo sistema de referência.

1.4 CÁLCULO DE CAMPO ELÉTRICO

O campo elétrico é medido em newtons por coulomb (N/C) ou volts por metro (V/m). Volt é a unidade de potencial elétrico e será apresentada mais adiante. A Equação (1.5) descreve o modo como o campo elétrico de uma distribuição volumétrica de cargas no espaço pode ser calculado. Contudo, sistemas elétricos macroscópicos envolvem quantidades imensas de partículas. No cobre, por exemplo, existem cerca de 10^{23} átomos/cm^3, cada um contendo 29 prótons e 29 elétrons. É impossível considerar o efeito de cada carga individualmente por causa do elevado número de partículas e porque elas realizam movimentos muito complexos que dependem também da temperatura do material. A alternativa geralmente usada requer considerar que apenas uma pequena parte das cargas participa da geração do campo elétrico macroscópico (carga em excesso) e, para descrevê-la, é comum assumir que a carga elétrica total se distribui continuamente no espaço com uma densidade conhecida. Dependendo da geometria do problema, uma distribuição de cargas elétricas pode ser descrita por uma densidade volumétrica, superficial ou linear de carga.

$$\mathbf{E}(\mathbf{r}) = \frac{1}{4\pi\varepsilon_o}\int_{L'} \rho_L(\mathbf{r}')\frac{(\mathbf{r}-\mathbf{r}')}{|\mathbf{r}-\mathbf{r}'|^3}dL' \quad \rightarrow \text{distribuição linear}$$

$$\mathbf{E}(\mathbf{r}) = \frac{1}{4\pi\varepsilon_o}\int_{S'} \rho_s(\mathbf{r}')\frac{(\mathbf{r}-\mathbf{r}')}{|\mathbf{r}-\mathbf{r}'|^3}dS' \quad \rightarrow \text{distribuição superficial}$$

$$\mathbf{E}(\mathbf{r}) = \frac{1}{4\pi\varepsilon_o}\int_{V'} \rho_v(\mathbf{r}')\frac{(\mathbf{r}-\mathbf{r}')}{|\mathbf{r}-\mathbf{r}'|^3}dV' \quad \rightarrow \text{distribuição volumétrica}$$

Consideremos o exemplo da esfera uniformemente carregada mostrada na Figura 1.4. Em função da simetria da distribuição de carga em torno da direção radial, apenas a componente radial do campo precisa ser calculada. As relações matemáticas a seguir podem ser usadas:

$$dV' = 2\pi r'^2 \operatorname{sen}\theta d\theta dr'$$

$$|r - r'| = \sqrt{r^2 + r'^2 - 2rr'\cos\theta}$$

$$r = |r - r'|\cos\alpha + r'\cos\theta$$

Assim, a integral de campo elétrico é escrita como:

$$E_r = \frac{1}{4\pi\varepsilon_o}\int_{V'} \frac{\rho_v \cos\alpha \, dV'}{|\mathbf{r}-\mathbf{r}'|^2} = \frac{\rho_v}{2\varepsilon_o}\int_0^R r'^2 dr' \int_0^{\pi} \frac{(r - r'\cos\theta)\,\text{sen}\theta d\theta}{\left(r^2 + r'^2 - 2rr'\cos\theta\right)^{3/2}}$$

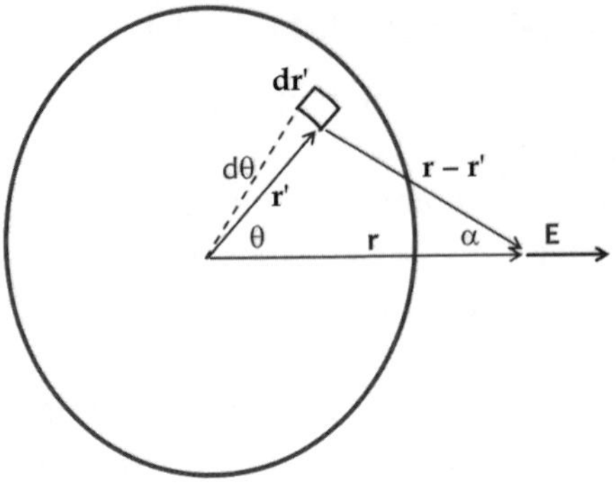

Figura 1.4 Ilustração para cálculo do campo elétrico de uma esfera uniformemente carregada.

Deixamos ao leitor a verificação de que a integral na coordenada angular resulta em:

$$\int_0^{\pi} \frac{(r - r'\cos\theta)\,\text{sen}\theta d\theta}{\left(r^2 + r'^2 - 2rr'\cos\theta\right)^{3/2}} = \frac{2}{r^2}$$

Assim, o campo elétrico é obtido na seguinte forma:

$$\mathbf{E} = \frac{\rho_v}{\varepsilon_o r^2}\int_0^R r'^2 dr' \, \mathbf{u}_r = \frac{\rho_v R^3}{3\varepsilon_o r^2}\mathbf{u}_r$$

A carga total na esfera é calculada por:

$$Q = \int_{V'} \rho_v dV' = \rho_v \frac{4}{3}\pi R^3$$

Usando essa relação para substituir a densidade de carga, obtemos o campo elétrico na seguinte forma:

$$\mathbf{E} = \frac{Q}{4\pi\varepsilon_o r^2}\mathbf{u}_r \tag{1.26}$$

Essa expressão indica que a carga uniformemente distribuída no volume da esfera se comporta, em relação ao campo elétrico fora da esfera, como se estivesse concentrada em seu centro. O mesmo não pode ser dito em relação ao campo no interior da esfera. Nesse caso, o método anterior não é adequado, uma vez que o denominador se anula para **r** = **r**'. Podemos, contudo, usar a lei de Gauss para isso. Ao se definir uma superfície esférica concêntrica com a distribuição de carga com raio r < r' para cálculo do fluxo do campo elétrico, em vista da orientação radial e da simetria esférica do campo, obtemos:

$$\oint_S \mathbf{E} \cdot d\mathbf{S} = E\,4\pi r^2 = \frac{1}{\varepsilon_o}\int_V \rho_v \, dV = \frac{\rho_v}{\varepsilon_o}\frac{4}{3}\pi r^3 = \frac{Q}{\varepsilon_o}\frac{r^3}{R^3}$$

Assim, o campo interno na distribuição de carga é obtido por:

$$\mathbf{E} = \frac{Q}{4\pi\varepsilon_o}\frac{r}{R^3}\mathbf{u}_r \tag{1.27}$$

Ou seja, o campo aumenta linearmente da origem para a superfície da esfera carregada. Uma conclusão muito importante dessa análise baseada na lei de Gauss afirma o seguinte: se a carga estiver distribuída uniformemente apenas na superfície da esfera e o interior for eletricamente neutro (é o que ocorre para uma esfera metálica), o campo externo será exatamente o mesmo que o calculado anteriormente, mas o campo interno será nulo. Sugerimos que o leitor pense a respeito e justifique este enunciado tanto do ponto de vista do conceito de carga elétrica como fonte de fluxo elétrico, como em relação à força resultante que a carga superficial uniforme exerce em uma carga puntiforme no interior da esfera.

Consideremos agora um disco plano com espessura desprezível carregado uniformemente, cuja geometria de cálculo é mostrada na Figura 1.5. Os termos da integral de superfície para o cálculo do campo elétrico são:

$$dS' = \rho' d\rho' d\phi$$

$$\mathbf{r}' = \rho' \cos\phi \, \mathbf{u}_\rho + \rho' \operatorname{sen}\phi \, \mathbf{u}_\phi$$

$$\mathbf{r} = \rho \, \mathbf{u}_\rho + z \, \mathbf{u}_z$$

$$\mathbf{r} - \mathbf{r}' = (\rho - \rho' \cos\phi)\, \mathbf{u}_\rho - \rho' \operatorname{sen}\phi \, \mathbf{u}_\phi + z \, \mathbf{u}_z$$

$$|\mathbf{r} - \mathbf{r}'| = \sqrt{\rho^2 + \rho'^2 + z^2 - 2\rho\rho' \cos\phi}$$

Com isso, o campo elétrico é calculado por:

$$\mathbf{E} = \frac{\rho_s}{4\pi\varepsilon_o}\int_{S'} \frac{(\mathbf{r} - \mathbf{r}')}{|\mathbf{r} - \mathbf{r}'|^3} dS' = \frac{\rho_s}{4\pi\varepsilon_o}\int_0^{2\pi}\int_0^{R} \frac{(\rho - \rho' \cos\phi)\, \mathbf{u}_\rho - \rho' \operatorname{sen}\phi \, \mathbf{u}_\phi + z \, \mathbf{u}_z}{(\rho^2 + \rho'^2 + z^2 - 2\rho\rho' \cos\phi)^{3/2}} \rho' d\rho' d\phi$$

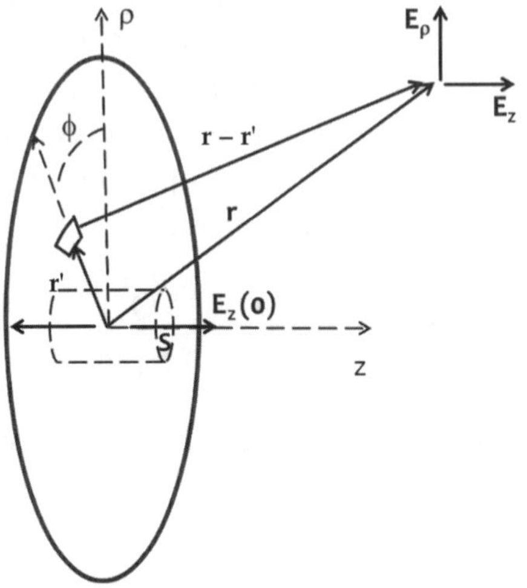

Figura 1.5 Ilustração para o cálculo do campo elétrico de uma placa circular uniformemente carregada.

Pode-se mostrar facilmente que a integral na direção azimutal é nula. As componentes radial e axial do campo são:

$$E_\rho = \frac{\rho_s}{4\pi\varepsilon_o}\int_0^{2\pi}\int_0^{R}\frac{(\rho-\rho'\cos\phi)\rho' d\rho' d\phi}{\left(\rho^2+\rho'^2+z^2-2\rho\rho'\cos\phi\right)^{3/2}} \tag{1.28}$$

$$E_z = \frac{\rho_s z}{4\pi\varepsilon_o}\int_0^{2\pi}\int_0^{R}\frac{\rho' d\rho' d\phi}{\left(\rho^2+\rho'^2+z^2-2\rho\rho'\cos\phi\right)^{3/2}} \tag{1.29}$$

Essas integrais não têm solução analítica a não ser sobre o eixo z (para uma posição arbitrária do espaço é necessário usar integração numérica). Para $\rho = 0$, a componente radial é nula e a componente axial é obtida por:

$$E_z = \frac{\rho_s z}{4\pi\varepsilon_o}\int_0^{2\pi}\int_0^{R}\frac{\rho' d\rho' d\phi}{\left(\rho'^2+z^2\right)^{3/2}} = \frac{\rho_s}{2\varepsilon_o}\left(1-\frac{z}{\sqrt{R^2+z^2}}\right) \tag{1.30}$$

No centro do disco, o campo elétrico é perpendicular à superfície e tem módulo $\rho_s/2\varepsilon_o$. O mesmo resultado se aplica como aproximação em outras posições para as quais $z \ll R$ e $\rho \ll R$. Esse resultado também poderia ser obtido por meio da lei de Gauss, usando-se como superfície de integração um cilindro transversal à superfície do disco, como mostra a Figura 1.5:

$$\oint_S \mathbf{E}\cdot d\mathbf{S} = 2E_z(0)S = \frac{\rho_s S}{\varepsilon_o} \rightarrow E_z(0) = \frac{\rho_s}{2\varepsilon_o} \tag{1.31}$$

Um último exemplo de aplicação da lei de Coulomb no cálculo de campo elétrico é mostrado na Figura 1.6, uma linha retilínea carregada uniformemente. Os termos da integral de linha para o cálculo do campo são os seguintes:

$$dL' = dz'$$

$$|r - r'| = \sqrt{(z - z')^2 + \rho^2}$$

$$\cos\alpha = \frac{\rho}{|r - r'|}$$

$$\operatorname{sen}\alpha = \frac{z - z'}{|r - r'|}$$

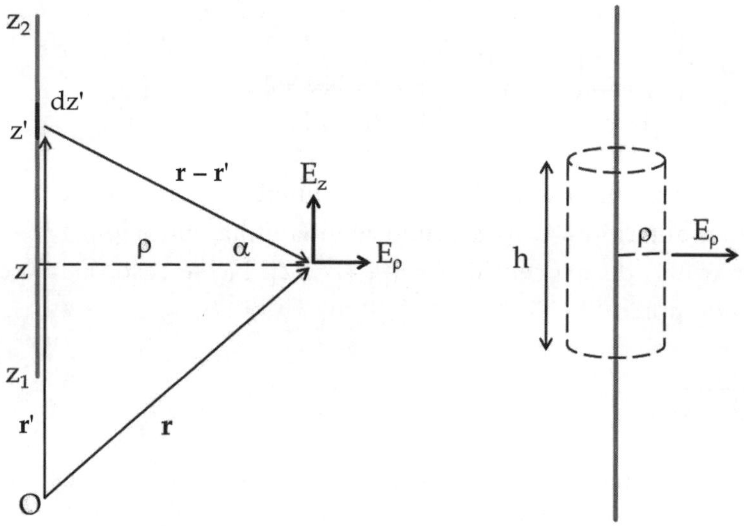

Figura 1.6 Ilustração para o cálculo do campo elétrico de uma linha de cargas.

Substituindo na integral do campo elétrico, obtemos:

$$E_\rho = \frac{1}{4\pi\varepsilon_o}\int_{L'} \frac{\rho_L \cos\alpha \, dL'}{|\mathbf{r} - \mathbf{r}'|^2} = \frac{\rho_L \rho}{4\pi\varepsilon_o}\int_{z_1}^{z_2} \frac{dz'}{\left[(z - z')^2 + \rho^2\right]^{3/2}}$$

$$E_z = \frac{1}{4\pi\varepsilon_o}\int_{L'} \frac{\rho_L \operatorname{sen}\alpha \, dL'}{|\mathbf{r} - \mathbf{r}'|^2} = \frac{\rho_L}{4\pi\varepsilon_o}\int_{z_1}^{z_2} \frac{(z - z')\,dz'}{\left[(z - z')^2 + \rho^2\right]^{3/2}}$$

Usaremos as seguintes integrais indefinidas para obter as componentes de campo:

$$\int \frac{dx}{\left[x^2+a^2\right]^{3/2}} = \frac{x}{a^2\sqrt{x^2+a^2}}$$

$$\int \frac{x\,dx}{\left[x^2+a^2\right]^{3/2}} = \frac{-1}{\sqrt{x^2+a^2}}$$

Com isso, os resultados são os seguintes:

$$E_\rho = \frac{\rho_L}{4\pi\varepsilon_o\rho}\left[\frac{(z_2-z)}{\sqrt{(z-z_2)^2+\rho^2}} - \frac{(z_1-z)}{\sqrt{(z-z_1)^2+\rho^2}}\right] \tag{1.32}$$

$$E_z = \frac{\rho_L}{4\pi\varepsilon_o}\left[\frac{1}{\sqrt{(z-z_2)^2+\rho^2}} - \frac{1}{\sqrt{(z-z_1)^2+\rho^2}}\right] \tag{1.33}$$

A solução para uma situação de grande interesse prático é facilmente obtida dos resultados anteriores, considerando-se uma linha muito longa ($z_2 - z_1 >> \rho$) e posições próximas de seu centro [$z \approx (z_2 + z_1)/2$]. Nesse caso, $E_z \approx 0$ e o campo radial é obtido por:

$$E_\rho \approx \frac{\rho_L}{2\pi\varepsilon_o\rho}$$

O mesmo resultado poderia ser facilmente obtido se usássemos a lei de Gauss com a superfície de integração mostrada na Figura 1.6. Considerando a linha muito longa e o campo axial (E_z) desprezível, temos:

$$\oint_S \mathbf{E}\cdot d\mathbf{S} = 2\pi\rho h E_\rho = \frac{\rho_L h}{\varepsilon_o} \rightarrow E_\rho = \frac{\rho_L}{2\pi\varepsilon_o\rho} \tag{1.34}$$

Este importante resultado pode ser usado para se obter o campo elétrico de cabos longos usados em sistemas elétricos, como a linha de fios paralelos e o cabo coaxial mostrados na Figura 1.7. Ao analisarmos essas estruturas, geralmente consideramos o sistema balanceado, ou seja, os condutores têm cargas de mesmo módulo e sinais contrários. O campo no interior dos condutores é nulo, pois a carga elétrica em excesso tende a se acumular na superfície. Fora do cabo coaxial, o campo também é nulo. Ao se utilizar a lei de Gauss, é possível verificar isso facilmente.

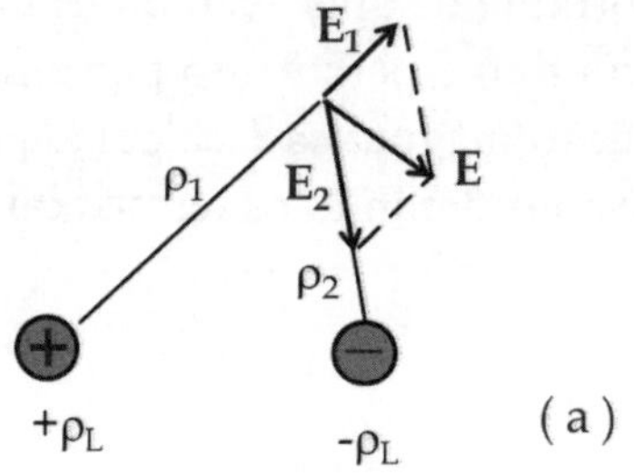

$$\mathbf{E} = \frac{\rho_L}{2\pi\varepsilon_o}\left(\frac{\mathbf{u}_{\rho 1}}{\rho_1} - \frac{\mathbf{u}_{\rho 2}}{\rho_2}\right)$$

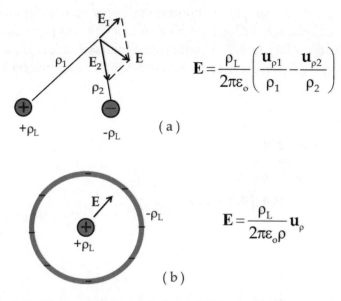

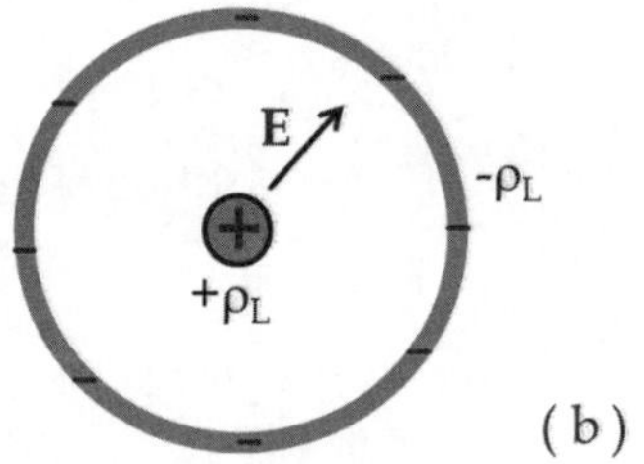

$$\mathbf{E} = \frac{\rho_L}{2\pi\varepsilon_o\rho}\mathbf{u}_\rho$$

Figura 1.7 Seção transversal e campo elétrico em cabos longos: (a) linha paralela; (b) cabo coaxial.

1.5 CÁLCULO DE INDUÇÃO MAGNÉTICA

A unidade de indução magnética no Sistema Internacional de Unidades é o tesla (T). É comum encontrar na literatura também a unidade gauss (G), que equivale a 10^{-4} tesla. Para corrente filamentar, distribuição superficial ou volumétrica de corrente, a lei de Biot-Savart é escrita de maneira análoga, usando a equivalência entre os elementos de corrente:

$$i\,d\mathrm{L} = \mathbf{k}\,d\mathrm{S} = \mathbf{j}\,d\mathrm{V}$$

Assim, as equações a serem usadas no cálculo da indução magnética por meio da lei de Biot-Savart são mostradas a seguir. Em qualquer caso, a posição no espaço para calcular a indução não pode ser no interior da distribuição de corrente, uma vez que o integrando na lei de Biot-Savart apresenta singularidade nessa região.

$$\mathrm{B}(\mathbf{r}) = \frac{\mu_o}{4\pi}\int_{L'} \frac{i\,d\mathrm{L}' \times (\mathbf{r} - \mathbf{r}')}{|\mathbf{r} - \mathbf{r}'|^3} \quad \rightarrow \text{corrente filamentar}$$

$$\mathrm{B}(\mathbf{r}) = \frac{\mu_o}{4\pi}\int_{S'} \frac{\mathbf{k}\,d\mathrm{S}' \times (\mathbf{r} - \mathbf{r}')}{|\mathbf{r} - \mathbf{r}'|^3} \quad \rightarrow \text{distribuição superficial}$$

$$\mathrm{B}(\mathbf{r}) = \frac{\mu_o}{4\pi}\int_{V'} \frac{\mathbf{j}\,d\mathrm{V}' \times (\mathbf{r} - \mathbf{r}')}{|\mathbf{r} - \mathbf{r}'|^3} \quad \rightarrow \text{distribuição volumétrica}$$

Um exemplo muito simples e importante de aplicação da lei de Biot-Savart é o do fio reto. Um pedaço retilíneo de fio fino é percorrido por uma corrente elétrica como mostra a Figura 1.8. A indução magnética é calculada a partir da integral de linha descrita anteriormente e considerando os termos do integrando da seguinte forma:

$$\mathrm{d}\mathbf{L} = \mathrm{d}z'\,\mathbf{u}_z$$

$$\mathbf{r} - \mathbf{r}' = \rho\mathbf{u}_\rho + (z - z')\mathbf{u}_z$$

$$|\mathbf{r} - \mathbf{r}'| = \sqrt{\rho^2 + (z - z')^2}$$

$$\mathrm{d}\mathbf{L} \times (\mathbf{r} - \mathbf{r}') = (\mathbf{u}_z \times \mathbf{u}_\rho)\rho\,\mathrm{d}z' = \rho\,\mathrm{d}z'\,\mathbf{u}_\phi$$

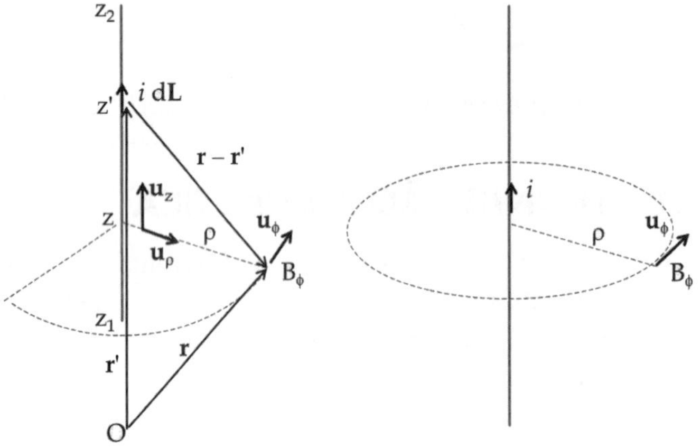

Figura 1.8 Ilustração para o cálculo da indução magnética do fio reto.

Ao substituirmos na integral de Biot-Savart, obtemos a equação mostrada a seguir. A solução apresentada em seguida resulta da aplicação da mesma função primitiva usada no problema da distribuição linear de cargas para o campo radial já analisado no item anterior.

$$\mathbf{B} = \frac{\mu_o i\rho}{4\pi}\mathbf{u}_\phi \int_{z_1}^{z_2} \frac{\mathrm{d}z'}{\left[\rho^2 + (z - z')^2\right]^{3/2}} = \frac{\mu_o i}{4\pi\rho}\mathbf{u}_\phi \left[\frac{(z - z_1)}{\sqrt{(z - z_1)^2 + \rho^2}} - \frac{(z - z_2)}{\sqrt{(z - z_2)^2 + \rho^2}}\right] \tag{1.35}$$

Evidentemente, em virtude da continuidade da corrente elétrica, um segmento de fio não pode estar isolado no espaço. O segmento faz parte de um circuito elétrico e o restante do circuito também contribui para a indução magnética. Se um circuito é constituído por diversos segmentos retilíneos, podemos usar a equação anterior para calcular a indução de cada segmento e depois efetuar a soma vetorial desses termos. Outra aplicação importante do resultado anterior é a avaliação da indução magnética de um fio longo, para o qual certas aproximações podem ser feitas nos termos dependentes das coordenadas de posição e, além disso, em função da distância do restante do circuito, pode-se desprezar os outros termos de indução que não sejam originados no próprio fio. Assim, considerando um fio muito longo ($z_2 - z_1 >> \rho$) e posições próximas de seu centro [$z \approx (z_2 + z_1)/2$], obtemos:

$$\mathbf{B} \approx \frac{\mu_o i}{2\pi\rho}\mathbf{u}_\phi$$

Esse resultado poderia ser facilmente obtido usando-se a lei de Ampère com o caminho de integração mostrado na Figura 1.8 para calcular a circulação da indução magnética.

$$\oint_C \mathbf{B}\cdot d\mathbf{L} = 2\pi\rho B = \mu_o i \rightarrow \mathbf{B} = \frac{\mu_o i}{2\pi\rho}\mathbf{u}_\phi \qquad (1.36)$$

Com essa fórmula podemos prever a indução magnética produzida por cabos longos usados em sistemas elétricos. A Figura 1.9 mostra a indução magnética produzida pela linha de fios paralelos e pelo cabo coaxial, ambos com correntes balanceadas, ou seja, correntes iguais nos dois condutores, mas com sentidos opostos.

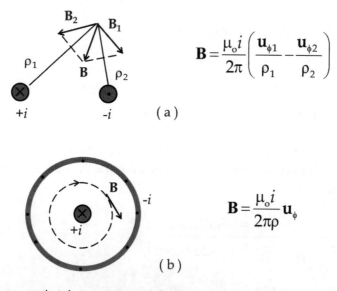

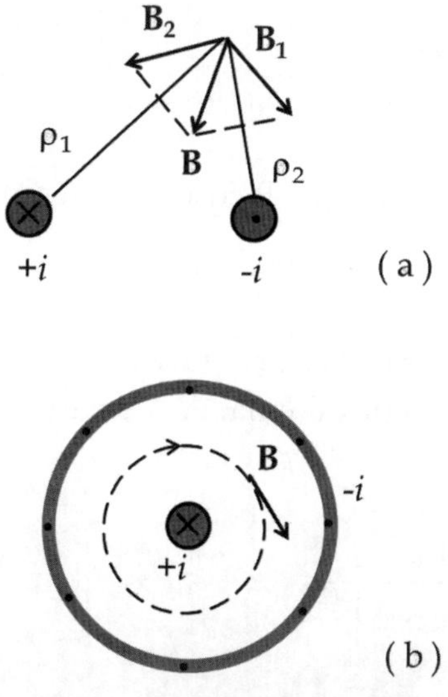

$$\mathbf{B} = \frac{\mu_o i}{2\pi}\left(\frac{\mathbf{u}_{\phi 1}}{\rho_1} - \frac{\mathbf{u}_{\phi 2}}{\rho_2}\right)$$

$$\mathbf{B} = \frac{\mu_o i}{2\pi\rho}\mathbf{u}_\phi$$

Figura 1.9 Seção transversal e indução magnética em cabos longos: (a) linha paralela; (b) cabo coaxial. Os símbolos (×) e (·) representam o sentido da corrente, para dentro e para fora do plano da figura, respectivamente.

Dentro de um condutor metálico transportando corrente elétrica, existe indução magnética. O cálculo, nesse caso, não pode ser feito com a lei de Biot-Savart, uma vez que o denominador no integrando se anula dentro da distribuição de corrente. Se for possível prever a orientação espacial da indução magnética, o cálculo poderá ser feito usando-se a lei de Ampère. No caso de um condutor cilíndrico, o cálculo é muito simples, como verificado anteriormente para fora do fio. A diferença está na corrente que atravessa a área de integração. Se a densidade de corrente for uniforme na seção transversal do condutor, teremos:

$$\oint_C \mathbf{B} \cdot d\mathbf{L} = 2\pi\rho B = \mu_o j \pi \rho^2 \rightarrow \mathbf{B} = \frac{\mu_o j \rho}{2} \mathbf{u}_\phi \tag{1.37}$$

Ou seja, a indução magnética aumenta linearmente do centro para a periferia do fio.

Outro exemplo importante é a espira de corrente mostrada na Figura 1.10. A análise dessa estrutura serve de modelo básico para dispositivos magnéticos como solenoides, bobina de Helmholtz e outros. Os termos da integral de Biot-Savart, nesse caso, são:

$$\begin{aligned}
&\mathbf{r}' = R\left(\cos\phi\, \mathbf{u}_\rho + \text{sen}\phi\, \mathbf{u}_\phi\right) \\
&d\mathbf{L}' = \frac{d\mathbf{r}'}{d\phi} d\phi = R\left(-\text{sen}\phi\, \mathbf{u}_\rho + \cos\phi\, \mathbf{u}_\phi\right) d\phi \\
&\mathbf{r} = \rho\, \mathbf{u}_\rho + z\, \mathbf{u}_z \\
&\mathbf{r} - \mathbf{r}' = (\rho - R\cos\phi)\, \mathbf{u}_\rho - R\,\text{sen}\phi\, \mathbf{u}_\phi + z\, \mathbf{u}_z \\
&|\mathbf{r} - \mathbf{r}'| = \sqrt{\rho^2 + R^2 + z^2 - 2\rho R\cos\phi} \\
&d\mathbf{L}' \times (\mathbf{r} - \mathbf{r}') = R\left(-\text{sen}\phi\, \mathbf{u}_\rho + \cos\phi\, \mathbf{u}_\phi\right) d\phi \times \left[(\rho - R\cos\phi)\, \mathbf{u}_\rho - R\,\text{sen}\phi\, \mathbf{u}_\phi + z\, \mathbf{u}_z\right] = \\
&= Rz\cos\phi\, d\phi\, \mathbf{u}_\rho + R\, z\,\text{sen}\phi\, d\phi\, \mathbf{u}_\phi + (R - \rho\cos\phi)\, R\, d\phi\, \mathbf{u}_z
\end{aligned}$$

Ao substituirmos na integral de Biot-Savart, verifica-se facilmente que a componente azimutal da indução magnética é nula. As demais componentes são calculadas por:

$$B_z = \frac{\mu_o i R}{4\pi} \int_0^{2\pi} \frac{(R - \rho\cos\phi)\, d\phi}{\left[\rho^2 + R^2 + z^2 - 2\rho R\cos\phi\right]^{3/2}} \tag{1.38}$$

$$B_\rho = \frac{\mu_o i R z}{4\pi} \int_0^{2\pi} \frac{\cos\phi\, d\phi}{\left[\rho^2 + R^2 + z^2 - 2\rho R\cos\phi\right]^{3/2}} \tag{1.39}$$

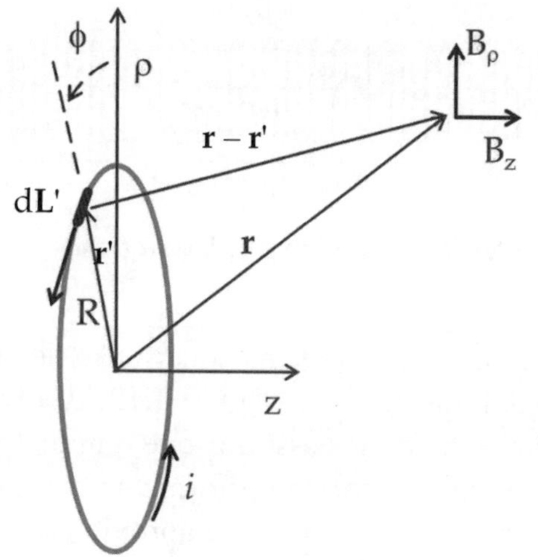

Figura 1.10 Ilustração para o cálculo da indução magnética de uma espira circular.

Essas equações possuem solução analítica apenas sobre o eixo z. Para uma posição arbitrária do espaço, devem ser resolvidas por integração numérica. Quando $\rho = 0$, a componente radial é nula e a componente axial é dada por:

$$B_z = \frac{\mu_o i R^2}{2\left[R^2 + z^2\right]^{3/2}} \tag{1.40}$$

Um solenoide formado por um grande número de espiras muito próximas pode ser descrito como uma série de espiras planas posicionadas concentricamente como mostra a Figura 1.11. Nesse caso, devemos usar o conceito de densidade de espiras de modo que o número de espiras no intervalo de comprimento dz' seja $dN = (N/L)\,dz'$, onde N é o número total de espiras do solenoide. Usando a equação anterior, podemos calcular a indução magnética no eixo do solenoide por meio de:

$$B_z = \int_{-L_s/2}^{+L_s/2} \frac{\mu_o i R^2}{2\left[R^2 + (z - z')^2\right]^{3/2}} \frac{N}{L} dz' = \frac{\mu_o i N}{2L}\left[\frac{(z + L/2)}{\sqrt{R^2 + (z + L/2)^2}} - \frac{(z - L/2)}{\sqrt{R^2 + (z - L/2)^2}}\right] \tag{1.41}$$

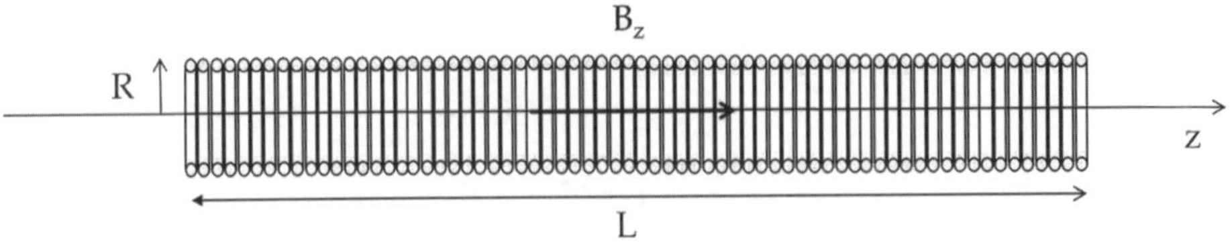

Figura 1.11 Um solenoide descrito como uma série de espiras circulares planas.

Outra estrutura muito importante na construção de indutores e transformadores é a bobina toroidal, mostrada na Figura 1.12. Apenas algumas espiras são representadas na figura, mas vamos assumir que o número de espiras é grande e que a bobina está distribuída de forma uniforme no perímetro do toroide. Nesse caso, a indução magnética em seu interior é aproximadamente independente do ângulo azimutal e pode ser calculada por meio da lei de Ampère. No momento, vamos assumir também que o núcleo é feito de um material não magnético.

$$\oint_C \mathbf{B} \cdot d\mathbf{L} = 2\pi\rho B = \mu_o N_e i \rightarrow \mathbf{B} = \frac{\mu_o N_e i}{2\pi\rho} \mathbf{u}_\phi \qquad (1.42)$$

Sugere-se ao leitor demonstrar que nas condições do cálculo anterior, fora do volume do toroide, a indução magnética é nula.

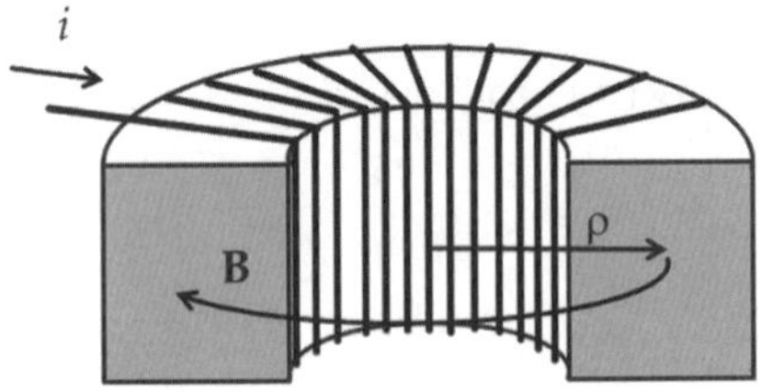

Figura 1.12 Representação esquemática em corte de uma bobina toroidal.

A última estrutura que analisaremos é uma superfície plana transportando corrente elétrica com densidade linear **k**, como mostra a Figura 1.13. Se imaginarmos que a placa é formada por filetes com largura dx', podemos usar o resultado já obtido anteriormente para uma corrente filamentar retilínea [Equação (1.35)]. Os termos a seguir serão usados na equação citada:

$$\rho = \sqrt{(x - x')^2 + y^2}$$

$$\cos\alpha = \frac{x - x'}{\rho} = \frac{x - x'}{\sqrt{(x - x')^2 + y^2}}$$

$$\text{sen}\alpha = \frac{y}{\rho} = \frac{y}{\sqrt{(x - x')^2 + y^2}}$$

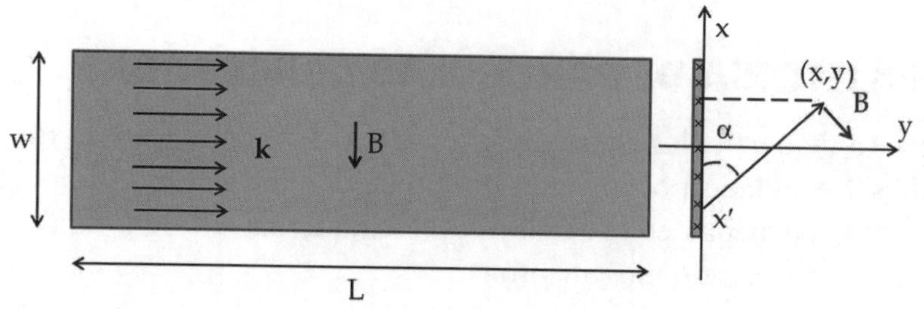

Figura 1.13 Ilustração para o cálculo da indução magnética gerada por uma corrente em superfície plana.

As componentes da indução magnética serão calculadas da seguinte forma:

$$B_x = \frac{\mu_o k}{4\pi} \int_{-w/2}^{+w/2} \left[\frac{(z - z_1)}{\sqrt{(z - z_1)^2 + \rho^2}} - \frac{(z - z_2)}{\sqrt{(z - z_2)^2 + \rho^2}} \right] \frac{\text{sen}\,\alpha}{\rho} dx'$$

$$B_y = \frac{\mu_o k}{4\pi} \int_{-w/2}^{+w/2} \left[\frac{(z - z_1)}{\sqrt{(z - z_1)^2 + \rho^2}} - \frac{(z - z_2)}{\sqrt{(z - z_2)^2 + \rho^2}} \right] \frac{\cos\alpha}{\rho} dx'$$

Essas equações podem ser usadas para se obter a solução por meio de integração numérica. No momento, vamos obter uma solução analítica aproximada para uma situação mais favorável. Consideremos que a placa é suficientemente longa e que desejamos obter a indução nas proximidades do meio de seu comprimento. Assim, como no caso do fio longo, $(z_2 - z_1 >> \rho)$ e $z \approx (z_2 + z_1)/2$, temos:

$$B_x \approx \frac{\mu_o k y}{2\pi} \int_{-w/2}^{+w/2} \frac{dx'}{(x - x')^2 + y^2} = \frac{\mu_o k}{2\pi} \left[\text{atg}\left(\frac{x + w/2}{y} \right) - \text{atg}\left(\frac{x - w/2}{y} \right) \right] \quad (1.43)$$

$$B_y \approx \frac{\mu_o k}{2\pi} \int_{-w/2}^{+w/2} \frac{(x - x')dx'}{(x - x')^2 + y^2} = \frac{\mu_o k}{4\pi} \text{Ln}\left[\frac{(x + w/2)^2 + y^2}{(x - w/2)^2 + y^2} \right] \quad (1.44)$$

Observe que, se a largura w da placa for grande, comparada com as coordenadas de posição, as expressões anteriores resultam nos seguintes valores aproximados:

$$B_x \approx \frac{\mu_o k}{2} \qquad B_y \approx 0 \tag{1.45}$$

Nessas condições, o cálculo usando a lei de Ampère conduz facilmente a esse resultado. Deixaremos essa verificação ao leitor como exercício.

1.6 TRAJETÓRIA DE PARTÍCULAS CARREGADAS

O movimento de partículas eletricamente carregadas sob a ação da força de Lorentz pode ser estudado por meio da dinâmica de Newton se as velocidades envolvidas forem pequenas comparadas à velocidade da luz. Ignorando as forças dissipativas, a equação do movimento é:

$$m\frac{d\mathbf{v}}{dt} = q\left(\mathbf{E} + \mathbf{v} \times \mathbf{B}\right) \tag{1.46}$$

E em suas componentes retangulares torna-se:

$$\begin{aligned}
\frac{dv_x}{dt} &= \frac{q}{m}E_x + \frac{q}{m}\left(v_y B_z - v_z B_y\right) \\
\frac{dv_y}{dt} &= \frac{q}{m}E_y + \frac{q}{m}\left(v_z B_x - v_x B_z\right) \\
\frac{dv_z}{dt} &= \frac{q}{m}E_z + \frac{q}{m}\left(v_x B_y - v_y B_x\right)
\end{aligned} \tag{1.47}$$

Consideremos uma situação particular em que o campo elétrico (E_o) é uniforme e orientado na direção z e a indução magnética (B_o) é uniforme e orientada na direção x. As equações se simplificam para:

$$\begin{aligned}
\frac{dv_x}{dt} &= 0 \\
\frac{dv_y}{dt} &= \frac{qB_o}{m}v_z \\
\frac{dv_z}{dt} &= \frac{q}{m}E_o - \frac{qB_o}{m}v_y
\end{aligned}$$

A velocidade na direção x não é afetada pelos campos. Ao efetuarmos a separação de variáveis entre as outras duas equações, obtemos:

$$\begin{aligned}
\frac{d^2v_y}{dt^2} &= \frac{q^2B_oE_o}{m^2} - \left(\frac{qB_o}{m}\right)^2 v_y \\
\frac{d^2v_z}{dt^2} &= -\left(\frac{qB_o}{m}\right)^2 v_z
\end{aligned}$$

As soluções dessas equações podem ser expressas na forma de funções cosseno:

$$\begin{aligned} v_y &= V_1 \cos(\omega t + \theta_1) + V_o \\ v_z &= V_2 \cos(\omega t + \theta_2) \end{aligned} \tag{1.48}$$

onde $\omega = qB_o/m$ é a frequência angular do movimento da partícula. A velocidade V_o é uma constante que depende do termo independente na equação diferencial de v_y. Por substituição na equação de v_y encontra-se que $V_o = E_o/B_o$. Se a partícula parte do repouso em t = 0, ao aplicarmos as condições iniciais:

$$\begin{aligned} &v_y(t=0) = v_z(t=0) = 0 \\ &\frac{dv_y}{dt}(t=0) = 0 \\ &\frac{dv_z}{dt}(t=0) = \frac{qE_o}{m} \end{aligned}$$

obtemos $\theta_1 = 0$, $\theta_2 = \pi/2$, $V_1 = V_2 = -V_o$. Então, as soluções são as seguintes:

$$\begin{aligned} v_y &= V_o \left[1 - \cos(\omega t)\right] \\ v_z &= V_o \operatorname{sen}(\omega t) \end{aligned} \tag{1.49}$$

A posição da partícula é obtida pela integração das equações de velocidade:

$$\begin{aligned} y &= y_o + V_o \int_0^t \left[1 - \cos(\omega t')\right] dt' = y_o + V_o t - \frac{V_o}{\omega} \operatorname{sen}(\omega t) \\ z &= z_o + V_o \int_0^t \operatorname{sen}(\omega t')\, dt' = z_o + \frac{V_o}{\omega}\left[1 - \cos(\omega t)\right] \end{aligned} \tag{1.50}$$

A partícula se desloca na direção y com velocidade V_o e simultaneamente apresenta um movimento oscilatório no plano yz com frequência ω e amplitude V_o/ω.

Outro efeito importante pode ser avaliado pela modificação das condições propostas inicialmente, ao considerarmos o campo elétrico nulo, mas incluindo uma velocidade inicial não nula da partícula ao entrar na região de influência da indução magnética. As equações desacopladas são:

$$\begin{aligned} \frac{d^2 v_y}{dt^2} &= -\left(\frac{qB_o}{m}\right)^2 v_y \\ \frac{d^2 v_z}{dt^2} &= -\left(\frac{qB_o}{m}\right)^2 v_z \end{aligned}$$

Se assumirmos que a velocidade inicial está orientada na direção z, as condições iniciais serão:

$$v_y(t=0)=0$$
$$v_z(t=0)=V_o$$
$$\frac{dv_y}{dt}(t=0)=\frac{qB_o}{m}V_o$$
$$\frac{dv_z}{dt}(t=0)=0$$

E as soluções são obtidas da seguinte forma:

$$v_y = V_o\,\text{sen}(\omega t)$$
$$v_z = V_o \cos(\omega t) \tag{1.51}$$

A partícula realiza um movimento oscilatório no plano perpendicular à indução magnética com velocidade igual à velocidade de entrada e frequência $\omega = qB_o/m$. Como a velocidade na direção da indução magnética não é afetada, a partícula segue uma trajetória helicoidal, deslocando-se com velocidade constante na direção da indução e girando em seu plano perpendicular (ver Figura 1.14). Um fenômeno semelhante ocorre na atmosfera terrestre por causa da incidência de partículas carregadas provenientes do espaço (principalmente do Sol) e que interagem com o campo magnético da Terra. As partículas capturadas se deslocam com movimento helicoidal, sendo conduzidas para os polos magnéticos da Terra. Como consequência desse acúmulo de partículas energéticas nos polos, surge o interessante espetáculo das auroras (boreal no hemisfério norte e austral no Hemisfério Sul).

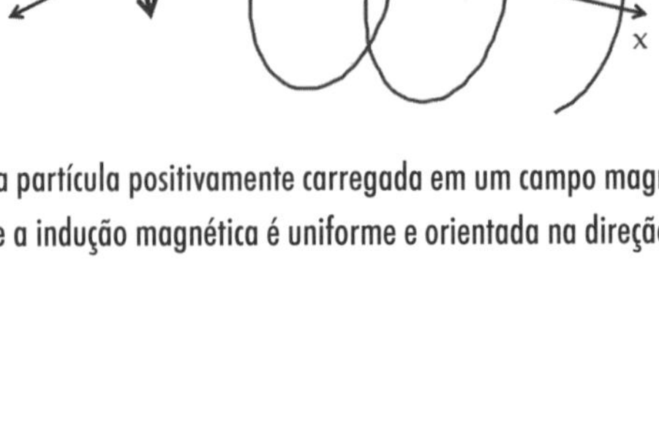

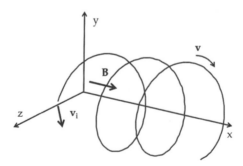

Figura 1.14 Trajetória de uma partícula positivamente carregada em um campo magnético. A velocidade inicial da partícula tem componentes x e z e a indução magnética é uniforme e orientada na direção x.

1.7 EXERCÍCIOS

1) Um condutor cilíndrico longo de raio *a* está carregado com densidade superficial uniforme ρ_s e transporta corrente elétrica com densidade *j* uniforme em sua seção transversal. Usando a lei de Gauss e a lei de Ampère, calcule o campo elétrico e a indução magnética no espaço dentro e fora do cilindro para uma distância arbitrária em relação a seu centro.

2) Uma espira circular de raio R está carregada uniformemente com carga elétrica Q. Calcule o campo elétrico em seu eixo de simetria e encontre as posições de máxima e mínima intensidades de campo elétrico com os respectivos valores.

3) Considere uma espira plana quadrada de aresta *a* percorrida por corrente elétrica no sentido horário. Calcule a indução magnética no centro da espira. Repita o exercício para uma espira plana circular de raio R.

4) Considere uma linha paralela de condutores filamentares separados pela distância *d*. Supondo que os condutores estão balanceados (cargas e correntes iguais em módulo, mas com sinais contrários nos dois condutores), calcule a força total de interação entre os condutores.

5) Considere um cabo coaxial balanceado com raio interno *a* e raio externo *b* (espessura *w* do condutor externo) e com densidade superficial de carga ρ_s e densidade de corrente *j* no condutor interno. Calcule o campo elétrico e a indução magnética no interior do cabo (incluindo os condutores).

6) Mostre que a indução magnética produzida por uma única espira circular com raio R e corrente *i* em posições do espaço tais que a distância *r* até o centro da espira atende à condição r >> R pode ser aproximada por:

$$B = \frac{\mu_0 i R^2}{4r^3}\left(2\cos\theta\ \mathbf{u}_r + \mathrm{sen}\theta\ \mathbf{u}_\theta\right)$$

onde o ângulo θ é medido entre o vetor r e o eixo da espira.

7) Considere um solenoide longo (comprimento > 10 x diâmetro) com grande número de espiras distribuídas de forma uniforme em seu comprimento. Mostre que a indução magnética nas extremidades é aproximadamente a metade da do centro. Use a lei de Ampère para obter uma aproximação para a indução magnética no centro do solenoide.

8) Uma bobina de Helmholtz é formada por duas espiras circulares concêntricas separadas por uma distância igual ao raio das espiras, com correntes elétricas idênticas circulando no mesmo sentido. Calcule a indução magnética como função da posição no eixo da bobina de Helmholtz e mostre que a primeira e a segunda derivadas dessa função são nulas na posição central da bobina.

CAPÍTULO 2

As equações de Maxwell

As teorias e os resultados apresentados no capítulo anterior referem-se a situações em que os campos são gerados por cargas elétricas em repouso ou em movimento uniforme no referencial do observador. Essas aproximações são, em geral, denominadas eletrostática e magnetostática. Embora sistemas de cargas elétricas estáticas ou em movimento uniforme não existam em sentido absoluto, essas teorias constituem boas aproximações para muitas situações reais. Além disso, elas são o ponto de partida para uma teoria mais abrangente denominada eletrodinâmica, a qual estuda os campos gerados por cargas em movimento acelerado. A diferença marcante entre as teorias estática e dinâmica é a seguinte: para fontes variáveis no tempo, ou seja, para cargas aceleradas, os campos vetoriais gerados são interdependentes. Em outras palavras, uma parcela do campo elétrico gerado depende da indução magnética e uma parcela da indução magnética gerada depende do campo elétrico. Essa interdependência tem como resultado um dos fatos mais importantes da teoria eletromagnética: os campos gerados por cargas aceleradas formam ondas que se propagam no espaço para longe das fontes. A teoria eletrodinâmica é baseada em um conjunto de equações fundamentais que relacionam os campos entre si e com as fontes, ou seja, a densidade de carga e a densidade de corrente. Duas dessas equações já foram apresentadas no Capítulo 1 e não sofrem modificação para fontes variáveis no tempo. São as duas formas da lei de Gauss. A terceira equação é a lei de Ampère modificada pela inclusão da corrente de deslocamento; e a quarta equação refere-se à lei de Faraday, que descreve como o fluxo magnético variável no tempo produz campo elétrico no espaço. Esse conjunto é denominado equações de Maxwell, em homenagem ao pesquisador inglês que unificou a teoria eletromagnética.

2.1 EQUAÇÃO DA CONTINUIDADE E CORRENTE DE DESLOCAMENTO

No Capítulo 1, foi demonstrado que a circulação da indução magnética é proporcional à corrente de condução através da área circulada. Contudo, na expressão obtida para o rotacional da indução magnética, havia um termo adicional que foi desprezado. O rotacional foi obtido da seguinte forma:

$$\nabla \times \mathbf{B} = \mu_o\, \mathbf{j} - \frac{\mu_o}{4\pi}\int_{V'} \frac{(\mathbf{r}-\mathbf{r}')}{|\mathbf{r}-\mathbf{r}'|^3}\,(\nabla' \cdot \mathbf{j})\, dV'$$

O segundo termo foi desprezado com o argumento de que, segundo a condição de continuidade, o divergente da densidade de corrente de condução é nulo para fontes que não variam no tempo. Contudo, quando consideramos que a densidade de carga no sistema varia no tempo, essa condição não é mais válida. A equação da continuidade deve expressar o seguinte fato: se a carga elétrica em um determinado volume do espaço varia no tempo, então o fluxo total da densidade de corrente através da superfície que limita esse volume é diferente de zero. Se a carga aumenta com o tempo, a corrente que entra no volume é maior do que aquela que sai. O contrário ocorre se a carga diminui com o tempo. Portanto, a condição de continuidade deve ser expressa da seguinte forma:

$$\oint_S \mathbf{j}_c \cdot d\mathbf{S} = -\frac{d}{dt}\int_V \rho_v dV \tag{2.1}$$

$$\nabla \cdot \mathbf{j}_c = -\frac{\partial \rho_v}{\partial t} \tag{2.2}$$

onde identificamos a corrente relacionada com o movimento de cargas pelo índice c e a denominamos corrente de condução.

A equação da continuidade mostra que o segundo termo no rotacional da indução magnética tem alguma influência se a densidade de carga varia no tempo. Ao substituirmos o divergente da densidade de corrente dado na Equação (2.2) no integrando da equação de $\nabla \times \mathbf{B}$, obtemos:

$$\nabla \times \mathbf{B} = \mu_o\, \mathbf{j}_c + \frac{\mu_o}{4\pi}\frac{\partial}{\partial t}\left[\int_{V'} \rho_v(\mathbf{r}')\frac{(\mathbf{r}-\mathbf{r}')}{|\mathbf{r}-\mathbf{r}'|^3}\, dV'\right]$$

Assim, é possível identificar a integral como sendo proporcional ao campo elétrico gerado pela distribuição de carga segundo a lei de Coulomb. Ao fazermos essa associação, podemos reescrever a equação diferencial da lei de Ampère:

$$\nabla \times \mathbf{B} = \mu_o \, \mathbf{j}_c + \mu_o \varepsilon_o \frac{\partial E}{\partial t} \tag{2.3}$$

Essa inclusão na lei de Ampère foi proposta por James Clerk Maxwell em 1865 para compatibilizar essa lei com a equação da continuidade. Embora essa demonstração tenha se baseado na lei de Coulomb, a modificação tem um caráter mais geral. O campo elétrico também possui uma parcela produzida pela variação temporal da indução magnética, o que não é previsto pela lei de Coulomb.

Ao se aplicar o divergente em ambos os lados da equação anterior, em virtude da identidade vetorial $\nabla \cdot \nabla \times \mathbf{F} = 0$, obtemos:

$$\frac{\partial \nabla \cdot \mathbf{E}}{\partial t} = -\frac{\nabla \cdot \mathbf{j}_c}{\varepsilon_o} = \frac{1}{\varepsilon_o}\frac{\partial \rho_v}{\partial t} \rightarrow \nabla \cdot \mathbf{E} = \frac{\rho_v}{\varepsilon_o}$$

Com isso, verificamos que a modificação da lei de Ampère é compatível com a lei de Gauss para o campo elétrico. Além disso, ao se comparar os dois termos no lado direito da Equação (2.3), concluímos que a seguinte quantidade tem o significado físico de uma densidade de corrente:

$$\mathbf{j}_d = \varepsilon_o \frac{\partial E}{\partial t} \tag{2.4}$$

Essa quantidade é denominada densidade de corrente de deslocamento e não está diretamente relacionada com o movimento de cargas elétricas, mas sim com a variação temporal de fluxo elétrico através de uma superfície. Assim como a corrente de condução é a taxa de variação no tempo da quantidade de carga elétrica que atravessa uma área, a corrente de deslocamento é a taxa de variação no tempo do fluxo elétrico que atravessa uma área. Podemos definir a corrente total pela soma dos termos de condução e deslocamento. O fluxo da densidade total de corrente através de uma superfície fechada pode ser calculado da seguinte forma:

$$\oint_S (\mathbf{j}_c + \mathbf{j}_d) \cdot d\mathbf{S} = -\frac{d}{dt}\int_V \rho_v dV + \varepsilon_o \frac{d}{dt}\oint_S \mathbf{E} \cdot d\mathbf{S}$$

onde usamos a equação da continuidade para substituir o fluxo da densidade de corrente de condução. Usando a lei de Gauss, podemos verificar facilmente que o lado direito da equação anterior é nulo. Isso leva à conclusão de que a corrente total através de qualquer superfície fechada é sempre nula, ou seja:

$$\nabla \cdot (\mathbf{j}_c + \mathbf{j}_d) = 0 \tag{2.5}$$

Essa equação diferencial dá origem à lei das correntes de Kirchhoff, ou seja, a soma algébrica das correntes elétricas que entram e saem de um nó de circuito elétrico é nula.

2.2 POTENCIAL ELÉTRICO E FORÇA ELETROMOTRIZ

No Capítulo 1, o movimento de partículas carregadas sob a ação de campo elétrico e magnético no espaço livre foi descrito usando a segunda lei de Newton e a força de Lorentz. Vimos que a força elétrica acelera a partícula na direção do campo elétrico e a força magnética acelera a partícula em uma direção perpendicular à indução magnética. O trabalho realizado no deslocamento da partícula entre duas posições r_1 e r_2 do espaço pode ser calculado da seguinte forma:

$$W = \int_{r_1}^{r_2} (\mathbf{F}_e + \mathbf{F}_m) \cdot d\mathbf{r} = q\int_{r_1}^{r_2} (\mathbf{E} + \mathbf{v} \times \mathbf{B}) \cdot d\mathbf{r}$$

Contudo, no espaço livre, $d\mathbf{r}$ é um deslocamento infinitesimal ao longo da trajetória da partícula, ou seja, $\mathbf{v}$ e $d\mathbf{r}$ estão relacionados por: $\mathbf{v} = d\mathbf{r}/dt$. Assim, a força magnética é perpendicular à direção do movimento da partícula e não realiza trabalho sobre ela. Nesse caso, a única contribuição provém da força elétrica:

$$W = q\int_{r_1}^{r_2} \mathbf{E} \cdot d\mathbf{r}$$

Suponhamos, então, que a partícula não se desloca livremente no espaço, mas que um agente externo atua sobre ela para mantê-la em uma trajetória específica com velocidade de módulo constante. Para isso, a força exercida pelo agente externo deve opor-se à força exercida pelos campos de modo que a resultante seja nula. O trabalho realizado por essa força externa deve ser o negativo do trabalho calculado anteriormente, pois qualquer diferença implicará a variação da energia cinética da partícula.

$$\Delta W = \int_{r_1}^{r_2} \mathbf{F}_{ext} \cdot d\mathbf{r} = -q\int_{r_1}^{r_2} \mathbf{E} \cdot d\mathbf{r}$$

Podemos afirmar, então, que a energia fornecida pelo agente externo, uma vez que não se transforma em energia cinética, é armazenada no sistema partícula-campo. Esse é exatamente o conceito de energia potencial. Com base na equação anterior, concluímos que a variação de energia potencial de uma partícula de carga unitária ao se deslocar no espaço sob a ação do campo elétrico é dada por:

$$\Delta V = V(r_2) - V(r_1) = \frac{\Delta W}{q} = -\int_{r_1}^{r_2} \mathbf{E} \cdot d\mathbf{r} \qquad (2.6)$$

Comumente, nos referimos a V como o potencial elétrico, tendo o significado de energia potencial por unidade de carga em uma posição do espaço. Por exemplo, para uma distribuição localizada de carga (a carga elétrica ocupa um volume finito), o campo elétrico certamente se anula no infinito. Pode-se, com efeito, afirmar que o potencial elétrico no infinito também é nulo. Então, se uma partícula positiva de carga unitária é transportada do infinito para uma posição **r** no sistema de referência em que a distribuição de carga é estacionária, o potencial elétrico nessa posição, segundo a Equação (2.6), é dado por:

$$V(\mathbf{r}) = \int_{\mathrm{r}}^{\infty} \mathbf{E} \cdot \mathrm{d}\mathbf{r}$$

A Equação (2.6) sugere, ainda, uma relação matemática inversa na forma do gradiente do potencial elétrico, ou seja:

$$\mathrm{d}V = \nabla V \cdot \mathrm{d}\mathbf{r} = -\mathbf{E} \cdot \mathrm{d}\mathbf{r} \;\rightarrow\; \mathbf{E} = -\nabla V \tag{2.7}$$

Essa relação, contudo, não é geral, uma vez que ela impõe a seguinte restrição ao rotacional do campo elétrico:

$$\nabla \times \mathbf{E} = -\nabla \times \nabla V = 0$$

sendo a segunda igualdade citada anteriormente uma conhecida fórmula vetorial: todo campo vetorial proveniente do gradiente de uma função escalar tem rotacional nulo. Segundo o Capítulo 1, esse é exatamente o caso do campo eletrostático proveniente da lei de Coulomb. Portanto, a Equação (2.7) tem aplicação limitada às situações com fontes estáticas. Essa restrição, contudo, será removida a seguir nesta mesma seção. As duas equações anteriores também resultam em uma conclusão particular para a variação de potencial elétrico ao longo de um percurso fechado.

$$\Delta V_{\text{percurso fechado}} = -\oint_{\mathrm{C}} \mathbf{E} \cdot \mathrm{d}\mathbf{r} = -\int_{\mathrm{S}} \nabla \times \mathbf{E} \cdot \mathrm{d}\mathbf{S} = 0$$

Nessa equação, foi usado o teorema de Stokes para se obter o resultado à direita da segunda igualdade. Esse resultado mostra que o trabalho total em um percurso fechado sob a ação do campo eletrostático é nulo. Pode-se afirmar também que, não havendo ganho de energia, uma partícula carregada não circulará em um circuito fechado se apenas o campo eletrostático estiver presente. Essa é a razão pela qual uma espira de fio condutor não transporta corrente elétrica permanentemente quando colocada próxima de uma distribuição estática de cargas.

Consideremos, então, o seguinte experimento mostrado na Figura 2.1. Um fio condutor reto de pequeno comprimento se desloca com velocidade **v** em um campo magnético de indução **B**. Os elétrons no condutor experimentam uma força perpendicular à direção de sua velocidade, mas diferentemente do caso anterior, no espaço livre, não podem deslocar-se livremente em qualquer direção em resposta a essa força. No fio condutor, o único caminho a ser seguido é a direção de seu comprimento e, portanto, ao se deslocarem nessa direção, as partículas carregadas ganham energia. O trabalho realizado por unidade de carga nesse deslocamento é denominado força eletromotriz (embora não se trate de força e sim de energia!) e pode ser calculado para um segmento dL por:

$$dU_m = \mathbf{v} \times \mathbf{B} \cdot d\mathbf{L} = d\mathbf{L} \times \mathbf{v} \cdot \mathbf{B} \qquad (2.8)$$

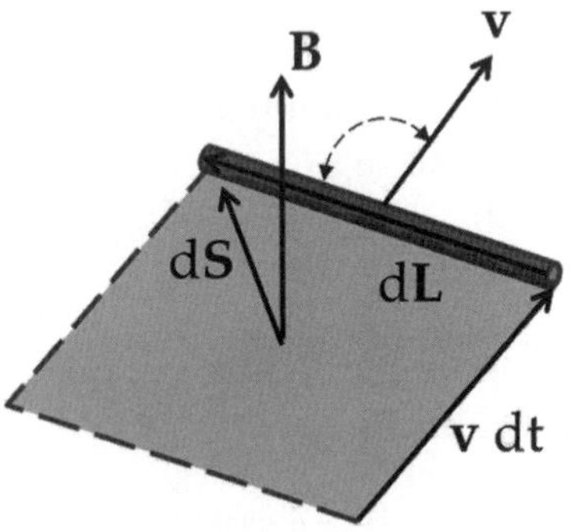

Figura 2.1 Ilustração para o cálculo do fluxo magnético na área varrida por um condutor em movimento.

sendo a segunda forma mostrada anteriormente obtida aplicando-se uma permutação cíclica que, como se sabe, não altera o resultado do produto misto. O termo $d\mathbf{L} \times \mathbf{v}$ que aparece na expressão anterior pode ser relacionado com a área varrida pelo segmento dL por unidade de tempo, ou seja:

$$\frac{d\mathbf{S}}{dt} = \mathbf{v} \times d\mathbf{L}$$

O sentido do vetor dS não é arbitrário. Foi definido para coincidir com o sentido da indução magnética (na área dS) produzida por uma corrente circulando no condutor no sentido de dL. Então, a força eletromotriz pode ser escrita da seguinte forma:

$$dU_m = -\mathbf{B} \cdot \frac{d\mathbf{S}}{dt} = -\frac{d\varphi_m}{dt} \qquad (2.9)$$

em que $d\varphi_m$ é o fluxo magnético através da área dS e, portanto, o fluxo magnético total é dado por:

$$\varphi_m = \int_S \mathbf{B} \cdot d\mathbf{S}$$

No Sistema Internacional de Unidades, o fluxo magnético é medido na unidade Tm^2, denominada weber (Wb). Vemos, então, que a variação de fluxo magnético através da área descrita pelo movimento do fio produz força eletromotriz ao longo do comprimento do condutor. Note o significado do sinal de menos nessa equação. Dissemos anteriormente que o sentido do vetor de área foi estabelecido pelo sentido da corrente circulante no condutor, se houver. Então, uma força eletromotriz positiva é aquela capaz de estabelecer uma corrente positiva, ou seja, uma corrente que produz indução magnética no mesmo sentido de **dS**. Se o produto de **B** com **dS** é positivo e a área está aumentando com o decorrer do tempo, o fluxo é crescente. Com isso, a força eletromotriz induzida, segundo a equação anterior, é negativa, o que significa que a corrente no fio é negativa e a indução gerada tem orientação contrária ao sentido de variação do fluxo magnético. Em outras palavras, a corrente induzida tende a estabelecer um fluxo magnético em sentido oposto à variação de fluxo original na área varrida pelo movimento do condutor.

Existe outra interpretação física para a força eletromotriz induzida pelo movimento do condutor. Podemos integrar a Equação (2.8) da seguinte forma:

$$U_m = \int_L \mathbf{v} \times \mathbf{B} \cdot d\mathbf{L} = \int_L \mathbf{E}_m \cdot d\mathbf{L} \rightarrow \mathbf{E}_m = \mathbf{v} \times \mathbf{B} \tag{2.10}$$

onde $\mathbf{E}_m$ é o campo elétrico induzido no condutor por seu movimento no campo magnético. Desse modo, podemos interpretar a força eletromotriz como o trabalho por unidade de carga realizado pelo campo elétrico induzido ao longo de um percurso no fio.

Consideremos, então, a situação diferente mostrada na Figura 2.2. Uma espira estacionária está sujeita a um fluxo magnético variável no tempo. O fluxo pode ser, por exemplo, gerado por uma corrente variável no tempo em um circuito estacionário ou por uma corrente constante em um circuito que se desloca em relação à espira. A indução magnética produz fluxo magnético variável na espira, segundo a equação:

$$\frac{d\varphi_m}{dt} = \int_S \frac{d\mathbf{B}}{dt} \cdot d\mathbf{S}$$

Observe que os três processos diferentes descritos anteriormente geram fluxo magnético variável através de uma área: movimento de condutores em um campo magnético; variação temporal da indução magnética através de um circuito; e movimento relativo entre a fonte de campo magnético e o circuito em que se calcula o fluxo. Não é possível, a partir do valor da força eletromotriz induzida, saber qual desses processos ocorreu. Em todos os casos, ocorre indução de força eletromotriz igual à taxa de variação temporal do fluxo magnético através de uma área.

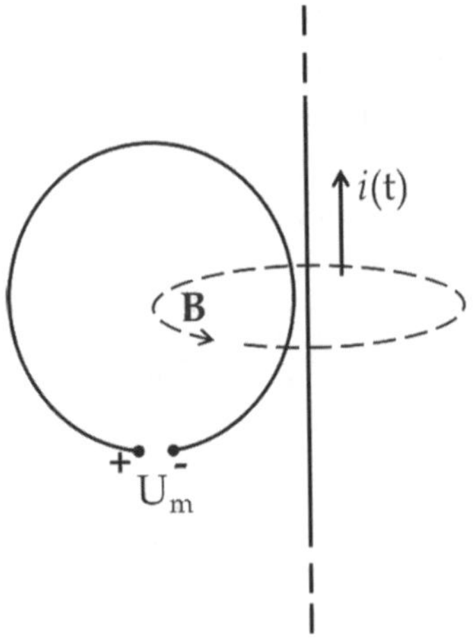

Figura 2.2 Indução de força eletromotriz por fluxo magnético variável no tempo em um circuito estacionário.

Observe que existe uma diferença conceitual entre o potencial elétrico e a força eletromotriz. O potencial elétrico representa a energia elétrica armazenada no sistema eletromagnético a partir do trabalho realizado por um agente externo. A parcela de campo relacionada com o potencial elétrico, segundo a Equação (2.7), constitui um campo conservativo, ou seja, um campo cuja circulação é nula. A força eletromotriz, por sua vez, é o trabalho realizado pela força magnética, convertendo-se em energia cinética nas partículas carregadas e acumulando-se na forma de energia magnética no sistema. Assim, podemos relacionar a força eletromotriz com o trabalho realizado por uma parcela não conservativa de campo elétrico, ou seja, com um campo elétrico cuja circulação não se anula.

2.3 LEI DE FARADAY

De acordo com o que foi discutido na seção anterior, a expressão geral para a força eletromotriz em um circuito é a seguinte:

$$U_m = -\frac{d}{dt}\int_S \mathbf{B} \cdot d\mathbf{S} \tag{2.11}$$

Essa expressão é denominada de lei de Faraday e foi proposta em 1831 pelo inglês Michael Faraday. O sinal nessa equação é designado como lei de Lenz e indica que a força eletromotriz induzida se opõe à variação de fluxo magnético.

O campo elétrico em um sistema eletromagnético com fontes variáveis no tempo pode, então, ser obtido com a soma de duas parcelas; uma parcela conservativa dependente do potencial elétrico e outra não conservativa, relacionada com a força eletromotriz induzida pela variação de fluxo magnético. Assim, estabelecemos uma relação entre o campo elétrico em um circuito e a variação temporal de fluxo magnético:

$$\oint_C \mathrm{E} \cdot \mathrm{dL} = -\frac{\mathrm{d}}{\mathrm{dt}} \int_S \mathrm{B} \cdot \mathrm{dS} \tag{2.12}$$

Nessa equação, não precisamos diferenciar a parcela conservativa da não conservativa do campo elétrico, uma vez que a circulação da primeira é nula. Consideremos, então, o que ocorre no espaço vazio. Não havendo cargas se deslocando, não há força magnética e, em princípio, não há força eletromotriz. Contudo, a experimentação mostra que mesmo nesse caso existe campo elétrico induzido pela variação temporal de fluxo magnético. A maior evidência com relação a isso é o fato de os campos gerados por cargas aceleradas se propagarem como ondas eletromagnéticas no vácuo. Então, a equação anterior ainda se aplica, mesmo na ausência de cargas em movimento. Ao adotarmos o teorema de Stokes, podemos transformar essa equação na seguinte forma:

$$\int_S \nabla \times \mathrm{E} \cdot \mathrm{dS} = -\int_S \frac{\partial \mathrm{B}}{\partial \mathrm{t}} \cdot \mathrm{dS} \rightarrow \nabla \times \mathrm{E} = -\frac{\partial \mathrm{B}}{\partial \mathrm{t}} \tag{2.13}$$

na qual a derivada total do fluxo foi substituída por uma derivada parcial da indução magnética, pois no espaço livre esta é a única possibilidade de variação de fluxo magnético em qualquer área considerada. Então, o campo elétrico gerado por cargas aceleradas é um campo não conservativo cujo rotacional é igual à taxa de variação da indução magnética gerada pela distribuição de corrente associada a essas cargas. A Equação (2.13) é a forma diferencial da lei de Faraday.

2.4 POTENCIAL MAGNÉTICO

O fato de a indução magnética ser um campo solenoidal, isto é, ter divergente nulo, permite que seja representada como o rotacional de outro campo vetorial. Isso ocorre em função da seguinte fórmula vetorial: $\nabla \cdot \nabla \times A = 0$ para qualquer campo A. Esse novo campo é denominado de potencial vetorial magnético.

$$\mathrm{B} = \nabla \times A \tag{2.14}$$

Ao utilizarmos o potencial magnético e o teorema de Stokes, podemos reescrever a lei de Faraday nas formas muito úteis a seguir:

$$\mathrm{U_m} = -\frac{\mathrm{d}}{\mathrm{dt}} \oint_C A \cdot \mathrm{dL} \tag{2.15}$$

$$\nabla \times \mathrm{E} = -\frac{\partial}{\partial \mathrm{t}}(\nabla \times A) \rightarrow \nabla \times \left(\mathrm{E} + \frac{\partial A}{\partial \mathrm{t}}\right) = 0 \rightarrow \mathrm{E} + \frac{\partial A}{\partial \mathrm{t}} = -\nabla V \rightarrow \mathrm{E} = -\nabla V - \frac{\partial A}{\partial \mathrm{t}} \tag{2.16}$$

A Equação (2.16) fornece o campo elétrico como a soma de suas parcelas conservativa ($-\nabla V$) e não conservativa ($-\partial A/\partial t$).

Observe que a Equação (2.14) define apenas o rotacional do potencial magnético e, por isso, existem infinitas possibilidades de solução, uma vez que é possível somar o gradiente de uma função escalar arbitrária ao potencial magnético sem modificar o seu rotacional:

$$\nabla \times (A + \nabla\varphi) = \nabla \times A$$

A liberdade na escolha do potencial A para resolver um determinado problema eletromagnético permite que se apliquem as chamadas transformações de calibre. Por exemplo, vamos combinar algumas equações já obtidas anteriormente para calcular os potenciais elétrico e magnético. Inicialmente, vamos substituir $\mathbf{E} = -\nabla V - \partial A/\partial t$ na lei de Gauss para o campo elétrico:

$$\nabla \cdot \mathbf{E} = \nabla \cdot \left(-\nabla V - \frac{\partial A}{\partial t} \right) = \frac{\rho_v}{\varepsilon_o} \rightarrow \nabla^2 V + \frac{\partial(\nabla \cdot A)}{\partial t} = -\frac{\rho_v}{\varepsilon_o} \tag{2.17}$$

Nessa equação, também substituímos a sequência de operações $\nabla \cdot \nabla V$ pelo operador laplaciano $\nabla^2 V$. Vamos substituir, então, $\mathbf{B} = \nabla \times A$ e $\mathbf{E} = -\nabla V - \partial A/\partial t$ na lei de Ampère:

$$\nabla \times \mathbf{B} = \nabla \times \nabla \times A = \mu_o\, j_c - \mu_o \varepsilon_o \frac{\partial}{\partial t}\left(\nabla V + \frac{\partial A}{\partial t} \right)$$

O duplo rotacional do potencial magnético pode ser substituído pela seguinte expressão muito útil em diversas transformações vetoriais na teoria eletromagnética:

$$\nabla \times \nabla \times A = \nabla(\nabla \cdot A) - \nabla^2 A$$

Com isso, obtemos:

$$\nabla^2 A - \mu_o \varepsilon_o \frac{\partial^2 A}{\partial t^2} - \nabla\left(\nabla \cdot A + \mu_o \varepsilon_o \frac{\partial V}{\partial t} \right) = -\mu_o\, j_c \tag{2.18}$$

As equações (2.17) e (2.18) são equações diferenciais acopladas. Para obtermos soluções analíticas, devemos desacoplá-las. Em virtude da liberdade na escolha do potencial magnético, podemos arbitrar que seu divergente satisfaz à seguinte equação, denominada de calibre de Lorentz:

$$\nabla \cdot A = -\mu_o \varepsilon_o \frac{\partial V}{\partial t} \tag{2.19}$$

Substituindo nas equações (2.17) e (2.18), temos as seguintes equações desacopladas para cálculo dos potenciais elétrico e magnético:

$$\nabla^2 V - \mu_o \varepsilon_o \frac{\partial^2 V}{\partial t^2} = -\frac{\rho_v}{\varepsilon_o} \tag{2.20}$$

$$\nabla^2 A - \mu_o \varepsilon_o \frac{\partial^2 A}{\partial t^2} = -\mu_o \, j_c \tag{2.21}$$

Essas equações são equações de onda que descrevem a propagação de ondas eletromagnéticas no espaço a partir de fontes variantes no tempo. O caso particular que se refere a fontes estáticas, ou seja, densidade de carga e densidade de corrente que não variam no tempo, é obtido naturalmente das equações citadas, simplesmente anulando as derivadas temporais:

$$\nabla \cdot A = 0 \tag{2.22}$$

$$\nabla^2 V = -\frac{\rho_v}{\varepsilon_o} \tag{2.23}$$

$$\nabla^2 A = -\mu_o \, j_c \tag{2.24}$$

Nesse caso, a transformação de calibre é denominada de calibre de Coulomb e as equações para os potenciais são equações de Poisson.

2.5 EQUAÇÕES DE MAXWELL

As equações de Maxwell reúnem as principais leis da teoria eletromagnética e mostram como os campos elétrico e magnético estão relacionados entre si e com as distribuições espaciais de densidade de carga e densidade de corrente que os originam. Duas dessas equações descrevem os divergentes dos campos e, com isso, definem a relação do fluxo desses campos com as fontes. São as equações da lei de Gauss:

$$\nabla \cdot \mathbf{E} = \frac{\rho_v}{\varepsilon_o} \tag{2.25}$$

$$\nabla \cdot \mathbf{B} = 0 \tag{2.26}$$

Para o campo elétrico, a lei de Gauss mostra que o fluxo é originado nas cargas elétricas. Portanto, existe fluxo positivo ou divergente e fluxo negativo ou convergente. A densidade ρ_v descreve, em princípio, todas as cargas elétricas no espaço. Contudo, não sendo possível a descrição exata em todos os instantes de tempo de quantidade, distribuição espacial e estado de movimento de todas as partículas eletricamente carregadas (prótons e elétrons) em qualquer amostra de matéria, a densidade de carga necessariamente deve ter um significado mais factível.

O que se espera é que as equações da teoria eletromagnética, quando aplicadas na matéria, sejam adequadas para descrever o comportamento médio no espaço e no tempo dessa imensa população de partículas carregadas. Assim, a densidade de carga a ser considerada em uma descrição macroscópica dos campos gerados refere-se a duas grandes populações: a carga em excesso e a carga de polarização. A carga em excesso é a diferença promediada no espaço entre a densidade das cargas positivas (prótons) e a densidade das cargas negativas (elétrons) em uma amostra de matéria. Existe carga em excesso sempre que ocorre algum processo de inclusão ou extração de cargas móveis de um objeto, e a neutralidade elétrica da amostra é violada nesse caso. A carga de polarização, por sua vez, surge como resultado dos movimentos de íons, elétrons e núcleos atômicos quando um campo elétrico é aplicado na matéria. Não há violação da neutralidade elétrica global da amostra, apenas separações microscópicas entre cargas positivas e negativas nas moléculas do material. Esse fenômeno é denominado de polarização elétrica e será estudado detalhadamente mais adiante. Um modo de incluir o efeito da polarização na descrição macroscópica dos campos na matéria é definir outro campo vetorial **D**, denominado indução elétrica, cujo fluxo seja determinado exclusivamente pelo excesso de carga elétrica no volume considerado, ou seja, a lei de Gauss deve ser reescrita nessa outra forma macroscópica:

$$\nabla \cdot \mathbf{D} = \rho_v \tag{2.27}$$

Nessa forma, a lei de Gauss é independente do meio considerado, ao passo que a Equação (2.25) é válida apenas no vácuo, uma vez que o campo elétrico é afetado pela polarização do meio. Observe que a indução elétrica tem o significado físico de uma densidade superficial de fluxo elétrico e, portanto, sua unidade no Sistema Internacional de Unidades deve ser coulomb por metro quadrado (C/m^2). A indução e o campo elétrico são interdependentes e a relação entre esses campos depende da estrutura molecular do meio considerado. No vácuo, a relação é a seguinte:

$$\mathbf{D} = \varepsilon_o \mathbf{E} \tag{2.28}$$

Na matéria, a constante de proporcionalidade entre campo e indução elétrica, denominada permissividade elétrica do meio, modifica-se em função da polarização. Experimentalmente, verificou-se que, para uma extensa quantidade de materiais diferentes, a permissividade é realmente constante até certo limite de campo aplicado. Além disso, sabe-se que a permissividade depende da densidade molecular do meio, da disposição geométrica das cargas nas moléculas e da taxa de variação temporal do campo elétrico.

Com a definição de indução elétrica, o fluxo elétrico e a densidade de corrente de deslocamento são reescritos da seguinte forma:

$$\varphi_e = \int_S \mathbf{D} \cdot d\mathbf{S} \tag{2.29}$$

$$j_d = \frac{\partial D}{\partial t} \tag{2.30}$$

A Equação (2.26) para a lei de Gauss aplicada à indução magnética reflete o fato de não ser possível separar as fontes de fluxo magnético positivo e negativo. Assim, qualquer que seja o volume considerado, o fluxo total através de sua superfície limítrofe é nulo. Dentro da matéria, os átomos e as moléculas produzem indução magnética adicional. Em virtude dos movimentos que realizam no átomo, os elétrons produzem indução magnética como se constituíssem correntes elétricas microscópicas. A ordenação dos campos magnéticos microscópicos dos átomos de uma amostra em função de um campo magnético aplicado é denominada magnetização. A indução magnética é modificada pela magnetização da matéria. Isso não afeta a lei de Gauss, mas a lei de Ampère deve ser corrigida. Uma forma de se fazer isso se baseia na definição de um novo campo vetorial denominado campo magnético **H**, cuja circulação depende apenas da corrente de cargas livres no circuito que deu origem ao campo. Isto é, o campo magnético não é afetado pelos movimentos eletrônicos nos átomos. No vácuo, o campo magnético está relacionado com a indução magnética por meio de uma relação linear simples:

$$B = \mu_o H \tag{2.31}$$

Porém, na matéria, por causa da contribuição da magnetização, a relação entre campo e indução magnética torna-se diferente. Nos materiais em que a magnetização é muito fraca, a Equação (2.31) ainda é adequada. Nos materiais que se magnetizam intensamente, por sua vez, essa relação torna-se não linear e dependente da taxa de variação temporal do campo aplicado. Com a inclusão dos novos campos vetoriais, a lei de Ampère pode ser escrita da seguinte forma:

$$\nabla \times H = j_c + \frac{\partial D}{\partial t} \tag{2.32}$$

De acordo com essa equação, a circulação do campo magnético é numericamente igual à corrente envolvida pelo caminho de integração. Assim, a unidade de campo magnético no Sistema Internacional deve ser o ampere por metro (A/m). Para completar o conjunto denominado equações de Maxwell, devemos citar ainda a lei de Faraday, a qual foi apresentada na seção anterior e é repetida a seguir:

$$\nabla \times E = -\frac{\partial B}{\partial t} \tag{2.33}$$

Observe que, enquanto as duas equações da lei de Gauss permitem calcular os divergentes das induções elétrica e magnética, as equações das leis de Ampère e Faraday permitem calcular os rotacionais dos campos elétrico e magnético. Desse modo, se as relações entre induções e campos são conhecidas (relações constitutivas) para um determinado meio e se as fontes são especificadas, o conjunto de equações de Maxwell permite a modelagem completa do sistema eletromagnético com a determinação dos quatro campos vetoriais envolvidos no domínio das três coordenadas espaciais e do tempo.

2.6 EXERCÍCIOS

1) Mostre que a inclusão da corrente de deslocamento na lei de Ampère é compatível com o princípio da continuidade e com a lei de Gauss para o campo elétrico.

2) Considere um fio condutor de seção circular com raio a no qual circula uma corrente elétrica com densidade $\mathbf{j}(\rho,z,t) = j_o\, e^{\rho/\delta}\, \text{sen}(\omega t - \beta z)\, \mathbf{u}_z$ a partir de $t = 0$, onde δ, ω e β são constantes. Calcule a densidade de carga elétrica no condutor e a carga elétrica total armazenada no comprimento L do condutor.

3) Considere a Figura 2.3, em que existe um interstício no condutor, mas circula uma corrente elétrica permanente dada por $i_c(t) = I_o\, \text{sen}(\omega t)$. Considere puntiformes as extremidades do fio no interstício e calcule a densidade de corrente de deslocamento no plano transversal tracejado da figura e demonstre que o fluxo elétrico garante a continuidade.

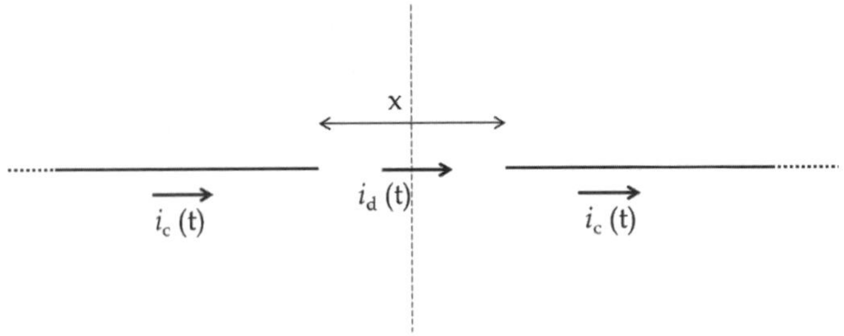

Figura 2.3 Ilustração para o exercício 3.

4) Mostre que uma distribuição estática e localizada de carga elétrica produz potencial elétrico no espaço que pode ser descrito pela equação a seguir (sugestão: inicie calculando o potencial de uma carga puntiforme):

$$V(\mathbf{r}) = \frac{1}{4\pi\varepsilon_o} \int_{V'} \frac{\rho_v(\mathbf{r}')\,dV'}{|\mathbf{r} - \mathbf{r}'|}$$

5) Considerando fontes estáticas, calcule o potencial elétrico associado ao campo elétrico e à condição de contorno indicada (k é uma constante):

a) $\mathbf{E} = k\dfrac{\mathbf{r}}{r^3}$, $V(r=\infty,\theta,\phi)=0$

b) $\mathbf{E} = \dfrac{k}{r^3}(2\cos\theta\mathbf{u}_r + \text{sen}\theta\mathbf{u}_\theta)$, $V(r=\infty,\theta,\phi)=0$

c) $\mathbf{E} = \dfrac{k}{\rho}\mathbf{u}_\rho$, $V(\rho=a,\phi,z)=V_o$

d) $\mathbf{E} = k_1\mathbf{u}_x + k_2\mathbf{u}_y + k_3\mathbf{u}_z$, $V(x=0,y=0,z=0)=0$

6) Mostre que a expressão a seguir para o potencial magnético provém da lei de Biot-Savart e satisfaz à equação de Poisson:

$$A = \frac{\mu_o}{4\pi}\int_{V'}\frac{\mathbf{j}(\mathbf{r}')}{|\mathbf{r}-\mathbf{r}'|}dV'$$

7) Considere que o campo elétrico no espaço seja descrito pela seguinte equação:

$$\mathbf{E} = E_o\, e^{-\alpha z}\cos(\omega t - \beta z)\mathbf{u}_x$$

Encontre a expressão do campo magnético.

8) Um disco metálico de raio R gira com velocidade angular ω em torno do eixo z na presença de um campo magnético uniforme $\mathbf{H} = H_o\,\mathbf{u}_z$. Calcule a força eletromotriz induzida entre o centro e a periferia do disco.

9) Dois fios condutores de comprimento L estão dispostos paralelamente. Em um deles circula uma corrente elétrica constante I_o. Se o segundo é movido radialmente para longe do primeiro com velocidade v, mantendo a orientação paralela, calcule a força eletromotriz induzida nesse fio.

10) Considere a Figura 2.4, em que o campo magnético é gerado por uma corrente em um condutor retilíneo longo e uma espira quadrada encontra-se posicionada conforme indicado. Calcule a força eletromotriz induzida na bobina nas seguintes situações:

a) a corrente no fio varia no tempo segundo a equação $i(t) = I_o\,\text{sen}(\omega t)$ e a bobina está parada;

b) a corrente no fio é constante com valor I_o e a bobina gira em torno do eixo indicado com velocidade angular ω constante.

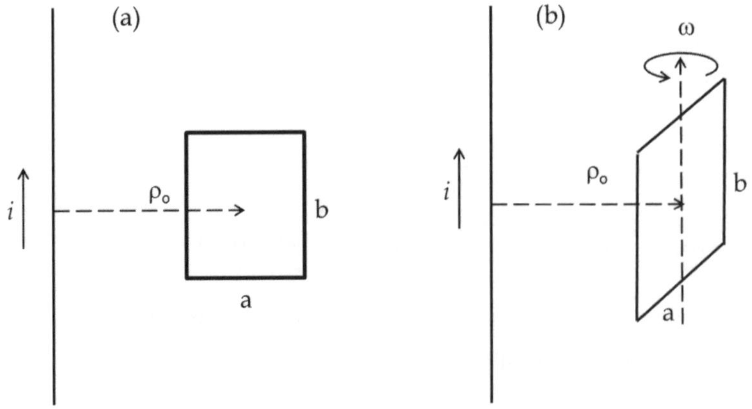

Figura 2.4 Ilustração para o exercício 10.

CAPÍTULO 3

Potencial e energia

No Capítulo 2, os potenciais elétrico e magnético foram definidos com base no conceito de trabalho, mas por razões didáticas adiamos para este capítulo o detalhamento do cálculo dos potenciais e da energia armazenada. O conceito de potencial é de grande valia na teoria eletromagnética, uma vez que geralmente é mais fácil calcular o potencial do que o campo associado a ele. Além disso, a definição de potencial conduz naturalmente ao valor da energia armazenada no sistema.

Contudo, o cálculo de potencial por meio das leis fundamentais apresentadas no Capítulo 2 resulta em equações diferenciais envolvendo as coordenadas espaciais e o tempo. Diversas técnicas já foram desenvolvidas para resolver problemas mais ou menos abrangentes, como o método das imagens, o método da função de Green, a expansão em séries de funções ortogonais e os métodos numéricos. Neste capítulo, trataremos de alguns desses métodos.

Outro assunto de considerável importância conceitual de que trataremos é a energia armazenada em um sistema eletromagnético, a qual será obtida a partir do conceito de trabalho realizado para se estabelecer as distribuições de carga e corrente no espaço e nos levará ao conceito de energia concentrada no campo elétrico e magnético.

3.1 ENERGIA ELÉTRICA

Nos exercícios do Capítulo 2, foi proposta a demonstração da fórmula para o cálculo do potencial elétrico de uma distribuição estática de carga. Essa demonstração muito simples deve ser iniciada com a obtenção do potencial gerado por uma carga puntiforme, como o trabalho para deslocar com velocidade de módulo constante uma carga unitária do infinito até a sua posição final no espaço. Uma vez que o trabalho realizado não é convertido em energia cinética, ele é armazenado na forma de energia potencial no sistema constituído pelas cargas. Se a carga geradora do campo estiver localizada na origem do sistema de coordenadas, o resultado é facilmente obtido por:

$$V(\mathrm{r}) = \int_{\mathrm{r}}^{\infty} \mathrm{E} \cdot d\mathrm{r} = \frac{q}{4\pi\varepsilon_o r} \tag{3.1}$$

O potencial gerado por uma distribuição contínua de cargas é, então, facilmente calculado usando-se o conceito de densidade de cargas.

$$V(\mathrm{r}) = \frac{1}{4\pi\varepsilon_o} \int_{V'} \frac{\rho_v(\mathbf{r}')}{|\mathbf{r} - \mathbf{r}'|} dV' \tag{3.2}$$

O processo de construção de uma distribuição de cargas envolve a movimentação de partículas carregadas de uma posição inicial, onde supostamente não existe interação elétrica, até a posição final no volume da distribuição. Levando em conta a natureza discreta e quantizada da carga elétrica e para que possamos continuar usando a descrição por meio da densidade de carga, vamos assumir que uma grande quantidade de partículas elementares (por exemplo, elétrons) é trazida e distribuída no volume considerado em diversas etapas que ocorrem ao longo de um determinado intervalo de tempo. Embora a quantidade de partículas deslocadas seja grande, como a carga elementar é muito pequena, a variação na densidade de carga é apenas incremental $\delta\rho_v(\mathbf{r})$. Assim, o trabalho incremental realizado em cada etapa do processo é calculado por:

$$\delta W_e = \int_V \delta\rho_v(\mathbf{r}) V(\mathbf{r}) dV \tag{3.3}$$

onde $V(\mathbf{r})$ é o potencial existente em cada posição do espaço antes que a carga $\delta q = \int \delta\rho_v(\mathbf{r})dV$ seja deslocada.

Assim, a energia total fornecida pela fonte que criou a distribuição de cargas e que está armazenada no sistema é obtida a partir da dupla integração, no espaço e no tempo:

$$W_e = \int_V \left[\int_t V(\mathbf{r}) \delta\rho_v(\mathbf{r}) \right] dV \tag{3.4}$$

Observe que, se a relação entre o potencial e a carga elétrica é linear, a integral no tempo resulta em $\rho_v(\mathbf{r})V(\mathbf{r})/2$. As opções de cálculo são:

$$W_e = \frac{1}{2}\int_L V(\mathbf{r})\rho_L(\mathbf{r})dL \rightarrow \text{distribuição linear}$$

$$W_e = \frac{1}{2}\int_S V(\mathbf{r})\rho_S(\mathbf{r})dS \rightarrow \text{distribuição superficial}$$

$$W_e = \frac{1}{2}\int_V V(\mathbf{r})\rho_v(\mathbf{r})dV \rightarrow \text{distribuição volumétrica}$$

Nesse método de cálculo, a integral da energia elétrica pode ser avaliada apenas no volume em que a densidade de carga elétrica é não nula. Isso induz à conclusão errada de que a energia está concentrada apenas no volume ocupado pelas cargas. Para se obter uma descrição correta da distribuição espacial da energia elétrica, devemos substituir a densidade de carga na Equação (3.4). Usaremos a lei de Gauss com o seguinte formato: $\nabla \cdot (\delta D) = \delta\rho_v$. Substituindo na Equação (3.4), obtemos:

$$W_e = \int_V \left[\int_t V\, \nabla \cdot \delta D\right] dV \tag{3.5}$$

Para simplificar a equação anterior, podemos usar a seguinte fórmula vetorial: $\nabla \cdot (\varphi \mathbf{F}) = \nabla\varphi \cdot \mathbf{F} + \varphi\nabla \cdot \mathbf{F}$.

$$W_e = \int_V \left[\int_t \nabla \cdot (V\, \delta D) - \nabla V \cdot \delta D\right] dV = \int_t \left[\int_V \nabla \cdot (V\, \delta D)dV + \int_V \mathbf{E} \cdot \delta D\, dV\right]$$

onde usamos a relação $\mathbf{E} = -\nabla V$ da eletrostática. Antes de prosseguir, convém notar que estamos ignorando o termo $-\mathrm{d}\boldsymbol{A}/\mathrm{d}t$ no campo elétrico, simplesmente porque a sua inclusão acrescentaria uma contribuição magnética para a energia total com o objetivo de estabelecer a corrente elétrica associada ao movimento das partículas carregadas. Porém, esse é o tema da próxima seção.

Podemos, então, aplicar o teorema de Gauss na primeira integral transformando-a em uma integral de superfície. Uma vez que o volume de integração é o espaço infinito, podemos imaginar essa integração sobre uma superfície esférica cujo raio tende a infinito. Contudo, enquanto a área de integração aumenta com r^2, o integrando $V\mathbf{D}$ diminui com potência maior que r^2 no denominador. Portanto, a primeira integral é nula e apenas a segunda integral contribui para a energia elétrica.

$$W_e = \int_t \left[\oint_S V\, \delta D \cdot dS + \int_V \mathbf{E} \cdot \delta D\, dV\right] = \int_V \left[\int_t \mathbf{E} \cdot \delta D\right] dV$$

O integrando na integral volumétrica no último termo é a densidade volumétrica de energia elétrica armazenada no espaço:

$$w_e = \int_t E \cdot dD \tag{3.6}$$

Se a relação entre campo e indução elétrica é linear, temos:

$$w_e = \frac{1}{2} E \cdot D \tag{3.7}$$

De qualquer forma, as duas equações anteriores mostram que a energia elétrica é armazenada no espaço onde existe campo gerado a partir da distribuição de carga.

3.2 ENERGIA MAGNÉTICA

O cálculo da energia magnética é similar ao da energia elétrica. Iniciaremos com o potencial magnético associado a uma distribuição de corrente que é estabelecida por uma fonte de energia externa. Para estabelecer um elemento de corrente $jdV = i dL$ em um caminho específico no volume da distribuição de corrente, a fonte de energia deve superar a força eletromotriz induzida no sistema [Equação (2.15)]:

$$dU_m = -\frac{\delta A}{\delta t} \cdot dL \tag{3.8}$$

O trabalho realizado é, então, calculado como o produto da carga deslocada no intervalo de tempo δt ao longo dessa força eletromotriz:

$$\delta(dW_m) = i\,\delta t\, dU_m = (j \cdot dS)\delta t\left(\frac{\delta A}{\delta t} \cdot dL\right) = j \cdot \delta A\, dV \tag{3.9}$$

Nessa equação, ignoramos o sinal negativo e adotamos a convenção de elemento passivo, pois a energia armazenada é sempre positiva. Para calcular a energia magnética armazenada no sistema, devemos realizar a dupla integração, no volume da distribuição e no tempo:

$$W_m = \int_V \left(\int_t j \cdot \delta A \right) dV \tag{3.10}$$

Deparamos novamente com a percepção errada de que a energia está armazenada apenas no volume da distribuição de corrente, uma vez que fora desse volume a densidade de corrente é nula. A equação anterior é apenas uma forma simples de se calcular a energia magnética, mas existe, como no caso elétrico, uma interpretação mais abrangente para a distribuição de energia no espaço. Adotemos a lei de Ampère estática $\mathbf{j} = \nabla \times \mathbf{H}$ e a fórmula vetorial $\nabla \cdot (\mathbf{F} \times \mathbf{G}) = (\nabla \times \mathbf{F}) \cdot \mathbf{G} - (\nabla \times \mathbf{G}) \cdot \mathbf{F}$:

$$W_m = \int_t \int_V (\nabla \times H \cdot \delta A)\,dV = \int_t \left[\int_V \nabla \cdot (H \times \delta A)\,dV + \int_V \nabla \times \delta A \cdot H\,dV \right]$$

Note que, se incluíssemos a corrente de deslocamento na lei de Ampère usada nessa equação, resultaria em um termo adicional de energia elétrica que já foi considerado na Equação (3.6).

Usamos, então, a relação $\delta\mathbf{B} = \nabla \times \delta A$ na segunda integral e aplicamos o teorema de Gauss na primeira. Com isso, obtemos:

$$W_m = \int_t \left[\oint_S (H \times \delta A) \cdot dS + \int_V \delta B \cdot H\,dV \right] = \int_V \left(\int_t H \cdot \delta B \right) dV \qquad (3.11)$$

Nesse caso, a integral de fluxo também deve ser realizada em uma superfície cujo raio tende a infinito, ao passo que o integrando $\mathbf{H} \times \delta A$ tende a zero mais rapidamente do que r^{-2}. Assim, apenas a segunda integral contribui para a energia magnética em todo o espaço. A densidade de energia magnética é dada por:

$$w_m = \int_t H \cdot dB \qquad (3.12)$$

Se o campo e a indução magnética são proporcionais entre si, a densidade de energia assume uma forma mais simples:

$$w_m = \frac{1}{2} B \cdot H \qquad (3.13)$$

3.3 TEOREMA DE POYNTING

O princípio de conservação de energia no caso de um sistema eletromagnético envolve três parcelas: a energia armazenada nos campos elétrico e magnético; a energia dissipada, ou seja, aquela parcela de energia que é transformada em outras formas, como agitação térmica, movimento mecânico, energia das ligações químicas etc.; e a energia que é transportada pelos campos para dentro ou para fora do sistema. Para se obter a forma algébrica dessa lei de equilíbrio, calculamos a taxa de variação da energia eletromagnética total em um sistema e verificamos como os processos citados podem promover essa variação. A energia total é obtida por meio da soma da energia elétrica com a energia magnética. Em termos de densidade volumétrica, temos a seguinte expressão:

$$w = \int_t E \cdot dD + \int_t H \cdot dB \qquad (3.14)$$

A taxa de variação temporal da energia é obtida, então, da seguinte forma:

$$\frac{\partial w}{\partial t} = \mathbf{E} \cdot \frac{\partial \mathbf{D}}{\partial t} + \mathbf{H} \cdot \frac{\partial \mathbf{B}}{\partial t} \tag{3.15}$$

As derivadas das induções podem ser substituídas pelas equações de Maxwell.

$$\frac{\partial \mathbf{D}}{\partial t} = \nabla \times \mathbf{H} - \mathbf{j}_c \qquad \frac{\partial \mathbf{B}}{\partial t} = -\nabla \times \mathbf{E}$$

Com isso, obtemos:

$$\frac{\partial w}{\partial t} = \mathbf{E} \cdot (\nabla \times \mathbf{H} - \mathbf{j}_c) + \mathbf{H} \cdot (-\nabla \times \mathbf{E}) = -\mathbf{j}_c \cdot \mathbf{E} + [\mathbf{E} \cdot (\nabla \times \mathbf{H}) - \mathbf{H} \cdot (\nabla \times \mathbf{E})]$$

Podemos usar novamente a fórmula vetorial $\nabla \cdot (\mathbf{F} \times \mathbf{G}) = (\nabla \times \mathbf{F}) \cdot \mathbf{G} - (\nabla \times \mathbf{G}) \cdot \mathbf{F}$ para obter grande simplificação da equação anterior:

$$\frac{\partial w}{\partial t} = -\mathbf{j}_c \cdot \mathbf{E} - \nabla \cdot (\mathbf{E} \times \mathbf{H}) \tag{3.16}$$

Essa equação é denominada de teorema de Poynting e representa o princípio de conservação de energia para um sistema eletromagnético. A Equação (3.16) mostra que a energia eletromagnética em um sistema varia no tempo em função de dois processos. O primeiro termo no lado direito dessa equação é a densidade de potência dissipada calculada como o trabalho por segundo e por unidade de volume realizado pelo campo elétrico na movimentação das cargas elétricas no meio. Se n partículas por unidade de volume se deslocam com velocidade **v** sob a ação da força elétrica qE, a potência transferida para o sistema é obtida por:

$$p_{diss} = n(q\mathbf{E}) \cdot \mathbf{v} = \mathbf{j}_c \cdot \mathbf{E} \tag{3.17}$$

Observe que, por causa das interações entre as partículas do meio (átomos neutros, íons, elétrons e lacunas), existem forças que se opõem ao movimento das partículas carregadas (fricção) e que resultam em uma velocidade limite dessas partículas, geralmente considerada proporcional à intensidade do campo aplicado. Ao atingirem a velocidade limite, apesar do trabalho realizado pelo campo elétrico, as partículas não ganham energia cinética adicional. Conclui-se, então, que a energia transferida para o meio é convertida em outras formas, como agitação térmica ou movimento mecânico no sistema.

O segundo termo no lado direito da Equação (3.16) é mais facilmente interpretado se reescrevermos essa equação na forma integral usando o teorema de Gauss:

$$\frac{\partial W}{\partial t} = -\int_V (\mathbf{j}_c \cdot \mathbf{E})\, dV - \oint_S (\mathbf{E} \times \mathbf{H}) \cdot d\mathbf{S} \tag{3.18}$$

O termo em questão é calculado, então, como um fluxo de potência através da superfície que limita o volume de análise. Esse termo mostra que a energia eletromagnética flui através do espaço e, se o fluxo total através de uma superfície fechada é diferente de zero, a energia eletromagnética total dentro desse volume aumenta ou diminui no tempo. A convenção de sinal para o fluxo é positivo para fora do volume. O integrando na Equação (3.18) é um campo vetorial que tem a dimensão de densidade superficial de fluxo de potência (W/m^2), sendo denominado de vetor de Poynting.

$$\mathbf{P} = \mathbf{E} \times \mathbf{H} \tag{3.19}$$

Assim, o teorema de Poynting pode ser reescrito na seguinte forma compacta:

$$\frac{\partial w}{\partial t} = -p_{diss} - \nabla \cdot \mathbf{P} \tag{3.20}$$

Se os campos são constantes, a taxa de variação da densidade de energia é nula e o seguinte resultado se aplica:

$$\nabla \cdot \mathbf{P} = -p_{diss} \rightarrow \oint_S \mathbf{P} \cdot d\mathbf{S} = -P_{diss} \tag{3.21}$$

Nesse caso, toda a potência que entra no volume é dissipada em outras formas de energia. Considere o exemplo mostrado na Figura 3.1. Uma fonte de tensão constante alimenta uma carga resistiva através de um cabo coaxial. A relação entre a diferença de potencial e o campo elétrico no cabo é obtida por:

$$V = \int_a^b \mathbf{E} \cdot d\rho\, \mathbf{u}_\rho = \frac{\rho_L}{2\pi\varepsilon} \int_a^b \frac{d\rho}{\rho} = \frac{\rho_L}{2\pi\varepsilon} \mathrm{Ln}\left(\frac{b}{a}\right)$$

onde ε indica a permissividade do isolante do cabo. Assim, o campo elétrico no interior do cabo é dado por:

$$\mathbf{E} = \frac{\rho_L}{2\pi\varepsilon\rho} \mathbf{u}_\rho = \frac{V}{\rho\, \mathrm{Ln}\left(\frac{b}{a}\right)} \mathbf{u}_\rho$$

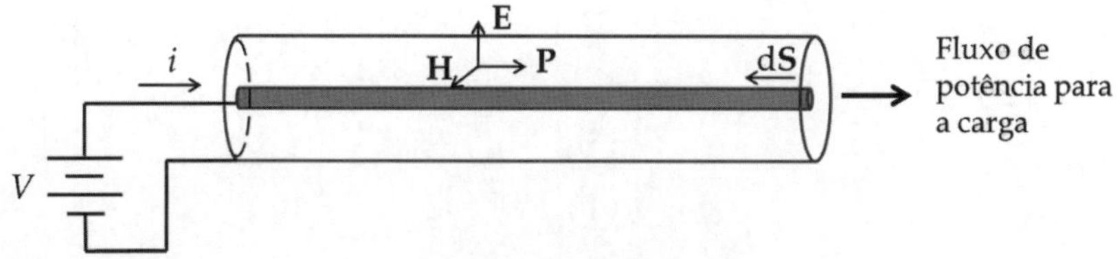

Figura 3.1 Ilustração para o cálculo do fluxo de potência em um cabo coaxial.

Ao considerarmos a lei de Ampère, o campo magnético é facilmente obtido por:

$$\mathrm{H} = \frac{i}{2\pi\rho}\mathbf{u}_\phi$$

Com isso, podemos calcular o vetor de Poynting no interior do cabo:

$$\mathbf{P} = \frac{V}{\rho \,\mathrm{Ln}\left(\frac{b}{a}\right)}\mathbf{u}_\rho \times \frac{i}{2\pi\rho}\mathbf{u}_\phi = \frac{Vi}{2\pi\rho^2 \,\mathrm{Ln}\left(\frac{b}{a}\right)}\mathbf{u}_z$$

A potência total transferida para a carga é obtida por meio da integração do vetor de Poynting na área do cabo. Observe que o único fluxo de potência ocorre para dentro da carga na extremidade do cabo. Ao utilizarmos a Equação (3.21), obtemos:

$$\mathbf{P}_{\mathrm{diss}} = -\int_a^b \frac{Vi}{2\pi\rho^2 \,\mathrm{Ln}\left(\frac{b}{a}\right)}\mathbf{u}_z \cdot (-2\pi\rho \, d\rho \, \mathbf{u}_z) = \frac{Vi}{\mathrm{Ln}\left(\frac{b}{a}\right)}\int_a^b \frac{d\rho}{\rho} = Vi$$

Esse resultado mostra que a potência total transportada é igual ao produto da tensão pela corrente elétrica no cabo e que, uma vez que a energia eletromagnética não varie, toda essa potência é dissipada no interior da carga.

3.4 O MÉTODO DAS IMAGENS

Uma condição necessária à solução de um problema eletromagnético é o conhecimento das fontes que geram os potenciais e os campos associados. É necessário saber como as densidades de carga e de corrente estão distribuídas no espaço. Na medida em que essa especificação seja feita, o problema de cálculo dos potenciais e dos campos segue o caminho simples descrito pelas equações a seguir para o caso com fontes estáticas (a abordagem com fontes variáveis no tempo será discutida posteriormente):

$$V(\mathrm{r}) = \frac{1}{4\pi\varepsilon_o}\int_{V'} \frac{\rho_v(\mathbf{r}')}{|\mathbf{r}-\mathbf{r}'|}dV'$$

$$A(\mathrm{r}) = \frac{\mu_o}{4\pi}\int_{V'} \frac{\mathrm{j}(\mathbf{r}')}{|\mathbf{r}-\mathbf{r}'|}dV'$$

$$\mathrm{E} = -\nabla V$$

$$\mathrm{B} = \nabla \times A$$

Contudo, frequentemente não é possível obter essa especificação em sistemas reais, a não ser como um resultado posterior ao cálculo dos potenciais e campos. Por exemplo, é mais fácil e, portanto, mais comum saber qual é o potencial elétrico aplicado a um condutor de um circuito elétrico. Para determinar a densidade de carga armazenada nesse condutor, precisamos saber qual é o campo elétrico normal em sua superfície (ver Apêndice D). O problema na especificação da distribuição de corrente também existe. Embora seja sempre possível medir a corrente total que circula por um condutor, nem sempre podemos determinar, *a priori*, como a densidade de corrente se distribui em seu volume. Entretanto, calcular os potenciais dentro da distribuição de carga ou corrente raramente é de interesse prático. Assim, o problema a ser encarado consiste em resolver a equação de Poisson nos volumes externos às distribuições de carga e de corrente, ou seja:

$$\nabla^2 V = 0 \tag{3.22}$$

$$\nabla^2 \boldsymbol{A} = 0 \tag{3.23}$$

Estas são equações de Laplace. Suas soluções gerais, evidentemente, não dependem das distribuições de carga ou corrente. Porém, para se obter uma solução particular de um determinado sistema a partir das soluções gerais da equação de Laplace, é necessário conhecer o valor do potencial ou sua derivada normal na superfície de contorno que limita o volume sob análise. Esse tipo de análise é genericamente denominado de solução do problema de valor de contorno.

Há duas condições-padrão de contorno para problemas envolvendo a equação de Laplace: a condição de Dirichlet, na qual o valor do potencial é preestabelecido para todos os pontos sobre a superfície de contorno; e a condição de Neumann, pela qual a derivada normal do potencial é preestabelecida sobre a superfície de contorno. Pode-se provar a unicidade da solução obtida com a utilização de qualquer uma dessas condições.

Alguns problemas de cálculo de potencial elétrico que utilizam a condição de contorno de Dirichlet podem ser resolvidos considerando-se que existe uma distribuição de carga fora do volume de análise, de tal modo que a soma dos potenciais gerados pela carga conhecida no volume e pela carga imagem fora do volume satisfaça à condição de contorno preestabelecida. A substituição do problema real por outro sem as superfícies de contorno e incluindo a carga imagem é denominada método das imagens. Considere o exemplo simples mostrado na Figura 3.2: uma carga puntiforme q próxima de um plano com potencial nulo e uma carga imagem −q situada simetricamente em relação ao plano, como mostra a figura, garantem a condição de contorno. Então, o potencial acima do plano pode ser calculado pela soma dos potenciais gerados pelas duas cargas. Se a superfície de contorno for esférica, como mostra a Figura 3.3, o problema de determinar a posição e a quantidade de carga imagem é um pouco mais complexo. Na medida em que o potencial de uma carga puntiforme depende de q/r e considerando as posições das duas cargas em relação ao centro da esfera, para que o potencial seja nulo na superfície, devemos ter:

$$V_{superfície} = \frac{q}{x} + \frac{q'}{x'} = 0 \quad \rightarrow \quad -\frac{q'}{q} = \frac{x'}{x} = m \tag{3.24}$$

onde m é uma constante. Para as distâncias, temos:

$$x = \sqrt{R^2 + d^2 - 2Rd\cos\theta}$$

$$x' = \sqrt{R^2 + d'^2 - 2Rd'\cos\theta}$$

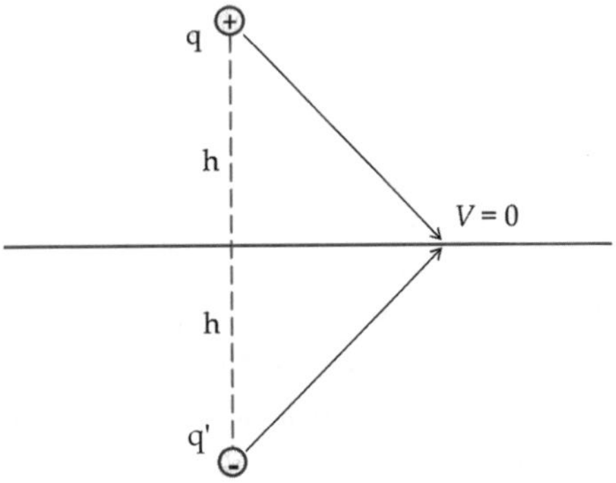

Figura 3.2 Ilustração simples da aplicação do método das imagens.

Ao substituirmos em $x'^2 = m^2x^2$, proveniente da Equação (3.24), obtemos:

$$R^2 + d'^2 - 2Rd'\cos\theta = m^2R^2 + m^2d^2 - 2m^2Rd\cos\theta \quad \rightarrow \quad \begin{cases} R = m\,d \\ d' = m\,R \\ d' = m^2 d \end{cases}$$

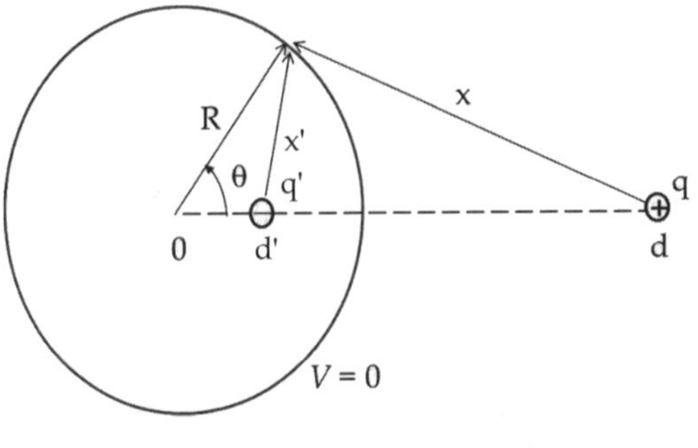

Figura 3.3 Ilustração para o problema da carga puntiforme e da esfera aterrada.

Nessa expressão, após a chave, são listadas as relações obtidas da equação. Assim, a solução para a posição e a quantidade de carga imagem é a seguinte:

$$m = \frac{R}{d} \qquad d' = \frac{R^2}{d} \qquad q' = -\frac{R}{d}q$$

Com isso, o potencial fora da esfera pode ser calculado pela superposição dos potenciais de q e q' para $r \geq R$:

$$V(r) = \frac{q}{4\pi\varepsilon_o}\left(\frac{1}{\sqrt{r^2 + d^2 - 2rd\cos\theta}} - \frac{R}{\sqrt{r^2d^2 + R^4 - 2rR^2d\cos\theta}}\right) \tag{3.25}$$

A situação mostrada na Figura 3.4 é de grande interesse prático. Trata-se de uma linha paralela em que a distância entre os condutores é comparável ao diâmetro. Em virtude da atração eletrostática entre as cargas de sinal contrário, a hipótese de distribuição uniforme de carga na superfície dos fios não é adequada. Em cada condutor, assumiremos a posição da carga imagem deslocada de uma distância p para o centro da linha e usaremos o modelo de distribuição filamentar de carga para o cálculo do potencial elétrico.

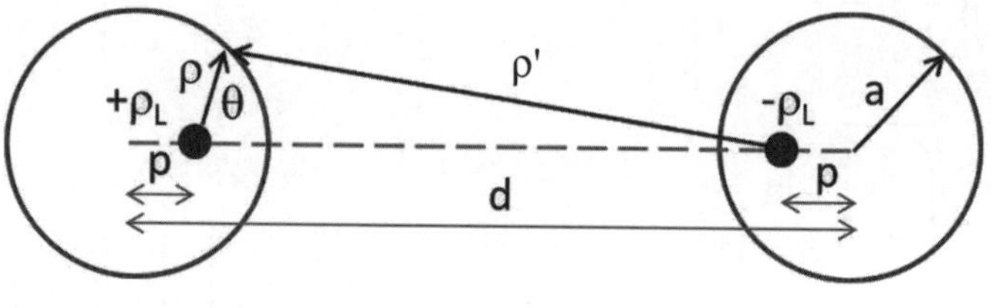

Figura 3.4 Ilustração para o problema da linha paralela.

Assim, o potencial de um condutor é obtido da seguinte forma:

$$V(\rho) = V(\rho_o) - \int_{\rho_o}^{\rho} \mathbf{E} \cdot d\rho\, \mathbf{u}_\rho = V(\rho_o) - \frac{\rho_L}{2\pi\varepsilon}\int_{\rho_o}^{\rho}\frac{d\rho}{\rho} = V(\rho_o) - \frac{\rho_L}{2\pi\varepsilon}\mathrm{Ln}\left(\frac{\rho}{\rho_o}\right)$$

Ao somarmos os potenciais dos dois condutores e considerando que a linha é balanceada, obtemos:

$$V(\rho,\rho') = V(\rho_o) - \frac{\rho_L}{2\pi\varepsilon}\mathrm{Ln}\left(\frac{\rho}{\rho_o}\right) + \frac{\rho_L}{2\pi\varepsilon}\mathrm{Ln}\left(\frac{\rho'}{\rho_o}\right) = V(\rho_o) + \frac{\rho_L}{2\pi\varepsilon}\mathrm{Ln}\left(\frac{\rho'}{\rho}\right)$$

Por causa da simetria, podemos assumir que o potencial no plano transversal médio (o lugar geométrico para o qual $\rho = \rho'$) é nulo. Assim, temos:

$$V(\rho,\rho') = \frac{\rho_L}{2\pi\varepsilon}\text{Ln}\left(\frac{\rho'}{\rho}\right) \tag{3.26}$$

Para qualquer posição sobre um dos condutores, o potencial é fixo. Por exemplo, para o condutor à esquerda com carga positiva, as distâncias radiais são dadas por:

$$\rho = \sqrt{a^2 + p^2 - 2ap\cos\theta}$$

$$\rho' = \sqrt{a^2 + (d-p)^2 - 2a(d-p)\cos\theta}$$

Uma vez que a superfície desse condutor é equipotencial, temos:

$$\left(\frac{\rho'}{\rho}\right)^2 = \frac{a^2 + (d-p)^2 - 2a(d-p)\cos\theta}{a^2 + p^2 - 2ap\cos\theta} = m^2 \rightarrow \begin{cases} m\,a = (d-p) \\ m\,p = a \\ p\,m^2 = (d-p) \end{cases}$$

Ao resolvermos as equações resultantes, obtemos a posição da carga imagem e a constante m.

$$p = \frac{d}{2} - \sqrt{\left(\frac{d}{2}\right)^2 - a^2} \tag{3.27}$$

$$m = \frac{d}{2a} + \sqrt{\left(\frac{d}{2a}\right)^2 - 1} \tag{3.28}$$

Se a diferença de potencial aplicada na linha paralela é V_o, podemos assumir que o condutor à esquerda tem potencial $V_o/2$. Ao utilizarmos a Equação (3.26), podemos calcular a densidade de carga elétrica na linha:

$$\frac{V_o}{2} = \frac{\rho_L}{2\pi\varepsilon}\text{Ln}(m) \rightarrow \rho_L = \frac{\pi\varepsilon V_o}{\text{Ln}\left[\frac{d}{2a} + \sqrt{\left(\frac{d}{2a}\right)^2 - 1}\right]} \tag{3.29}$$

Usando novamente a Equação (3.26), podemos obter o potencial elétrico em uma posição arbitrária do espaço. Tendo como referência de posição o centro geométrico do condutor positivo, o potencial é dado pela seguinte expressão:

$$V(r,\theta) = \frac{\rho_L}{4\pi\varepsilon}\text{Ln}\left[\frac{r^2 + (d-p)^2 - 2r(d-p)\cos\theta}{r^2 + p^2 - 2r\,p\cos\theta}\right] \tag{3.30}$$

onde (r,θ) são as coordenadas polares da posição no espaço.

3.5 SOLUÇÃO DA EQUAÇÃO DE LAPLACE EM COORDENADAS RETANGULARES

O método de cálculo de potencial de aplicação mais geral é baseado na solução da equação de Laplace com condições de contorno conhecidas. A forma geométrica da superfície limítrofe determina o sistema de coordenadas mais adequado a ser usado na representação do operador laplaciano. Como a equação de Laplace é uma equação diferencial linear, suas soluções particulares podem ser combinadas linearmente para se obter novas soluções, ou seja, se V_1, V_2, V_3 etc. são soluções da equação de Laplace, então, a combinação linear dessas funções na forma a seguir, onde os coeficientes c_n são constantes, também é uma solução:

$$V = \sum_n c_n V_n \tag{3.29}$$

Em contrapartida, pode-se demonstrar que uma solução da equação de Laplace que satisfaça às condições de contorno especificadas é única, ou seja, não existem duas soluções diferentes para o mesmo conjunto de condições de contorno.

Em coordenadas retangulares, a equação de Laplace é dada por:

$$\frac{\partial^2 V}{\partial x^2} + \frac{\partial^2 V}{\partial y^2} + \frac{\partial^2 V}{\partial z^2} = 0 \tag{3.32}$$

A solução geral pode ser obtida com o método de separação de variáveis. Ao se supor que podemos encontrar três funções independentes $f(x)$, $g(y)$ e $h(z)$, tal que $V(x, y, z) = f(x)g(y)h(z)$ seja uma solução da equação de Laplace, podemos substituir na Equação (3.32) e organizar a equação resultante para obter o seguinte:

$$\frac{1}{f}\frac{d^2 f}{dx^2} + \frac{1}{g}\frac{d^2 g}{dy^2} + \frac{1}{h}\frac{d^2 h}{dz^2} = 0 \tag{3.33}$$

Como cada termo nessa equação depende apenas de uma coordenada, para que a soma seja nula em qualquer posição do espaço, cada termo deve ser igual a uma constante. Podemos, então, separar a Equação (3.33) em três equações independentes:

$$\frac{1}{f}\frac{d^2 f}{dx^2} = k_x^2 \qquad \frac{1}{g}\frac{d^2 g}{dy^2} = k_y^2 \qquad \frac{1}{h}\frac{d^2 h}{dz^2} = k_z^2 \tag{3.34}$$

onde k_x, k_y e k_z são denominadas constantes de separação e devem satisfazer à seguinte relação:

$$k_x^2 + k_y^2 + k_z^2 = 0 \tag{3.35}$$

Consideremos a equação na coordenada x e vamos avaliar as possibilidades de solução. Uma solução geral pode ser obtida pelo método habitual substituindo

$f = f_o \exp(\alpha x)$. Com isso, encontramos que o coeficiente α deve satisfazer à relação $\alpha^2 = (k_x)^2$. Assim, temos as seguintes possibilidades:

1) $(k_x)^2 = 0 \rightarrow \alpha$ é nulo e a solução geral é (a_1 e a_2 são constantes reais):

$$f = a_1 x + a_2$$

2) $(k_x)^2 > 0 \rightarrow \alpha$ é um número real que admite dois valores: $\alpha = \pm k_x$. Então, a solução geral é a seguinte:

$$f = a_1 e^{k_x x} + a_2 e^{-k_x x}$$

3) $(k_x)^2 < 0 \rightarrow \alpha$ é um número imaginário que admite dois valores: $\alpha = \pm j\beta_x$, onde $\beta_x = |k_x|$. Então, a solução geral é a seguinte (a_1 e a_2 são constantes complexas e c_1 e c_2 são reais):

$$f = a_1 e^{j\beta_x x} + a_2 e^{-j\beta_x x} = c_1 \cos(\beta_x x) + c_2 \operatorname{sen}(\beta_x x)$$

Para que a Equação (3.35) seja satisfeita, devemos ter um ou dois termos negativos. Digamos que $k_x^2 < 0$ e $k_y^2 < 0$. Nesse caso, $k_z^2 = -k_x^2 - k_y^2 > 0$ e a solução geral pode ser escrita da seguinte forma:

$$V(x, y, x) = \left[c_1 \cos(\beta_x x) + c_2 \operatorname{sen}(\beta_x x)\right]\left[b_1 \cos(\beta_y y) + b_2 \operatorname{sen}(\beta_y y)\right]\left(a_1 e^{\alpha z} + a_2 e^{-\alpha z}\right) \tag{3.36}$$

onde os valores das constantes de separação estão relacionados por:

$$\alpha^2 = \beta_x^2 + \beta_y^2 \tag{3.37}$$

Qualquer problema de valor de contorno com solução analítica exige condições de contorno bem comportadas que permitam determinar os coeficientes (a_1, a_2, b_1, b_2, c_1, c_2) e as constantes de separação (β_x, β_y, α). O problema típico em coordenadas retangulares é o da caixa de potencial, ilustrado na Figura 3.5. Todos os planos, exceto um, estão no potencial zero. O plano $z = L_z$ está no potencial V_o. Para que o potencial se anule no plano $x = 0$ sem se anular em todas as demais posições x, devemos ter $c_1 = 0$. De modo análogo, para que o potencial seja nulo no plano $y = 0$, devemos ter $b_1 = 0$. Para que o potencial se anule no plano $z = 0$, devemos ter $a_2 = -a_1$. Com isso, o potencial dentro da caixa pode ser escrito da seguinte forma:

$$V = c \operatorname{sen}(\beta_x x) \operatorname{sen}(\beta_y y) \operatorname{senh}(\sqrt{\beta_x^2 + \beta_y^2}\, z) \tag{3.38}$$

Falta ainda determinar a constante c e os coeficientes β_x e β_y. Para que o potencial se anule em $x = L_x$, o argumento da expressão $\operatorname{sen}(\beta_x L_x)$ deve ser um múltiplo inteiro de π, ou seja:

$$\beta_x = \frac{n\pi}{L_x}$$

onde n é um inteiro. De modo análogo, para satisfazer à condição de contorno no plano $y = L_y$, devemos ter:

$$\beta_y = \frac{m\pi}{L_y}$$

onde m é inteiro.

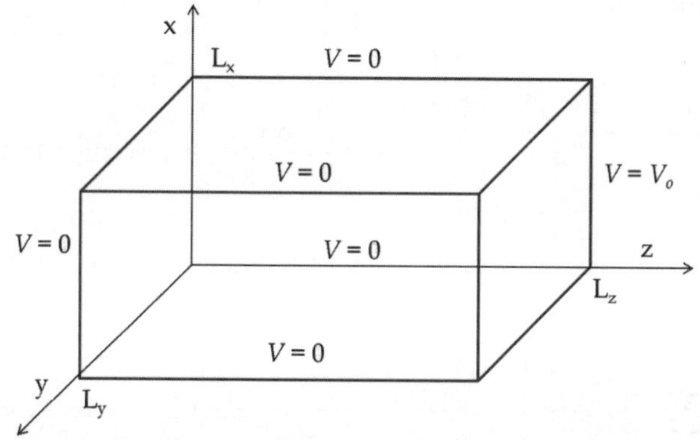

Figura 3.5 Geometria e condições de contorno para o problema da caixa de potencial.

Com base no que foi obtido até o momento, podemos concluir que existem infinitas soluções possíveis que atendem às condições de contorno já avaliadas. Assim, a solução geral para esse problema pode ser escrita na forma de uma série de funções:

$$V = \sum_n \sum_m \left[c_{nm} \operatorname{sen}\left(\frac{n\pi}{L_x}x\right) \operatorname{sen}\left(\frac{m\pi}{L_y}y\right) \operatorname{senh}\left(\sqrt{\left(\frac{n}{L_x}\right)^2 + \left(\frac{m}{L_y}\right)^2}\,\pi z\right)\right]$$

A última condição de contorno exige que a série convirja para uma constante na posição $z = L_z$. Podemos escrever isso da seguinte forma:

$$V_o = \sum_n \sum_m C_{nm} \operatorname{sen}\left(\frac{n\pi}{L_x}x\right) \operatorname{sen}\left(\frac{m\pi}{L_y}y\right) \tag{3.39}$$

onde:

$$C_{nm} = c_{nm}\text{senh}\left(\sqrt{\left(\frac{n}{L_x}\right)^2 + \left(\frac{m}{L_y}\right)^2}\,\pi\, L_z\right)$$

A Equação (3.39) é uma série de Fourier bidimensional (Apêndice C). Seus coeficientes podem ser calculados pela expressão a seguir proveniente da teoria das séries de Fourier:

$$C_{nm} = \frac{4}{L_x L_y}\int_0^{L_x}\int_0^{L_y} V_o \,\text{sen}\left(\frac{n\pi}{L_x}x\right)\text{sen}\left(\frac{m\pi}{L_y}y\right)dy\,dx$$

O resultado é obtido por:

$$C_{nm} = \frac{4V_o}{\pi^2}\frac{(1-\cos n\pi)(1-\cos m\pi)}{n\,m} = \begin{cases} 0 \rightarrow \text{n ou m par} \\ \dfrac{16\,V_o}{\pi^2\, n\,m} \rightarrow \text{n e m ímpares} \end{cases}$$

Então, a solução para o potencial elétrico na caixa é a seguinte:

$$V = \frac{16\,V_o}{\pi^2}\sum_{\substack{n\\ \text{ímpar}}}\sum_{\substack{m\\ \text{ímpar}}}\frac{\text{sen}(n\pi x/L_x)\,\text{sen}(m\pi y/L_y)\,\text{senh}\left(\sqrt{(n/L_x)^2+(m/L_y)^2}\,\pi z\right)}{n\,m\ \ \text{senh}\left(\sqrt{(n/L_x)^2+(m/L_y)^2}\,\pi L_z\right)} \tag{3.40}$$

3.6 SOLUÇÃO DA EQUAÇÃO DE LAPLACE EM COORDENADAS CILÍNDRICAS

Em coordenadas cilíndricas, a equação de Laplace é escrita da seguinte forma:

$$\frac{1}{\rho}\frac{\partial}{\partial\rho}\left(\rho\frac{\partial V}{\partial\rho}\right) + \frac{1}{\rho^2}\frac{\partial^2 V}{\partial\phi^2} + \frac{\partial^2 V}{\partial z^2} = 0 \tag{3.41}$$

Procedendo à separação de variáveis, escrevemos a seguinte solução:

$$V(\rho,\phi,z) = F(\rho,\phi)h(z) \tag{3.42}$$

Ao substituirmos na Equação (3.41) e dividirmos todos os termos por Fh, obtemos:

$$\frac{1}{F}\left[\frac{1}{\rho}\frac{\partial}{\partial\rho}\left(\rho\frac{\partial F}{\partial\rho}\right) + \frac{1}{\rho^2}\frac{\partial^2 F}{\partial\phi^2}\right] + \frac{1}{h}\frac{d^2 h}{dz^2} = 0 \tag{3.43}$$

Usando a constante de separação k, a Equação (3.43) resulta nas seguintes equações separadas:

$$\frac{d^2h}{dz^2} = k^2h \tag{3.44}$$

$$\rho\frac{\partial}{\partial\rho}\left(\rho\frac{\partial F}{\partial\rho}\right) + \frac{\partial^2 F}{\partial\phi^2} + k^2\rho^2 F = 0 \tag{3.45}$$

Aplicando novamente a separação de variáveis, então, na Equação (3.45), substituímos $F(\rho,\phi) = f(\rho)g(\phi)$ e obtemos:

$$\frac{1}{f}\left[\rho\frac{d}{d\rho}\left(\rho\frac{df}{d\rho}\right) + k^2\rho^2 f\right] = -\frac{1}{g}\frac{d^2g}{d\phi^2} \tag{3.46}$$

Os termos em cada lado da igualdade devem ser iguais a uma constante. Em virtude da necessária periodicidade em relação ao ângulo azimutal, essa constante deve ser um número real e inteiro. Considerando a constante de separação como n, obtemos as seguintes equações separadas:

$$\frac{d^2g}{d\phi^2} + n^2 g = 0 \tag{3.47}$$

$$\rho^2\frac{d^2f}{d\rho^2} + \rho\frac{df}{d\rho} + (k^2\rho^2 - n^2)f = 0 \tag{3.48}$$

Obteremos agora as funções *f*, g e *h*. As soluções para as equações (3.44) e (3.47) são bem conhecidas. Neste estudo, iremos tratar apenas de situações em que a constante k é real. Se k = 0, a função *h* é $h(z) = a_1 z + a_2$; caso contrário, temos:

$$h(z) = a_1 e^{kz} + a_2 e^{-kz} \tag{3.49}$$

Para a função $g(\phi)$, temos:

$$g(\phi) = b_1\cos(n\phi) + b_2\operatorname{sen}(n\phi) \tag{3.50}$$

Por sua vez, para a função $f(\rho)$, temos três possibilidades:

1) k = 0 e n = 0 → nesse caso, a Equação (3.48) pode ser reescrita na forma:

$$\rho\frac{d^2f}{d\rho^2} + \frac{df}{d\rho} = 0 \quad\rightarrow\quad \frac{d}{d\rho}\left(\rho\frac{df}{d\rho}\right) = 0$$

cuja solução geral é:

$$f(\rho) = c_1 \ln(\rho) + c_2 \tag{3.51}$$

2) Se k = 0, mas n ≠ 0, temos:

$$\rho^2 \frac{d^2 f}{d\rho^2} + \rho \frac{df}{d\rho} - n^2 f = 0$$

cuja solução geral é:

$$f(\rho) = c_1 \rho^n + c_2 \rho^{-n} \tag{3.52}$$

3) k ≠ 0 → nesse caso, a Equação (3.48) é a equação diferencial de Bessel, cujas soluções são $J_n(k\rho)$ e $N_n(k\rho)$, respectivamente, as funções de Bessel de primeira e segunda espécie de ordem n (Apêndice C). A solução geral da Equação (3.48) pode, então, ser escrita da seguinte forma:

$$f(\rho) = c_1 J_n(k\rho) + c_2 N_n(k\rho) \tag{3.53}$$

O exemplo a seguir, ilustrado na Figura 3.6, refere-se a um tubo de potencial nulo em todas as superfícies, exceto na tampa em z = L. Em função da independência com o ângulo azimutal, podemos concluir que n = 0 na Equação (3.50). Uma vez que o problema envolve a origem e a função $N_n(x)$ é singular em x = 0, concluímos que $c_2 = 0$. Com isso, temos a seguinte solução:

$$V = J_o(k\rho)\left(a_1 e^{kz} + a_2 e^{-kz}\right)$$

A condição de contorno $V(z = 0) = 0$ é satisfeita se $a_2 = -a_1$. Portanto:

$$V = c\, J_o(k\rho)\,\text{senh}(kz)$$

A condição de contorno $V(\rho = a) = 0$ estabelece que $J_o(ka) = 0$, ou seja, ka é igual a um dos zeros da função $J_o(x)$. Os primeiros seis zeros são: $x_{o1} = 2{,}405$; $x_{o2} = 5{,}520$; $x_{o3} = 8{,}654$; $x_{o4} = 11{,}792$; $x_{o5} = 14{,}931$; e $x_{o6} = 18{,}071$. Podemos construir uma solução geral com a combinação linear das funções $J_o(k_m\rho)$ cujos zeros de ordem m coincidem com o raio a do cilindro. Isso resulta nos seguintes valores de k:

$$k_m = \frac{x_{om}}{a}$$

E a solução geral torna-se:

$$V = \sum_m c_m J_o(k_m\rho)\,\text{senh}(k_m z) \tag{3.54}$$

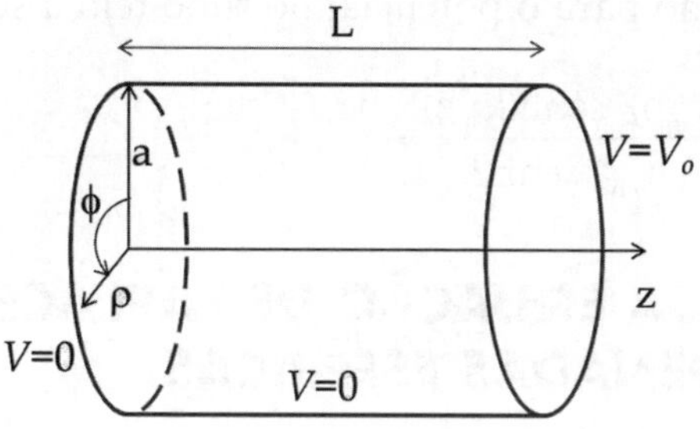

Figura 3.6 Geometria e condições de contorno para o cálculo do potencial em um tubo.

Ao aplicarmos a condição de contorno em z = L, temos:

$$V_o = \sum_m C_m J_o(k_m \rho) \tag{3.55}$$

onde:

$$C_m = c_m \operatorname{senh}(k_m L)$$

A Equação (3.55) é uma série de funções de Bessel. As funções $J_o(x_{om}\,\rho/a)$ são ortogonais no intervalo $0 \le \rho/a \le 1$. Para se encontrar os coeficientes dessa expansão, a seguinte relação pode ser utilizada:

$$\int_0^a \rho J_o\left(\frac{x_{om}}{a}\rho\right) J_o\left(\frac{x_{on}}{a}\rho\right) d\rho = \begin{cases} \frac{1}{2} J_1^2(x_{om})a^2 \text{ se } m = n \\ 0 \text{ se } m \neq n \end{cases}$$

onde $J_1(x)$ é a função de Bessel de primeira espécie e ordem 1. Ao aplicarmos a técnica tradicional de cálculo dos coeficientes de séries de funções ortogonais, obtemos a seguinte expressão para os coeficientes C_m:

$$C_m = \frac{2}{J_1^2(x_{om})a^2} \int_0^a \rho V_o J_o\left(\frac{x_{om}}{a}\rho\right) d\rho$$

A integral pode ser facilmente resolvida com a fórmula:

$$\int x J_o(x)\, dx = x J_1(x)$$

Obtemos, então:

$$C_m = \frac{2V_o}{x_{om} J_1(x_{om})}$$

Com isso, a solução para o potencial no tubo tem a seguinte forma:

$$V = 2V_o \sum_m \frac{J_o(k_m \rho)\ \mathrm{senh}(k_m z)}{x_{om}\ J_1(x_{om})\ \mathrm{senh}(k_m L)} \tag{3.56}$$

3.7 SOLUÇÃO DA EQUAÇÃO DE LAPLACE EM COORDENADAS ESFÉRICAS

Em coordenadas esféricas, a equação de Laplace é descrita por:

$$\frac{\partial}{\partial r}\left(r^2 \frac{\partial V}{\partial r}\right) + \frac{1}{\mathrm{sen}\theta}\frac{\partial}{\partial \theta}\left(\mathrm{sen}\theta \frac{\partial V}{\partial \theta}\right) + \frac{1}{\mathrm{sen}^2\theta}\frac{\partial^2 V}{\partial \phi^2} = 0 \tag{3.57}$$

Como no caso anterior, aplicaremos a separação de variáveis em duas etapas. Inicialmente, escrevemos o potencial de modo que a coordenada radial seja separada das coordenadas angulares:

$$V(r, \theta, \phi) = F(\theta, \phi) h(r)$$

Ao substituirmos na Equação (3.57), obtemos as seguintes equações separadas:

$$\frac{d}{dr}\left(r^2 \frac{dh}{dr}\right) = k^2 h \tag{3.58}$$

$$\mathrm{sen}\theta \frac{\partial}{\partial \theta}\left(\mathrm{sen}\theta \frac{\partial F}{\partial \theta}\right) + \frac{\partial^2 F}{\partial \phi^2} = -k^2 \mathrm{sen}^2\theta$$

onde k é a constante de separação.

Substituímos, então, a função F por:

$$F(\theta, \phi) = f(\theta)\, g(\phi)$$

Desse modo, obtemos:

$$\frac{d^2 g}{d\phi^2} = -m^2 g \tag{3.59}$$

$$\mathrm{sen}\theta \frac{d}{d\theta}\left(\mathrm{sen}\theta \frac{df}{d\theta}\right) + \left(k^2 \mathrm{sen}^2\theta - m^2\right) f = 0 \tag{3.60}$$

A Equação (3.58), que é radial, pode ser reescrita da seguinte forma:

$$r^2 \frac{d^2 h}{dr^2} + 2r \frac{dh}{dr} - k^2 h = 0$$

E sua solução é dada por:

$$h(r) = a_1 r^n + a_2 r^{-(n+1)} \tag{3.61}$$

onde $k^2 = n(n + 1)$.

A equação na coordenada azimutal tem uma solução bem conhecida e já utilizada anteriormente. Em virtude da periodicidade nessa coordenada, o valor de m é necessariamente real e inteiro.

$$g(\phi) = b_1 \cos(m\phi) + b_2 \,\text{sen}(m\phi) \tag{3.62}$$

A equação na coordenada polar pode ser reescrita em uma forma geral bem conhecida com a seguinte substituição na Equação (3.60):

$$\cos\theta = x \quad \rightarrow \quad \text{sen}\theta = \sqrt{1-x^2} \rightarrow \quad \frac{d}{d\theta} = -\sqrt{1-x^2}\,\frac{d}{dx}$$

Com isso, obtemos a equação na coordenada polar:

$$\frac{d}{dx}\left[\left(1-x^2\right)\frac{df}{dx}\right] + \left[k^2 - \frac{m^2}{1-x^2}\right]f = 0 \tag{3.63}$$

Essa é a equação diferencial associada de Legendre e suas soluções são as funções associadas de Legendre. No caso em que exista simetria azimutal, substituindo m = 0, obtemos uma forma mais simples dessa equação:

$$\left(1-x^2\right)\frac{d^2 f}{dx^2} - 2x\frac{df}{dx} + n(n+1)f = 0 \tag{3.64}$$

onde k^2 foi substituído por $n(n + 1)$. As soluções dessa equação são os polinômios de Legendre $P_n(x)$ (Apêndice C).

A Figura 3.7 mostra como exemplo de aplicação do cálculo de potencial em coordenadas esféricas o problema de dois hemisférios ligados a potenciais opostos. Com o ângulo ϕ sendo medido da forma indicada, a figura apresenta simetria azimutal. Nesse caso, a solução geral para o potencial em todo o espaço é dada pelo produto da função radial $h(r)$ com o polinômio de Legendre. Ao considerarmos que n pode ser qualquer inteiro positivo, podemos obter uma solução geral na forma de uma série:

$$V(r,\theta) = \sum_n \left[c_{1n} r^n + c_{2n} r^{-(n+1)}\right] P_n(\cos\theta) \tag{3.65}$$

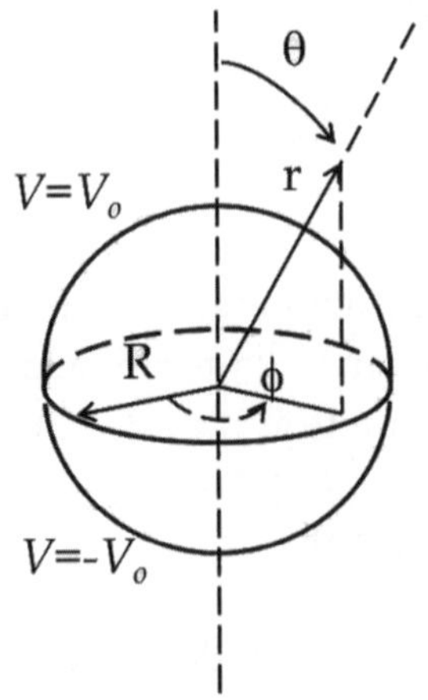

Figura 3.7 Geometria e condições de contorno no problema dos hemisférios em potenciais simétricos.

Porém, como o potencial é finito em qualquer posição do espaço, essa equação deve ser separada em uma solução interna e outra solução externa aos hemisférios:

$$\begin{aligned} V(r,\theta) &= \sum_n c_{1n}\, r^n\, P_n(\cos\theta) \quad \text{para} \quad r \le R \\ V(r,\theta) &= \sum_n c_{2n}\, r^{-(n+1)}\, P_n(\cos\theta) \quad \text{para} \quad r \ge R \end{aligned} \tag{3.66}$$

A condição de contorno sobre os hemisférios é descrita por:

$$V(r = R,\theta) = V_s(\theta) = \begin{cases} V_o & \text{para} \quad 0 \le \theta < \pi/2 \\ -V_o & \text{para} \quad \pi/2 < \theta \le \pi \end{cases}$$

Para a solução interna satisfazer à condição de contorno, devemos ter o seguinte:

$$V_s(\theta) = \sum_n c_{1n}\, R^n\, P_n(\cos\theta)$$

Ou seja, a condição de contorno deve ser satisfeita por uma série de polinômios de Legendre com coeficientes $c_{1n}\, R^n$. De acordo com a teoria das séries de Legendre, os coeficientes da expansão de uma função f(x) definida no intervalo $-1 \le x \le 1$ são dados por:

$$C_n = \frac{2n+1}{2}\int_{-1}^{1} f(x) P_n(x)\, dx$$

Nesse caso, $f(\theta) = V_s(\theta)$ e na variável x temos a seguinte forma:

$$f(x) = \begin{cases} -V_o & \text{para} \quad -1 \le x < 0 \\ V_o & \text{para} \quad 0 < x \le 1 \end{cases}$$

Como f(x) é ímpar, apenas os termos ímpares da série de polinômios de Legendre têm coeficientes diferentes de zero. Assim, temos:

$$c_{1n} = \frac{2n+1}{R^n} V_o \int_0^1 P_n(x)dx \quad \text{para n ímpar}$$

O integrando anterior tem a seguinte função primitiva:

$$\int P_n(x)dx = \frac{P_{n+1}(x) - P_{n-1}(x)}{2n+1}$$

Com isso, e considerando que $P_n(1) = 1$, obtemos o seguinte resultado para c_{1n}:

$$c_{1n} = \frac{V_o}{R^n}\left[P_{n-1}(0) - P_{n+1}(0)\right]$$

Assim, obtemos a solução para $r \leq R$ na seguinte forma:

$$V(r \leq R, \theta) = V_o \sum_{n \text{ ímpar}}^{\infty} \left(\frac{r}{R}\right)^n \left[P_{n-1}(0) - P_{n+1}(0)\right] P_n(\cos\theta) \tag{3.67}$$

De maneira análoga, pode-se mostrar que para $r \geq R$, a solução é dada por:

$$V(r \geq R, \theta) = V_o \sum_{n \text{ ímpar}}^{\infty} \left(\frac{r}{R}\right)^{-(n+1)} \left[P_{n-1}(0) - P_{n+1}(0)\right] P_n(\cos\theta) \tag{3.68}$$

3.8 EXERCÍCIOS

1) Uma carga puntiforme q é colocada nas proximidades de uma esfera condutora aterrada de raio R. A distância entre a carga e o centro da esfera é d. Calcule a densidade superficial de carga elétrica induzida na esfera.

2) Considere uma linha paralela longa com separação d entre os centros geométricos dos condutores que têm diâmetro $2a$. Uma diferença de potencial V_o é aplicada entre os condutores. Calcule o campo elétrico na superfície dos condutores.

3) Considere o problema da caixa de potencial mostrado na Figura 3.8 com arestas (a, b, c) em que todas as faces, exceto a superior, estão no potencial nulo. A face superior é dividida em duas metades ligadas a potenciais opostos $-V_o/2$ e $V_o/2$. Calcule o potencial elétrico no interior da caixa.

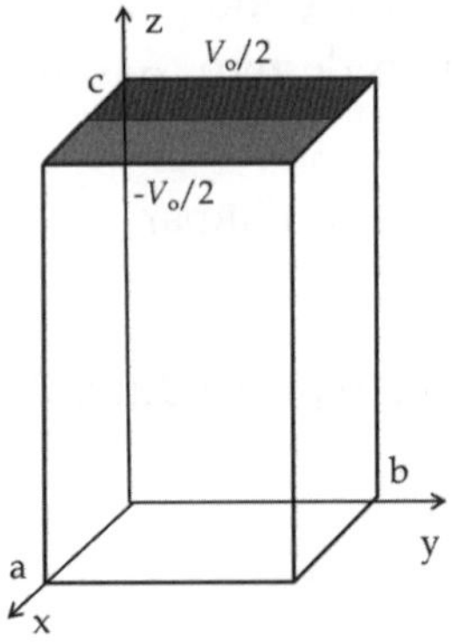

Figura 3.8 Ilustração para o exercício 3.

4) Na Figura 3.9, mostra-se um hemisfério metálico oco de raio R ligado ao potencial V_0 sobre uma superfície metálica plana muito extensa no potencial nulo. Não há contato elétrico entre o hemisfério e a superfície plana. Calcule a densidade de carga acumulada no hemisfério (ver Apêndice D).

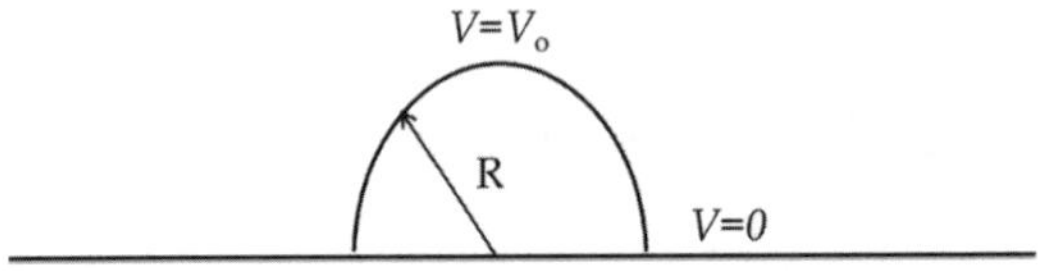

Figura 3.9 Ilustração para o exercício 4.

5) Duas calhas semicirculares de mesmo raio são dispostas como mostra a Figura 3.10 e mantidas em potenciais constantes $-V_0/2$ e $V_0/2$. Desprezando as variações de potencial na direção axial, calcule os potenciais elétricos interno e externo.

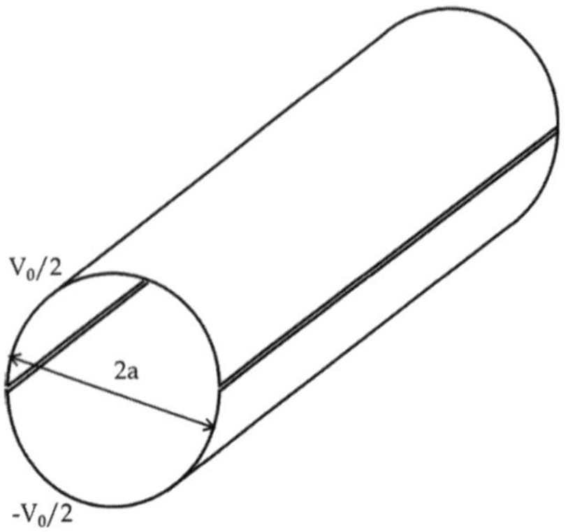

Figura 3.10 Ilustração para o exercício 5.

6) Calcule a energia armazenada por unidade de comprimento em um cabo coaxial com raio interno *a* e raio externo *b* no qual se aplica uma diferença de potencial V_o e circula corrente elétrica *i*. Considere as seguintes condições: o isolante do cabo possui permeabilidade magnética μ_o e permissividade elétrica ε, os condutores são metais não magnéticos, o condutor externo tem espessura desprezível e a corrente se distribui uniformemente na seção transversal do condutor interno.

7) Calcule a energia necessária para se construir a seguinte distribuição de cargas puntiformes: 4 cargas positivas *Q* nos 4 vértices de uma das faces de um cubo de aresta *a* e 4 cargas negativas $-Q$ nos vértices da face oposta.

8) Calcule a carga elétrica armazenada em um sistema constituído de duas esferas metálicas de raios R_1 e R_2, com $R_1 \ll R_2$, conectadas entre si por uma diferença de potencial V_o e separadas pela distância *d* no espaço. Sugestão: Use o método das imagens e considere a esfera menor uma carga puntiforme.

9) Considere o sistema mostrado na Figura 3.11 em que as cargas elétricas são puntiformes e o plano condutor é infinito. Calcule a energia armazenada.

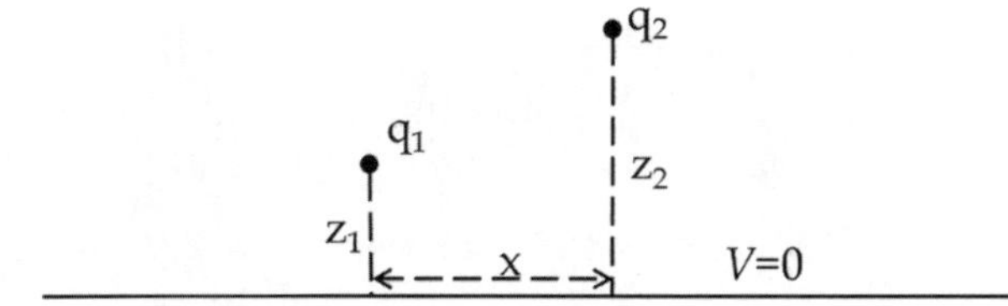

Figura 3.11 Ilustração para o exercício 9.

CAPÍTULO 4

Campo eletromagnético na matéria

A teoria eletromagnética apresentada até este ponto não incluiu de uma maneira sistemática as propriedades dos materiais envolvidos. Essas propriedades foram relacionadas com os métodos de cálculo dos campos e dos potenciais por meio de conceitos e modelos muito simples. A existência de corrente elétrica nos condutores está relacionada com a capacidade de alguns materiais de permitir a movimentação de uma parte de seus elétrons ou íons quando submetidos a um campo elétrico. Eles são livres para se deslocarem por grandes distâncias comparadas com as distâncias interatômicas. Os isolantes, por sua vez, também são materiais eletricamente ativos, mas não apresentam cargas livres. Suas partículas carregadas estão ligadas aos átomos e moléculas do material e podem apenas realizar pequenos deslocamentos quando um campo elétrico é aplicado. Esses deslocamentos são responsáveis pelo fenômeno da polarização elétrica, o que afeta a distribuição de campo elétrico no interior do material. Em relação às propriedades magnéticas, veremos que os movimentos eletrônicos nos átomos são equivalentes às correntes elétricas microscópicas e, quando esses movimentos são ordenados por um campo aplicado, ocorre o fenômeno da magnetização, a qual produz efeitos macroscópicos mensuráveis.

4.1 CONDUÇÃO

Condução é o movimento orientado de cargas elétricas como resultado da força exercida por um campo elétrico aplicado. A densidade de corrente elétrica em um condutor depende da densidade volumétrica de carga associada às partículas móveis no meio e da velocidade de deslocamento dessas partículas. Em um meio constituído por vários tipos diferentes de portadores de carga, podemos escrever a densidade de corrente na forma de um somatório:

$$\mathbf{j}_c = \sum_i n_i q_i \mathbf{v}_i$$

onde n_i é o número de portadores do tipo i por unidade de volume; q_i é a carga de cada tipo de portador; e $\mathbf{v}_i$ é a velocidade média que os portadores de carga adquirem no campo elétrico, sendo altamente influenciada pelas interações com as diversas partículas existentes no meio.

A velocidade de uma partícula livre dentro da matéria é, em grande parte, determinada pelo movimento térmico que depende da temperatura da amostra. Na ausência de campo aplicado, a velocidade de qualquer partícula varia aleatoriamente no tempo e, por isso, apresenta valor médio nulo. Com a aplicação de campo elétrico, as partículas portadoras de carga passam a se movimentar com velocidade média determinada pela intensidade de campo, mas esse movimento orientado também é afetado pelas interações entre as partículas do meio, uma vez que as colisões promovem a troca de energia cinética e momento linear entre elas.

Uma partícula completamente livre seria acelerada pela força elétrica e sua velocidade aumentaria sem limites. Na matéria, contudo, as partículas móveis carregadas, como elétrons em metais ou íons em eletrólitos, transferem energia, por meio de colisões, para as demais partículas constituintes do meio. Isso tem duas consequências importantes: a partir da aplicação do campo e após várias colisões com outras partículas, o movimento das partículas conduzidas pelo campo alcança uma condição de regime permanente em que sua velocidade média é proporcional ao campo elétrico aplicado; e o trabalho realizado pelo campo elétrico na movimentação das partículas é transferido para o meio principalmente na forma de calor. Esse processo é denominado de dissipação. Os meios condutores são, portanto, meios dissipativos.

4.1.1 Metais

Em metais, o modelo do elétron livre permite obter uma relação simples entre velocidade e intensidade de campo. Os elétrons liberados por átomos metálicos interagem tão fracamente com os íons da rede atômica que podem se deslocar e ganhar energia livremente do campo aplicado. Em um cristal metálico perfeito e em temperatura 0 K, a função de onda dos elétrons se espalha em todo o volume da rede atômica com mesma distribuição de probabilidade. Contudo, em um sólido real e com temperaturas diferentes de 0 K, existem distorções na rede atômica que perturbam a função de onda eletrônica e proporcionam meios de interação e troca de energia entre elétrons livres e rede. Essas distorções são produzidas por ondas de vibração da rede atômica (fônons), deslocamentos de átomos de posições regulares no cristal e presença de impurezas. Esses processos destroem a periodicidade espacial do potencial elétrico criado pelos íons da rede atômica do sólido e perturbam a função de onda eletrônica em relação ao elétron livre. A interação de elétrons com as distorções da rede é equivalente a uma força macroscópica de atrito que em primeira ordem é proporcional à velocidade média dos elétrons. A equação do movimento com base na velocidade média (**v**) e no campo elétrico macroscópico (**E**) pode ser escrita da seguinte forma:

$$\frac{d\mathbf{v}}{dt} = -\frac{e\mathbf{E}}{m} - \frac{\mathbf{v}}{\tau} \tag{4.1}$$

onde m é a massa do elétron, $e = 1{,}602 \times 10^{-19}$ C é a carga elementar e τ é o tempo médio entre colisões com defeitos da rede, denominado constante de tempo de relaxação e sendo altamente influenciado pela agitação térmica do meio. A constante de tempo tem duas contribuições principais em virtude do espalhamento por fônons e por impurezas ou defeitos da rede.

Decorrido um intervalo de tempo muito maior do que τ após a aplicação do campo elétrico, a velocidade média de deslocamento dos elétrons alcança a condição de regime permanente (velocidade terminal) com valor proporcional ao campo aplicado e é dada pela seguinte expressão obtida da Equação (4.1), fazendo $d\mathbf{v}/dt = 0$:

$$\mathbf{v} = -\frac{e\tau}{m}\mathbf{E} \tag{4.2}$$

Ao desligar o campo elétrico, a velocidade média diminui no tempo segundo a expressão $v = v_o \exp(-t/\tau)$. A constante de proporcionalidade entre a velocidade média terminal e o campo elétrico aplicado é denominada mobilidade do portador de carga. Para elétrons em metais, de acordo com a equação anterior, temos:

$$\mu = \frac{e\tau}{m} \tag{4.3}$$

Com isso, a densidade de corrente em um metal pode ser escrita da seguinte forma:

$$\mathbf{j}_c = -ne\mathbf{v} = ne\mu\mathbf{E} = \frac{ne^2\tau}{m}\mathbf{E} \tag{4.4}$$

A condutividade é a constante de proporcionalidade existente entre a densidade de corrente de condução e o campo elétrico. Para um metal, em função da equação anterior, temos:

$$\sigma = ne\mu = \frac{ne^2\tau}{m} \tag{4.5}$$

A Tabela 4.1 apresenta a condutividade estática de diversos metais em temperatura de 295 K. Como exemplo, considere o cristal de cobre de alta pureza, para o qual o tempo de colisão τ é da ordem de 10^{-9} s em temperatura de 4 K e, em temperatura ambiente de 295 K, é 10^5 vezes menor (KITTEL, 1978).

Tabela 4.1 Condutividade de alguns metais em 295 K.

Metal	Condutividade (10^7 S/m)
Prata	6,21
Cobre	5,88
Ouro	4,55
Alumínio	3,65
Berílio	3,08
Cálcio	2,78
Magnésio	2,33
Sódio	2,11
Cobalto	1,72
Zinco	1,69
Níquel	1,43
Potássio	1,39
Cádmio	1,38
Índio	1,14
Ferro	1,02
Platina	0,96
Estanho	0,91
Cromo	0,78
Tântalo	0,76
Chumbo	0,48

Fonte: KITTEL, 1978.

4.1.2 Eletrólitos

Consideremos, então, a condução em uma solução eletrolítica constituída por n tipos diferentes de íons de concentrações e valências (c_1, z_1), (c_2, z_2)...(c_n, z_n) diluídos em um determinado solvente. Cada íon é portador de uma carga elétrica de valor $q_i = e\,z_i$. Quando a solução é submetida a um campo elétrico externo, as cargas passam a se deslocar, impulsionadas pela força elétrica, no sentido da menor energia potencial. Todas as partículas da solução (íons e partículas neutras do solvente) estão em constante movimento térmico aleatório. O resultado da superposição da agitação térmica com o movimento acelerado produzido pelo campo elétrico é bastante complexo, conforme ilustrado na Figura 4.1. Uma parte da energia cinética obtida pelas partículas por meio do trabalho realizado pelo campo é rapidamente transferida para as demais partículas da solução por meio de colisões, o que resulta em mais agitação térmica no meio. Ao considerarmos a média temporal em um intervalo de tempo muito maior que o tempo médio entre as colisões, essa perda de energia pode ser modelada como o efeito de uma força de fricção dependente da velocidade média do íon. Assim, cada íon alcança uma velocidade final de condução pelo campo quando essa força de fricção se iguala à força exercida pelo campo elétrico.

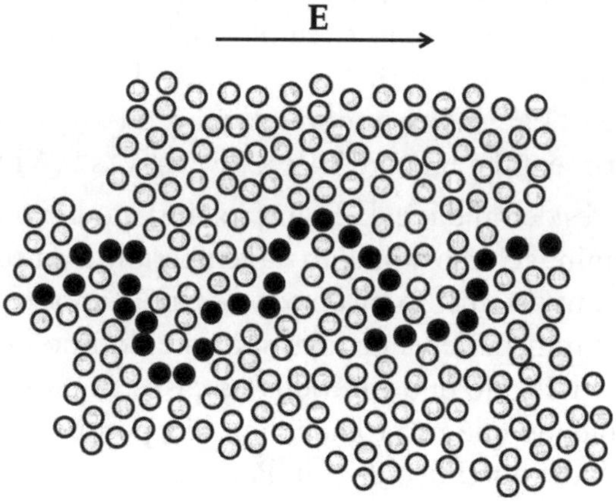

Figura 4.1 Representação do movimento de íons em uma solução eletrolítica.

Em um modelo simples, onde os íons têm a forma de esferas rígidas em um meio homogêneo de viscosidade η (uma aproximação razoável quando a solução é bastante diluída e os íons têm dimensões bem maiores que as moléculas do solvente), a força de fricção é dada pela fórmula de Stokes:

$$F_{ai} = 6\pi\eta r_i v_i \tag{4.6}$$

onde r_i é o raio do íon e $\mathbf{v}_i$, a sua velocidade média no meio. Quando a força elétrica $\mathbf{F}_{ei} = z_i e\mathbf{E}$ é equilibrada pela força de fricção, a velocidade média em regime permanente do íon torna-se:

$$v_i = \frac{z_i e}{6\pi\eta r_i} E \quad (4.7)$$

A velocidade vetorial de cada partícula na solução em equilíbrio tem valor médio nulo, porque o movimento térmico é aleatório. Contudo, a Equação (4.7) mostra que, na solução estimulada pelo campo elétrico, os íons têm velocidade média não nula e seu módulo é proporcional à intensidade do campo aplicado. A direção do deslocamento médio resultante dos íons é a mesma do vetor campo elétrico, ao passo que o sentido do deslocamento depende do sinal da carga. Portanto, a mobilidade iônica é descrita pela seguinte equação:

$$\mu_i = \frac{z_i e}{6\pi\eta r_i} \quad (4.8)$$

Se o solvente for a água, pode-se usar a Equação (4.8) para se obter uma estimativa do valor da mobilidade iônica, desde que se use o valor correto para o raio r_i, que não é o raio atômico, mas sim o raio hidrodinâmico do íon, ou seja, o raio efetivo considerando as moléculas de água que o íon transporta consigo em virtude da forte atração eletrostática que a sua carga produz nas moléculas de água vizinhas. Consideremos como exemplo um íon pequeno como o Na^+ que tem raio hidrodinâmico de $1{,}7 \times 10^{-10}$ m. A mobilidade desse íon na água a 298 K, com $\eta = 8{,}91 \times 10^{-4}$ kgm^{-1}s^{-1}, segundo a Equação (4.8), é igual a $5{,}6 \times 10^{-8}$ m^2 V^{-1}s^{-1}. O valor experimental é igual a $5{,}19 \times 10^{-8}$ m^{2}V^{-1}s^{-1} (ATKINS, 1992).

Dentro dos limites de validade da Equação (4.8), pode-se inferir que, à medida que a viscosidade diminui com o aumento da temperatura da solução, a mobilidade iônica apresenta o comportamento inverso, ou seja, é maior em temperaturas mais altas. A mobilidade também depende inversamente do raio do íon. Contudo, isso não significa necessariamente que em todos os casos os átomos menores formam íons de maior mobilidade que os átomos maiores, porque o que interessa para a mobilidade é o raio hidrodinâmico do íon. Por exemplo, para os íons de metais alcalinos, a mobilidade aumenta do Li^+ para o Cs^+, embora o raio iônico aumente. Os íons menores concentram sua carga em um volume menor, por isso produzem campos elétricos mais intensos em sua vizinhança e, assim, são mais intensamente hidratados, ou seja, agregam maior número de moléculas de água.

A Tabela 4.2 apresenta a mobilidade em água de alguns íons. Os valores expressos são estimativas para o limite de máxima diluição do soluto. À medida que a concentração dos eletrólitos aumenta, diminui a distância média entre os íons de sinal contrário na solução, e a força de atração entre eles, consequentemente, aumenta. Como os íons de sinal contrário se deslocam em sentidos opostos, isso acarreta um aumento na força média de fricção do meio, o que diminui a mobilidade dos íons. Experimentalmente, verificou-se que, para eletrólitos fortes (aqueles que se ionizam totalmente na solução), a condutividade por mol de soluto diminui linearmente com a raiz quadrada da concentração da solução.

Conhecidas as mobilidades iônicas na solução, a densidade de corrente de condução pode ser obtida pela soma das densidades de corrente individuais de cada íon. Assim, podemos expressar a condutividade da solução por meio da equação:

$$\sigma = e\sum_{i} |z_i| c_i \mu_i \tag{4.9}$$

onde as concentrações devem ser especificadas em número de íons por metro cúbico ou, simplesmente, em m^{-3}.

Tabela 4.2 Mobilidades iônicas na água a 298 K.

Íon	μ (10^{-8} $m^2V^{-1}s^{-1}$)
H^+	36,23
K^+	7,62
Na^+	5,19
Ca^{2+}	6,17
NH_4^+	7,63
Cl^-	7,91
OH^-	20,64
SO_4^{2-}	8,29

Fonte: ATKINS, 1992.

4.1.3 Semicondutores

Os semicondutores são materiais sólidos que apresentam condutividade intermediária entre bons condutores ($\sigma > 10^6$ S/m) e bons isolantes ($\sigma < 10^{-14}$ S/m). O modelo do elétron livre utilizado para metais não se aplica nesse caso. Os elétrons de valência dos átomos de um semicondutor interagem significativamente com o potencial cristalino. Um modelo muito simples, mas que fornece resultados qualitativamente interessantes, denominado modelo do elétron quase livre, leva à conclusão de que as funções de onda para os elétrons de valência não são ondas progressivas como no modelo do elétron livre. As reflexões de onda que ocorrem nas posições da rede atômica onde o potencial cristalino é muito intenso formam ondas estacionárias. As ondas eletrônicas estacionárias podem ser simétricas ou antissimétricas. As duas soluções possíveis possuem diferentes valores de energia, porque a distribuição de probabilidade eletrônica é diferente nessas duas funções de onda em relação ao potencial cristalino. Com isso, surge uma lacuna no espectro de energia dos elétrons de valência, ou seja, para um certo intervalo de energia de largura W_g, não existem estados eletrônicos permitidos.

Acima e abaixo dessa lacuna de energia, formam-se as bandas de condução e de valência. Uma vez que energia e momento linear eletrônico são quantizados em um cristal, apenas uma quantidade finita de estados eletrônicos está disponível em cada banda. Se a quantidade de elétrons de valência no cristal é tal que preenche totalmente a banda de valência, mantendo vazia a banda de condução, o material se comporta como um semicondutor. Se a banda de condução está semipreenchida, então o material se comporta como um metal.

Por causa da estrutura de bandas de energia, os semicondutores são isolantes em temperaturas muito baixas, uma vez que não existem estados eletrônicos vazios na banda de valência. Com o aumento da temperatura, em função da agitação térmica, alguns elétrons conseguem superar a barreira de energia e alcançar estados vazios na banda de condução. Assim, a condutividade de um semicondutor, ao contrário dos metais, aumenta com a temperatura. Adicionalmente, a condutividade de um semicondutor pode ser aumentada pela absorção de radiação eletromagnética com energia de fóton superior à barreira W_g.

O movimento de elétrons na banda de valência é equivalente ao movimento de partículas positivas no cristal. Ou seja, os elétrons de valência saltam entre ligações covalentes em sítios atômicos adjacentes no cristal, de tal modo que o efeito de transporte de carga é equivalente ao movimento de cargas positivas em sentido contrário. Essa carga positiva equivalente que se desloca seria a carga do próprio sítio atômico, uma vez que cada átomo que cede um elétron para o cristal torna-se um íon positivo. Assim, em semicondutores, a corrente de condução é obtida tanto pelo movimento de elétrons como pelo movimento de cargas positivas. Estas são denominadas de lacunas e são modeladas como partículas com massa e carga elétrica. Assim, a condutividade em um semicondutor pode ser escrita da seguinte forma:

$$\sigma = e\left(n_e\mu_e + n_l\mu_l\right) \tag{4.10}$$

onde n_e é a densidade de elétrons e n_l é a densidade de lacunas. Por sua vez, μ_e e μ_l são as mobilidades de elétrons e lacunas, respectivamente.

Em um semicondutor puro, as densidades de elétrons e lacunas são iguais. Esse valor é denominado de concentração intrínseca:

$$n_i = 2\left(\frac{k_B T}{2\pi\hbar^2}\right)^{3/2}\left(m_e m_l\right)^{3/4} e^{-W_g/2k_BT} \tag{4.11}$$

onde k_B é a constante de Boltzmann e m_e e m_l são as massas efetivas de elétrons e lacunas, respectivamente.

A equação anterior mostra como a concentração de elétrons e lacunas em um semicondutor aumenta com a temperatura. A Tabela 4.3 apresenta as mobilidades de elétrons e lacunas para diversos tipos de semicondutores. Observe que em todos os casos a mobilidade de lacunas é significativamente menor que a mobilidade de elétrons. Isso reflete a diferença fundamental no mecanismo de transporte nas duas bandas do semicondutor. Os elétrons na banda de condução se assemelham a elétrons livres que podem ser acelerados facilmente pelo campo aplicado. Em contrapartida, os elétrons na banda de valência se deslocam por meio de saltos entre estados eletrônicos ligados, o que significa maior nível de interação com a rede atômica e, consequentemente, maior troca de energia. Observe também que a mobilidade em metais geralmente é muito menor do que em semicondutores. No cobre, por exemplo, a mobilidade dos elétrons em temperatura ambiente de 298 K é igual a 35×10^{-4} $m^2V^{-1}s^{-1}$.

Tabela 4.3 Largura da barreira de energia e mobilidades de elétrons e lacunas em semicondutores a 298 K.

Material	W_g (eV)	μ ($m^2V^{-1}s^{-1}$)	
		Elétrons	Lacunas
InAs	0,35	3,30	0,046
Ge	0,67	0,45	0,350
GaSb	0,78	0,40	0,140
Si	1,14	0,13	0,050
InP	1,35	0,46	0,015
GaAs	1,43	0,88	0,040
SiC	3 (0 K)	0,01	0,005

Fonte: KITTEL, 1978.

Uma das características mais importantes dos semicondutores é a possibilidade de alterar as concentrações de elétrons e lacunas por meio de dopagem. Para o silício ou o germânio, que são materiais tetravalentes, ou seja, seus átomos possuem quatro elétrons de valência, o acréscimo de pequenas quantidades de átomos trivalentes como boro (B) ou alumínio (Al), substituindo regularmente átomos do semicondutor na rede cristalina, acrescenta lacunas no cristal. Essas impurezas são denominadas de aceitadoras. Por sua vez, o acréscimo de pequenas quantidades de átomos pentavalentes como fósforo (P) ou arsênio (As) acrescenta elétrons ao cristal. Essas impurezas são denominadas de doadoras. Em virtude da lei de ação das massas, em equilíbrio térmico, o produto das concentrações de elétrons e lacunas no semicondutor depende apenas de fatores intrínsecos ao material e da temperatura, ou seja, não depende do nível de dopagem do material. Isso pode ser descrito da seguinte forma:

$$n_e n_l = n_i^2 \tag{4.12}$$

Assim, com o acréscimo de impurezas trivalentes, obtém-se o aumento da concentração de lacunas e a diminuição da concentração de elétrons. Em contrapartida, com o acréscimo de impurezas pentavalentes, aumenta-se a concentração de elétrons e diminui-se a concentração de lacunas.

Para silício e germânio, as concentrações intrínsecas a 300 K são da ordem de 10^{16} e 10^{19} m^{-3}, respectivamente. Se a concentração de impurezas superar esses valores em duas ou mais ordens de grandeza, o semicondutor apresentará condução predominantemente por um tipo de portador. Assim, se a densidade de impurezas aceitadoras N_A for pelo menos duas ordens de grandeza maior do que n_i, teremos:

$$n_l \cong N_A \qquad n_e = \frac{n_i^2}{N_A}$$

Por sua vez, se a densidade de impurezas doadoras N_D for pelo menos duas ordens de grandeza maior que n_i, teremos:

$$n_e \cong N_D \qquad n_l = \frac{n_i^2}{N_D}$$

A possibilidade de controlar a condutividade e o tipo de portador dominante em um semicondutor é a característica que permitiu o desenvolvimento de diversos dispositivos eletrônicos e ópticos em uso atualmente.

4.1.4 Supercondutores

A condutividade de alguns metais e ligas aumenta abruptamente em várias ordens de grandeza quando são resfriados a temperaturas muito baixas. Esse estado, denominado supercondutor, apresenta características muito diferentes da condução normal dos metais. Existe uma temperatura crítica abaixo da qual a supercondução se manifesta. A temperatura crítica se estende de décimos de Kelvin para alguns metais simples a dezenas de Kelvin para certos compostos. Quando um material alcança a supercondução, o objeto expulsa de seu interior qualquer campo magnético aplicado sobre ele até um valor máximo, conhecido como campo magnético crítico (efeito Meissner). Um campo magnético acima do valor crítico aplicado destrói a supercondutividade. O campo crítico depende da temperatura do material. Na temperatura crítica, o campo crítico é nulo. A Tabela 4.4 apresenta a temperatura crítica e o campo crítico máximo de diversos metais.

De acordo com o modelo BCS (proposto por John Bardeen, Leon Cooper e John Robert Schrieffer, em 1957), em um supercondutor existem estados eletrônicos formados por funções de onda acopladas de pares de elétrons com momento linear e *spins* contrários. Pares de elétrons se formam pela atração mútua por causa da interação simultânea com fônons da rede atômica do material. Um elétron, ao interagir com a rede atômica, pode deformá-la. Outro elétron pode se acomodar a essa deformação para reduzir sua energia. Desse modo, dois elétrons são atraídos e se movimentam aos pares no cristal (pares de Cooper). No estado supercondutor, em virtude da interação dos pares de elétrons com fônons, forma-se uma lacuna de energia muito pequena que separa os estados condutores normais no nível de Fermi dos estados supercondutores que têm energia total menor. A carga elétrica efetiva dos portadores móveis em supercondutores é –2e. Além do efeito Meissner, os supercondutores apresentam características magnéticas especiais como a quantização do fluxo em anéis e o efeito Josephson, as quais tornam esses materiais úteis na fabricação de sondas magnéticas extremamente sensíveis.

Tabela 4.4 Temperatura crítica e campo crítico máximo em supercondutores.

Material	T_c (K)	B_c (10^{-3} T)
Gálio	1,09	5,1
Alumínio	1,14	10,5
Antimônio	3,72	30,9
Mercúrio	4,15	41,2
Vanádio	5,38	142
Chumbo	7,19	80,3
Nióbio	9,50	198

Fonte: KITTEL, 1978.

4.2 POLARIZAÇÃO ELÉTRICA

4.2.1 Mecanismos de polarização

Polarização é o processo em que as partículas portadoras de carga elétrica são deslocadas de suas posições originais nos átomos e moléculas em função da força exercida por um campo elétrico aplicado, estabelecendo, desse modo, uma distribuição de carga adicional, denominada carga de polarização, que contribui para o potencial e o campo elétrico no espaço dentro e em torno do objeto polarizado. A princípio, considerando apenas materiais homogêneos, podemos distinguir três tipos de polarização: eletrônica, atômica e orientacional.

A polarização eletrônica ocorre em todos os tipos de materiais. É provocada pelo deslocamento da nuvem eletrônica nos átomos em relação aos núcleos. A Figura 4.2a ilustra esse processo. Como o deslocamento eletrônico ocorre com alta velocidade, a polarização eletrônica não se altera com a frequência de variação do campo elétrico até a região espectral da radiação ultravioleta. Esse é o principal processo que determina o índice de refração e as propriedades ópticas de um material.

A polarização atômica ocorre por causa da deformação das moléculas constituintes do material. Substâncias simples constituídas de apenas um tipo de átomo não apresentam essa polarização, pois os elétrons de valência e os núcleos se distribuem simetricamente em relação ao centroide da molécula. Em contrapartida, as substâncias compostas cujas moléculas são formadas por átomos com diferentes eletronegatividades apresentam assimetria na distribuição de elétrons de valência. O campo elétrico aplicado deforma as moléculas por meio da força exercida sobre suas partes positiva e negativa. A Figura 4.2b ilustra esse processo. Em virtude da inércia dos movimentos moleculares, a polarização atômica deixa de acontecer para frequências do campo aplicado acima da região espectral do infravermelho.

A polarização dipolar ou orientacional ocorre nos materiais polares. São materiais constituídos por moléculas cujos centroides das cargas positivas e negativas não coincidem. Quando submetidas a um campo elétrico externo, as moléculas polares tendem a se orientar de maneira específica na direção do campo, ocorrendo a polarização quando as moléculas possuem liberdade para o movimento rotacional, o que ocorre em líquidos e gases, mas com grandes restrições em sólidos. A Figura 4.2c ilustra esse processo. Esse tipo de polarização ocorre de maneira muito mais lenta do que os outros tipos citados anteriormente, sendo efetivo para a maioria dos materiais na região espectral denominada de micro-ondas e em frequências menores. Diferentemente das outras formas de polarização, a polarização orientacional é fortemente dependente da temperatura.

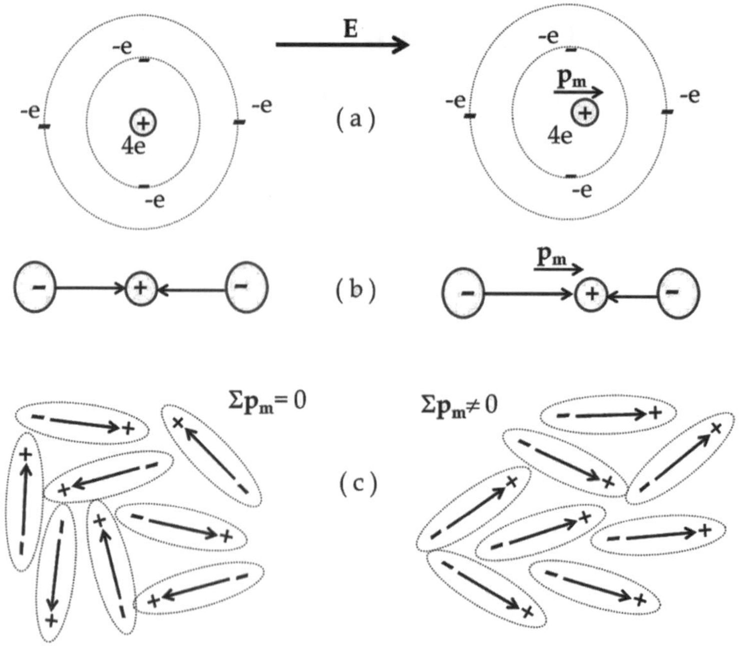

Figura 4.2 Ilustração dos tipos de polarização elétrica: (a) polarização eletrônica; (b) polarização atômica; (c) polarização orientacional.

4.2.2 Momento de dipolo elétrico

A propriedade mais característica do fenômeno da polarização elétrica é o momento de dipolo elétrico da distribuição de carga. O momento de dipolo elétrico de uma molécula neutra contendo N partículas puntiformes com carga q_n nas posições r_n do espaço é definido pela seguinte expressão:

$$\mathbf{p}_m = \sum_{n=1}^{N} q_n \mathbf{r}_n = \sum_{i=1}^{N/2} |q_i| \mathbf{r}_i^+ - \sum_{j=1}^{N/2} |q_j| \mathbf{r}_j^- = Q_m \, \Delta\mathbf{r}_m \tag{4.13}$$

No terceiro membro dessa expressão, o momento de dipolo é escrito em termos dos momentos separados das cargas positivas e negativas, nas posições $\mathbf{r}_i^+$ e $\mathbf{r}_j^-$, respectivamente. No último membro, $Q_m = \Sigma|q_i| = \Sigma|q_j|$ é a carga molecular e $\Delta\mathbf{r}_m$ é o vetor de posição do centroide da distribuição de carga positiva para o centroide da distribuição de carga negativa na molécula. Por exemplo, como mostra a Figura 4.3, a molécula de água apresenta dois elétrons compartilhados em cada uma das ligações covalentes entre o átomo de oxigênio e os átomos de hidrogênio. Nos átomos isolados, os momentos da carga eletrônica e nuclear se anulam por causa da simetria de suas distribuições em torno do centro geométrico de cada átomo. Na molécula, o deslocamento dos elétrons do hidrogênio para próximo do átomo de oxigênio, que é mais eletronegativo, faz com que tanto esses elétrons como os prótons do hidrogênio apresentem momento não nulo. Com isso, a molécula de água apresenta momento de dipolo elétrico de 1,85 debyes (D), sendo 1 debye equivalente a aproximadamente $3{,}336 \times 10^{-30}$ Cm.

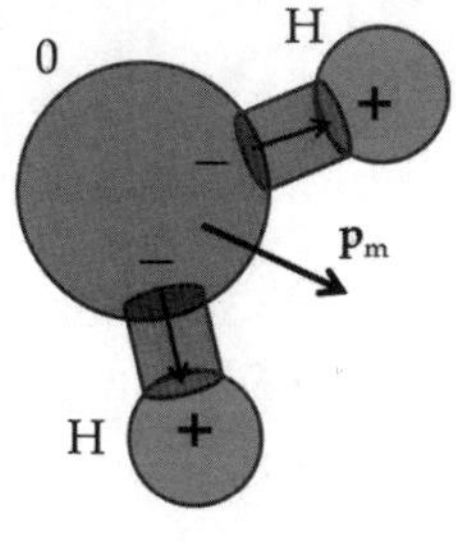

Figura 4.3 Momento de dipolo elétrico da molécula de água.

Uma distribuição de moléculas polarizadas observadas de uma grande distância em relação às dimensões moleculares pode ser descrita por uma densidade volumétrica de momento de dipolo elétrico. O momento de dipolo elétrico da distribuição, segundo a Equação (4.13), pode ser calculado da seguinte forma:

$$\mathbf{p} = \int_V \langle \rho_m \, \Delta\mathbf{r}_m \rangle \, dV \tag{4.14}$$

onde ρ_m é a densidade de carga molecular. O símbolo < > indica o valor médio macroscópico, ou seja, a média em um volume contendo grande número de moléculas. O integrando nessa equação é a densidade volumétrica de momento de dipolo elétrico da distribuição de moléculas. Esse campo vetorial é denominado polarização. A polarização de um material também pode ser expressa na forma do produto do momento de dipolo molecular médio pelo número de moléculas em um volume unitário (N_m), como mostra a equação a seguir:

$$\mathbf{P} = \langle \rho_m \, \Delta \mathbf{r}_m \rangle = N_m \langle \mathbf{p}_m \rangle \qquad (4.15)$$

Evidentemente, os dipolos moleculares devem estar ao menos parcialmente alinhados para que a polarização seja não nula. Nos casos de polarização induzida eletrônica ou atômica, os momentos de dipolo molecular individuais estão todos alinhados com a direção do campo elétrico aplicado. No caso de moléculas polares, ocorre a competição entre dois processos: os momentos de dipolo permanentes tendem a se orientar com o campo elétrico aplicado, mas a agitação térmica tende a espalhar aleatoriamente os momentos em todas as direções. Com isso, a polarização aumenta se a intensidade de campo aumenta, mas diminui se a temperatura aumenta.

4.2.3 Expansão do potencial elétrico em multipolos

Uma amostra de matéria polarizada produz potencial e campo elétrico no espaço. Segundo a lei de Coulomb, o potencial elétrico de uma distribuição contínua de carga elétrica é dado por:

$$V(\mathrm{r}) = \frac{1}{4\pi\varepsilon_o} \int_{V'} \frac{\rho_v(\mathbf{r}')}{|\mathbf{r} - \mathbf{r}'|} \mathrm{d}V' \qquad (4.16)$$

Para se avaliar a contribuição dos dipolos elétricos da amostra polarizada para o potencial elétrico no espaço, consideremos a seguinte expansão da função de posição $f = |\mathbf{r} - \mathbf{r}'|^{-1}$ no integrando dessa equação.

$$f \approx f_o + \left(\frac{\partial f}{\partial \mathrm{x}'}\right)_o \Delta \mathrm{x}' + \left(\frac{\partial f}{\partial \mathrm{y}'}\right)_o \Delta \mathrm{y}' + \left(\frac{\partial f}{\partial \mathrm{z}'}\right)_o \Delta \mathrm{z}' = f_o + (\nabla' f)_o \cdot \Delta \mathbf{r}' \qquad (4.17)$$

onde o índice o indica que o cálculo é feito no centro do elemento de volume dV'. A Figura 4.4 mostra uma ilustração do momento de dipolo infinitesimal. Se $\mathbf{r}'$ corresponde à posição central, o momento de dipolo infinitesimal é $\mathbf{P}(\mathbf{r}')\mathrm{d}V'$. A aproximação a seguir é válida se $|\mathbf{r}^+ - \mathbf{r}^-| \ll |\mathbf{r} - \mathbf{r}'|$.

$$V(\mathrm{r}) = \frac{1}{4\pi\varepsilon_o}\int_{V'}\left(\frac{1}{|\mathbf{r}-\mathbf{r}^+|}-\frac{1}{|\mathbf{r}-\mathbf{r}^-|}\right)\rho_m(\mathbf{r}')dV' \approx \frac{1}{4\pi\varepsilon_o}\int_{V'}\nabla'\left(\frac{1}{|\mathbf{r}-\mathbf{r}'|}\right)\cdot$$
$$\cdot\,\rho_m(\mathbf{r}')\left(\mathbf{r}^+ - \mathbf{r}^-\right)dV' = \frac{1}{4\pi\varepsilon_o}\int_{V'}\nabla'\left(\frac{1}{|\mathbf{r}-\mathbf{r}'|}\right)\cdot \mathbf{P}(\mathrm{r}')\,dV' \tag{4.18}$$

Ao utilizarmos a seguinte transformação vetorial:

$$\nabla'\cdot\left(\frac{\mathbf{P}}{|\mathbf{r}-\mathbf{r}'|}\right) = \frac{\nabla'\cdot\mathbf{P}}{|\mathbf{r}-\mathbf{r}'|} + \nabla'\left(\frac{1}{|\mathbf{r}-\mathbf{r}'|}\right)\cdot\mathbf{P}$$

a contribuição dipolar para o potencial elétrico pode ser escrita da seguinte forma:

$$V(\mathrm{r}) = \frac{1}{4\pi\varepsilon_o}\left[\int_{V'}\nabla'\cdot\left(\frac{\mathbf{P}}{|\mathbf{r}-\mathbf{r}'|}\right)dV' - \int_{V'}\frac{\nabla'\cdot\mathbf{P}}{|\mathbf{r}-\mathbf{r}'|}dV'\right] = \frac{1}{4\pi\varepsilon_o}\left[\oint_{S'}\frac{\mathbf{P}\cdot d\mathbf{S}'}{|\mathbf{r}-\mathbf{r}'|} - \int_{V'}\frac{\nabla'\cdot\mathbf{P}\,dV'}{|\mathbf{r}-\mathbf{r}'|}\right] \tag{4.19}$$

onde usamos o teorema de Gauss na primeira integral.

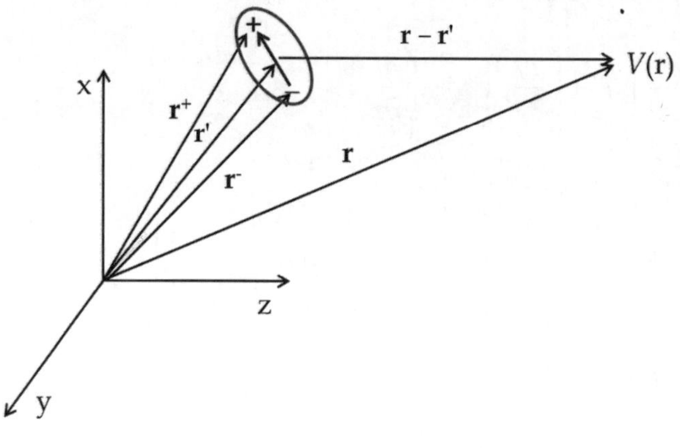

Figura 4.4 Ilustração para o cálculo do potencial de um dipolo elétrico.

Concluímos que uma distribuição de moléculas polarizadas contribui com uma carga de polarização superficial com densidade ρ_{ps} e uma carga de polarização volumétrica com densidade ρ_{pv} que dependem da polarização:

$$\rho_{ps} = \mathbf{P}\cdot\mathbf{u}_n \tag{4.20}$$

$$\rho_{pv} = -\nabla\cdot\mathbf{P} \tag{4.21}$$

A aproximação proposta na Equação (4.17) pode ser melhorada com a inclusão dos termos de segunda ordem na expansão em série de Taylor. Nesse caso, consideramos a função expandida da seguinte forma:

$$f = \frac{1}{|\mathbf{r} - \mathbf{r}'|} = \frac{1}{\sqrt{r^2 - 2\mathbf{r}\cdot\mathbf{r}' + r'^2}} = \frac{1}{r}\left[1 - 2\frac{\mathbf{r}\cdot\mathbf{r}'}{r^2} + \frac{r'^2}{r^2}\right]^{-1/2}$$

Como ilustração do cálculo, mostramos algumas derivadas parciais:

$$\frac{\partial f}{\partial x'} = \frac{1}{r^3}\left[1 - 2\frac{\mathbf{r}\cdot\mathbf{r}'}{r^2} + \frac{r'^2}{r^2}\right]^{-3/2}(x - x')$$

$$\frac{\partial^2 f}{\partial x'^2} = \frac{1}{r^3}\left\{\frac{1}{r^2}\left[1 - 2\frac{\mathbf{r}\cdot\mathbf{r}'}{r^2} + \frac{r'^2}{r^2}\right]^{-5/2} 3(x - x')^2 - \left[1 - 2\frac{\mathbf{r}\cdot\mathbf{r}'}{r^2} + \frac{r'^2}{r^2}\right]^{-3/2}\right\}$$

$$\frac{\partial^2 f}{\partial y'\partial x'} = \frac{1}{r^3}\left\{\frac{1}{r^2}\left[1 - 2\frac{\mathbf{r}\cdot\mathbf{r}'}{r^2} + \frac{r'^2}{r^2}\right]^{-5/2} 3(x - x')(y - y')\right\}$$

Tendo essas expressões como referência, as demais derivadas podem ser facilmente obtidas. A expansão até os termos de segunda ordem é, então, obtida por:

$$f \approx f_o + \left(\frac{\partial f}{\partial x'}\right)_o x' + \left(\frac{\partial f}{\partial y'}\right)_o y' + \left(\frac{\partial f}{\partial z'}\right)_o$$

$$z' + \frac{1}{2}\begin{bmatrix} \left(\frac{\partial^2 f}{\partial x'^2}\right)_o x'^2 + \left(\frac{\partial^2 f}{\partial y'\partial x'}\right)_o x'y' + \left(\frac{\partial^2 f}{\partial z'\partial x'}\right)_o x'z' + \\ \left(\frac{\partial^2 f}{\partial x'\partial y'}\right)_o x'y' + \left(\frac{\partial^2 f}{\partial y'^2}\right)_o y'^2 + \left(\frac{\partial^2 f}{\partial z'\partial y'}\right)_o y'z' + \\ \left(\frac{\partial^2 f}{\partial x'\partial z'}\right)_o x'z' + \left(\frac{\partial^2 f}{\partial y'\partial z'}\right)_o y'z' + \left(\frac{\partial^2 f}{\partial z'^2}\right)_o z'^2 \end{bmatrix}$$

Ao substituirmos as derivadas parciais calculadas em x' = 0, y' = 0 e z' = 0, obtemos:

$$f \approx \frac{1}{r} + \frac{xx' + yy' + zz'}{r^3} + \frac{1}{2r^3}\begin{bmatrix} \left(\frac{3x^2}{r^2} - 1\right)x'^2 + \left(\frac{3y^2}{r^2} - 1\right)_o y'^2 + \left(\frac{3z^2}{r^2} - 1\right)_o z'^2 + \\ 2\left(\frac{3xy}{r^2}\right)_o x'y' + 2\left(\frac{3yz}{r^2}\right)_o y'z' + 2\left(\frac{3xz}{r^2}\right)_o x'z' \end{bmatrix}$$

Ao considerarmos a Equação (4.16) para o potencial e usando a designação generalizada $x_1 = x$, $x_2 = y$ e $x_3 = z$, obtemos a seguinte expressão para a expansão do potencial de uma distribuição de carga elétrica:

$$V(r) \approx \frac{1}{4\pi\varepsilon_o}\left\{\frac{\int_{V'} \rho(\mathbf{r}')\,dV'}{r} + \frac{\mathbf{r}\cdot\int_{V'} \rho(\mathbf{r}')\,\mathbf{r}'dV'}{r^3} + \right.$$
$$\left. + \frac{1}{2r^5}\sum_{i=1}^{3}\sum_{j=1}^{3}\left[\int_{V'}\left(3x'_i x'_j - r'^2\delta_{ij}\right)\rho(\mathbf{r}')\,dV'\right]x_i x_j\right\} \tag{4.22}$$

O primeiro termo nessa equação envolve a carga elétrica total e o segundo termo envolve o momento de dipolo da distribuição de cargas. No terceiro termo, a expressão entre colchetes define o momento de quadrupolo da distribuição de cargas. É um tensor de segunda ordem cujas componentes são descritas pela equação a seguir:

$$Q_{ij} = \int_{V'}\left(3x'_i x'_j - r'^2\delta_{ij}\right)\rho(\mathbf{r}')\,dV' \tag{4.23}$$

onde δ_{ij} é o delta de Kronecker ($\delta_{ij} = 1$ se $i = j$, $\delta_{ij} = 0$ se $i \neq j$). Com essas definições aplicadas na Equação (4.22), obtemos a expressão conhecida do potencial elétrico de uma distribuição de cargas, considerando apenas os três primeiros termos de sua expansão em série de Taylor:

$$V(r) \approx \frac{1}{4\pi\varepsilon_o}\left\{\frac{q}{r} + \frac{\mathbf{p}\cdot\mathbf{r}}{r^3} + \frac{1}{2r^5}\sum_{i=1}^{3}\sum_{j=1}^{3} Q_{ij}x_i x_j\right\} \tag{4.24}$$

Os termos de ordem mais elevada dão origem às definições de momento de octupolo, momento de hexadecapolo e assim por diante. Os termos de ordem maior que o dipolo elétrico são denominados em conjunto como multipolos da distribuição de carga. Em geral, os momentos de multipolo são relevantes na análise dielétrica quando a molécula é apolar, ou seja, possui momento de dipolo nulo. Em caso contrário, o termo de dipolo na Equação (4.24) geralmente é dominante e os demais termos são desprezados.

4.2.4 Relação constitutiva elétrica

A Figura 4.5 mostra de maneira ilustrativa como uma partícula eletricamente carregada polariza o meio em que está contida. Como resultado desse processo, surge em torno dessa partícula uma carga de polarização de sinal contrário. Por definição, o fluxo elétrico através de uma superfície fechada depende apenas da carga livre (q_L) contida nesse volume. Em contrapartida, o campo elétrico depende tanto da carga livre como da carga de polarização ($q_L + q_p$). Assim, levando em conta a lei de Gauss e a Equação (4.21), podemos escrever as seguintes equações para os campos vetoriais:

$$\oint_S \mathbf{D} \cdot d\mathbf{S} = q_L \qquad \oint_S \mathbf{P} \cdot d\mathbf{S} = -q_p \qquad \oint_S \mathbf{E} \cdot d\mathbf{S} = \frac{q_L + q_p}{\varepsilon_o}$$

onde q_p é a carga de polarização na superfície de uma cavidade hipotética que envolve a partícula carregada.

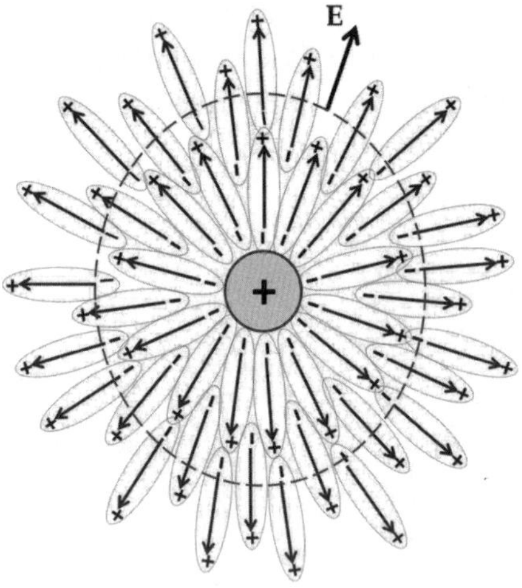

Figura 4.5 Uma partícula eletricamente carregada polariza o meio que a contém. Em torno dela surge a carga de polarização.

Observe que, se o meio é homogêneo, a carga de polarização em qualquer outra posição do espaço é nula. Os objetos e os meios materiais possuem ordinariamente imensa densidade molecular da ordem de 10^{25} moléculas por metro cúbico. Mesmo um volume extremamente pequeno de $1\ \mu m^3 = 10^{-18}\ m^3$ contém mais de 10 milhões de moléculas. Assim, para qualquer volume muito maior que o volume molecular, os campos macroscópicos obtidos pela promediação espacial da contribuição de todas as cargas elétricas contidas nesse volume podem ser obtidos a partir da associação das equações anteriores da seguinte forma:

$$\oint_S \mathbf{E} \cdot d\mathbf{S} = \frac{1}{\varepsilon_o}\left(\oint_S \mathbf{D} \cdot d\mathbf{S} - \oint_S \mathbf{P} \cdot d\mathbf{S}\right)$$

Uma vez que essa equação é válida para qualquer volume macroscópico, ela nos leva à seguinte relação entre os integrandos:

$$\mathbf{D} = \varepsilon_o \mathbf{E} + \mathbf{P} \tag{4.25}$$

Essa equação é denominada relação constitutiva para o campo elétrico. Uma aproximação bastante difundida pela simplicidade é o modelo do meio linear, homogêneo e isotrópico. Em um meio linear, a polarização é proporcional ao campo elétrico. Em um meio homogêneo, a relação entre polarização e campo elétrico não depende das coordenadas espaciais. E em um meio isotrópico, essa relação é independente da direção no espaço ao longo da qual é medida. Nos meios lineares, define-se uma quantidade escalar adimensional (ou tensorial, se o meio for anisotrópico) denominada susceptibilidade elétrica do meio (χ_e) por:

$$\mathbf{P} = \chi_e \varepsilon_o \mathbf{E} \tag{4.26}$$

A substituição dessa expressão na Equação (4.25) nos leva a formas mais simples da relação constitutiva:

$$\mathbf{D} = (1 + \chi_e)\varepsilon_o \mathbf{E} = \varepsilon_r \varepsilon_o \mathbf{E} = \varepsilon \mathbf{E} \tag{4.27}$$

onde ε_r (adimensional) é denominada constante dielétrica do meio e ε (F/m) é a permissividade elétrica do meio. A Tabela 4.5 apresenta as constantes dielétricas estáticas de materiais selecionados, alguns de uso comum em sistemas elétricos.

Tabela 4.5 Constante dielétrica estática de materiais selecionados a 20 °C e 1 atm.

Material	ε_r
Ar	1,0005
Benzeno	2,28
Metanol	33,0
Água	80,1
Diamante	5,7
Silício	11,8
Teflon	2,1
Polietileno	2,3
Silicone	3,1
Nylon	3,5
PVC	3,5
Epóxi	3,6
Neoprene	6,7
Poliuretano	7,0

Fonte: LIDE, 1997.

A Figura 4.6 mostra duas situações ilustrativas do efeito da polarização no campo elétrico no interior dos objetos. Consideremos uma placa dielétrica com largura muito maior do que a espessura posicionada perpendicularmente ao campo elétrico uniforme, como mostra a Figura 4.6a. O campo preexistente polariza o material de modo que, segundo a Equação (4.20), surge a carga de polarização superficial com densidade $\rho_{ps} = P$ na face direita da placa e $\rho_{ps} = -P$ na face esquerda. Com isso, um campo elétrico induzido e oposto ao campo preexistente surge no interior da placa.

$$E_p = -\frac{P}{\varepsilon_o} \tag{4.28}$$

O campo elétrico total dentro da placa é $\mathbf{E} = \mathbf{E}_o + \mathbf{E}_p$. Ao substituirmos as equações (4.26) e (4.28) nessa expressão, obtemos a polarização como função do campo preexistente e, em seguida, o campo total. As expressões são as seguintes:

$$P = \frac{\chi_e}{1+\chi_e}\varepsilon_o E_o \tag{4.29}$$

$$E = \frac{E_o}{1+\chi_e} = \frac{E_o}{\varepsilon_r} \tag{4.30}$$

O campo total é menor que o campo preexistente e o fator de proporcionalidade é a constante dielétrica da placa. Na Figura 4.6b, uma esfera dielétrica é colocada em um campo uniforme preexistente. A esfera se polariza uniformemente e o campo elétrico total em seu interior também é uniforme. A carga de polarização na superfície é descrita por $\rho_{ps} = P\cos\theta$ e o campo gerado por essa carga no centro da esfera é calculado por:

$$E_p = -\frac{1}{4\pi\varepsilon_o}\int_S \frac{\mathbf{P}\cdot d\mathbf{S}}{R^2}\cos\theta\ \mathbf{u}_P = -\frac{P}{4\pi\varepsilon_o}\int_0^{2\pi} d\phi \int_0^{\pi} \cos^2\theta \operatorname{sen}\theta\, d\theta = -\frac{P}{3\varepsilon_o} \tag{4.31}$$

O campo total é a soma do campo preexistente com o campo gerado pela carga de polarização. Ao substituirmos as equações (4.26) e (4.31) na expressão do campo total, podemos calcular a polarização e o campo na esfera. As expressões são as seguintes:

$$P = \frac{3\chi_e}{3+\chi_e}\varepsilon_o E_o \tag{4.32}$$

$$E = \frac{3}{3+\chi_e}E_o = \frac{3}{2+\varepsilon_r}E_o \tag{4.33}$$

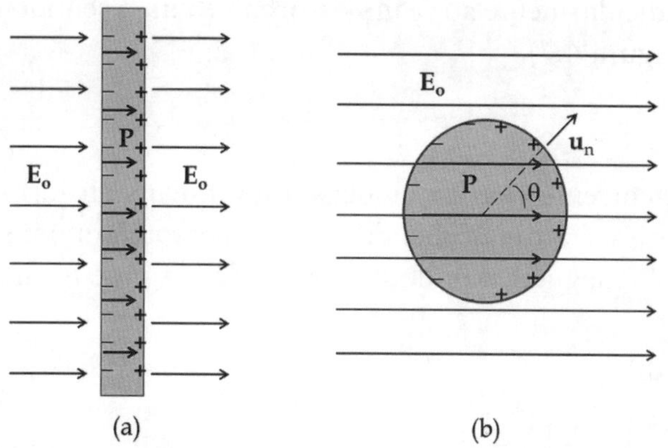

Figura 4.6 Ilustração para o cálculo de campo elétrico no interior de (a) uma placa dielétrica e (b) uma esfera dielétrica em um campo elétrico uniforme preexistente.

Conforme os casos analisados sugerem, quanto maior é a constante dielétrica do material de um objeto, menor é o campo elétrico em seu interior. Isso ocorre porque a carga de polarização produz campo elétrico em oposição ao campo preexistente no interior do objeto.

Em meios anisotrópicos, a Equação (4.26) deve ser substituída por uma relação tensorial que pode ser escrita da seguinte forma:

$$P_i = \varepsilon_o \sum_j \chi_{eij} E_j \rightarrow \begin{bmatrix} P_1 \\ P_2 \\ P_3 \end{bmatrix} = \varepsilon_o \begin{bmatrix} \chi_{e11} & \chi_{e12} & \chi_{e13} \\ \chi_{e21} & \chi_{e22} & \chi_{e23} \\ \chi_{e31} & \chi_{e32} & \chi_{e33} \end{bmatrix} \cdot \begin{bmatrix} E_1 \\ E_2 \\ E_3 \end{bmatrix} \tag{4.34}$$

onde P_i (i = x, y, z) é a i-ésima componente do vetor de polarização, E_j (j = x, y, z) é a j-ésima componente do campo elétrico e χ_{eij} é a componente (i, j) do tensor susceptibilidade elétrica do meio. Nesse caso, a constante dielétrica e a permissividade do meio também são quantidades tensoriais.

4.3 MAGNETIZAÇÃO

4.3.1 Momento de dipolo magnético

A propriedade física determinante do magnetismo atômico é o momento de dipolo magnético dos elétrons. Cada elétron de um átomo possui momento angular em função de seu movimento orbital e seu *spin*. Associados a esses momentos angulares, existem momentos magnéticos produzidos pelo movimento da carga do elétron. Para o movimento orbital, o momento magnético pode ser definido como um vetor de módulo dado pelo produto da corrente elétrica pela área da órbita do movimento eletrônico. O vetor momento de dipolo magnético está orientado perpendicularmente ao plano da órbita e tem o sentido dado pela regra da mão direita (Figura 4.7).

$$\mathbf{m} = i S \mathbf{u}_n \tag{4.35}$$

onde $i = -e\nu$ é a corrente elétrica associada ao movimento orbital, e é a carga elétrica elementar e ν é a frequência desse movimento. Para uma órbita plana, o momento de dipolo magnético pode ser escrito da seguinte forma:

$$\mathbf{m} = \frac{i}{2} \oint_C \mathbf{r}' \times d\mathbf{r}' \tag{4.36}$$

onde C é a curva descrita pela trajetória do elétron.

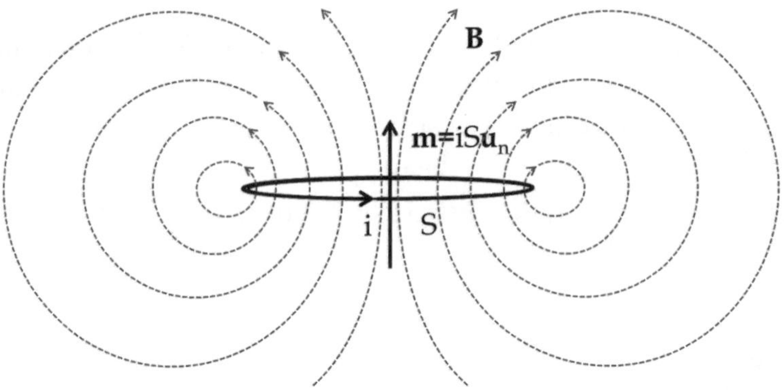

Figura 4.7 Ilustração do modelo de dipolo magnético baseado em uma espira de corrente filamentar.

Podemos obter a indução magnética produzida por um dipolo calculando inicialmente o potencial magnético de uma espira plana. Usando a fórmula vetorial $\nabla \times (\varphi \mathbf{A}) = \varphi \nabla \times \mathbf{A} + \nabla \varphi \times \mathbf{A}$, é simples mostrar que o integrando na lei de Biot-Savart pode ser escrito da seguinte forma:

$$\frac{\mathbf{j} \times (\mathbf{r} - \mathbf{r}')}{|\mathbf{r} - \mathbf{r}'|^3} = \nabla \times \left(\frac{\mathbf{j}}{|\mathbf{r} - \mathbf{r}'|} \right)$$

Nessa equação, usamos $\nabla \times \mathbf{j} = 0$, uma vez que **j** não depende da posição **r**. Então, o potencial magnético fora da distribuição de corrente pode ser calculado das formas mostradas a seguir (para distribuição de corrente volumétrica, superficial ou filamentar, respectivamente):

$$\mathbf{A} = \frac{\mu_o}{4\pi} \int_{V'} \frac{\mathbf{j}\, dV'}{|\mathbf{r} - \mathbf{r}'|}$$

$$A = \frac{\mu_o}{4\pi}\int_{S'} \frac{k\ dS'}{|r - r'|}$$

$$A = \frac{\mu_o}{4\pi}\int_{L'} \frac{i\ dL'}{|r - r'|}$$

No caso de uma espira filamentar, o potencial na posição **r** do espaço é calculado da seguinte forma:

$$A(\mathbf{r}) = \frac{\mu_o i}{4\pi}\oint_C \frac{d\mathbf{r}'}{|\mathbf{r} - \mathbf{r}'|} \tag{4.37}$$

Uma vez que pretendemos descrever os dipolos magnéticos atômicos, os quais são estruturas microscópicas, podemos considerar que a distância de observação é muito maior que as dimensões do dipolo. Para pontos distantes da espira, ou seja, r >> r', é mostrado no Apêndice B que o potencial magnético pode ser aproximado pela seguinte expressão:

$$A(\mathbf{r}) = \frac{\mu_o}{4\pi}\frac{\mathbf{m} \times \mathbf{r}}{r^3} \tag{4.38}$$

Ao adotarmos esse resultado, podemos obter a indução magnética produzida pelo dipolo magnético por meio da relação $\mathbf{B} = \nabla \times A$. Recomendamos como exercício a demonstração de que esse cálculo conduz ao seguinte resultado:

$$\mathbf{B} = \frac{\mu_o m}{4\pi r^3}\left(2\cos\theta\ \mathbf{u}_r + \operatorname{sen}\theta\ \mathbf{u}_\theta\right) \tag{4.39}$$

onde θ é o ângulo medido entre a direção do vetor de posição em relação ao centro geométrico da espira e a direção do momento magnético.

Quando submetido a um campo magnético externo, o dipolo tende a alinhar seu vetor de momento paralelamente à indução magnética aplicada. Tanto para dipolos moleculares como para uma espira de corrente, esse processo pode ser descrito pela existência de um torque resultante da força magnética aplicada sobre a distribuição de corrente do dipolo. Cada comprimento diferencial $d\mathbf{r}'$ do caminho percorrido pela corrente sofre a ação da força magnética $\mathbf{F} = i d\mathbf{r}' \times \mathbf{B}$. Assim, o torque resultante na espira deve ser calculado por:

$$\boldsymbol{\eta} = i\oint_C \mathbf{r}' \times \left(d\mathbf{r}' \times \mathbf{B}\right) \tag{4.40}$$

Partindo dessa equação, no Apêndice B demonstra-se que, para a indução magnética uniforme na área da espira, o torque de alinhamento é descrito pela seguinte expressão simples:

$$\eta = m \times B \tag{4.41}$$

Note que o torque é máximo quando o momento de dipolo é perpendicular à indução magnética e zero quando são paralelos. O torque tende a girar o dipolo de modo a tornar **m** paralelo a **B**. Portanto, existe energia potencial associada à orientação do dipolo em relação ao campo aplicado. Podemos calcular essa energia considerando a situação em que giramos o dipolo com velocidade constante, aplicando sobre ele um torque contrário ao torque de alinhamento, mas com mesmo módulo. O trabalho realizado pela força externa para aumentar o ângulo entre os vetores **m** e **B** é dado por:

$$\begin{aligned} U_m(\theta_2) - U_m(\theta_1) &= -\int_{\theta_1}^{\theta_2} -\eta \cdot d\theta\, \mathbf{u}_\omega = \int_{\theta_1}^{\theta_2} \mathbf{m} \times \mathbf{B} \cdot \mathbf{u}_\omega\, d\theta = mB \int_{\theta_1}^{\theta_2} \operatorname{sen}\theta\, d\theta = \\ &= -mB(\cos\theta_2 - \cos\theta_1) \end{aligned} \tag{4.42}$$

onde $\mathbf{u}_\omega$ é o vetor unitário do deslocamento angular. Esse vetor é perpendicular ao plano do deslocamento e, portanto, paralelo a $\mathbf{m} \times \mathbf{B}$. Tomando como referência a posição $\theta_2 = \pi/2$, para a qual atribuímos $U_m(\theta_2) = 0$, concluímos que a energia potencial armazenada no acoplamento de um dipolo magnético com um campo externo é dada por:

$$U_m = -mB\cos\theta = -\mathbf{m} \cdot \mathbf{B} \tag{4.43}$$

Uma vez que a energia é mínima quando o vetor de momento de dipolo magnético é paralelo ao vetor de campo magnético, essa é a posição de equilíbrio estável. Quando colocado em qualquer posição com ângulo diferente de zero, o dipolo magnético tende a girar para a posição de alinhamento com o campo aplicado.

4.3.2 Momento de dipolo magnético atômico

Um modelo para o momento magnético orbital dos elétrons pode ser obtido a partir da relação com o momento angular da partícula de massa m_e orbitando o núcleo atômico com frequência angular ω. O momento de inércia para uma trajetória circular de raio r é $m_e r^2$ e o momento angular é $\mathbf{L} = m_e r^2 \omega\, \mathbf{u}_n$, onde $\mathbf{u}_n$ é o vetor unitário normal ao plano da órbita. A área da órbita pode ser calculada da seguinte forma:

$$S = \frac{1}{2}\oint_C r^2 d\phi = \frac{1}{2}\oint_T r^2 \omega dt = \frac{LT}{2m_e} = \frac{L}{2m_e \nu}$$

onde $T = 1/\nu$ é o período do movimento orbital do elétron. Substituindo na Equação (4.35) com $i = -e\nu$, obtemos:

$$\mathbf{m}_L = -\frac{e}{2m_e}\mathbf{L}_e \tag{4.44}$$

onde o índice L identifica o momento magnético associado ao momento angular orbital do elétron $\mathbf{L}_e$. O momento angular intrínseco ao elétron, ou simplesmente *spin*, também gera momento de dipolo magnético. Nesse caso, a relação entre momento angular e momento de dipolo é dada por:

$$\mathbf{m}_s = -g_e \frac{e}{2m_e}\mathbf{S}_e \tag{4.45}$$

onde o índice s identifica o momento magnético associado ao momento angular de *spin* $\mathbf{S}_e$ do elétron. A constante g_e é denominada fator espectroscópico e vale 2,002290716 para o elétron livre.

O *spin* eletrônico é um conceito da mecânica quântica relativo ao movimento dos elétrons que não possui contrapartida na mecânica clássica. A ideia do elétron como uma esfera carregada em movimento de rotação não conduz a resultados realistas e deve ser evitada. Além disso, a mecânica quântica estabelece que tanto o momento angular orbital como o momento angular de *spin* são quantizados, podendo apenas assumir certos valores múltiplos de $h/2\pi$, onde $h = 6{,}626 \times 10^{-34}$ Js (joule × segundo) é a constante de Planck.

$$L_e = \frac{h}{2\pi}\sqrt{l(l+1)} \tag{4.46}$$

$$S_e = \frac{h}{2\pi}\sqrt{s(s+1)} \tag{4.47}$$

onde l é o número quântico de momento angular orbital e s é o número quântico de momento angular de *spin*. Os valores possíveis para o número quântico orbital são: $l = 0,1,2,3\ldots(n-1)$, onde n é o número quântico principal que identifica a camada eletrônica e a energia do elétron no átomo. O único valor possível para o número quântico de *spin* é 1/2.

Quando um átomo está sujeito a um campo magnético, em virtude do torque de alinhamento, os elétrons realizam movimentos de precessão de seus momentos angulares em torno da direção do campo (Apêndice B). No plano perpendicular ao campo, a componente de momento angular realiza um movimento rotacional e o momento médio no ciclo de rotação é zero. Por sua vez, a componente paralela ao campo é quantizada com número quântico magnético orbital m_l, o qual pode assumir apenas valores inteiros no intervalo $(-l,l)$, ou seja, $m_l = -l, -l+1, \ldots, 0, \ldots, l-1, l$. Desse modo, a componente na direção do campo (direção z) do momento angular orbital é dada por:

$$L_{ez} = \frac{m_l h}{2\pi} \tag{4.48}$$

O mesmo processo de alinhamento com o campo aplicado ocorre para o momento angular de *spin*. Contudo, o alinhamento ocorre apenas com duas possibilidades para a componente na direção do campo. O número quântico magnético de *spin* nesse caso pode assumir os valores $m_s = 1/2$ ou $m_s = -1/2$, denominados alinhamento paralelo e antiparalelo, respectivamente. A componente do momento magnético de *spin* na direção do campo pode, então, ser escrita da seguinte forma:

$$S_{ez} = \frac{m_s h}{2\pi} \tag{4.49}$$

A Figura 4.8 ilustra a relação vetorial existente entre momentos angulares do elétron e o campo magnético aplicado. Levando os resultados anteriores às equações (4.44) e (4.45), obtemos os momentos magnéticos do elétron por:

$$\mathbf{m}_L = -\frac{eh}{4\pi m_e}\sqrt{l(l+1)}\,\mathbf{u}_L = -\mu_B\sqrt{l(l+1)}\,\mathbf{u}_L \tag{4.50}$$

$$\mathbf{m}_s = -g_e\frac{eh}{4\pi m_e}\sqrt{s(s+1)}\,\mathbf{u}_s = -g_e\mu_B\sqrt{s(s+1)}\,\mathbf{u}_s \tag{4.51}$$

$$m_{Lz} = -\frac{eh}{4\pi m_e}m_l = -\mu_B m_l \tag{4.52}$$

$$m_{sz} = -g_e\frac{eh}{4\pi m_e}m_s = -g_e\mu_B m_s \tag{4.53}$$

onde a constante μ_B é denominada magnéton de Bohr e tem o valor de $9{,}27 \times 10^{-24}$ Am^2.

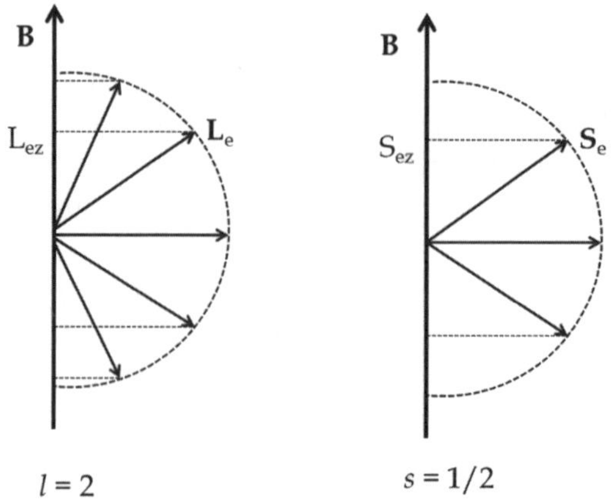

Figura 4.8 Orientação do momento angular eletrônico em relação ao campo magnético aplicado.

O momento angular total e o momento magnético total de um átomo são obtidos pela soma vetorial dos momentos orbitais e de *spin* de cada elétron do átomo. Uma camada eletrônica completa (nível n de energia), ou seja, na qual todos os subníveis ($l = 0,1,...,n - 1$) estão ocupados com dois elétrons com *spins* contrários, tem momento angular e momento magnético totais nulos. Isso significa que somente camadas incompletas contribuem para o momento angular e magnético de um átomo. Para a maioria dos átomos de materiais magnéticos, o momento angular total é obtido pela soma do momento orbital total com o momento de *spin* total (acoplamento Russel-Saunders), ou seja:

$$\mathbf{J}_a = \mathbf{L}_a + \mathbf{S}_a = \sum_i \mathbf{L}_e + \sum_i \mathbf{S}_e \tag{4.54}$$

onde o índice a é usado para designar o momento atômico.

Os momentos angulares ($\mathbf{J}_a$, $\mathbf{L}_a$, $\mathbf{S}_a$) estão acoplados pelos campos que os respectivos momentos magnéticos produzem. Devido aos torques resultantes dessas interações, os vetores de momento angular orbital e de *spin* realizam precessão em torno do momento angular total $\mathbf{J}_a$ (Figura 4.9). Contudo, como mostra essa figura, o momento magnético total $\mathbf{m}_L + \mathbf{m}_S$ não é antiparalelo ao momento angular total. Isso ocorre porque os fatores de proporcionalidade (razão giromagnética) observados nas equações (4.44) e (4.45) entre momento magnético e momento angular são diferentes para o movimento orbital e para o movimento de *spin*. Assim, o momento magnético total também realiza precessão em torno de $\mathbf{J}_a$. Com isso, a componente do momento magnético total na direção do momento angular total é a única que contribui para as propriedades magnéticas do átomo. De acordo com o padrão observado nas equações (4.50) a (4.53), podemos escrever as seguintes relações para o momento $\mathbf{m}_a$:

$$\mathbf{m}_a = -g_J \mu_B \sqrt{J(J+1)}\,\mathbf{u}_J \tag{4.55}$$

$$m_{az} = -g_J \mu_B m_J \tag{4.56}$$

onde J é o número quântico de momento angular atômico $\mathbf{J}_a$ e m_J indica a projeção desse vetor na direção do campo magnético, podendo assumir $(2J + 1)$ valores ($m_J = -J, -J + 1, -J + 2, ..., J - 2, J - 1, J$). Cada átomo apresenta uma das orientações possíveis de seu momento magnético em relação ao campo aplicado e com isso está em um nível de energia potencial particular [Equação (4.43)]. Nas equações anteriores, g_j é denominado fator espectroscópico de Landé, dado pela seguinte expressão em função dos números quânticos totais do átomo S, L e J:

$$g_J = 1 + \frac{J(J+1) + S(S+1) - L(L+1)}{2J(J+1)} \tag{4.57}$$

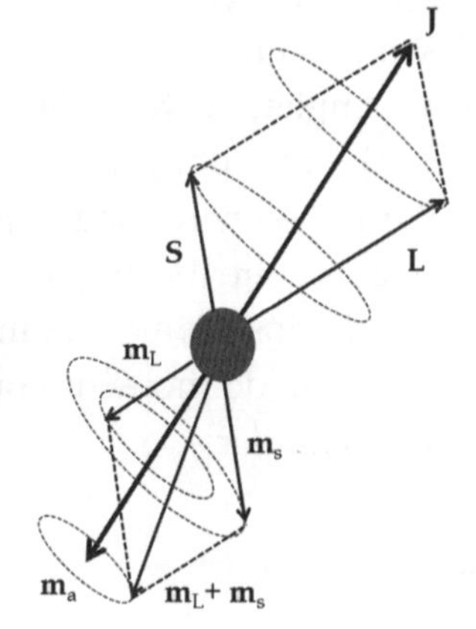

Figura 4.9 Ilustração da soma vetorial de momentos angulares e momentos magnéticos em um átomo.

Segundo as regras de Hund: o valor do número quântico S deve ser o máximo permitido pelo princípio de exclusão de Wolfgang Pauli (não pode haver dois elétrons com o mesmo conjunto de números quânticos no átomo); o valor de L também deve ser o máximo possível desde que a condição anterior de máximo *spin* atômico seja atendida; se o subnível l contiver menos da metade dos elétrons que comporta (número de elétrons $< 2l + 1$), o valor a ser atribuído a J deve ser $J = L - S$, em caso contrário, deve ser $J = L + S$.

A Tabela 4.6 mostra a configuração eletrônica e os números quânticos de momento angular de alguns íons com camada 3d ou 4f incompleta. Para o grupo de íons 3d mostrado nessa tabela, os experimentos mostraram que o momento magnético é determinado praticamente pelo *spin* atômico, ou seja, o momento angular orbital não contribui significativamente para as propriedades magnéticas desses íons. Por exemplo, para o Fe^{2+}, considerando $L = 0$ e, portanto, $J = S = 2$ e $g_J = 2$ [Equação (4.57)], obtemos $m_a \approx 4{,}9\ \mu_B$. Esse resultado concorda razoavelmente bem com o valor experimental de $5{,}36\ \mu_B$, ao passo que o valor esperado com $L = 2$ é $6{,}7\ \mu_B$ (JILES, 1998). Esse fenômeno é denominado de extinção do momento orbital e considera-se que ocorra por causa da rotação do plano da órbita no sistema de forças não centrais do cristal. Na outra importante classe de materiais magnéticos, os metais de transição com camada 4f incompleta, o fenômeno de extinção não ocorre, de modo que tanto o momento orbital como o *spin* são importantes nas propriedades magnéticas desses elementos.

Tabela 4.6 Configuração eletrônica de íons 3d e 4f.

Íon	Elétrons	Configuração	*L*	*S*	*J*
Ti^{3+}	19	$3d^1$	2	1/2	3/2
V^{3+}	20	$3d^2$	3	1	2
Cr^{3+}	21	$3d^3$	3	3/2	3/2
Mn^{3+}	22	$3d^4$	2	2	0
Fe^{3+}	23	$3d^5$	0	5/2	5/2
Fe^{2+}	24	$3d^6$	2	2	4
Co^{2+}	25	$3d^7$	3	3/2	9/2
Ni^{2+}	26	$3d^8$	3	1	4
Cu^{2+}	27	$3d^9$	2	1/2	5/2
Ce^{3+}	55	$4f^1$	3	1/2	5/2
Pr^{3+}	56	$4f^2$	5	1	4
Nd^{3+}	57	$4f^3$	6	3/2	9/2
Sm^{3+}	59	$4f^5$	5	5/2	5/2
Gd^{3+}	61	$4f^7$	0	7/2	7/2
Tb^{3+}	62	$4f^8$	3	3	6

Fonte: KITTEL, 1978; BUSCHOW; BOER, 2004.

4.3.3 Mecanismos de magnetização

Define-se a magnetização de um objeto como um campo vetorial determinado pela densidade volumétrica de momento de dipolo magnético no interior desse objeto. A magnetização resulta da interação de um campo magnético externo com os átomos do material. Ocorre magnetização, como veremos, por causa da indução de força eletromotriz nos átomos e também pelo processo de alinhamento dos dipolos atômicos permanentes.

Nos materiais constituídos de átomos com momento de dipolo magnético nulo, o processo de magnetização ocorre apenas pela interação do campo com as correntes eletrônicas orbitais nos átomos de acordo com a lei de Faraday. Consideremos um modelo simples para uma órbita eletrônica circular. O momento de dipolo magnético orbital pode ser obtido substituindo-se o momento angular $L = m_e r^2 \omega$ na Equação (4.44):

$$m_L = -\frac{er^2\omega}{2} \tag{4.58}$$

Com a aplicação do campo magnético, a variação do fluxo na área da órbita induz o campo elétrico ao longo da trajetória do elétron. Se o campo é aplicado perpendicularmente à área, temos:

$$2\pi\rho E = -\pi\rho^2 \frac{dB}{dt} \rightarrow E = -\frac{\rho}{2}\frac{dB}{dt}$$

De acordo com a segunda lei de Newton, o elétron será acelerado pelo campo elétrico com aceleração angular $d\omega/dt = -eE/(\rho m_e)$. Substituindo o campo elétrico calculado anteriormente, obtemos:

$$\frac{d\omega}{dt} = \frac{e}{2m_e}\frac{dB}{dt} \tag{4.59}$$

cuja integração leva ao seguinte resultado:

$$\Delta\omega = \frac{e}{2m_e}\Delta B \tag{4.60}$$

A variação da frequência angular do movimento orbital eletrônico provoca variação do momento magnético orbital. Substituindo na Equação (4.58), obtemos:

$$\Delta m_L = -\frac{e^2\rho^2}{4m_e}\Delta B \tag{4.61}$$

Essa equação mostra que as variações do momento magnético orbital ocorrem em sentido oposto às variações da indução magnética aplicada, ou seja, o meio se magnetiza em sentido contrário ao campo. Esse processo é denominado de diamagnetismo. Se existem N_o átomos por unidade de volume, cada qual com momento magnético induzido $\mathbf{m}_L$, a magnetização diamagnética pode ser calculada pela expressão a seguir:

$$\Delta\mathbf{M} = N_o\,\Delta\mathbf{m}_L = -\frac{N_o e^2\rho^2}{4m_e}\Delta B \tag{4.62}$$

A magnetização diamagnética é proporcional ao campo magnético aplicado. A constante de proporcionalidade é denominada susceptibilidade diamagnética, sendo uma constante negativa característica do material. Se tomarmos o raio médio da órbita plana $<\rho^2>$ para os Z elétrons do átomo, mas usarmos a aproximação mais realista de que as órbitas são esféricas com raio médio $<r^2>$, podemos facilmente concluir que $<\rho^2> = (2/3)<r^2>$. Assim, a susceptibilidade diamagnética pode ser estimada por:

$$\chi_m = \frac{\Delta M}{\Delta B/\mu_o} = -\frac{N_o\mu_o Z e^2\left\langle r^2\right\rangle}{6m_e} \tag{4.63}$$

A magnetização diamagnética ocorre em todos os materiais, mas naqueles que possuem momento de dipolo magnético atômico não nulo, o diamagnetismo é suplantado pelo alinhamento dos dipolos magnéticos na direção e no sentido do campo aplicado. O diamagnetismo é o tipo mais fraco de magnetização (exceto nos supercondutores), com susceptibilidade da ordem de -10^{-6}. Os materiais cujos átomos possuem camadas eletrônicas completas são diamagnéticos, como os gases nobres e os cristais iônicos. Diversos elementos metálicos e alguns não metálicos também são diamagnéticos em função do efeito da força eletromotriz induzida sobre o gás de elétrons livres. Alguns exemplos são: carbono, prata, cobre, mercúrio, ouro e germânio.

Quando átomos que possuem momento magnético permanente estão submetidos à influência de campo magnético externo, a orientação dos momentos magnéticos atômicos em relação ao campo é determinada pela energia potencial desse acoplamento, pela quantização da componente de momento angular na direção do campo aplicado, pela intensidade da interação entre átomos vizinhos e pela agitação térmica do meio. Consideremos inicialmente que os átomos não interagem magneticamente entre si, de modo que a energia potencial é determinada unicamente pelo acoplamento com o campo magnético aplicado. Essa energia, portanto, pode ser calculada usando as equações (4.43) e (4.56).

$$U_m = -\mu_o \mathbf{m}_a \cdot \mathbf{H} = \mu_o g_J \mu_B m_J H \tag{4.64}$$

Cada átomo apresenta uma das orientações possíveis de seu momento magnético em relação ao campo e, por isso, está em um nível de energia potencial particular. A probabilidade de um átomo estar situado no estado de energia U_m em um sistema em equilíbrio termodinâmico, de acordo com a distribuição de Boltzmann, é dada por:

$$P_i = \frac{e^{-U_{mi}/K_B T}}{\sum_n e^{-U_{mn}/K_B T}}$$

onde o somatório no denominador estende-se a todos os estados de energia possíveis. Com essa distribuição de probabilidades, podemos calcular o valor médio do momento de dipolo magnético atômico na direção do campo aplicado, sabendo que a componente perpendicular ao campo se anula na média em virtude do movimento de precessão. Assim, a magnetização pode ser calculada por:

$$\mathbf{M} = N_o \langle m_{az} \rangle \mathbf{u}_H = N_o \frac{\sum_{m_J=-J}^{m_J=J} \left(-g_J \mu_B m_J\right) e^{-\frac{\mu_o g_J \mu_B m_J H}{K_B T}}}{\sum_{m_J=-J}^{m_J=J} e^{-\frac{\mu_o g_J \mu_B m_J H}{K_B T}}} \mathbf{u}_H$$

A solução dessa equação nos leva ao seguinte resultado:

$$\mathbf{M} = g_J \mu_B N_o J B_J(x) \mathbf{u}_H \tag{4.65}$$

onde:

$$x = \frac{\mu_o g_J \mu_B J H}{K_B T} \tag{4.66}$$

$B_J(x)$ é denominada função de Brillouin e é descrita pela seguinte equação:

$$B_J(x) = \frac{2J+1}{2J} \coth \frac{(2J+1)x}{2J} - \frac{1}{2J} \coth \frac{x}{2J} \tag{4.67}$$

A Figura 4.10 mostra a função de Brillouin para quatro valores distintos do número quântico *J*. O processo de magnetização pela orientação espacial dos momentos de dipolo magnético atômicos na direção e no sentido do campo aplicado é denominado paramagnetismo. Observam-se dois comportamentos distintos na curva de magnetização paramagnética. Para valores do argumento x até aproximadamente a unidade, a magnetização apresenta um comportamento linear. A partir daí, a magnetização varia mais lentamente, tendendo à saturação. Dois fatores extrínsecos afetam a magnetização: a intensidade do campo e a temperatura. Campos de baixa intensidade e altas temperaturas resultam em magnetização fraca. Isso corresponde à região linear do comportamento paramagnético. Campos muito intensos e com baixas temperaturas resultam em comportamento não linear e, eventualmente, na saturação.

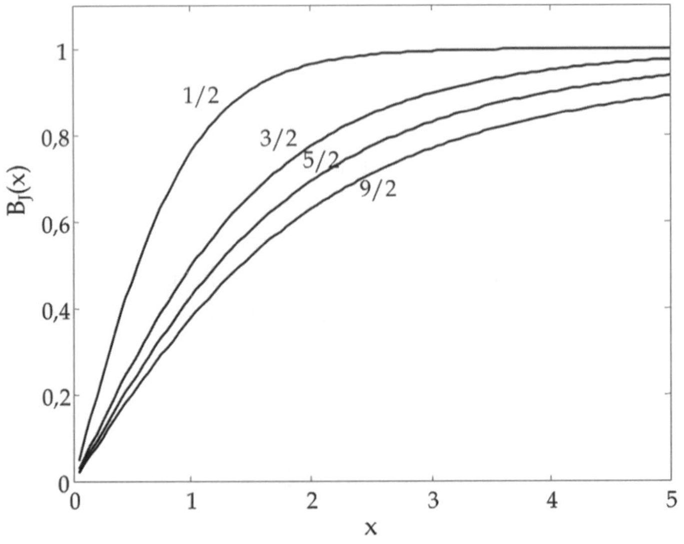

Figura 4.10 Função de Brillouin com $J = S = 1/2, 3/2, 5/2$ e $9/2$ e $L = 0$.

Em condições normais de temperatura e intensidade de campo, o argumento x da função de Brillouin é muito menor do que a unidade. Mesmo para campos intensos, por exemplo, da ordem de 10^6 A/m e temperatura ambiente de 273 K, com $J = 1/2$ e $g_J = 2$, obtemos x = 0,0031. Assim, a função de Brillouin pode ser aproximada pelo primeiro termo da série de Taylor e ser escrita da seguinte forma:

$$B_J(x) = \frac{J+1}{3J}x = \frac{\mu_o g_J (J+1)\mu_B}{3K_B T}H \tag{4.68}$$

Com essa aproximação, a magnetização pode ser calculada de acordo com o seguinte modelo matemático:

$$\mathbf{M} = \frac{N_o \mu_o g_J^2 J(J+1)\mu_B^2}{3K_B T}\mathbf{H} \tag{4.69}$$

A susceptibilidade paramagnética é, então, obtida por:

$$\chi_m = \frac{N_o \mu_o g_J^2 J(J+1)\mu_B^2}{3K_B T} = \frac{C}{T} \tag{4.70}$$

Essa relação é conhecida como lei de Curie e foi obtida experimentalmente por Pierre Curie em 1895. A constante nessa equação é conhecida como constante de Curie.

$$C = \frac{N_o \mu_o g_J^2 J(J+1)\mu_B^2}{3K_B} \tag{4.71}$$

Os materiais que seguem essa lei satisfazem a duas condições fundamentais:

1) Os estados excitados de momento angular total J situam-se muito acima do estado fundamental $J = L \pm S$, de modo que, em temperaturas moderadas, não são significativamente ocupados e, por isso, não contribuem para o momento magnético total do átomo.
2) Os momentos magnéticos de sítios atômicos vizinhos interagem fracamente entre si.

Os elementos e materiais que seguem a lei de Curie são paramagnéticos. São elementos e moléculas que possuem um número ímpar de elétrons, de modo que existe um *spin* eletrônico não emparelhado. Alguns exemplos são: platina, alumínio, oxigênio, cloretos, sulfatos e carbonatos de manganês, cromo, ferro e cobre.

Alguns metais paramagnéticos não seguem a lei de Curie, conforme demonstra a Equação (4.70). Apresentam uma temperatura crítica abaixo da qual ocorre uma transição para um estado magnético altamente ordenado. Para explicar esse fenômeno, Pierre Weiss, em 1907, postulou que os momentos magnéticos atômicos interagem entre si e que isso pode ser modelado por um campo macroscópico médio, também denominado campo molecular, proporcional à magnetização do objeto. Isso equivale a reescrever a Equação (4.69) substituindo o campo magnético por $\mathbf{H}_{ef} = \mathbf{H} + \alpha\mathbf{M}$, onde α é uma constante que depende do número de átomos vizinhos mais próximos, da distância interatômica e do momento angular total dos átomos. Com isso, a magnetização é obtida por:

$$\mathbf{M} = \frac{C}{T - \alpha C}\mathbf{H} \tag{4.72}$$

E a susceptibilidade magnética é dada por:

$$\chi_m = \frac{C}{T - T_c} \tag{4.73}$$

onde a constante T_c é denominada temperatura Curie.

Esse modelo é denominado lei Curie-Weiss. Seu significado é de importância fundamental na teoria do magnetismo. Acima da temperatura Curie, um material se comporta como paramagnético, porque a agitação térmica tende a espalhar os momentos magnéticos aleatoriamente. À medida que a temperatura diminui tendendo a T_c, a susceptibilidade aumenta aparentemente sem limites, o que indica uma tendência cada vez maior de alinhamento dos dipolos magnéticos. Esse comportamento corroborado pela experimentação indica que a interação entre dipolos magnéticos é forte o suficiente para suplantar a agitação térmica e produzir uma transição para um estado ordenado caracterizada pelo alinhamento magnético completo do material. Esse estado pode ser ferromagnético, ferrimagnético ou antiferromagnético.

Materiais paramagnéticos também proporcionam magnetização muito fraca, apresentando susceptibilidades da ordem de 10^{-6} a 10^{-4}. Como mostra a Tabela 4.7, a diferença marcante entre diamagnetismo e paramagnetismo é o sinal da susceptibilidade magnética.

Tabela 4.7 Susceptibilidades magnéticas de materiais selecionados a 300 K.

Elemento		χ_m (× 10^{-6})
Diamagnéticos	Bi	-1,31
	Be	-1,85
	Ag	-2,02
	Au	-2,74
	Ge	-0,56
	Cu	-0,77
Paramagnéticos	Sn	0,19
	W	6,18
	Al	1,65
	Pt	21,04
	Mn	66,10

Fonte: JILES, 1998.

4.3.4 Relação constitutiva magnética

Um dos efeitos da magnetização da matéria é a variação da indução magnética no espaço. Enquanto os materiais paramagnéticos aumentam a indução magnética dentro de seu próprio volume, os diamagnéticos a diminuem. Para avaliarmos isso, consideremos a Equação (4.38) com a substituição do momento de dipolo pelo produto $\mathbf{M}(\mathbf{r}')dV'$:

$$A(\mathbf{r}) = \frac{\mu_o}{4\pi}\int_{V'} \frac{\mathbf{M}(\mathbf{r}')\times(\mathbf{r}-\mathbf{r}')}{|\mathbf{r}-\mathbf{r}'|^3}dV' = \frac{\mu_o}{4\pi}\int_{V'} \mathbf{M}(\mathbf{r}')\times\nabla'\left(\frac{1}{|\mathbf{r}-\mathbf{r}'|}\right)dV' \tag{4.74}$$

Ao utilizarmos a fórmula vetorial $\nabla \times (\varphi\mathbf{F}) = \nabla\varphi \times \mathbf{F} + \varphi\nabla \times \mathbf{F}$, podemos reescrever a equação anterior da seguinte forma:

$$A(\mathbf{r}) = \frac{\mu_o}{4\pi}\left[\int_{V'} \frac{\nabla'\times\mathbf{M}}{|\mathbf{r}-\mathbf{r}'|}dV' - \int_{V'} \nabla'\times\left(\frac{\mathbf{M}}{|\mathbf{r}-\mathbf{r}'|}\right)dV'\right] \tag{4.75}$$

Usando, então, o seguinte teorema vetorial:

$$\int_V \nabla\times\mathbf{F}\,dV = -\oint_S \mathbf{F}\times d\mathbf{S}$$

podemos reescrever a Equação (4.75) da seguinte forma:

$$A(\mathbf{r}) = \frac{\mu_o}{4\pi}\int_{V'} \frac{\nabla'\times\mathbf{M}}{|\mathbf{r}-\mathbf{r}'|}dV' + \frac{\mu_o}{4\pi}\oint_{S'} \frac{\mathbf{M}\times d\mathbf{S}'}{|\mathbf{r}-\mathbf{r}'|} \tag{4.76}$$

Essa equação sugere que o efeito da magnetização do objeto pode ser modelado por distribuições de corrente em seu volume e em sua superfície de acordo com a equação a seguir:

$$A(\mathbf{r}) = \frac{\mu_o}{4\pi}\int_{V'} \frac{\mathbf{j}_m(\mathbf{r}')}{|\mathbf{r}-\mathbf{r}'|} dV' + \frac{\mu_o}{4\pi}\oint_{S'} \frac{\mathbf{k}_m(\mathbf{r}')}{|\mathbf{r}-\mathbf{r}'|} dS' \tag{4.77}$$

onde as densidades de corrente de magnetização superficial e volumétrica são descritas pelas seguintes equações:

$$\mathbf{k}_m = \mathbf{M} \times \mathbf{u}_n \tag{4.78}$$

$$\mathbf{j}_m = \nabla \times \mathbf{M} \tag{4.79}$$

Não se tratam de correntes associadas ao movimento translacional de cargas livres, mas sim de correntes equivalentes que produzem os mesmos potencial e indução magnética do material magnetizado.

A indução magnética em um meio de dimensões infinitas pode ser obtida pela soma da indução magnética gerada pela distribuição de corrente da fonte com a indução resultante da magnetização da amostra. Por definição, a circulação do campo magnético é igual à corrente elétrica total (condução + deslocamento) que atravessa a área limitada pelo caminho de integração. A circulação da indução magnética, contudo, deve incluir a corrente de magnetização.

$$\oint_C \mathbf{B} \cdot d\mathbf{L} = \mu_o \int_S (\mathbf{j} + \mathbf{j}_m) \cdot d\mathbf{S} = \mu_o \int_S (\nabla \times \mathbf{H} + \nabla \times \mathbf{M}) \cdot d\mathbf{S} = \mu_o \oint_C (\mathbf{H} + \mathbf{M}) \cdot d\mathbf{L}$$

Uma vez que esse resultado não depende do caminho de integração, concluímos que indução, campo e magnetização estão relacionados por:

$$\mathbf{B} = \mu_o (\mathbf{H} + \mathbf{M}) \tag{4.80}$$

Para um material diamagnético ou paramagnético em condições nos quais sua magnetização é proporcional ao campo aplicado, a equação anterior pode ser simplificada para:

$$\mathbf{B} = \mu_o (1 + \chi_m)\mathbf{H} = \mu_r \mu_o \mathbf{H} \tag{4.81}$$

onde $\mu_r = 1 + \chi_m$ é a permeabilidade magnética relativa do material. μ_r é praticamente unitária nos materiais lineares ($\mu_r < 1$ nos diamagnéticos e $\mu_r > 1$ nos paramagnéticos). A Equação (4.80) é a relação constitutiva do magnetismo.

4.4 EXERCÍCIOS

1) Calcule o tempo de relaxação no cobre a 295 K, considerando a sua densidade volumétrica de elétrons livres de $8{,}45 \times 10^{28}$ m^{-3} e a massa dos elétrons de $9{,}11 \times 10^{-31}$ kg.

2) Mostre que a potência dissipada em um condutor pode ser calculada por meio da seguinte equação:

$$P_{diss} = \int_V \sigma E^2 \, dV$$

onde σ é a condutividade e **E** é o campo elétrico existente no material.

3) Calcule a quantidade de elétrons por segundo que atravessa a seção transversal de um fio de alumínio de diâmetro 1 mm se existir um campo elétrico aplicado ao longo do fio com valor 1 V/m. Calcule a potência dissipada em 1 m do fio.

4) Calcule a diferença de potencial elétrico que deve ser aplicada nas extremidades de um fio de cobre com seção transversal quadrada, com aresta de 1 mm e comprimento de 50 cm, para que a corrente elétrica que circule seja de 10 A. Considere que o campo elétrico e a densidade de corrente são uniformes em todo o volume do fio. Calcule a potência dissipada nesse condutor.

5) Uma solução eletrolítica é formada pela dissolução de 10 g de NaCl e 10 g de KCl em 1 litro de água a 298 K. Assumindo que a dissociação é total, calcule a condutividade dessa solução.

6) Calcule a condutividade intrínseca ao germânio e ao arseneto de gálio a 298 K usando os dados fornecidos neste capítulo e as concentrações intrínsecas de 2×10^{19} m^{-3} e 2×10^{12} m^{-3}, respectivamente.

7) Calcule a condutividade do silício dopado com átomos de fósforo na concentração 1×10^{17} m^{-3}. Repita para uma mesma concentração de boro. Sugestão: Considere a concentração intrínseca do silício no valor $1{,}5 \times 10^{16}$ m^{-3} e use a condição de neutralidade elétrica do cristal dopado $n_e + N_A = n_l + N_D$.

8) Demonstre a equação a seguir para o campo elétrico produzido a grande distância de um dipolo elétrico, na qual *r* é a distância radial em relação ao centro do dipolo e o ângulo θ é medido em relação à direção do dipolo.

$$E(r) = \frac{p_m}{4\pi\varepsilon_o r^3}\left(2\cos\theta\,\mathbf{u}_r + \operatorname{sen}\theta\,\mathbf{u}_\theta\right)$$

9) Calcule o momento de dipolo e de quadrupolo das moléculas representadas na Figura 4.11.

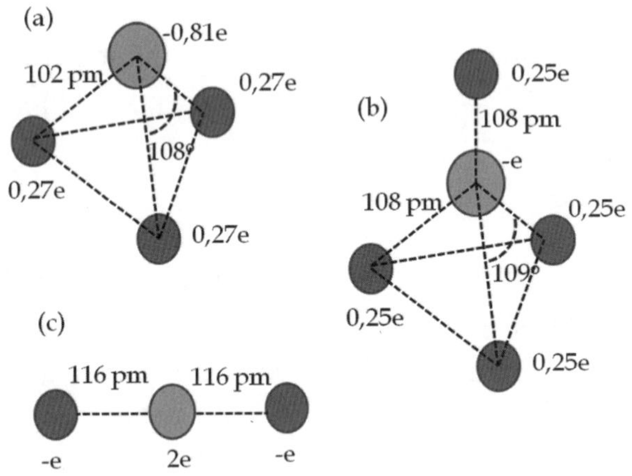

Figura 4.11 Ilustração para o exercício 9.

10) Considere uma carga elétrica puntiforme q_o em um dielétrico com constante dielétrica ε_{r1} colocada a uma distância z de uma interface plana e infinita com um outro dielétrico com constante dielétrica ε_{r2}. Mostre que a densidade de carga de polarização na interface é dada por:

$$\rho_{ps} = \frac{(\varepsilon_{r1} - \varepsilon_{r2})}{(\varepsilon_{r1} + \varepsilon_{r2})} \frac{q_o z}{2\pi\, \varepsilon_{r1}\, r^3}$$

onde r é a distância da carga a um ponto na interface.

11) Mostre que a indução magnética produzida por um dipolo magnético em posições do espaço muito maiores que as dimensões do dipolo é dada aproximadamente por:

$$\mathbf{B} = \frac{\mu_o m}{4\pi\, r^3}\left(2\cos\theta\ \mathbf{u}_r + \mathrm{sen}\theta\ \mathbf{u}_\theta\right)$$

onde θ é o ângulo medido entre a direção do vetor de posição em relação ao centro geométrico da espira e a direção do momento magnético.

12) Para cada um dos íons indicados a seguir, calcule o momento magnético atômico: Ti^{3+}, V^{3+}, Cr^{3+}, Mn^{3+}, Fe^{3+}, Fe^{2+}, Co^{2+}, Ni^{2+}, Cu^{2+}, Ce^{3+}, Nd^{3+}, Sm^{3+}.

13) Calcule a susceptibilidade paramagnética dos elementos a seguir a 300 K usando o modelo descrito na lei de Curie: estanho, tungstênio, alumínio, platina e manganês. Confira seus resultados com os valores da Tabela 4.7.

14) Considere um núcleo toroidal hipotético homogêneo com susceptibilidade magnética $\chi_m >> 1$, no qual é enrolada uma bobina de fio condutor com N espiras distribuídas homogeneamente ao longo de seu perímetro. Considere que a corrente elétrica de intensidade i está circulando na bobina. O núcleo tem seção transversal retangular com raio interno a, raio externo b e altura h. Calcule a indução magnética e a densidade de corrente de magnetização no núcleo.

4.5 REFERÊNCIAS

ATKINS, P. W. **Physical chemistry.** 5. ed. Oxford: Oxford University Press, 1992.

BUSCHOW, K. H. J.; BOER, F. R. **Physics of magnetism and magnetic materials.** Nova York: Kluwer Academic Publisher, 2004.

JILES, D. **Introduction to magnetism and magnetic materials.** 2. ed. Suffolk: St. Edmundsbury Press, 1998.

KITTEL, C. **Introdução à física do estado sólido.** 5. ed. Rio de Janeiro: Guanabara Dois, 1978.

LIDE, D. R. (Ed.). **CRC Handbook of chemistry and physics.** 78. ed. Boca Raton: CRC Press, 1997.

5

CAPÍTULO

Parâmetros de circuito elétrico

Uma das principais aplicações da teoria eletromagnética ocorre na modelagem de circuitos elétricos com a utilização dos conceitos de indutância, capacitância e resistência como parâmetros concentrados ou distribuídos em um volume específico. A capacitância e a indutância ideais são armazenadores de energia elétrica e magnética, respectivamente. A resistência ideal é um dissipador de energia. Os princípios de funcionamento desses elementos dependem diretamente das propriedades eletromagnéticas da matéria, discutidas no capítulo anterior.

5.1 RESISTÊNCIA

No Capítulo 4, vimos que os condutores apresentam uma relação de proporcionalidade entre a densidade de corrente e o campo elétrico, sendo a constante de proporcionalidade denominada condutividade. Essa relação linear é conhecida como lei de Ohm. A condutividade (ou sua recíproca, a resistividade) é uma propriedade do material que depende de sua temperatura. A resistência elétrica de um condutor é uma relação macroscópica entre a diferença de potencial elétrico aplicado e a corrente elétrica resultante em um condutor. A resistência elétrica depende da condutividade do material, da forma geométrica e das dimensões do elemento. De modo geral, a resistência pode ser calculada da seguinte forma:

$$R = \frac{\Delta V}{i} = \frac{\int_L \mathbf{E} \cdot d\mathbf{L}}{\int_S \mathbf{j}_c \cdot d\mathbf{S}} \quad (5.1)$$

onde S é a seção transversal do condutor e L é o comprimento percorrido pela corrente elétrica. A unidade de resistência que corresponde a volt/ampere é denominada ohm e seu símbolo é Ω. Para um condutor com seção transversal uniforme, densidade de corrente uniforme e campo elétrico paralelo a seu comprimento, a resistência elétrica é obtida por:

$$R = \frac{E\,L}{j_c\,S} = \frac{L}{\sigma S} \quad (5.2)$$

O trabalho realizado pelo campo elétrico na movimentação das cargas ao longo do condutor é dissipado na forma de agitação térmica na estrutura atômica do material. Esse processo é denominado de efeito Joule. A potência dissipada por unidade de volume em um meio condutor já foi obtida na Equação (3.17). A potência total dissipada em um condutor é, então, dada por:

$$P_{diss} = \int_V \mathbf{j}_c \cdot \mathbf{E}\,dV = \int_S \mathbf{j}_c \cdot d\mathbf{S} \int_L \mathbf{E} \cdot d\mathbf{L} = i\,\Delta V \quad (5.3)$$

O parâmetro inverso da resistência é a condutância do condutor:

$$G = \frac{1}{R} \quad (5.4)$$

Sua unidade é o siemens, cujo símbolo é S, sendo $S = \Omega^{-1}$.

Em sistemas de transmissão de sinais ou energia, a determinação dos parâmetros de circuito elétrico dos cabos é de grande importância para a modelagem da propagação e o cálculo de perda de potência no sistema. Por exemplo, no cabo coaxial, a condutância entre os condutores depende da condutividade do isolante. No Capítulo 3, obtivemos a relação entre o campo elétrico no isolante e a diferença de potencial aplicada no cabo coaxial. Com ela podemos calcular a corrente de fuga no isolante:

$$i_p = \int_S \sigma_d \mathbf{E} \cdot d\mathbf{S} = \frac{\sigma_d\,\Delta V}{\rho\,\mathrm{Ln}(b/a)} 2\pi\rho L = \frac{2\pi\sigma_d\,L}{\mathrm{Ln}(b/a)} \Delta V$$

onde σ_d é a condutividade do dielétrico. Assim, obtemos a condutância por unidade de comprimento do cabo coaxial:

$$G = \frac{2\pi\sigma_d}{\mathrm{Ln}(b/a)} \quad (5.5)$$

Para uma linha paralela, a relação entre densidade linear de carga e diferença de potencial aplicada entre os condutores foi obtida no Capítulo 3 por meio do método das imagens. Com ela podemos calcular a corrente elétrica no isolante supondo que o meio externo aos condutores é homogêneo. Ao somarmos os campos elétricos dos dois condutores para obter o campo total e integrando em uma superfície cilíndrica concêntrica com a carga imagem no condutor positivo, teremos:

$$i_p = \int_S \sigma_d (\mathbf{E}_1 + \mathbf{E}_2) \cdot d\mathbf{S} = \int_S \sigma_d \mathbf{E}_1 \cdot d\mathbf{S} = \sigma_d \frac{\rho_L}{2\pi\varepsilon\rho_1} 2\pi\rho_1 L = \frac{\sigma_d \rho_L L}{\varepsilon}$$

onde a integral do campo elétrico $\mathbf{E}_2$ se anula porque a superfície de integração não envolve a carga do condutor negativo. Substituindo a Equação (3.29) para ρ_L:

$$i_p = \frac{\pi \sigma_d L}{\mathrm{Ln}\left[\dfrac{d}{2a} + \sqrt{\left(\dfrac{d}{2a}\right)^2 - 1}\right]} \Delta V$$

A condutância por unidade de comprimento da linha paralela é, então, obtida por:

$$G = \frac{\pi \sigma_d}{\mathrm{Ln}\left[\dfrac{d}{2a} + \sqrt{\left(\dfrac{d}{2a}\right)^2 - 1}\right]} \tag{5.6}$$

5.2 CAPACITÂNCIA

Capacitância é a relação entre o fluxo elétrico e a diferença de potencial entre dois condutores isolados. Se os materiais que constituem o circuito, em particular os isolantes, se polarizam de maneira proporcional ao campo elétrico aplicado, o fluxo elétrico gerado no espaço entre os condutores é proporcional à diferença de potencial aplicada. Desse modo, define-se a capacitância do circuito pela seguinte relação:

$$C = \frac{\varphi_e}{\Delta V} = \frac{\oint_S \mathbf{D} \cdot d\mathbf{S}}{\int_L \mathbf{E} \cdot d\mathbf{L}} = \varepsilon_r \varepsilon_o \frac{\oint_S \mathbf{E} \cdot d\mathbf{S}}{\int_L \mathbf{E} \cdot d\mathbf{L}} \tag{5.7}$$

onde S é uma superfície que envolve o condutor com carga positiva e L é um caminho arbitrário que conecta os condutores. Nessa expressão, assume-se que o fluxo está todo contido no volume do dielétrico e que esse material é linear e homogêneo. A unidade de capacitância que corresponde a coulomb/volt é denominada faraday e seu símbolo é F. Segundo a lei de Gauss, o fluxo elétrico é numericamente igual à carga acumulada no condutor considerado. A neutralidade elétrica global do circuito implica que o fluxo elétrico que se origina no condutor positivamente carregado seja totalmente dirigido ao condutor negativamente carregado.

O caso mais simples de ser analisado é o de condutores na forma de placas paralelas muito próximas, entre as quais o campo elétrico é aproximadamente uniforme. Se a área das placas é S e a separação é L, a capacitância é obtida por:

$$C = \varepsilon_r \varepsilon_o \frac{E\,S}{E\,L} = \varepsilon_r \varepsilon_o \frac{S}{L} \tag{5.8}$$

O processo de carregamento dos condutores exige a transferência de energia da fonte para o capacitor. Essa energia fica armazenada no espaço entre os condutores. Ao assumirmos que o dielétrico não apresenta perda de energia no processo de polarização, o trabalho realizado pela fonte na transferência de uma quantidade de carga dQ para o capacitor com diferença de potencial V' pode ser calculado por:

$$dW_e = V' dQ = V' d\varphi_e = C\, V' dV'$$

Podemos integrar facilmente essa equação para obter a energia armazenada no capacitor:

$$W_e = C \int_0^{\Delta V} V' dV' = \frac{1}{2} C (\Delta V)^2 \tag{5.9}$$

Poderíamos também obter esse resultado integrando a densidade de energia elétrica no volume interno do capacitor:

$$W_e = \int_V \frac{1}{2} (\mathbf{E} \cdot \mathbf{D})(d\mathbf{S} \cdot d\mathbf{L}) = \frac{1}{2} \int_L \mathbf{E} \cdot d\mathbf{L} \oint_S \mathbf{D} \cdot d\mathbf{S} = \frac{1}{2} \Delta V\, \varphi_e = \frac{1}{2} C (\Delta V)^2 \tag{5.10}$$

A capacitância de um cabo coaxial é facilmente calculada por meio da Equação (5.7). Devemos substituir a expressão do campo elétrico obtida no Capítulo 1, integrar em uma superfície cilíndrica concêntrica com os condutores para obter o fluxo e integrar em um caminho radial desde o raio interno até o raio externo para calcular a diferença de potencial. Em um comprimento unitário do cabo, obtemos:

$$C = \varepsilon_r \varepsilon_o \frac{E\, 2\pi\rho}{\int_a^b E\, d\rho} = \varepsilon_r \varepsilon_o \frac{\left(\frac{\rho_L}{2\pi\varepsilon\rho} \right) 2\pi\rho}{\int_a^b \left(\frac{\rho_L}{2\pi\varepsilon\rho} \right) d\rho} = \frac{2\pi\varepsilon_r \varepsilon_o}{Ln(b/a)} \tag{5.11}$$

Para uma linha paralela, o cálculo é ainda mais simples, uma vez que já obtivemos anteriormente a relação entre a diferença de potencial e a densidade de carga nos condutores. Para um comprimento unitário da linha, lembrando que o fluxo elétrico é igual à carga acumulada no condutor e usando a Equação (3.29), a capacitância é obtida por:

$$C = \frac{\rho_L}{\Delta V} = \frac{\pi \varepsilon_r \varepsilon_o}{\mathrm{Ln}\left[\frac{d}{2a} + \sqrt{\left(\frac{d}{2a}\right)^2 - 1}\right]} \tag{5.12}$$

5.3 INDUTÂNCIA

Indutância é a relação de proporcionalidade entre o fluxo magnético (φ_m) na área de um circuito e a corrente elétrica que produziu esse fluxo. Se essa corrente circula no próprio circuito, ela é denominada de indutância própria. Se a corrente circula em outro circuito, trata-se de indutância mútua. Em termos dos campos associados, podemos descrever a indutância da seguinte forma:

$$L = \frac{\varphi_m}{i} = \frac{\int_S \mathbf{B} \cdot d\mathbf{S}}{\oint_C \mathbf{H} \cdot d\mathbf{L}} = \mu_r \mu_o \frac{\int_S \mathbf{H} \cdot d\mathbf{S}}{\oint_C \mathbf{H} \cdot d\mathbf{L}} \tag{5.13}$$

onde S é a área do circuito onde se deseja calcular o fluxo e C é um caminho que envolve a corrente que produz esse fluxo. Então, o campo magnético nas duas integrais pode corresponder a regiões diferentes do espaço, embora sejam ambos gerados pela corrente *i*. A definição citada implica uma relação linear entre campo e indução magnética. Portanto, é estritamente válida apenas para meios constituídos de materiais diamagnéticos ou paramagnéticos. Porém, por ser um parâmetro extremamente importante na caracterização de equipamentos magnéticos, a definição de indutância é adaptada por meio de procedimentos de linearização para materiais ferromagnéticos ou ferrimagnéticos, como se verá posteriormente em outro capítulo.

A unidade de indutância que corresponde a weber/ampere é denominada henry e seu símbolo é H. A indutância é relativamente fácil de ser calculada analiticamente apenas em situações muito simples. Consideremos, por exemplo, um solenoide longo e de pequeno diâmetro com alta densidade uniforme de espiras por unidade de comprimento em um núcleo de ar. Nessas condições, podemos considerar o campo magnético aproximadamente uniforme na área das espiras. A expressão da indução magnética no eixo de um solenoide foi obtida na Equação (1.41). Podemos calcular o fluxo magnético a partir de uma integração de termos $d\varphi_m = B(z)\,\pi R^2\,(N/L)\,dz$ ao longo do comprimento do solenoide. A indutância é, então, obtida por:

$$L = \frac{\varphi_m}{i} = \frac{\mu_o N \pi R^2}{2L} \int_{-L_s/2}^{+L_s/2} \left[\frac{(z + L/2)}{\sqrt{R^2 + (z + L/2)^2}} - \frac{(z - L/2)}{\sqrt{R^2 + (z - L/2)^2}} \right] \frac{N}{L} dz =$$

$$= \mu_o \pi R^2 \left(\frac{N}{L} \right)^2 \left(\sqrt{R^2 + L^2} - R \right) \tag{5.14}$$

Um indutor armazena energia magnética. Usando a lei de Faraday para calcular a força eletromotriz induzida em um indutor, o trabalho realizado pela fonte para variar o fluxo magnético de um valor $d\varphi_m$, considerando que o material que preenche o espaço não dissipa energia ao variar o seu estado de magnetização, é dado por:

$$dW_m = U_m\, i\, dt = \frac{d\varphi_m}{dt} i\, dt = i\, d\varphi_m \tag{5.15}$$

Integrando essa equação, obtém-se a energia armazenada no indutor:

$$W_m = \int_0^{\varphi_m} i\, d\varphi' = \frac{1}{2} i\, \varphi_m = \frac{1}{2} L i^2 \tag{5.16}$$

Essa fórmula poderia ser obtida por integração da densidade de energia magnética no volume do indutor.

$$W_m = \int_V \frac{1}{2} (\mathbf{B} \cdot \mathbf{H}) (d\mathbf{S} \cdot d\mathbf{L}) = \frac{1}{2} \int_S \mathbf{B} \cdot d\mathbf{S} \oint_C \mathbf{H} \cdot d\mathbf{L} = \frac{1}{2} \varphi_m i \tag{5.17}$$

Em um cabo coaxial, o campo magnético está orientado na direção azimutal. O fluxo magnético, portanto, deve ser calculado em qualquer plano das coordenadas ρ e z entre os raios a e b. Com isso, a indutância em um comprimento unitário do cabo coaxial é dada por:

$$L = \frac{\frac{1}{L} \int_a^b \left(\frac{\mu_o i}{2\pi\rho} \right) L\, d\rho}{i} = \frac{\mu_o}{2\pi} \mathrm{Ln} \left(\frac{b}{a} \right) \tag{5.18}$$

Na verdade, a equação anterior fornece a indutância referente apenas ao fluxo magnético no dielétrico. Contudo, existem campo magnético e fluxo magnético dentro dos condutores do cabo. Para avaliar isso, consideremos um condutor cilíndrico maciço de comprimento L e raio a com densidade de corrente uniforme em sua seção transversal (Figura 5.1). Cada segmento de área L $d\rho$ envolve a corrente interna $j\pi\rho^2$ e está sujeito ao campo magnético $j\rho/2$, facilmente calculado pela lei de Ampère. Então, cada segmento apresenta a seguinte indutância:

$$dL = \frac{\mu_o (j\rho/2) L d\rho}{j\pi a^2} = \frac{\mu_o}{2\pi a^2} L \rho \, d\rho \tag{5.19}$$

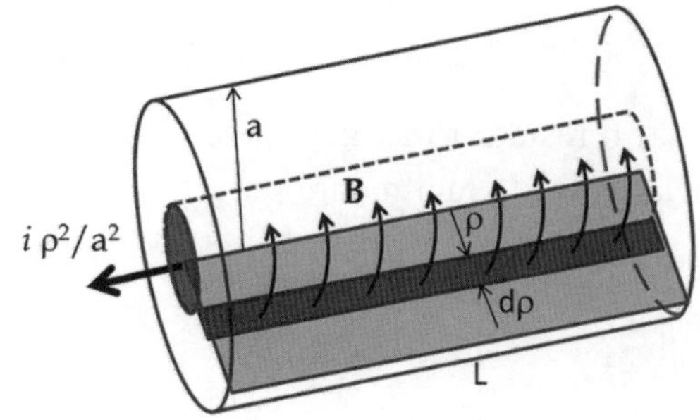

Figura 5.1 Ilustração para o cálculo da indutância de um fio cilíndrico com densidade uniforme de corrente.

Podemos integrar essa equação para obter a indutância do condutor, mas devemos lembrar que cada segmento está sujeito a uma corrente diferente proporcional ao quadrado da coordenada radial. Portanto, devemos ponderar essa soma com o fator ρ^2/a^2. Dessa forma, obtemos a indutância interna do fio cilíndrico por unidade de comprimento:

$$L = \frac{1}{L}\int_0^a \frac{\mu_o}{2\pi a^2} L \rho \, d\rho \left(\frac{\rho}{a}\right)^2 = \frac{\mu_o}{8\pi} = 50 \times 10^{-9} \text{ H/m} \tag{5.20}$$

Concluímos que cada condutor cilíndrico com densidade uniforme de corrente contribui com uma indutância de 50 nH por metro independentemente de seu diâmetro. Esse resultado vale para condutores não magnéticos e para correntes elétricas de baixa frequência. No próximo capítulo, apresentamos uma análise mais abrangente a respeito da resistência e da indutância de um condutor cilíndrico.

Calculemos, então, a indutância de uma linha paralela. Devemos obter o fluxo no espaço externo entre os condutores. Uma vez que as correntes sejam iguais, basta calcular o fluxo devido a um condutor e multiplicar por dois. Se os condutores estiverem bem afastados, de modo que a distância d entre os centros seja bem maior do que o raio a, podemos assumir que a corrente está distribuída simetricamente em relação à coordenada azimutal na seção transversal dos fios. Assim, o cálculo é simples, como se mostra a seguir:

$$L \approx \frac{1}{i L} 2\int_a^d \left(\frac{\mu_o i}{2\pi\rho}\right) L \, d\rho = \frac{\mu_o}{\pi} \text{Ln}\left(\frac{d}{a}\right) \tag{5.21}$$

Porém, se os fios estão próximos, a distribuição de corrente não é simétrica e tampouco o campo magnético dependerá somente da coordenada radial. A maneira mais simples de obter o resultado analítico para esse caso é observar que, para qualquer geometria do sistema de condutores (cabo coaxial, linha paralela, linha de fita etc.), a seguinte relação envolvendo a capacitância e a indutância por unidade de comprimento é válida:

$$LC = \mu\varepsilon \tag{5.22}$$

Assim, ao se utilizar o resultado para a capacitância da linha paralela [Equação (5.12)], a indutância é obtida facilmente por:

$$L = \frac{\mu_o}{\pi}\,\mathrm{Ln}\left[\frac{d}{2a} + \sqrt{\left(\frac{d}{2a}\right)^2 - 1}\right] \tag{5.23}$$

Observe que a Equação (5.21) é uma aproximação de (5.23) quando d >> a.

5.4 INDUTÂNCIA MÚTUA

Quando o fluxo magnético em um determinado circuito é gerado pela corrente elétrica em outro circuito, diz-se que existe acoplamento magnético. Nesse caso, usa-se o conceito de indutância mútua. A Figura 5.2 mostra um exemplo disso: duas espiras idênticas e concêntricas separadas por uma distância igual a seu próprio raio R_s e pelas quais circula uma corrente elétrica no mesmo sentido. Essa estrutura é conhecida como bobina de Helmholtz e produz uma distribuição de campo magnético praticamente uniforme na região delimitada pelo tracejado em torno do centro geométrico. Na posição central, a indução magnética é facilmente calculada pela soma das induções no eixo das duas espiras, o que resulta em:

$$B_z(0) = \left(\frac{4}{5}\right)^{3/2}\frac{\mu_o i}{R_s} \tag{5.24}$$

Uma espira circular colocada na posição central da bobina de Helmholtz está sujeita ao fluxo magnético facilmente calculado considerando que a indução magnética é uniforme na área da espira.

$$\varphi_m = \left(\frac{4}{5}\right)^{3/2}\frac{\mu_o i}{R_s}\pi R_e^2 \cos\theta \tag{5.25}$$

onde θ é o ângulo da direção normal à espira em relação ao eixo z da bobina de Helmholtz.

A indutância mútua entre os dois circuitos é, então, obtida de acordo com a definição:

$$M = \frac{\varphi_m}{i} = \left(\frac{4}{5}\right)^{3/2} \mu_o \frac{\pi R_e^2}{R_s} \cos\theta \tag{5.26}$$

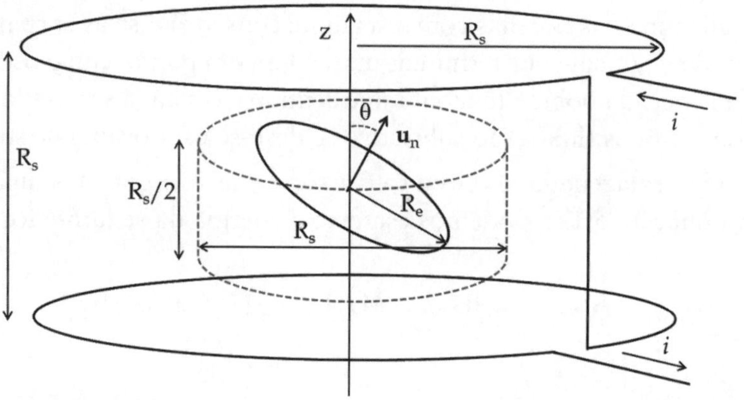

Figura 5.2 Acoplamento magnético entre uma bobina de Helmholtz e uma espira circular posicionada em seu centro.

Uma situação que ocorre frequentemente em sistemas elétricos é o acoplamento magnético entre bobinas com a finalidade de transformação de níveis de tensão e corrente elétrica. A Figura 5.3 ilustra essa situação, e o percurso do fluxo magnético entre as bobinas ocorre pelo ar. Esse tipo de acoplamento apresenta baixa indutância mútua porque uma grande parte do fluxo magnético não está concatenada entre as duas bobinas. Em transformadores de alto desempenho, o acoplamento magnético é melhorado com o uso de um núcleo de material de alta permeabilidade magnética que determina um caminho preferencial para a circulação do fluxo.

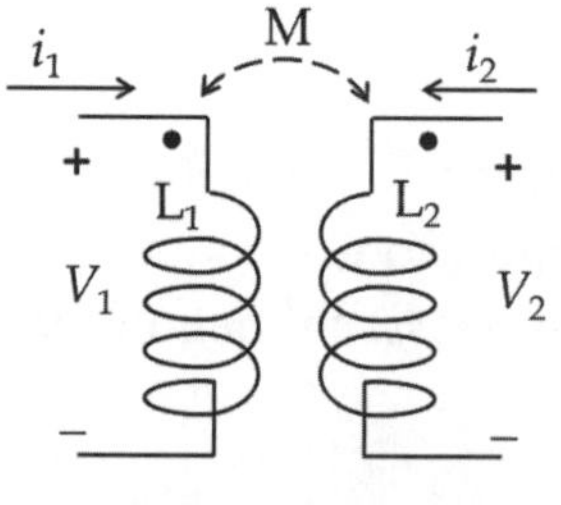

Figura 5.3 Modelo elétrico para um circuito com acoplamento magnético.

A indutância mútua depende das indutâncias próprias das bobinas acopladas. Para verificar isso, devemos considerar como ocorre o armazenamento de energia no sistema. Inicialmente, escrevemos o fluxo magnético em cada bobina:

$$\varphi_{m1} = L_1 i_1 \pm M i_2$$
$$\varphi_{m2} = L_2 i_2 \pm M i_1$$

onde o sinal a ser usado na parte correspondente ao fluxo acoplado depende dos sentidos dos enrolamentos e das correntes. Para indicar a polaridade, usa-se um ponto em cada uma das bobinas com a seguinte convenção: se as correntes entram ou saem simultaneamente dos terminais marcados com ponto, então os fluxos próprio e mútuo em cada bobina têm o mesmo sentido e o sinal a ser usado é positivo. Em caso contrário, os fluxos são subtrativos e deve-se usar o sinal de subtração.

A energia armazenada no circuito é a soma das energias nas duas bobinas. Segundo a Equação (5.17), podemos escrever a energia da seguinte forma:

$$\begin{aligned} W_m &= \frac{1}{2}\varphi_{m1} i_1 + \frac{1}{2}\varphi_{m2} i_2 = \frac{1}{2}(L_1 i_1 \pm M i_2) i_1 + \frac{1}{2}(L_2 i_2 \pm M i_1) i_2 = \\ &= \frac{1}{2} L_1 i_1 + \frac{1}{2} L_2 i_2 \pm M i_1 i_2 \end{aligned} \tag{5.27}$$

Uma vez que a energia magnética armazenada é sempre positiva, a equação anterior implica necessariamente uma relação entre as indutâncias para garantir que o resultado seja sempre maior que zero, quaisquer que sejam os valores das correntes. Para obter essa relação, reescrevemos a Equação (5.27) para fluxos subtrativos da seguinte forma:

$$W_m = \frac{1}{2}\left[\left(\sqrt{L_1}\, i_1 - \frac{M}{\sqrt{L_1}} i_2\right)^2 + \left(L_2 - \frac{M^2}{L_1}\right) i_2^2\right]$$

Para que a energia seja positiva independentemente das correntes, devemos ter $L_2 - M^2/L_1 \geq 0$, ou seja:

$$M \leq \sqrt{L_1 L_2} \tag{5.28}$$

A indutância mútua, portanto, é menor ou igual à média geométrica das indutâncias próprias. Essa condição geralmente é expressa na forma a seguir, na qual se usa um coeficiente adimensional denominado fator de acoplamento, com valor entre zero e um:

$$M = k_m \sqrt{L_1 L_2} \tag{5.29}$$

O fator de acoplamento depende da geometria dos circuitos e das propriedades magnéticas do meio. No caso ideal, no qual todo o fluxo produzido por um circuito é acoplado ao outro, o fator de acoplamento é unitário. Isso é, aproximadamente, o que ocorre nos transformadores elétricos.

5.5 EXERCÍCIOS

1) A Figura 5.4 mostra diversos dispositivos eletromagnéticos que podem ser modelados por circuitos elétricos com parâmetros *R*, *G*, *C* e *L*.

   a) Em cada caso, calcule os parâmetros e desenhe o circuito equivalente (você terá dificuldade em relação à capacitância no indutor, portanto, considere um valor de 10 pF).

   b) Calcule a energia armazenada e a potência dissipada em cada dispositivo.

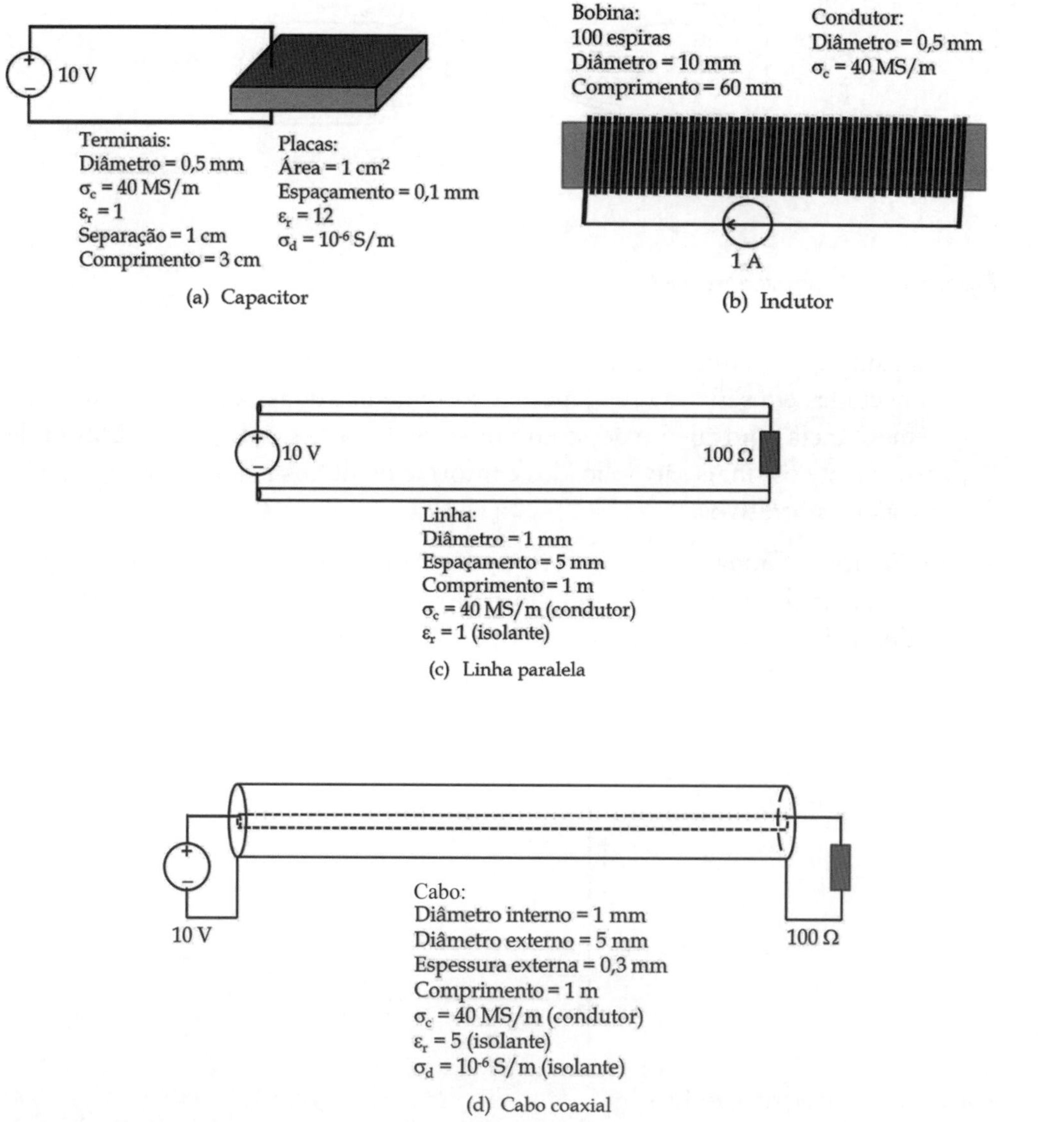

Figura 5.4 Ilustração para o exercício 1.

2) Calcule as indutâncias próprias e a indutância mútua para o circuito da Figura 5.5, assumindo que o fluxo magnético está todo confinado no interior do núcleo toroidal (permeabilidade magnética μ). Se a tensão aplicada entre os terminais 1 e 2 é $V_1(t) = V_o \cos(\omega t)$ e nos terminais 3 e 4 é conectada uma resistência R, calcule as correntes nas bobinas. Desconsidere efeitos resistivos e capacitivos nas bobinas.

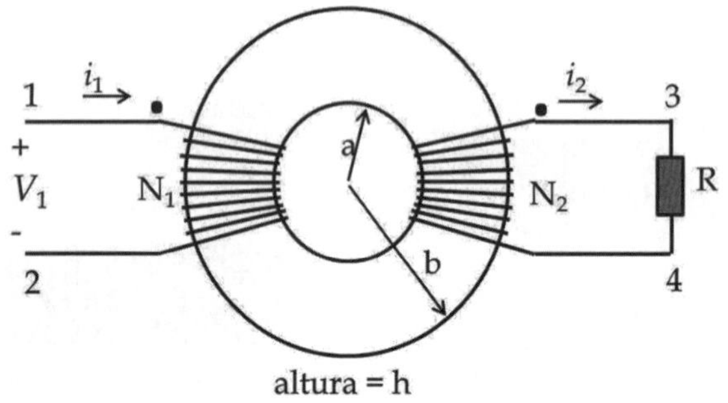

Figura 5.5 Ilustração para o exercício 2.

3) Considere um circuito contendo duas bobinas acopladas magneticamente conectadas em série, ou seja, mesma corrente nas duas bobinas. Mostre que a indutância equivalente desse circuito é dada por: $L = L_1 + L_2 \pm 2M$, onde novamente os sinais são aplicados conforme os fluxos magnéticos sejam aditivos ou subtrativos.

4) A Figura 5.6 mostra um fio reto transportando corrente i(t) e uma espira retangular de fio metálico de raio r_c. Assumindo que $a,b,c >> r_c$, calcule a indutância própria da espira e a indutância mútua do circuito. Desprezando a resistência do fio, calcule a corrente elétrica induzida na espira.

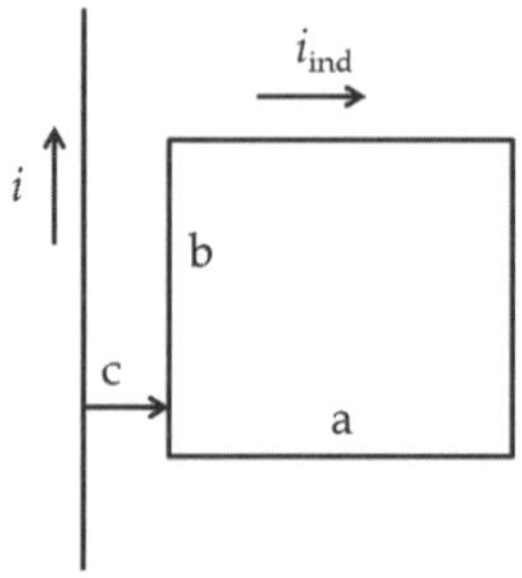

Figura 5.6 Ilustração para o exercício 4.

CAPÍTULO

6

Análise fasorial

As equações de Maxwell apresentam relações entre os campos e as fontes eletromagnéticas no domínio do tempo. Essas relações são lineares se os materiais envolvidos manifestarem linearidade nas características de condução, polarização e magnetização. Nesse caso, a resposta em regime permanente para um sistema com fontes variáveis no tempo pode ser obtida pela soma das respostas a cada componente dos espectros de frequência das fontes. Em geral, uma análise baseada em fontes de frequência única, porém ajustável em um grande intervalo de variação, é suficiente para se avaliar as características mais importantes do sistema. Assim, a dependência temporal pode ser omitida, uma vez que, se as fontes variam no tempo com a forma sen(ωt) ou cos(ωt), os campos necessariamente apresentam o mesmo tipo de resposta e se diferenciam apenas pela amplitude e pelo ângulo de fase inicial do argumento da função oscilatória.

6.1 FORMA FASORIAL DAS LEIS ELETROMAGNÉTICAS

Consideremos que em um sistema eletromagnético a densidade de carga elétrica depende das coordenadas espaciais e do tempo da seguinte forma:

$$\rho_v(r,t) = \rho_o(r)\cos\left[\omega t + \phi_\rho(r)\right] \tag{6.1}$$

onde ω é a frequência angular da variação no tempo, ou seja, o ângulo em radianos que o argumento da função cossenoidal varia em cada segundo; ϕ_ρ é o ângulo de fase inicial; e ρ_o é a amplitude ou o valor máximo da densidade de carga.

A representação fasorial de uma grandeza que varia como sen(ωt) ou cos(ωt) é baseada na fórmula de Euler:

$$e^{\pm j\theta} = \cos\theta \pm j\,\text{sen}\theta$$

Ou seja, usando os operadores de parte real e imaginária da seguinte forma:

$$\text{Re}\left(e^{\pm j\theta}\right) = \cos\theta$$
$$\text{Im}\left(e^{\pm j\theta}\right) = \pm\,\text{sen}\theta$$

podemos escrever a densidade de carga dada pela Equação (6.1) da seguinte forma:

$$\rho(r,t) = \text{Re}\left[\rho_o(r)e^{j\phi_\rho(r)}e^{j\omega t}\right] = \text{Re}\left[\hat{\rho}_v(r)e^{j\omega t}\right] \tag{6.2}$$

onde o termo a seguir é definido como o fasor da densidade de carga:

$$\hat{\rho}_v = \rho_o e^{j\phi_\rho} \tag{6.3}$$

O fasor é uma grandeza complexa constituída pela amplitude e pela fase inicial da função cossenoidal. Todas as operações lineares no tempo envolvendo funções desse tipo afetam apenas a amplitude e a fase inicial da resposta. A dependência temporal na forma complexa sempre será descrita por exp($j\omega$t). Por isso, esse termo pode ser omitido nas equações. Consideremos a equação da lei de Gauss. Se a indução elétrica no tempo é dada por:

$$D = D_o\cos(\omega t + \phi_D) = \text{Re}\left(\hat{D}e^{j\omega t}\right) \tag{6.4}$$

a lei de Gauss pode ser escrita da seguinte forma:

$$\nabla\cdot\text{Re}\left(\hat{D}e^{j\omega t}\right) = \text{Re}\left(\nabla\cdot\hat{D}e^{j\omega t}\right) = \text{Re}\left(\hat{\rho}_v\,e^{j\omega t}\right)$$

Os operadores divergente e parte real foram comutados, o que não afeta o resultado final. Igualando os argumentos dos dois últimos termos, obtemos a forma fasorial da lei de Gauss para a indução elétrica:

$$\nabla\cdot\hat{D} = \hat{\rho}_v \tag{6.5}$$

De modo análogo, pode-se facilmente mostrar que a lei de Gauss na forma fasorial para a indução magnética é dada por:

$$\nabla\cdot\hat{B} = 0 \tag{6.6}$$

Consideremos, então, como deve ser a representação fasorial das equações que envolvem derivadas no tempo. Se o campo elétrico e a indução magnética variam no tempo da forma indicada a seguir:

$$\mathbf{E} = \mathbf{E}_o \cos(\omega t + \phi_E) = \mathrm{Re}\left(\hat{\mathbf{E}} e^{j\omega t}\right) \tag{6.7}$$

$$\mathbf{B} = \mathbf{B}_o \cos(\omega t + \phi_B) = \mathrm{Re}\left(\hat{\mathbf{B}} e^{j\omega t}\right) \tag{6.8}$$

ao aplicarmos na lei de Faraday, obtemos:

$$\nabla \times \mathrm{Re}\left(\hat{\mathbf{E}} e^{j\omega t}\right) = -\frac{\partial}{\partial t} \mathrm{Re}\left(\hat{\mathbf{B}} e^{j\omega t}\right)$$

Comutando os operadores e calculando a derivada no tempo da função exponencial complexa, obtém-se:

$$\mathrm{Re}\left[\nabla \times \left(\hat{\mathbf{E}} e^{j\omega t}\right)\right] = \mathrm{Re}\left(-j\omega \hat{\mathbf{B}} e^{j\omega t}\right)$$

Com isso, concluímos que os fasores de campo devem satisfazer à seguinte equação:

$$\nabla \times \hat{\mathbf{E}} = -j\omega \hat{\mathbf{B}} \tag{6.9}$$

Para a lei de Ampère, obtemos resultado semelhante. Considere que o campo magnético e a densidade de corrente de condução sejam dados por:

$$\mathbf{H} = \mathbf{H}_o \cos(\omega t + \phi_H) = \mathrm{Re}\left(\hat{\mathbf{H}} e^{j\omega t}\right) \tag{6.10}$$

$$\mathbf{j}_c(t) = \mathbf{j}_o \cos(\omega t + \phi_j) = \mathrm{Re}\left(\hat{\mathbf{j}}_c e^{j\omega t}\right) \tag{6.11}$$

Substituindo na lei de Ampère, teremos o seguinte:

$$\nabla \times \mathrm{Re}\left(\hat{\mathbf{H}} e^{j\omega t}\right) = \mathrm{Re}\left(\hat{\mathbf{j}}_c e^{j\omega t}\right) + \frac{\partial}{\partial t} \mathrm{Re}\left(\hat{\mathbf{D}} e^{j\omega t}\right)$$

Comutando os operadores e efetuando a derivação no tempo, obtemos a seguinte equação, à qual os fasores devem satisfazer para que as funções no domínio do tempo atendam à lei de Ampère:

$$\nabla \times \hat{\mathbf{H}} = \hat{\mathbf{j}}_c + j\omega \hat{\mathbf{D}} \tag{6.12}$$

As equações obtidas anteriormente para as relações entre os fasores das fontes e os dos campos constituem expressões alternativas para as equações de Maxwell quando as fontes variam como sen(ωt) ou cos(ωt). A representação fasorial só é aplicável em sistemas lineares, o que implica que a condutividade, a permissividade e a permeabilidade não dependam das intensidades dos campos elétrico e magnético. As relações constitutivas também são usadas no domínio da frequência como relações entre os fasores dos campos vetoriais:

$$\hat{D} = \varepsilon_r(\omega)\varepsilon_o\hat{E} \tag{6.13}$$

$$\hat{B} = \mu_r(\omega)\mu_o\hat{H} \tag{6.14}$$

$$\hat{j}_c = \sigma(\omega)\hat{E} \tag{6.15}$$

Essas equações expressam o fato de que as propriedades do meio podem variar com a frequência. Esse fenômeno é denominado dispersão e será analisado em outros capítulos. Quando usadas nas equações fasoriais, as propriedades eletromagnéticas manifestam também a conexão que existe entre os mecanismos de armazenamento de energia e dissipação de potência nos processos de polarização, magnetização e condução nos materiais envolvidos. Por exemplo, aos processos de polarização elétrica estão associados certos mecanismos de dissipação por causa das interações entre as moléculas vizinhas que ocorrem tanto na polarização induzida como na polarização orientacional. Essas interações geram uma espécie de fricção que se opõe ao processo de polarização. Por isso, a constante dielétrica do material deve refletir a perda de potência na polarização com a inclusão de uma parte imaginária. Assim, a constante dielétrica complexa é descrita pela seguinte expressão:

$$\varepsilon_r = \varepsilon' - j\varepsilon'' \tag{6.16}$$

De modo análogo, os mecanismos de magnetização por meio da orientação dipolar e da movimentação de paredes de domínio (assunto devidamente tratado no capítulo sobre ferromagnetismo) acarretam dissipação de potência que pode ser modelada pela inclusão de uma parte imaginária na permeabilidade magnética relativa do material.

$$\mu_r = \mu' - j\mu'' \tag{6.17}$$

Ao substituirmos as Equações (6.13), (6.15) e (6.16) na Equação (6.12) referente à lei de Ampère, obtemos:

$$\nabla \times \hat{H} = \sigma\hat{E} + j\omega(\varepsilon' - j\varepsilon'')\varepsilon_o\hat{E} = (\sigma + \omega\varepsilon''\varepsilon_o)\hat{E} + j\omega\varepsilon'\varepsilon_o\hat{E} \tag{6.18}$$

Concluímos que a parte real da constante dielétrica complexa refere-se efetivamente à polarização elétrica do meio, ao passo que a parte imaginária contribui para a condutividade e, consequentemente, para a dissipação de potência por meio do efeito Joule. Essa contribuição determina uma dependência entre a condutividade do material e a frequência, que é dada por:

$$\sigma = \sigma_o + \omega\varepsilon''\varepsilon_o \tag{6.19}$$

onde a parte da condutividade referente ao deslocamento de cargas livres foi designada por σ_o. O acréscimo de condutividade que depende da frequência deve-se aos deslocamentos microscópicos de cargas ligadas às moléculas que compõem a estrutura do material ou à acumulação de cargas livres em interfaces, como se verá no capítulo referente à dispersão dielétrica. A dispersão magnética também contribui para a dissipação de potência e condutividade com campo variável no tempo. Isso, porém, será discutido mais adiante nos Capítulos 9 e 10, nos quais trataremos do cálculo de potência dissipada na magnetização e do teorema de Poynting complexo.

As demais equações da teoria eletromagnética podem ser transformadas para a forma fasorial por meio do procedimento mostrado anteriormente. Assim, temos as seguintes relações:

Equação da continuidade:

$$\nabla \cdot \hat{\mathrm{j}}_c = -j\omega\hat{\rho}_v \tag{6.20}$$

Corrente de deslocamento:

$$\hat{\mathrm{j}}_d = j\omega\hat{\mathrm{D}} \tag{6.21}$$

Força eletromotriz induzida por fluxo magnético variável:

$$\hat{\mathrm{U}}_m = -j\omega\hat{\varphi}_m = -j\omega\int_S \hat{\mathrm{B}} \cdot d\mathrm{S} \tag{6.22}$$

Relações entre campos e potenciais:

$$\hat{\mathrm{B}} = \nabla \times \hat{A} \tag{6.23}$$

$$\hat{\mathrm{E}} = -\nabla\hat{V} - j\omega\hat{A} \tag{6.24}$$

6.2 CONCEITO DE IMPEDÂNCIA

Em um circuito elétrico, o coeficiente de proporcionalidade entre os fasores de tensão e corrente elétrica em um dado elemento ou parte do circuito é denominado impedância elétrica. Para elementos individuais ideais, como o resistor, o capacitor e o indutor, a impedância é uma quantidade real ou imaginária pura. É representada, em geral, pela letra Z. A Tabela 6.1 mostra as relações entre tensão e corrente no domínio do tempo e na forma fasorial para esses elementos simples.

Tabela 6.1 Relações entre tensão e corrente no domínio do tempo e forma fasorial para elementos ideais de circuito elétrico.

Elemento	Domínio do tempo	Forma fasorial	Impedância
Resistor	$V = Ri$	$\hat{V} = R\hat{i}$	$Z = R$
Capacitor	$i = C\dfrac{dV}{dt}$	$\hat{i} = j\omega C\hat{V}$	$Z = \dfrac{1}{j\omega C}$
Indutor	$V = L\dfrac{di}{dt}$	$\hat{V} = j\omega L\hat{i}$	$Z = j\omega L$

A parte real de uma impedância é denominada resistência e a parte imaginária, reatância. Observe que o capacitor e o indutor ideais têm impedâncias puramente reativas. Por isso são denominados reatores. Como foi discutido no Capítulo 5, os reatores têm a capacidade de armazenar energia. O reator capacitivo armazena energia elétrica e o reator indutivo armazena energia magnética. Observe também que a impedância de um reator depende da frequência. Para um capacitor ideal, a impedância diminui com o aumento da frequência. Para um indutor ideal, acontece o contrário. Outra característica dos reatores é a defasagem entre os fasores de corrente e tensão sobre eles. O fator $j = e^{j\pi/2}$ na impedância capacitiva acrescenta $\pi/2$ radianos (90°) ao ângulo de fase inicial da corrente em relação ao potencial. No caso da impedância indutiva, a corrente está atrasada em $\pi/2$ radianos.

Quando resistências e reatâncias são associadas, a impedância das associações apresenta simultaneamente parte real e imaginária. Associações de reatâncias e resistências ideais são usadas para modelar a impedância de dispositivos eletromagnéticos reais. A Figura 6.1 mostra que um solenoide apresenta efeito resistivo e capacitivo além de sua indutância característica. O efeito capacitivo se deve principalmente à acumulação de carga elétrica no conjunto de espiras em função da variação do potencial elétrico ao longo do comprimento da bobina. Em baixas frequências, o efeito capacitivo é desprezível e a impedância pode ser obtida pela soma da pequena resistência do fio condutor com a reatância indutiva.

$$Z = R + j\omega L \tag{6.25}$$

Em altas frequências, o efeito capacitivo deve ser levado em conta. O modelo mostrado na Figura 6.1 é bastante simplificado. O efeito capacitivo é modelado apenas por uma capacitância ideal em paralelo com a bobina. De fato, existe acoplamento capacitivo entre espiras individuais e entre diferentes camadas da bobina (quando esta contiver mais de uma camada). O modelo com uma única capacitância é, em geral, adequado porque o indutor raramente será usado para frequências superiores à primeira ressonância. No circuito dessa figura, a corrente na bobina e a corrente de deslocamento no capacitor se somam e resultam em:

$$\hat{i} = \frac{\hat{V}}{R + j\omega L} + j\omega C\hat{V}$$

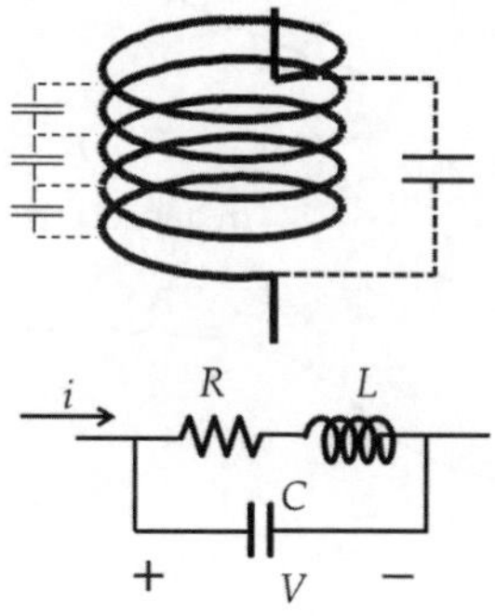

Figura 6.1 Modelo para a impedância de um indutor.

Resolvendo para o quociente entre tensão e corrente, obtemos:

$$Z = \frac{\hat{V}}{\hat{i}} = \frac{R + j\omega L}{\left(1 - \omega^2 LC\right) + j\omega RC} \tag{6.26}$$

A Figura 6.2 mostra os gráficos de módulo e ângulo de fase da impedância descrita pela Equação (6.26) para valores predefinidos de L, R e C. Observe que é possível determinar faixas de frequência em que o comportamento é predominantemente resistivo, indutivo e capacitivo, em baixas, médias e altas frequências, respectivamente. A região de módulo independente da frequência e ângulo de fase nulo é a região resistiva. A região em que o módulo aumenta linearmente com a frequência e o ângulo de fase é aproximadamente $\pi/2$ radianos é a região indutiva. Por fim, a região com módulo que diminui com a frequência e fase $-\pi/2$ radianos é a região capacitiva.

Um capacitor real também apresenta efeito resistivo e indutivo, além da capacitância característica. Isso é ilustrado na Figura 6.3. A resistência deve-se à condução que ocorre no dielétrico. O valor da resistência é, em geral, muito alto. A indutância é determinada pelo fluxo magnético na área dos terminais do dispositivo. O circuito equivalente nessa figura deve ser analisado para se determinar a impedância do capacitor real. A tensão no capacitor ideal pode ser calculada como função da corrente a partir da seguinte relação:

$$\hat{i} = j\omega C\hat{V}_C + \frac{\hat{V}_C}{R} \rightarrow \hat{V}_C = \frac{R\hat{i}}{1 + j\omega RC}$$

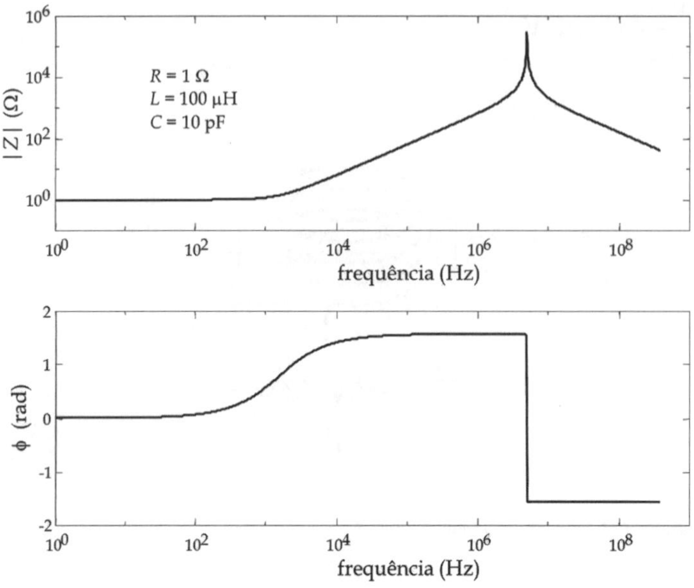

Figura 6.2 Impedância de um indutor com parâmetros indicados no gráfico de módulo.

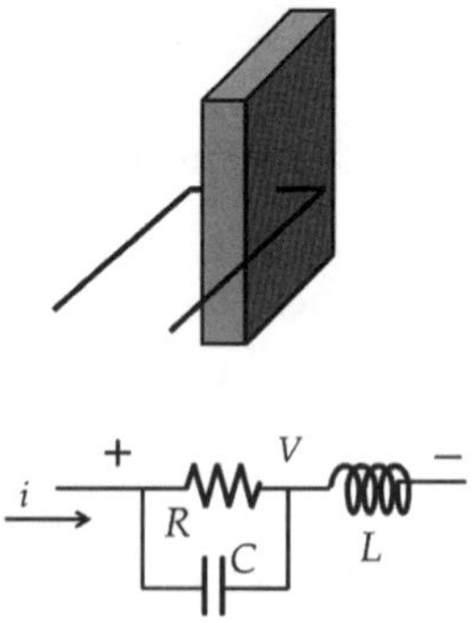

Figura 6.3 Modelo para a impedância de um capacitor.

Somando com a tensão no indutor do modelo, obtemos a tensão total no dispositivo:

$$\hat{V} = \frac{R\hat{i}}{1 + j\omega RC} + j\omega L\hat{i}$$

A impedância é obtida, então, da seguinte forma:

$$Z = \frac{\hat{V}}{\hat{i}} = \frac{R\left(1 - \omega^2 LC\right) + j\omega L}{1 + j\omega RC} \qquad (6.27)$$

A Figura 6.4 mostra os gráficos de módulo e ângulo de fase da impedância descrita pela Equação (6.27) para valores predefinidos de C, R e L. Nesse caso, o espectro de impedância apresenta regiões com predominância dos efeitos resistivo, capacitivo e indutivo, em baixas, médias e altas frequências, respectivamente. Pode-se incluir também uma resistência série no modelo do capacitor da Figura 6.3, mas seu valor geralmente é muito pequeno e será relevante apenas em torno da frequência de ressonância.

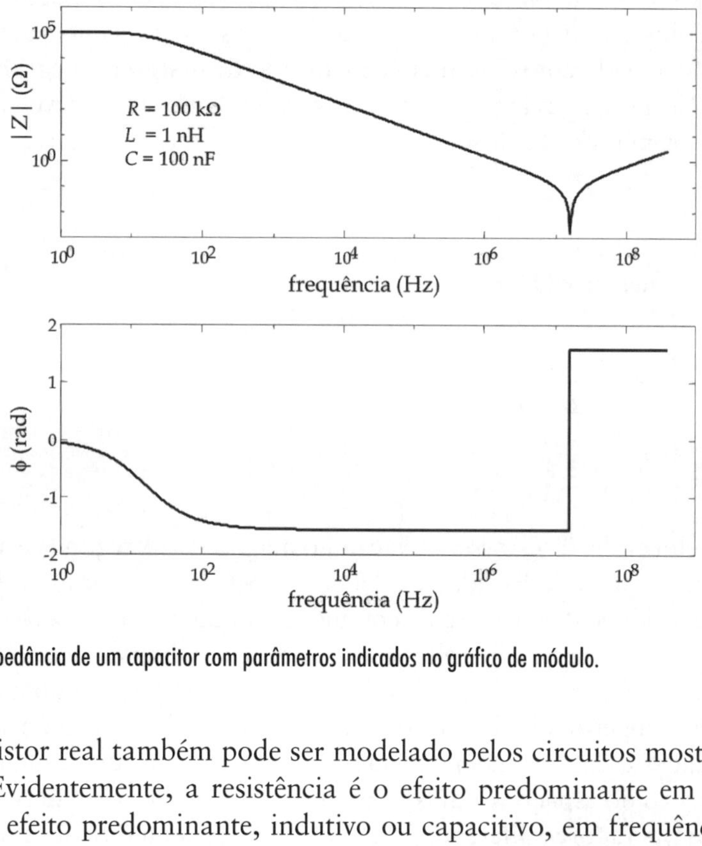

Figura 6.4 Impedância de um capacitor com parâmetros indicados no gráfico de módulo.

Um resistor real também pode ser modelado pelos circuitos mostrados anteriormente. Evidentemente, a resistência é o efeito predominante em baixas frequências. O efeito predominante, indutivo ou capacitivo, em frequências médias dependerá de fatores construtivos e do valor da resistência. Os resistores de fio e de filme apresentam uma indutância intrínseca em virtude da forma helicoidal do condutor. Resistores de pequena resistência apresentam, em geral, comportamento indutivo em frequências médias e capacitivo em altas frequências. Resistores de resistência elevada apresentam comportamento oposto. Naturalmente, as reatâncias dos terminais contribuem para os efeitos reativos mencionados.

Indutores com núcleo magnético e capacitores eletrolíticos apresentam comportamento um pouco diferente do que foi descrito nesta seção. Isso se deve em parte à dissipação de energia no processo de magnetização ou polarização elétrica que ocorre no dispositivo.

A modelagem por impedância elétrica pode ser aplicada a qualquer dispositivo eletromagnético linear. Outros bons exemplos são as linhas de transmissão, como a linha paralela e o cabo coaxial. O exercício 1 do capítulo anterior serve de base para o leitor avaliar qual deve ser o circuito equivalente de uma linha de transmissão.

6.3 EFEITO PELICULAR

Os campos gerados por fontes dependentes do tempo se propagam no espaço na forma de ondas. O estudo detalhado das ondas eletromagnéticas é apresentado nos Capítulos 10 e 11. Neste contexto, pretendemos apenas discutir conceitos e obter resultados relativos à penetração de campos variáveis no tempo em meios dissipativos. Consideremos um meio constituído de material linear, homogêneo e isotrópico. Usando as relações constitutivas, podemos reescrever algumas das equações eletromagnéticas fasoriais apresentadas anteriormente:

$$\nabla \cdot \widehat{\mathrm{H}} = 0 \tag{6.28}$$

$$\nabla \times \widehat{\mathrm{j}}_c = -j\omega\mu_r\mu_o\sigma\widehat{\mathrm{H}} \tag{6.29}$$

$$\nabla \times \widehat{\mathrm{H}} = \left(1 + j\frac{\omega\varepsilon_r\varepsilon_o}{\sigma}\right)\widehat{\mathrm{j}}_c \tag{6.30}$$

$$\nabla \cdot \widehat{\mathrm{j}}_c = 0 \tag{6.31}$$

A primeira é a lei de Gauss para o campo magnético. A segunda e a terceira são, respectivamente, a lei de Faraday e a lei de Ampère com o campo elétrico substituído pela densidade de corrente de condução. A quarta é a equação da continuidade considerando que o meio é eletricamente neutro. Observe que, ao concebermos o meio como linear, homogêneo e isotrópico, estamos assumindo que a condutividade elétrica, a permissividade elétrica e a permeabilidade magnética do material são quantidades escalares independentes das intensidades dos campos e da posição e da direção no espaço. Com isso, as derivadas nas coordenadas espaciais que ocorrem nos operadores diferenciais não afetam essas quantidades. Para resolver essas equações de forma simultânea e determinar como a densidade de corrente e os campos se distribuem no material, podemos a princípio aplicar o operador rotacional em ambos os lados da Equação (6.29). Com isso, em seu lado direito aparece o rotacional do campo magnético, que pode ser substituído pela expressão correspondente da Equação (6.30).

$$\nabla \times \nabla \times \widehat{\mathrm{j}}_c = \nabla\left(\nabla \cdot \widehat{\mathrm{j}}_c\right) - \nabla^2\widehat{\mathrm{j}}_c = -j\omega\mu_r\mu_o\sigma\nabla \times \widehat{\mathrm{H}} = -j\omega\mu_r\mu_o\left(\sigma + j\omega\varepsilon_r\varepsilon_o\right)\widehat{\mathrm{j}}_c$$

Retendo apenas o segundo e o último termos na expressão anterior, e considerando a Equação (6.31), obtemos uma equação de onda para a densidade de corrente no meio.

$$\nabla^2 \hat{j}_c = j\omega\mu_r\mu_o(\sigma + j\omega\varepsilon_r\varepsilon_o)\hat{j}_c \tag{6.32}$$

Embora tenha sido deduzida para a densidade de corrente, a mesma equação é aplicável aos campos. Com a definição da constante de propagação:

$$\gamma = \sqrt{j\omega\mu_r\mu_o(\sigma + j\omega\varepsilon_r\varepsilon_o)} \tag{6.33}$$

podemos escrever da seguinte forma o conjunto de equações de onda para a onda eletromagnética que se propaga no meio:

$$\nabla^2 \hat{j}_c = \gamma^2 \hat{j}_c \tag{6.34}$$

$$\nabla^2 \hat{E} = \gamma^2 \hat{E} \tag{6.35}$$

$$\nabla^2 \hat{H} = \gamma^2 \hat{H} \tag{6.36}$$

Consideremos inicialmente a solução para um problema simples contendo apenas uma interface plana e infinita entre dois meios, um dielétrico e um condutor. Se soubermos o valor da densidade de corrente na superfície, poderemos calcular a distribuição de densidade de corrente no material condutor. Para isso, usaremos coordenadas retangulares com origem na superfície e eixo z perpendicular à superfície. Essa geometria é mostrada na Figura 6.5. Se a distribuição de corrente for uniforme na interface, a única coordenada relevante no laplaciano é aquela ao longo da direção perpendicular à interface, ou seja, o eixo z. Assim, a Equação (6.34) pode ser escrita na forma escalar a seguir:

$$\frac{d^2 \hat{j}_c}{dz^2} = \gamma^2 \hat{j}_c \tag{6.37}$$

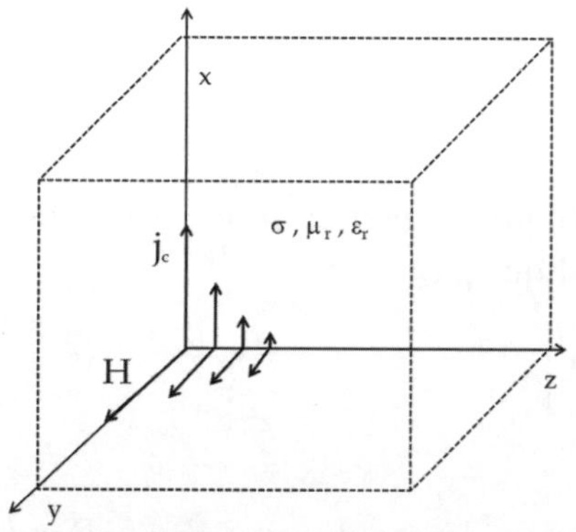

Figura 6.5 Penetração de campo e corrente em um material condutor. O meio para $z < 0$ é dielétrico e para $z \geq 0$ é condutor. Considera-se que a interface é infinita e que a densidade de corrente é uniforme em $z = 0$.

Sua solução é bem conhecida na seguinte forma:

$$\hat{j}_c(z) = \hat{j}_c(0)e^{-\gamma z} \tag{6.38}$$

onde $j_c(0)$ é a densidade de corrente na superfície do condutor. Segundo a Equação (6.33), a constante de propagação é uma quantidade complexa. Podemos escrevê-la na forma retangular:

$$\gamma = \alpha + j\beta \tag{6.39}$$

A parte real α é denominada constante de atenuação e a parte imaginária β é denominada constante de fase. A separação das partes real e imaginária da Equação (6.33) é simples, e α e β são obtidas em função das propriedades eletromagnéticas do material e da frequência nas equações mostradas a seguir.

$$\alpha = \frac{\omega\sqrt{\mu_o\varepsilon_o}\sqrt{\mu_r\varepsilon_r}}{\sqrt{2}}\left\{\left[1+\left(\frac{\sigma}{\omega\varepsilon_r\varepsilon_o}\right)^2\right]^{1/2} - 1\right\}^{1/2} \tag{6.40}$$

$$\beta = \frac{\omega\sqrt{\mu_o\varepsilon_o}\sqrt{\mu_r\varepsilon_r}}{\sqrt{2}}\left\{\left[1+\left(\frac{\sigma}{\omega\varepsilon_r\varepsilon_o}\right)^2\right]^{1/2} + 1\right\}^{1/2} \tag{6.41}$$

Substituindo a Equação (6.39) na Equação (6.38), obtemos:

$$\hat{j}_c(z) = \hat{j}_c(0)e^{-\alpha z}e^{-j\beta z} \tag{6.42}$$

Essa equação mostra que a densidade de corrente diminui em amplitude à medida que os campos penetram no meio condutor. A atenuação ocorre com a função de decaimento exp(-αz). A partir da densidade de corrente, podemos obter os campos no condutor. O campo elétrico é proporcional à densidade de corrente:

$$\hat{E}(z) = \frac{\hat{j}_c(0)}{\sigma}e^{-\gamma z} \tag{6.43}$$

Para obtermos o campo magnético, podemos substituir a densidade de corrente na lei de Faraday [Equação (6.29)]:

$$\hat{H} = -\frac{\nabla \times \left[\hat{j}_c(0)e^{-\gamma z}\right]}{j\omega\mu_r\mu_o\sigma} \tag{6.44}$$

Podemos usar a seguinte identidade vetorial envolvendo o rotacional do produto de uma função escalar φ com uma função vetorial **F**: $\nabla \times (\varphi\mathbf{F}) = \nabla\varphi \times \mathbf{F} + \varphi\nabla \times \mathbf{F}$.

Nesse caso, a função vetorial é uma constante. Então, a equação anterior tem o seguinte resultado:

$$\hat{H}(z) = -\frac{\nabla\left(e^{-\gamma z}\right) \times \hat{j}_c(0)}{j\omega\mu_r\mu_o\sigma} = \frac{\gamma}{j\omega\mu_r\mu_o}\mathbf{u}_z \times \frac{\hat{j}_c(0)}{\sigma}e^{-\gamma z} = \sqrt{\frac{\sigma + j\omega\varepsilon_r\varepsilon_o}{j\omega\mu_r\mu_o}}\mathbf{u}_z \times \hat{E}(z) \quad (6.45)$$

Essa equação revela que o campo magnético está orientado perpendicularmente ao campo elétrico e à direção z de propagação para o interior do condutor. Usando as Equações (6.30) ou (6.31), pode-se mostrar facilmente que o campo elétrico também é perpendicular à direção de propagação. Essa orientação dos vetores de uma onda eletromagnética caracteriza uma onda transversal (TEM). As equações de Maxwell sempre conduzem a esse tipo de solução em meios ilimitados. Além disso, uma vez que consideramos como condição de contorno que a densidade de corrente na interface plana ilimitada é uniforme, a distribuição de campo em qualquer plano paralelo à interface também é uniforme. Isso caracteriza o que se chama de onda plana uniforme, um modelo amplamente utilizado no estudo da propagação de ondas eletromagnéticas no espaço livre. O coeficiente de proporcionalidade entre os fasores de campo em uma onda transversal é uma importante propriedade da propagação de ondas eletromagnéticas, denominada impedância característica do meio:

$$Z_o = \frac{\hat{E}}{\hat{H}} = \sqrt{\frac{j\omega\mu_r\mu_o}{\sigma + j\omega\varepsilon_r\varepsilon_o}} = |Z_o|e^{j\phi} \quad (6.46)$$

Essa equação revela que, em um meio condutor, os campos estão defasados pelo ângulo polar da impedância característica do meio. Podemos obter os campos e a densidade de corrente no condutor no domínio do tempo multiplicando os fasores por $e^{j\omega t}$ e tomando a parte real do resultado.

$$j_c(z,t) = j_c(0)e^{-\alpha z}\cos(\omega t - \beta z)\,\mathbf{u}_x \quad (6.47)$$

$$E(z,t) = \frac{j_c(0)}{\sigma}e^{-\alpha z}\cos(\omega t - \beta z)\,\mathbf{u}_x \quad (6.48)$$

$$\hat{H}(z,t) = \frac{j_c(0)}{\sigma|Z_o|}e^{-\alpha z}\cos(\omega t - \beta z - \phi)\,\mathbf{u}_y \quad (6.49)$$

onde assumimos que o campo elétrico está orientado na direção x e o campo magnético está orientado na direção y.

A função ondulatória $\cos(\omega t - \beta z)$ indica que os campos estão se deslocando na direção z com velocidade $u = \omega/\beta$. A função exponencial decrescente que multiplica as amplitudes dos campos indica que eles estão perdendo energia à medida que se propagam para o interior do condutor. Esse processo é denominado dissipação de potência. Ele ocorre em virtude do trabalho realizado pelo campo elétrico na movimentação das cargas elétricas do condutor. Esse trabalho é convertido principalmente em calor.

A Figura 6.6 mostra a distribuição de densidade de corrente no interior do condutor em vários instantes de tempo para um material de baixa condutividade. Define-se como profundidade de penetração a distância $z = \delta = 1/\alpha$. Ou seja, na distância denominada profundidade de penetração, a densidade de corrente e os campos são atenuados em relação aos valores na superfície pelo fator $e^{-1} \cong 0{,}368$. Na profundidade 5δ, praticamente toda a potência da onda foi dissipada, uma vez que os campos são reduzidos a menos de 1% do valor na superfície. Esse efeito é muito pronunciado em bons condutores, nos quais a profundidade de penetração é muito pequena. Para os bons condutores metálicos, por exemplo, a condição $\sigma >> \omega\varepsilon_r\varepsilon_o$ é válida mesmo em frequências tão altas quanto as da luz visível. Nesses casos, as equações (6.40) e (6.41) resultam em:

$$\alpha = \beta = \sqrt{\frac{\omega\mu_r\mu_o\sigma}{2}} \rightarrow \delta = \sqrt{\frac{2}{\omega\mu_r\mu_o\sigma}} \tag{6.50}$$

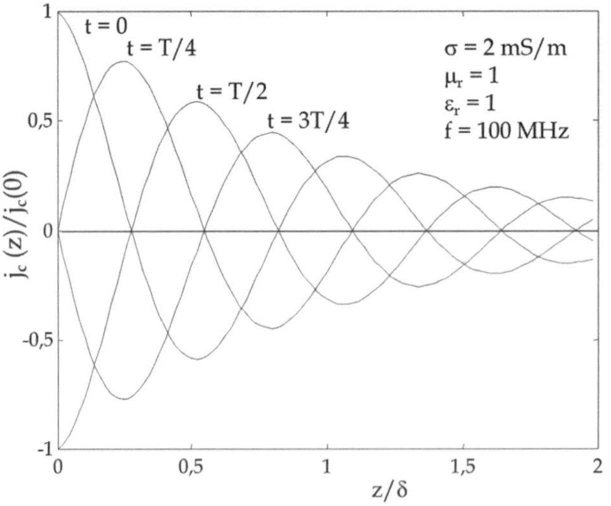

Figura 6.6 Distribuição de densidade de corrente no condutor para quatro instantes de tempo. T é o período de oscilação dos campos (T = 1/f).

Com base nessa equação, podemos prever que para bons condutores a profundidade de penetração diminui com o aumento da frequência. Embora em frequências muito baixas a profundidade de penetração possa ser de centímetros, na faixa principal de radiofrequências ($f \geq 0,3$ MHz) os campos penetram apenas uma camada de micrômetros de espessura nos metais. Esse fenômeno é denominado efeito pelicular, sendo a base para o funcionamento de blindagens e para a modelagem da impedância elétrica de condutores em altas frequências.

Para uma superfície de dimensões finitas, é possível calcular a impedância superficial mediante integração da densidade de corrente. Consideremos que a superfície tenha largura w e comprimento L. A corrente total que circula pela superfície na direção do comprimento é obtida por:

$$\hat{i} = \int_0^{\infty} \hat{j}_c(0)\, e^{-\gamma z}\, w\, dz = \frac{w\, \hat{j}_c(0)}{\gamma} \tag{6.51}$$

Ao considerarmos que a densidade de corrente é uniforme na superfície, a relação com o campo elétrico e o potencial elétrico na superfície é obtida facilmente por:

$$\hat{j}_c(0) = \sigma\, \hat{E}(0) = \sigma \frac{\Delta \hat{V}_s}{L} \tag{6.52}$$

Substituindo na Equação (6.51), obtemos a impedância elétrica da superfície:

$$Z_s = \frac{\Delta \hat{V}_s}{\hat{i}} = \frac{L\alpha}{w\sigma} + j\frac{L\beta}{w\sigma} \tag{6.53}$$

Vemos que a superfície apresenta resistência e reatância indutiva. A resistência pode ser escrita como função da profundidade de penetração:

$$R_s = \frac{L}{w\delta\sigma} \tag{6.54}$$

Essa expressão é equivalente à resistência de um condutor em que toda a corrente está concentrada com densidade uniforme na área com largura w e profundidade δ. No caso de um bom condutor em que $\sigma >> \omega\varepsilon_r\varepsilon_o$, vemos que a reatância e a resistência são iguais.

Consideremos, então, uma situação mais prática em que o objeto condutor é uma lâmina com espessura h, como mostra a Figura 6.7. Nesse caso, as condições de contorno nas faces $z = 0$ e $z = h$ condicionam a corrente para um tipo específico de distribuição que será analisado a seguir. Se um campo magnético é aplicado como mostra a figura, a corrente elétrica induzida é antissimétrica em relação ao meio da lâmina, ou seja, $j_c(z = -h/2) = -j_c(z = h/2)$. A solução geral da equação de onda (6.37) é dada por:

$$\hat{j}_c(z) = j_1\, e^{\gamma z} + j_2\, e^{-\gamma z} \tag{6.55}$$

onde j_1 e j_2 são as constantes de integração.

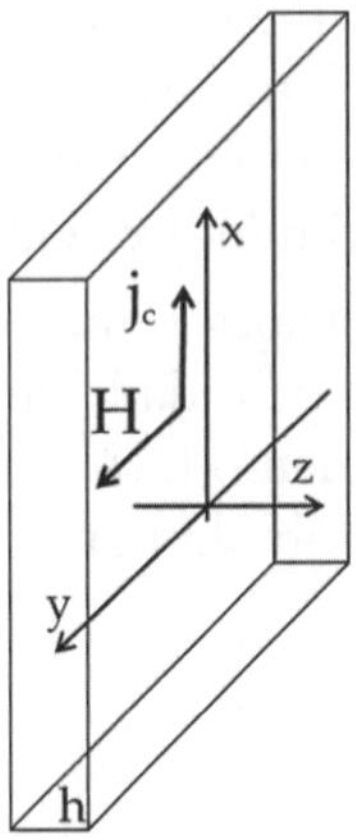

Figura 6.7 Ilustração para o cálculo da distribuição de corrente em uma lâmina condutora.

Para satisfazer às condições de contorno, essas constantes devem atender à relação $j_1 = -j_2$. Assim, a solução para esse caso é obtida por:

$$\hat{j}_c(z) = j_o \text{senh}(\gamma z) \tag{6.56}$$

onde j_o também é uma constante a ser determinada. No caso de um bom condutor, a amplitude da distribuição de corrente varia na espessura da lâmina de acordo com esta equação:

$$\left|\frac{\hat{j}_c(z)}{j_o}\right| = \left|\text{senh}\left[(1+j)\frac{z}{\delta}\right]\right| \tag{6.57}$$

A Figura 6.8 mostra a distribuição de densidade de corrente na lâmina para diversos valores da profundidade de penetração. Observe que em baixas frequências a distribuição é linear e passa por zero no centro da lâmina. Em altas frequências, a corrente elétrica está fortemente concentrada nas proximidades das faces.

Em contrapartida, se for aplicado o campo elétrico na direção x da lâmina, a densidade de corrente se distribuirá simetricamente em relação a seu centro. Seguindo um raciocínio semelhante ao usado anteriormente, podemos concluir facilmente que a distribuição de corrente é descrita, nesse caso, pela seguinte equação:

$$\hat{j}_c(z) = j_o \cosh(\gamma z) \tag{6.58}$$

E, no caso de um bom condutor, a amplitude da distribuição de corrente varia na espessura da lâmina de acordo com esta equação:

$$\left|\frac{\hat{j}_c(z)}{j_o}\right| = \left|\cosh\left[(1+j)\frac{z}{\delta}\right]\right| \tag{6.59}$$

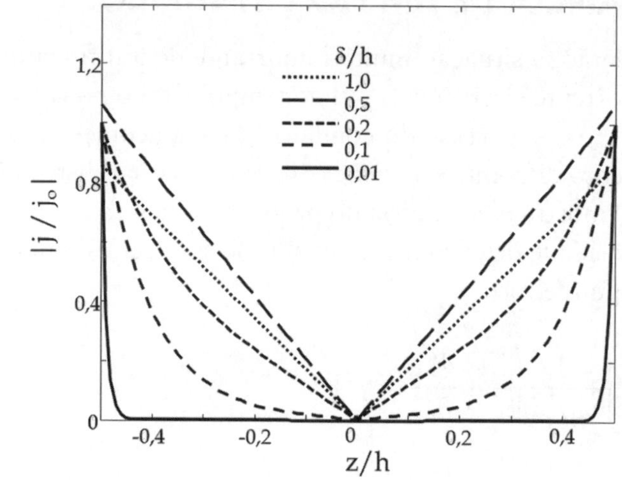

Figura 6.8 Distribuição de densidade de corrente induzida por campo magnético em uma lâmina segundo a relação entre a profundidade de penetração e a espessura.

A Figura 6.9 mostra a distribuição de densidade de corrente na lâmina nesse caso. Observe que, em baixas frequências, a distribuição é praticamente uniforme na sua seção transversal e, em altas frequências, a corrente elétrica está fortemente concentrada nas proximidades das faces.

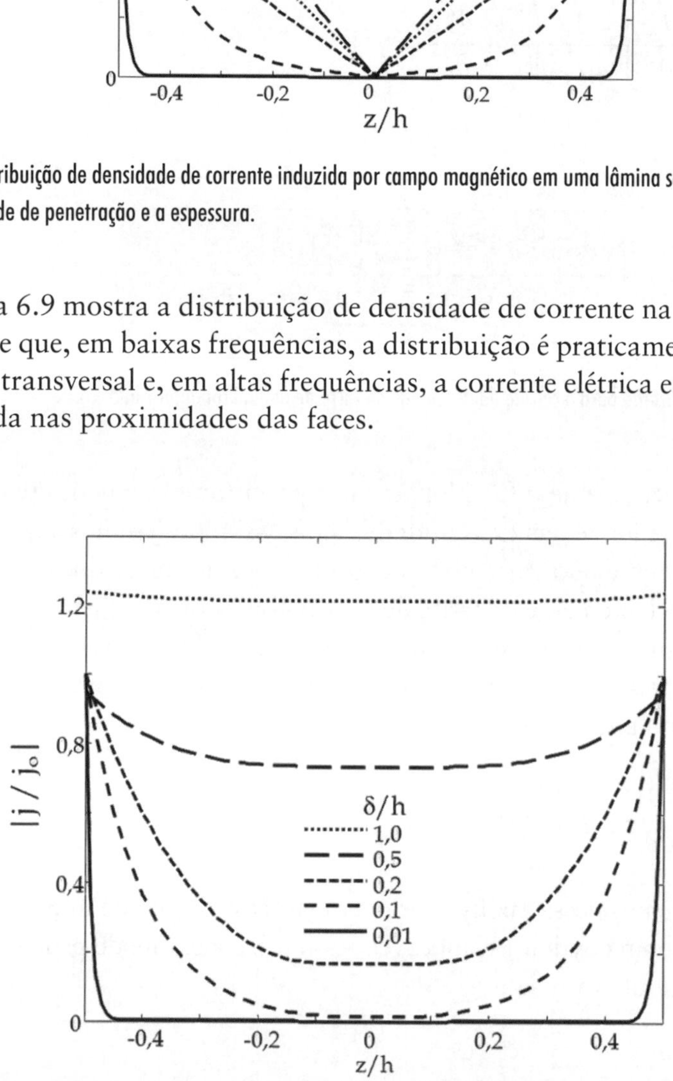

Figura 6.9 Distribuição de densidade de corrente induzida por campo elétrico em uma lâmina segundo a relação entre a profundidade de penetração e a espessura.

6.4 IMPEDÂNCIA DE UM FIO CILÍNDRICO

Consideremos, então, a situação muito importante de um fio cilíndrico metálico transportando corrente elétrica variável no tempo. Como no caso anterior, a corrente se concentra na superfície do condutor, mas a geometria cilíndrica requer um equacionamento diferente e soluções diferentes para a distribuição de corrente. A Figura 6.10 mostra a geometria do problema que será analisado. A Equação (6.34) para a densidade de corrente no condutor deve ser escrita em coordenadas cilíndricas da seguinte forma:

$$\frac{1}{\rho}\frac{\partial}{\partial \rho}\left(\rho\frac{\partial \hat{j}_c}{\partial \rho}\right)+\frac{1}{\rho^2}\frac{\partial^2 \hat{j}_c}{\partial \varphi^2}+\frac{\partial^2 \hat{j}_c}{\partial z^2}=\gamma^2 \hat{j}_c \tag{6.60}$$

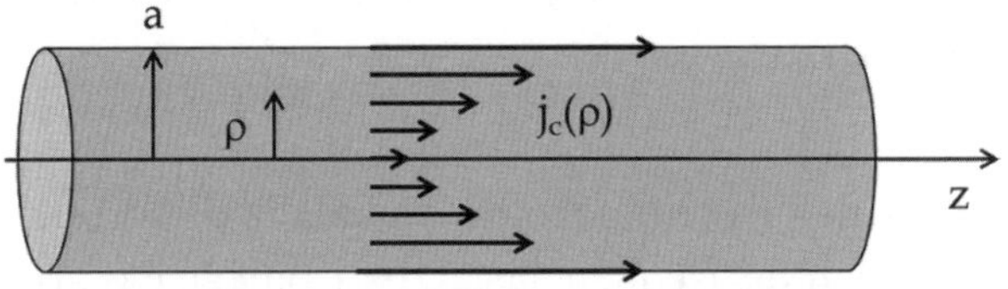

Figura 6.10 Ilustração para o cálculo da densidade de corrente em um condutor cilíndrico.

Consideremos que o fio é longo e que procuramos soluções para a distribuição de corrente longe das extremidades, pois assim poderemos supor que a distribuição de corrente não varia com a coordenada z ao longo do fio. Além disso, se o fio está suficientemente distante de outros condutores, a distribuição de corrente apresenta simetria azimutal, ou seja, não depende da coordenada angular em torno do fio. Assim, os termos que envolvem derivadas em z e ϕ são nulos e a Equação (6.55) adquire a seguinte forma:

$$\frac{\partial^2 \hat{j}_c}{\partial \rho^2}+\frac{1}{\rho}\frac{\partial \hat{j}_c}{\partial \rho}-\gamma^2 \hat{j}_c=0 \tag{6.61}$$

Assumiremos nessa análise que em todas as situações de interesse a aproximação para um bom condutor é aplicável. Assim, a constante de propagação pode ser escrita da seguinte forma:

$$\gamma^2=\frac{(1+j)^2}{\delta^2}=j\frac{2}{\delta^2} \tag{6.62}$$

e definiremos a constante k pela relação:

$$k^2 = -\gamma^2 = -j\frac{2}{\delta^2} \rightarrow k = j^{3/2}\frac{\sqrt{2}}{\delta} = \frac{\sqrt{2}}{\delta}e^{j3\pi/4} \quad (6.63)$$

Com essa constante, a Equação (6.61) pode ser reescrita da seguinte forma:

$$\frac{\partial^2 \hat{j}_c}{\partial \rho^2} + \frac{1}{\rho}\frac{\partial \hat{j}_c}{\partial \rho} + k^2 \hat{j}_c = 0 \quad (6.64)$$

Com a transformação de variável, $x = k\rho$, e aplicada a equação anterior, obtemos o seguinte resultado:

$$\frac{\partial^2 \hat{j}_c}{\partial x^2} + \frac{1}{x}\frac{\partial \hat{j}_c}{\partial x} + \hat{j}_c = 0 \quad (6.65)$$

A Equação (6.64) ou sua equivalente (6.65) é um caso particular da Equação (3.48) já utilizada no Capítulo 3. Trata-se da equação diferencial de Bessel de ordem zero. Sua solução para x real é, portanto, a função de Bessel de primeira espécie e de ordem zero.

$$J_o(x) = 1 - \frac{x^2}{2^2} + \frac{x^4}{2^2 4^2} - \frac{x^6}{2^2 4^2 6^2} + \ldots$$

Contudo, a variável independente na Equação (6.65) é complexa, o que resulta na seguinte função complexa como solução para a distribuição de corrente no condutor:

$$\hat{j}_c(\rho) = \hat{j}_c(0)\, J_o\left(e^{j3\pi/4}\sqrt{2}\rho / \delta\right) \quad (6.66)$$

onde $j_c(0)$ é a densidade de corrente no centro do fio. De fato, existe outra solução linearmente independente para a equação diferencial de Bessel de ordem zero. É a função de Bessel de segunda espécie, também conhecida como função de Neumann. Contudo, uma vez que essa função é singular na origem, ela não pode ser incluída na solução geral do problema em questão. A solução obtida na Equação (6.66) pode ser reformulada em função da densidade de corrente na superfície $j_c(a)$:

$$\hat{j}_c(\rho) = \hat{j}_c(a)\frac{J_o\left(e^{j3\pi/4}\sqrt{2}\rho / \delta\right)}{J_o\left(e^{j3\pi/4}\sqrt{2}a / \delta\right)} \quad (6.67)$$

A Figura 6.11 mostra o gráfico do módulo da densidade de corrente no fio e o compara com o modelo exponencial obtido para uma superfície plana [Equações (6.42) ou (6.47)]. Observe que uma boa aproximação é obtida com o modelo exponencial somente para $\delta \leq 0{,}1a$.

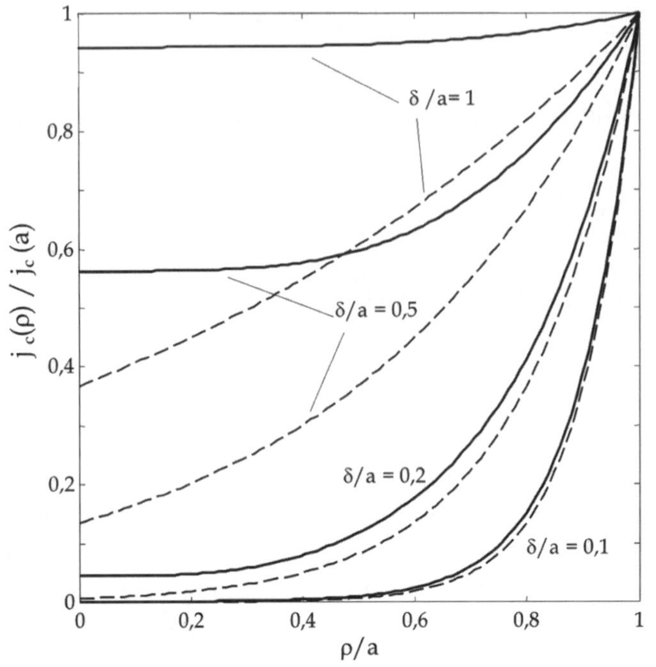

Figura 6.11 Distribuição da densidade de corrente no condutor cilíndrico para diversos valores de δ/a. O tracejado identifica a aproximação exponencial válida para superfícies planas.

Para o cálculo da impedância, precisamos inicialmente calcular a corrente total no fio. Isso é obtido pela integração da densidade de corrente na área de sua seção transversal.

$$\hat{i} = \int_0^a \hat{j}_c(\rho)\, 2\pi \rho\, d\rho = \frac{2\pi\, \hat{j}_c(a)}{J_o\left(e^{j3\pi/4}\sqrt{2}a / \delta\right)} \int_0^a J_o\left(e^{j3\pi/4}\sqrt{2}\rho / \delta\right)\rho\, d\rho \tag{6.68}$$

Essa integração pode ser feita com o auxílio da seguinte fórmula:

$$\int J_o(x)\, x\, dx = x\, J_1(x)$$

onde $J_1(x)$ é a função de Bessel de primeira espécie e ordem 1, descrita pela seguinte série:

$$J_1(x) = \frac{x}{2} - \frac{x^3}{2^2\, 4} + \frac{x^5}{2^2 4^2\, 6} - \frac{x^7}{2^2 4^2 6^2\, 8} + \dots \tag{6.69}$$

Ao utilizarmos isso para resolver a Equação (6.68), obtemos o seguinte resultado para a corrente no fio:

$$\hat{i} = \hat{j}_c(a)\frac{2\pi\, a\delta}{\sqrt{2}\, e^{j3\pi/4}}\frac{J_1\left(e^{j3\pi/4}\sqrt{2}a/\delta\right)}{J_o\left(e^{j3\pi/4}\sqrt{2}a/\delta\right)} \tag{6.70}$$

A densidade de corrente na superfície pode ser relacionada com a diferença de potencial elétrico no comprimento L do fio por meio do campo elétrico superficial da seguinte forma:

$$\hat{j}_c(a) = \sigma\,\hat{E}(a) = \sigma\frac{\Delta\hat{V}_s}{L} \tag{6.71}$$

Assim, com base nas duas equações anteriores, obtemos a impedância do fio:

$$Z = \frac{\Delta\hat{V}_s}{\hat{i}} = \frac{R_o}{2}\left(e^{j3\pi/4}\sqrt{2}a/\delta\right)\frac{J_o\left(e^{j3\pi/4}\sqrt{2}a/\delta\right)}{J_1\left(e^{j3\pi/4}\sqrt{2}a/\delta\right)} \tag{6.72}$$

onde R_o é a resistência para frequência zero, na qual a distribuição de corrente é uniforme na seção transversal do fio. Esse valor é dado por:

$$R_o = \frac{L}{\pi\, a^2\,\sigma} \tag{6.73}$$

A Figura 6.12 mostra as partes real e imaginária da impedância do fio normalizadas para R_o. Observe que a resistência e a reatância para a/δ >> 2 podem ser aproximadas por:

$$\frac{R}{R_o} \approx \frac{a}{2\delta} + 0{,}277 \tag{6.74}$$

$$\frac{X}{R_o} \approx \frac{a}{2\delta} \tag{6.75}$$

Assim, para a/δ >> 2 × 0,277, a resistência se aproxima de:

$$R \approx R_o\frac{a}{2\delta} = \frac{L}{2\pi a\delta\sigma} \tag{6.76}$$

Ou seja, é a resistência de um condutor cilíndrico em que a corrente se concentra uniformemente na camada de espessura δ adjacente à superfície do fio. A Figura 6.13 mostra a variação da resistência e da reatância de um fio cilíndrico com a frequência. Nesse caso, considera-se uma frequência de corte $f = f_c$ em que $a = 2\delta$.

$$\frac{a}{\delta} = a\sqrt{\pi f_c \mu_r \mu_o \sigma} = 2 \;\rightarrow\; f_c = \frac{4}{\pi\mu_r\mu_o\sigma a^2} \tag{6.77}$$

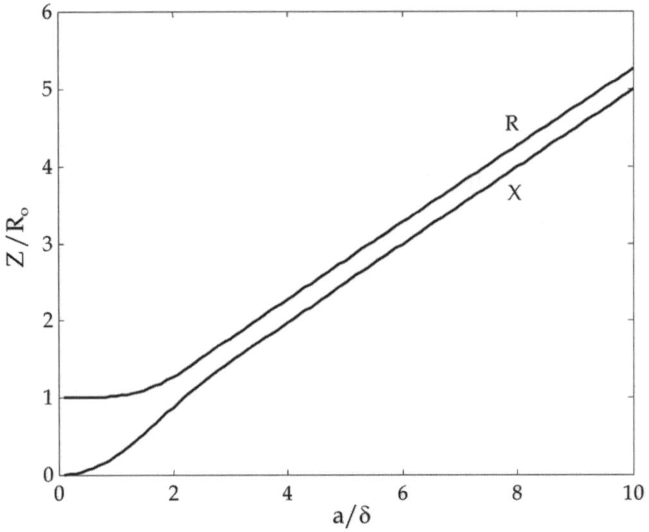

Figura 6.12 Impedância do condutor cilíndrico como função de a/δ.

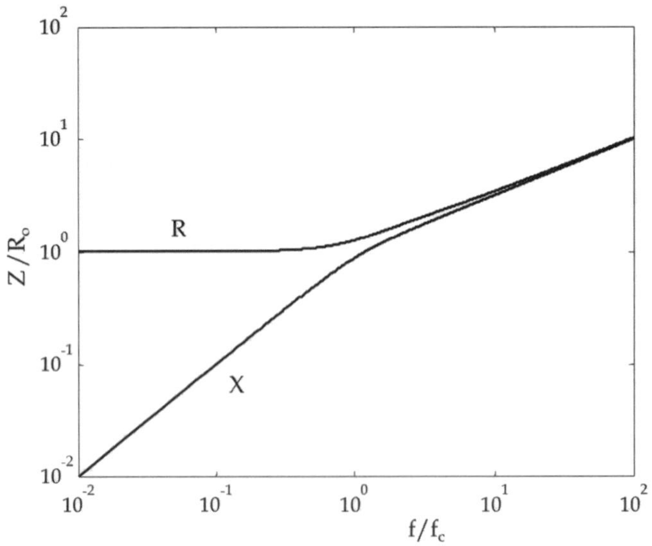

Figura 6.13 Impedância do condutor cilíndrico como função da frequência.

O que resulta em:

$$\frac{a}{\delta} = 2\sqrt{\frac{f}{f_c}} \tag{6.78}$$

onde f_c é a frequência característica para a mudança do comportamento assintótico da impedância de baixa para alta frequência. Para $f < f_c$, vemos na Figura 6.13 que o comportamento assintótico é dado por:

$$R = R_o \tag{6.79}$$

$$X = R_o \, {}^{f}\!/_{f_c} \tag{6.80}$$

Ao passo que para $f > f_c$, substituindo a Equação (6.78) nas Equações (6.74) e (6.75), obtemos:

$$R = R_o\left(\sqrt{{}^{f}\!/_{f_c}} + 0,277\right) \tag{6.81}$$

$$X = R_o\sqrt{{}^{f}\!/_{f_c}} \tag{6.82}$$

As Equações (6.79) e (6.80) mostram que, em baixas frequências, a resistência e a indutância do fio são independentes da frequência. A indutância do fio pode ser obtida da Equação (6.80):

$$L = \frac{X}{2\pi f} = \frac{R_o}{2\pi f_c}$$

Substituindo R_o e f_c [Equações (6.73) e (6.77)], obtemos:

$$L = L\frac{\mu_r \mu_o}{8\pi}$$

Esse resultado já havia sido obtido anteriormente na Equação (5.19) usando-se um método diferente de análise. Vemos que a indutância por unidade de comprimento do fio em baixas frequências ($f < f_c$) é uma característica exclusiva do material. Um fio de cobre ou alumínio (ou qualquer outro metal não magnético) de qualquer diâmetro apresenta indutância de 50 nH/m. Um fio de ferro, em contrapartida, apresenta indutância centenas de vezes maior.

6.5 ESFERA EM UM CAMPO ELÉTRICO UNIFORME

Uma importante classe de problemas de valor de contorno que admite solução analítica envolve objetos esferoidais colocados em um campo inicialmente uniforme. Nesse caso, embora o volume analisado não possua contornos definidos, o potencial a grande distância do objeto segue uma condição de contorno bem definida. Podemos imaginar que o campo inicialmente uniforme produz um potencial linearmente variável com a distância ao centro do sistema de referência. Coloca-se, então, um objeto com condutividade e/ou permissividade diferente do meio original, centrado na origem e apresentando simetria nas coordenadas angulares. O potencial no interior e nas imediações do objeto é afetado, mas o potencial a grande distância não muda. Podemos expressar essa condição de contorno da seguinte forma:

1) No sistema cilíndrico com ângulo azimutal medido em relação à direção do campo aplicado $\mathbf{E}_o$:

$$V(\rho \to \infty, \phi) = -\mathbf{E}_o \cdot \rho\, \mathbf{u}_\rho = -E_o\, \rho \cos\phi \tag{6.83}$$

2) No sistema esférico com ângulo polar medido em relação à direção do campo aplicado $\mathbf{E}_o$:

$$V(r \to \infty, \theta) = -\mathbf{E}_o \cdot r\, \mathbf{u}_r = -E_o\, r \cos\theta \tag{6.84}$$

As soluções interna e externa ao objeto são diferentes e devem ser conectadas pelas condições de continuidade na interface (ver Apêndice D). O potencial elétrico é contínuo e o campo elétrico normal é descontínuo. Vejamos o caso de uma esfera com raio R. A solução geral em coordenadas esféricas com simetria azimutal é dada pela Equação (3.65). Porém, o potencial em $r = 0$ é finito, portanto, o termo com expoente negativo em r deve ser eliminado na equação do potencial interno. A solução, então, pode ser escrita da seguinte forma:

Para $r \le R$:

$$V(r, \theta) = \sum_n b_n\, r^n\, P_n(\cos\theta) \tag{6.85}$$

Para $r \ge R$:

$$V(r, \theta) = \sum_n \left[c_{1n}\, r^n + c_{2n}\, r^{-(n+1)} \right] P_n(\cos\theta) \tag{6.86}$$

Para que a solução externa satisfaça à condição de contorno com $r \to \infty$, devemos ter:

$$\sum_n c_{1n}\, r^n\, P_n(\cos\theta) = -E_o\, r \cos\theta$$

Sabendo que $P_1(x) = x$, concluímos que apenas o termo de ordem 1 deve ser não nulo nesse somatório, ou seja, $c_{11} = -E_o$ e $c_{1n} = 0$ para $n > 1$. Na superfície da esfera, a continuidade do potencial resulta na equação:

$$\sum_n b_n\, R^n\, P_n(\cos\theta) = -E_o R \cos\theta + \sum_n c_{2n}\, R^{-(n+1)}\, P_n(\cos\theta)$$

O que implica as seguintes relações entre os coeficientes:

$$
\begin{aligned}
& b_n R^n = \frac{c_{2n}}{R^{(n+1)}} \quad \leftarrow \quad n \neq 1 \\
& b_1 R = -E_o R + \frac{c_{21}}{R^2}
\end{aligned} \tag{6.87}
$$

O campo elétrico na direção radial é obtido das Equações (6.85) e (6.86) para o potencial:

Para r < R:

$$E_r(r,\theta) = -\sum_n n\, b_n\, r^{n-1}\, P_n(\cos\theta) \tag{6.88}$$

Para r ≥ R:

$$E_r(r,\theta) = E_o \cos\theta + \sum_n (n+1) c_{2n}\, r^{-(n+2)}\, P_n(\cos\theta) \tag{6.89}$$

A condição de continuidade para o campo elétrico na superfície da esfera é obtida a partir da continuidade da densidade de corrente elétrica. Considerando a equação $\nabla \cdot (\mathbf{j}_c + \mathbf{j}_d) = 0$, que resulta na continuidade da densidade de corrente normal à interface entre quaisquer dois meios, podemos deduzir que a seguinte relação entre os campos dentro e fora da esfera deve ser satisfeita:

$$\sigma_1 \hat{E}_{1n} + j\omega\varepsilon_{r1}\, \varepsilon_o \hat{E}_{1n} = \sigma_2 \hat{E}_{2n} + j\omega\varepsilon_{r2}\, \varepsilon_o \hat{E}_{2n} \tag{6.90}$$

Essa relação pode ser simplificada e escrita da seguinte forma:

$$\frac{\hat{E}_{2n}}{\hat{E}_{1n}} = \frac{\sigma_1 + j\omega\varepsilon_{r1}\, \varepsilon_o}{\sigma_2 + j\omega\varepsilon_{r2}\, \varepsilon_o} = \frac{\gamma_1}{\gamma_2} \tag{6.91}$$

onde $\gamma = \sigma + j\omega\varepsilon$ é geralmente denominada condutividade complexa do meio e designamos o índice 1 para o interior e 2 para o exterior da esfera. Usando as equações de campo (6.88) e (6.89) com r = R e substituindo na Equação (6.91), obtemos as seguintes condições a serem satisfeitas pelos coeficientes:

$$
\begin{aligned}
& n\, b_n R^{n-1} = -(n+1) \frac{c_{2n}}{R^{(n+2)}} \frac{\gamma_2}{\gamma_1} \quad \leftarrow \quad n \neq 1 \\
& b_1 = -\left(E_o + \frac{2 c_{21}}{R^3} \right) \frac{\gamma_2}{\gamma_1}
\end{aligned} \tag{6.92}
$$

Ao resolvermos os sistemas de Equações (6.87) e (6.92), obtemos o seguinte conjunto de coeficientes:

$$b_n = c_{2n} = 0 \quad \leftarrow \quad n \neq 1$$
$$b_1 = -\frac{3\gamma_2 E_o}{\gamma_1 + 2\gamma_2} \tag{6.93}$$
$$c_{21} = R^3 E_o \frac{\gamma_1 - \gamma_2}{\gamma_1 + 2\gamma_2}$$

Portanto, as soluções para o potencial e o campo elétrico para esse problema são descritas a seguir:

Para r < R:

$$\hat{V}(r,\theta) = -\frac{3\gamma_2}{\gamma_1 + 2\gamma_2} E_o r \cos\theta \tag{6.94}$$

$$\hat{\mathbf{E}}(r,\theta) = -\nabla V = \frac{3\gamma_2}{\gamma_1 + 2\gamma_2} E_o \left(\cos\theta\,\mathbf{u}_r - \operatorname{sen}\theta\,\mathbf{u}_\theta\right) = \frac{3\gamma_2}{\gamma_1 + 2\gamma_2} \mathbf{E}_o \tag{6.95}$$

Para r ≥ R:

$$\hat{V}(r,\theta) = \left[\left(\frac{\gamma_1 - \gamma_2}{\gamma_1 + 2\gamma_2}\right)\left(\frac{R}{r}\right)^3 - 1\right] E_o r \cos\theta \tag{6.96}$$

$$\hat{\mathbf{E}}(r,\theta) = \left[2\left(\frac{\gamma_1 - \gamma_2}{\gamma_1 + 2\gamma_2}\right)\left(\frac{R}{r}\right)^3 + 1\right] E_o \cos\theta\,\mathbf{u}_r + \left[\left(\frac{\gamma_1 - \gamma_2}{\gamma_1 + 2\gamma_2}\right)\left(\frac{R}{r}\right)^3 - 1\right] E_o \operatorname{sen}\theta\,\mathbf{u}_\theta =$$
$$= \mathbf{E}_o + \left(\frac{\gamma_1 - \gamma_2}{\gamma_1 + 2\gamma_2}\right)\left(\frac{R}{r}\right)^3 E_o \left(2\cos\theta\,\mathbf{u}_r + \operatorname{sen}\theta\,\mathbf{u}_\theta\right) \tag{6.97}$$

onde assumimos que o ângulo polar é medido em relação à direção do campo uniforme $\mathbf{E}_o$.

Verificamos que o campo interno na esfera é uniforme e proporcional ao campo aplicado. O campo externo, por sua vez, é constituído de um termo adicionado ao campo original uniforme. Esse termo é o campo estabelecido pela carga distribuída na superfície da esfera. Vejamos algumas situações particulares interessantes:

1) Esfera dielétrica no ar: $\sigma_1 = \sigma_2 = 0$, $\varepsilon_{r1} = \varepsilon_r$, $\varepsilon_{r2} = 1$.

$$\hat{\mathbf{E}}(r < R) = \frac{3}{\varepsilon_r + 2} \mathbf{E}_o$$
$$\hat{\mathbf{E}}(r \geq R) = \mathbf{E}_o + \left(\frac{\varepsilon_r - 1}{\varepsilon_r + 2}\right)\left(\frac{R}{r}\right)^3 E_o \left(2\cos\theta\,\mathbf{u}_r + \operatorname{sen}\theta\,\mathbf{u}_\theta\right) \tag{6.98}$$

2) Esfera condutora no ar: $\sigma_1 = \sigma$, $\sigma_2 = 0$, $\varepsilon_{r1} = 1$, $\varepsilon_{r2} = 1$.

$$\hat{E}(r < R) = \frac{j3\omega\varepsilon_o}{\sigma + j3\omega\varepsilon_o} \mathbf{E}_o \cong j\omega \frac{3\varepsilon_o}{\sigma} \mathbf{E}_o$$

$$\hat{E}(r \geq R) = \mathbf{E}_o + \left(\frac{\sigma}{\sigma + j\omega 3\varepsilon_o} \right) \left(\frac{R}{r} \right)^3 E_o \left(2\cos\theta\, \mathbf{u}_r + \text{sen}\theta\, \mathbf{u}_\theta \right) \cong \tag{6.99}$$

$$\cong \mathbf{E}_o + \left(\frac{R}{r} \right)^3 E_o \left(2\cos\theta\, \mathbf{u}_r + \text{sen}\theta\, \mathbf{u}_\theta \right)$$

3) Cavidade em um dielétrico: $\sigma_1 = \sigma_2 = 0$, $\varepsilon_{r1} = 1$, $\varepsilon_{r2} = \varepsilon_r$.

$$\hat{E}(r < R) = \frac{3\varepsilon_r}{1 + 2\varepsilon_r} \mathbf{E}_o$$

$$\hat{E}(r \geq R) = \mathbf{E}_o + \left(\frac{1 - \varepsilon_r}{1 + 2\varepsilon_r} \right) \left(\frac{R}{r} \right)^3 E_o \left(2\cos\theta\, \mathbf{u}_r + \text{sen}\theta\, \mathbf{u}_\theta \right) \tag{6.100}$$

4) Cavidade em um condutor: $\sigma_1 = 0$, $\sigma_2 = \sigma$, $\varepsilon_{r1} = 1$, $\varepsilon_{r2} = 1$.

$$\hat{E}(r < R) = \frac{3(\sigma + j\omega\varepsilon_o)}{2\sigma + j\omega 3\varepsilon_o} \mathbf{E}_o \cong \frac{3}{2} \mathbf{E}_o$$

$$\hat{E}(r \geq R) = \mathbf{E}_o - \left(\frac{\sigma}{2\sigma + j\omega 3\varepsilon_o} \right) \left(\frac{R}{r} \right)^3 E_o \left(2\cos\theta\, \mathbf{u}_r + \text{sen}\theta\, \mathbf{u}_\theta \right) \cong \tag{6.101}$$

$$\cong \mathbf{E}_o - \frac{1}{2} \left(\frac{R}{r} \right)^3 E_o \left(2\cos\theta\, \mathbf{u}_r + \text{sen}\theta\, \mathbf{u}_\theta \right)$$

6.6 EXERCÍCIOS

1) Se, em um meio com propriedades σ, μ_r e ε_r, o campo magnético é dado como função do tempo e das coordenadas espaciais na seguinte forma:

$$\mathbf{H}(z,t) = H_o\, e^{-\alpha z} \cos(\omega t - \beta z)\, \mathbf{u}_y$$

onde H_o, α e β são constantes, usando a análise fasorial, calcule o campo elétrico correspondente.

2) Se, em um meio com propriedades σ, μ_r e ε_r, o campo elétrico é dado como função do tempo e das coordenadas espaciais na seguinte forma:

$$\mathbf{E}(r,t) = \frac{K\cos\theta}{r}\, e^{-\alpha r} \cos(\omega t - \beta r)\, \mathbf{u}_\theta$$

onde K, α e β são constantes, usando a análise fasorial, calcule o campo magnético correspondente.

3) Compare as impedâncias por unidade de comprimento de um fio de cobre e um fio de ferro, ambos com 1 mm de diâmetro. Faça gráficos da impedância (resistência e reatância) como função da frequência de 1 Hz a 100 MHz.

4) Considere um objeto esférico de raio R, condutividade σ e constante dielétrica ε_r colocado em um campo elétrico inicialmente uniforme no ar de valor E_o. Calcule o campo elétrico no interior e na superfície do objeto. Faça gráficos do campo elétrico nessas posições como função da frequência.

5) Uma membrana esférica, de material isolante e de espessura e muito menor que o raio R, separa dois meios condutores (volumes interno e externo à esfera). Esses meios têm condutividade e permissividade iguais (σ, ε_a) e a membrana tem permissividade ε_m. A membrana está sujeita a um campo elétrico uniforme aplicado nesse meio. Calcule a diferença de potencial entre as faces externa e interna da membrana como função da frequência e do ângulo polar entre o vetor de posição na membrana e o campo elétrico aplicado.

6) Um objeto cilíndrico longo, de seção transversal circular e de raio R, com condutividade σ e permissividade ε_c, é submetido a um campo elétrico inicialmente uniforme com intensidade $\boldsymbol{E} = E_o \cos(\omega t)\, \boldsymbol{u}_x$ no ar. O eixo do cilindro está orientado na direção z. Calcule o potencial elétrico fasorial em todo o espaço.

CAPÍTULO 7

Dispersão dielétrica

Os diversos processos de polarização molecular apresentam diferentes características de resposta no domínio da frequência. A deformação de um átomo ou molécula em resposta ao campo aplicado apresenta uma frequência característica de ressonância que depende da massa das partículas envolvidas. No caso da polarização eletrônica, a nuvem de elétrons apresenta massa muito pequena e a frequência de ressonância, portanto, é muito elevada, situando-se na faixa espectral denominada ultravioleta (8×10^{14} Hz a 3×10^{16} Hz). Na polarização atômica, as massas envolvidas são as dos núcleos atômicos e a frequência de ressonância é cerca de duas ordens de grandeza menor que na polarização eletrônica, situando-se na faixa espectral denominada infravermelho (3×10^{12} Hz a 4×10^{14} Hz). A polarização orientacional não é um processo ressonante. A frequência característica da relaxação dipolar é dada pelo inverso do tempo de relaxação e situa-se geralmente na faixa espectral das micro-ondas (3×10^{9} Hz a 3×10^{12} Hz).

7.1 POLARIZABILIDADE MOLECULAR

Uma molécula sobre a qual é aplicado campo elétrico proveniente de uma fonte qualquer sofre deslocamento de suas partículas eletricamente carregadas na direção do campo e, se possuir momento de dipolo permanente, tende a se alinhar paralelamente com o campo. A polarização induzida é modelada, em geral, como um processo linear em que o momento de dipolo induzido é proporcional ao campo aplicado. Em contrapartida, a polarização orientacional é obtida a partir da projeção média macroscópica do momento de dipolo permanente molecular na direção do campo. Assim, a polarização de um meio homogêneo contendo N tipos de moléculas diferentes, cada qual com n_i moléculas por unidade de volume, pode ser descrita pela seguinte expressão:

$$\mathbf{P} = \mathbf{P}_{ind} + \mathbf{P}_{ori} = \sum_{i=1}^{N} n_i \left(\alpha_i \mathbf{E}_i + \langle \mathbf{p}_i \rangle\right) \tag{7.1}$$

onde $\mathbf{P}_{ind}$ e $\mathbf{P}_{ori}$ são as contribuições da polarização induzida e orientacional, respectivamente, para a polarização total. Nessa equação, α_i é o coeficiente de proporcionalidade entre o momento de dipolo induzido na molécula e o campo local $\mathbf{E}_i$ na posição dessa molécula. Esse coeficiente é denominado polarizabilidade molecular.

O termo $<\mathbf{p}_i>$ somado ao momento de dipolo induzido é o valor médio macroscópico da componente do momento de dipolo molecular permanente na direção do campo aplicado. Um modelo elementar de polarizabilidade molecular pode ser obtido considerando-se que as cargas elétricas que se deslocam sob a ação do campo aplicado estão ligadas entre si por forças elásticas. Consideremos a representação simplificada de uma molécula linear apolar mostrada na Figura 7.1. Na molécula não polarizada, a distribuição de carga é simétrica em relação ao átomo central. Quando um campo elétrico é aplicado, os átomos se deslocam de suas posições originais e surge um momento de dipolo induzido. Se a força de reação é proporcional ao deslocamento e se existe dissipação de energia no movimento dos átomos, podemos avaliar a dinâmica do processo de polarização a partir da segunda lei de Newton aplicada ao átomo central:

$$m\frac{d^2\Delta x}{dt^2} = q_o E_m - k_m \Delta x - \gamma \frac{d\Delta x}{dt} \tag{7.2}$$

onde k_m é a constante elástica da força de reação e γ é a constante da força dissipativa em virtude das interações com as moléculas vizinhas. Uma vez que as moléculas interagem entre si por meio da força elétrica coulombiana, dipolar e multipolar, o movimento de uma molécula resulta em transferência de energia cinética para as moléculas vizinhas. Na análise em curso, esse processo é descrito de uma forma muito simples, na qual a força de fricção é proporcional à velocidade de deslocamento dos átomos como se eles estivessem em translação em um meio viscoso contínuo.

É vantajoso, neste ponto, usar a técnica fasorial para se avaliar o deslocamento e a polarização molecular com campo alternado senoidal. Representamos o campo aplicado e o deslocamento por fasores de modo que:

$$E_m = \mathrm{Re}\left[\hat{E}_m e^{j\omega t}\right]$$
$$\Delta x = \mathrm{Re}\left[\Delta\hat{x}\, e^{j\omega t}\right]$$

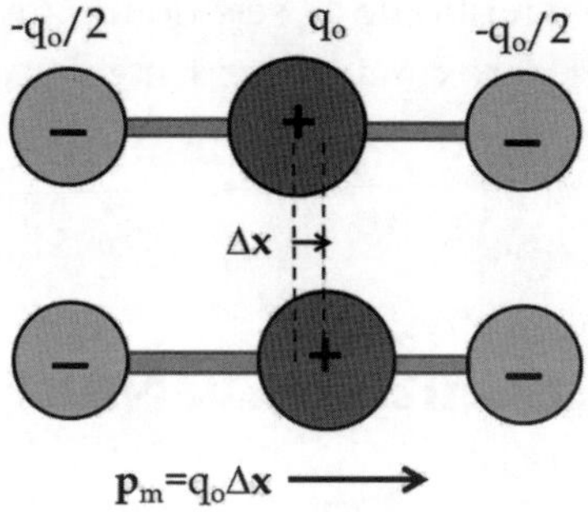

Figura 7.1 Representação esquemática da deformação em uma molécula por um campo elétrico aplicado e o momento de dipolo elétrico induzido.

Substituindo na Equação (7.2), obtemos a seguinte equação fasorial:

$$-\omega^2 \Delta\hat{x} + j\omega \frac{\gamma}{m} \Delta\hat{x} + \frac{k_m}{m} \Delta\hat{x} = \frac{q_o}{m} \hat{E}_m$$

Definimos, então, a frequência natural do sistema $\omega_o = (k_m/m)^{1/2}$ e a constante de tempo de relaxação em função da dissipação de energia no meio circundante $\tau_d = m/\gamma$. Com isso, o deslocamento fasorial é obtido por:

$$\Delta\hat{x} = \frac{(q_o/m)}{\left(\omega_o^2 - \omega^2\right) + j\omega / \tau_d} \hat{E}_m \tag{7.3}$$

O momento de dipolo induzido na molécula pode ser calculado por $\mathbf{p}_m = q_o \Delta x \, \mathbf{u}_x$. Obtemos, então:

$$\hat{\mathbf{p}}_m = \frac{\left(q_o^2/m\right)}{\left(\omega_o^2 - \omega^2\right) + j\omega / \tau_d} \hat{E}_m \tag{7.4}$$

A polarizabilidade molecular, portanto, depende da frequência do campo aplicado e de certas características das moléculas constituintes do meio, como carga elétrica, massa, frequência natural e tempo de relaxação. A sua forma geral é a seguinte:

$$\alpha = \frac{\left(q_o^2/m\right)}{\left(\omega_o^2 - \omega^2\right) + j\omega / \tau_d} \tag{7.5}$$

Esse modelo, do ponto de vista conceitual, representa tanto a polarização eletrônica como a atômica. Discutiremos a dependência com a frequência mais adiante. Por enquanto, vamos considerar que a frequência do campo aplicado seja muito baixa, de modo que o termo de ω_o seja dominante no denominador. Assim, a polarizabilidade pode ser aproximada por seu valor em baixas frequências:

$$\alpha_o = \frac{q_o^2}{m\omega_o^2} \tag{7.6}$$

7.2 POLARIZAÇÃO ORIENTACIONAL E RELAXAÇÃO DIPOLAR

Consideremos, então, a polarização orientacional. Um dipolo molecular tende a se alinhar com o campo elétrico aplicado por causa do torque resultante da interação do dipolo com o campo. A energia potencial de um dipolo elétrico quando é submetido a um campo elétrico externo pode ser obtida de maneira simples, pela soma das energias das cargas positiva e negativa:

$$U_p = q_m V^+ - q_m V^- = -q_m \mathbf{E}_d \cdot \Delta\mathbf{r}_m = -\mathbf{p}_o \cdot \mathbf{E}_d = -p_o E_d \cos\theta \tag{7.7}$$

onde $\mathbf{E}_d$ é denominado campo diretor, pois os dipolos tendem a se alinhar com esse campo, e $\mathbf{p}_o$ é o momento de dipolo molecular permanente.

O deslocamento angular do dipolo ocorre para diminuir a energia potencial, ou seja, no sentido $\theta \to 0$. Contudo, a agitação térmica do meio e as interações entre as moléculas vizinhas provocam o espalhamento dos dipolos moleculares de maneira aleatória. A projeção média do momento de dipolo molecular na direção do campo aplicado em equilíbrio termodinâmico pode ser calculada conhecendo-se a probabilidade de cada uma das orientações possíveis do dipolo. Assim, usando a distribuição de probabilidade de Boltzmann, calculamos o momento de dipolo médio na direção do campo aplicado da seguinte maneira:

$$\langle p \rangle = \frac{\int_0^\pi p_o \cos\theta \; e^{\frac{p_o E_d}{K_B T}\cos\theta} N(\theta)\,d\theta}{\int_0^\pi e^{\frac{p_o E_d}{K_B T}\cos\theta} N(\theta)\,d\theta}$$

onde $N(\theta)d\theta$ é o número de dipolos orientados entre θ e $\theta + d\theta$. Isso pode ser avaliado pela fração de área de uma superfície esférica ocupada pelo deslocamento angular $d\theta$ em torno do ângulo θ. Se não houvesse campo aplicado, os dipolos estariam dispersos aleatoriamente e uniformemente na área de uma esfera arbitrária de raio R. A distribuição angular de N_o dipolos nesse volume teria, então, uma densidade $N(\theta)$ dada por:

$$N(\theta)d\theta = N_o \frac{dS}{S} = N_o \frac{2\pi R^2 \,\text{sen}\theta\, d\theta}{4\pi R^2} = \frac{1}{2} N_o \text{sen}\theta\, d\theta$$

Ao substituirmos na equação anterior, verificamos que o momento de dipolo médio pode ser escrito na forma $\langle p \rangle = p_o \langle \cos\theta \rangle$, na qual o valor médio de $\cos\theta$ é dado por:

$$\langle \cos\theta \rangle = \frac{\int_0^{\pi} \cos\theta \, e^{a\cos\theta} d(\cos\theta)}{\int_0^{\pi} e^{a\cos\theta} d(\cos\theta)} = \frac{1}{a} \frac{\int_{-a}^{a} x e^{-x} dx}{\int_{-a}^{a} e^{-x} dx}$$

onde $a = p_o E_d / K_B T$ e o último termo foi obtido com a seguinte transformação de coordenadas: $x = a \cos\theta$. Como resultado, obtemos:

$$\langle \cos\theta \rangle = L(a) = \coth(a) - \frac{1}{a} \tag{7.8}$$

L(a) é denominada equação de Langevin. Essa função, cujo gráfico é mostrado na Figura 7.2, apresenta comportamento não linear e tende à saturação quando o argumento é bem maior do que a unidade. Para valores muito pequenos do argumento, a equação de Langevin comporta-se como uma reta de inclinação 1/3. Por exemplo, para a água, que possui momento de dipolo molecular de 1,85 D, com campo de 10^6 V/m e em temperatura de 300 K, o argumento da equação de Langevin é apenas $a = 0{,}0015$. Assim, praticamente em todas as situações, podemos usar a aproximação linear da função da Langevin. Portanto, o momento de dipolo molecular médio é dado por:

$$\langle p \rangle = \frac{p_o^2}{3K_B T} E_d \tag{7.9}$$

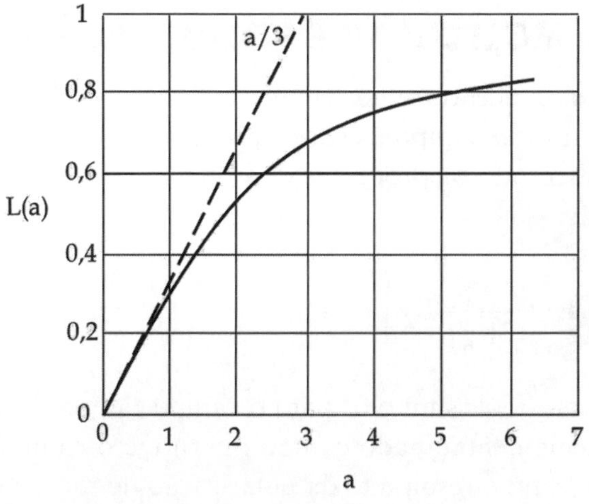

Figura 7.2 Equação de Langevin e aproximação linear válida para a << 1.

Com base nesse resultado, a polarização orientacional em regime permanente para um campo elétrico constante pode ser, então, descrita por:

$$\mathbf{P}_{ori} = \sum_{i=1}^{N} \frac{n_i p_{oi}^2}{3K_B T} \mathbf{E}_d \tag{7.10}$$

Contudo, a polarização orientacional apresenta um comportamento transitório em virtude da interação entre as moléculas vizinhas e da agitação térmica do meio. Logo após a aplicação do campo, os dipolos moleculares giram na direção de alinhamento, vencendo a tendência de espalhamento provocada pela agitação térmica e a polarização alcança, após um tempo mais ou menos longo, a condição descrita na Equação (7.10). De modo análogo, a partir do instante de cancelamento do campo elétrico, os dipolos moleculares retornam ao estado de espalhamento aleatório e a polarização tende a zero. Esse processo, denominado de relaxação dielétrica, é descrito pela seguinte relação dinâmica:

$$\frac{d\mathbf{P}_{ori}(t)}{dt} = \frac{\mathbf{P}_{ori}(\infty) - \mathbf{P}_{ori}(t)}{\tau_{ori}} \tag{7.11}$$

onde $\mathbf{P}_{ori}(\infty)$ é o valor em regime permanente obtido conforme indica a Equação (7.10) e τ_{ori} é denominado constante de tempo de relaxação. Esse modelo aplica-se rigorosamente apenas para substâncias puras e homogêneas. No caso de misturas envolvendo diversos tipos moleculares diferentes, o processo de relaxação pode ser descrito de maneira análoga, envolvendo, porém, diversas constantes de tempo diferentes. Para um campo elétrico aplicado com a dependência temporal na forma de degrau, a solução da equação anterior é a seguinte:

$$\mathbf{P}_{ori}(t) = \mathbf{P}_{ori}(\infty)\left(1 - e^{-t/\tau_{ori}}\right) \tag{7.12}$$

7.3 CAMPO MOLECULAR E POLARIZAÇÃO TOTAL

Neste contexto, nos concentraremos em um modelo da polarização total em regime permanente para um campo elétrico aplicado na forma de degrau. A polarização total, considerando os processos descritos anteriormente, pode ser escrita da seguinte forma:

$$\mathbf{P} = \sum_{i=1}^{N} n_i \left(\alpha_{oi} \mathbf{E}_i + \frac{p_{oi}^2}{3K_B T} \mathbf{E}_d \right) \tag{7.13}$$

Note que usamos dois símbolos para o campo elétrico local aplicado na molécula. $\mathbf{E}_i$, geralmente denominado campo interno, é o campo total que inclui o campo aplicado, o campo resultante da polarização do meio e o campo de reação devido ao dipolo molecular. A parcela de $\mathbf{E}_i$ que produz a polarização orientacional é o campo E_d, denominado campo diretor. E_d é diferente de E_i porque o campo de reação de um dipolo permanente é paralelo ao momento de dipolo. Portanto, esta parcela de campo não contribui para a polarização orientacional.

No caso de uma substância apolar, o cálculo do campo interno é simples. Considera-se uma cavidade em torno de uma molécula e um campo macroscópico uniforme. A Figura 7.3a mostra esse modelo. A polarização do meio externo à cavidade resulta em uma distribuição de carga de polarização que produz um campo adicional no interior da cavidade. O cálculo desse campo é análogo ao apresentado no exemplo da Figura 4.6b. Contudo, como estamos tratando de uma cavidade no caso atual, a carga de polarização tem sinal contrário ao exemplo citado. Assim, o campo gerado por essa distribuição de carga na superfície da esfera é dado pelo negativo daquele obtido na Equação (4.31). Então, o campo resultante é o seguinte:

$$E_i = E + \frac{P}{3\varepsilon_o} = \left(\frac{3+\chi_e}{3}\right)E = \left(\frac{2+\varepsilon_r}{3}\right)E \qquad (7.14)$$

onde **E** é o campo macroscópico e usamos a relação válida para meios lineares **P** = $\chi_e \varepsilon_o$**E**. No último termo, ε_r é a constante dielétrica do meio contínuo que envolve a molécula. Assim, para um meio constituído somente de moléculas apolares, substituindo a Equação (7.14) na Equação (7.13) e usando, então, **P** = $(\varepsilon_r - 1)\,\varepsilon_o$**E**, obtemos:

$$(\varepsilon_r - 1)\varepsilon_o E = \sum_{i=1}^{N} n_i \alpha_{oi} \left(\frac{2+\varepsilon_r}{3}\right)E$$

Essa relação pode ser reescrita da seguinte forma, conhecida como equação de Clausius-Mossotti:

$$\frac{\varepsilon_r - 1}{\varepsilon_r + 2} = \frac{1}{3\varepsilon_o}\sum_{i=1}^{N} n_i \alpha_{oi} \qquad (7.15)$$

Essa equação pode ser usada para se obter a polarizabilidade molecular de substâncias puras (constituídas de apenas um tipo de molécula) a partir do valor experimental de sua constante dielétrica.

Para substâncias polares, os cálculos do campo interno e do campo diretor são mais complexos. No modelo que levou à Equação (7.15), considerou-se uma cavidade virtual em torno da molécula com o objetivo de verificar o efeito da polarização do meio no campo interno. Não havia descontinuidade do meio e, por isso, a polarização foi considerada uniforme. Devemos, então, considerar que o momento de dipolo molecular produz uma polarização local adicional no meio, ou seja, vamos analisar em separado os efeitos do campo aplicado e do campo de reação do dipolo molecular. Consideremos inicialmente uma cavidade vazia no interior de um dielétrico colocado em um campo preexistente uniforme. A carga de polarização distorce o campo total externo à cavidade e o campo no interior da cavidade E_c não é dado pela Equação (7.14), mas pode ser obtido da análise realizada no Capítulo 6 e que resultou na equação (6.100), reproduzida a seguir:

$$E_c = \left(\frac{3\varepsilon_r}{2\varepsilon_r + 1}\right)E \tag{7.16}$$

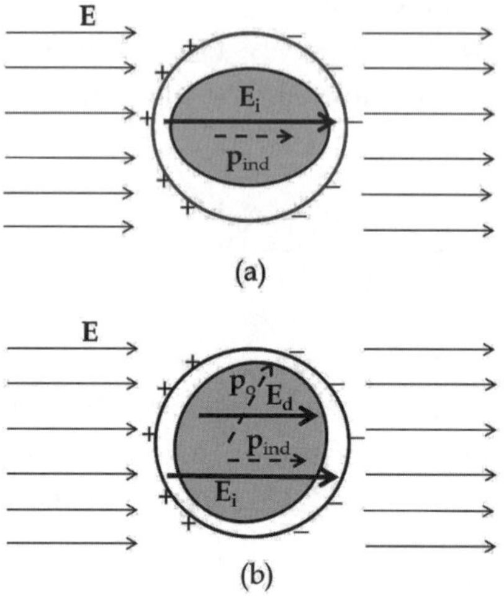

Figura 7.3 Ilustração dos modelos para o cálculo do campo elétrico local: (a) modelo para o campo interno em uma molécula apolar; (b) modelo para o campo interno e o campo diretor para uma molécula polar.

Incluímos, então, a molécula no interior da cavidade, desprezando o seu momento de dipolo permanente, para podermos calcular o campo diretor. Esse campo é o resultado da superposição do campo da cavidade com o campo de reação produzido pelo dipolo induzido na molécula. A Figura 7.3b mostra o modelo físico para esse cálculo. O campo de reação é proporcional ao momento de dipolo da molécula. Podemos escrever isso da seguinte forma:

$$E_d = E_c + k_R \alpha_o E_d \tag{7.17}$$

onde k_R é um fator de proporcionalidade. Para um dipolo elétrico puntiforme no centro de uma cavidade esférica de raio a, sua expressão em função da constante dielétrica do meio é a seguinte (BOTTCHER, 1973):

$$k_R = \frac{(\varepsilon_r - 1)}{2\pi\varepsilon_o a^3(2\varepsilon_r + 1)} \tag{7.18}$$

Ao substituirmos a Equação (7.16) e resolvendo a Equação (7.17), obtemos o campo diretor:

$$E_d = \frac{1}{(1 - k_R \alpha_o)} \left(\frac{3\varepsilon_r}{2\varepsilon_r + 1} \right) E \tag{7.19}$$

Para o cálculo do campo interno, devemos considerar o momento de dipolo molecular permanente promediado na direção do campo elétrico aplicado. O campo de reação E_R, nesse caso, resulta do momento de dipolo total $\mathbf{p} = \langle \mathbf{p} \rangle + \alpha E_R$. Assim, o campo de reação deve atender à seguinte equação: $E_R = k_R(\langle \mathbf{p} \rangle + \alpha E_R)$. Resolvendo para E_R e substituindo $\langle \mathbf{p} \rangle$ na Equação (7.9), obtemos:

$$E_R = \frac{k_R}{(1 - k_R \alpha_o)} \frac{p_o^2}{3K_B T} E_d \tag{7.20}$$

O campo interno é obtido pela soma do campo diretor com o campo de reação. Assim, reunindo as duas últimas equações, obtemos:

$$E_i = \left[1 + \frac{k_R}{(1 - k_R \alpha_o)} \frac{p_o^2}{3K_B T} \right] \frac{1}{(1 - k_R \alpha_o)} \left(\frac{3\varepsilon_r}{2\varepsilon_r + 1} \right) E \tag{7.21}$$

Substituímos, então, E_i e E_d na Equação (7.13) para obter a polarização do meio como função do campo elétrico macroscópico:

$$\mathbf{P} = \sum_{i=1}^{N} n_i \left[\alpha_{oi} + \frac{p_{oi}^2}{3K_B T (1 - k_R \alpha_{oi})} \right] \frac{1}{(1 - k_R \alpha_{oi})} \left(\frac{3\varepsilon_r}{2\varepsilon_r + 1} \right) E \tag{7.22}$$

Como exemplo da utilização desse modelo, consideremos um líquido polar puro. A polarizabilidade molecular pode ser obtida com a equação de Clausius-Mossotti, desde que a frequência do campo aplicado seja muito maior do que a frequência característica da relaxação dipolar ($f_c = 1/2\pi\tau_{ori}$), mas muito menor do que a menor frequência de ressonância da polarização induzida ($f_o = \omega_o/2\pi$). Com essa condição, a constante dielétrica é designada por $\varepsilon_{r\infty}$ e depende apenas da polarização induzida. Temos, então:

$$\alpha_o = \frac{3\varepsilon_o}{N} \left(\frac{\varepsilon_{r\infty} - 1}{\varepsilon_{r\infty} + 2} \right) \tag{7.23}$$

Uma vez que N indica o número de moléculas por unidade de volume, o volume da cavidade esférica que contém a molécula deve atender à seguinte relação: $(4/3)\pi a^3 N = 1$. Usando essa relação para o raio da cavidade na Equação (7.18) e considerando a Equação (7.23), obtemos o seguinte resultado para o termo $(1 - k_R \alpha_o)^{-1}$:

$$\frac{1}{1-k_R\alpha_o}=\frac{(\varepsilon_{r\infty}+2)(2\varepsilon_r+1)}{3(2\varepsilon_r+\varepsilon_{r\infty})}$$

Ao substituirmos as duas equações anteriores e a relação $\mathbf{P} = (\varepsilon_r - 1)\,\varepsilon_o\mathbf{E}$ na Equação (7.22), após uma intensa manipulação algébrica, obtemos o seguinte importante resultado:

$$\frac{N\,p_o^2}{9\varepsilon_o K_B T}=\frac{(\varepsilon_r-\varepsilon_{r\infty})(2\varepsilon_r+\varepsilon_{r\infty})}{\varepsilon_r(\varepsilon_{r\infty}+2)^2} \tag{7.24}$$

Essa é a conhecida equação de Onsager que permite calcular o momento de dipolo elétrico permanente de líquidos puros por meio dos valores da constante dielétrica em baixa frequência (ε_r) e em alta frequência ($\varepsilon_{r\infty}$). As principais limitações desse modelo referem-se às hipóteses de forma esférica para a molécula e existência apenas de interações dipolares entre as moléculas vizinhas. Para compostos associados, nos quais interações moleculares fortes, como pontes de hidrogênio, estão presentes, o modelo descrito pela Equação (7.24) não é adequado.

7.4 POLARIZAÇÃO NO DOMÍNIO DA FREQUÊNCIA

Para obtermos uma descrição geral simples da dispersão dielétrica, consideremos uma substância pura que contenha apenas um modo de vibração eletrônica, um modo de vibração atômica e um modo de relaxação dipolar. Dessa forma, o espectro da polarização elétrica desse material apresenta três bandas de dispersão bem definidas. Tomando-se a transformada de Fourier da polarização no tempo associada a essas contribuições, podemos escrever a polarização no domínio da frequência da seguinte forma:

$$\widehat{P}(\omega)=\widehat{P}_e(\omega)+\widehat{P}_a(\omega)+\widehat{P}_{ori}(\omega)$$

Com a Equação (7.4), podemos escrever as polarizações eletrônica e atômica no domínio da frequência. Para a polarização orientacional, podemos aplicar a transformada de Fourier na Equação (7.11):

$$\widehat{P}_{ori}(\omega)=\frac{P_{ori}(\infty)}{1+j\omega\tau_{ori}} \tag{7.25}$$

Assim, a polarização total é obtida por:

$$\widehat{P}(\omega)=\frac{P_{oe}\omega_{oe}^2}{(\omega_{oe}^2-\omega^2)+j\omega/\tau_{de}}+\frac{P_{oa}\omega_{oa}^2}{(\omega_{oa}^2-\omega^2)+j\omega/\tau_{da}}+\frac{P_{ori}(\infty)}{1+j\omega\tau_{ori}} \tag{7.26}$$

onde assumimos que as amplitudes P_{oe}, P_{oa} e $P_{ori}(\infty)$ são proporcionais à amplitude do campo elétrico aplicado. Assim, podemos substituir $P = \chi_e\varepsilon_o E = (\varepsilon_r - 1)\varepsilon_o E$ em todos os termos anteriores e obtemos:

$$\hat{\varepsilon}_r(\omega) = 1 + \frac{\chi_{oe}\omega_{oe}^2}{\left(\omega_{oe}^2 - \omega^2\right) + j\omega / \tau_{de}} + \frac{\chi_{oa}\omega_{oa}^2}{\left(\omega_{oa}^2 - \omega^2\right) + j\omega / \tau_{da}} + \frac{\chi_{ori}}{1 + j\omega\tau_{ori}} \tag{7.27}$$

A Figura 7.4 apresenta o espectro de dispersão dielétrica considerando-se a separação da constante dielétrica em suas partes real e imaginária:

$$\hat{\varepsilon}_r(\omega) = \varepsilon'(\omega) - j\varepsilon''(\omega) \tag{7.28}$$

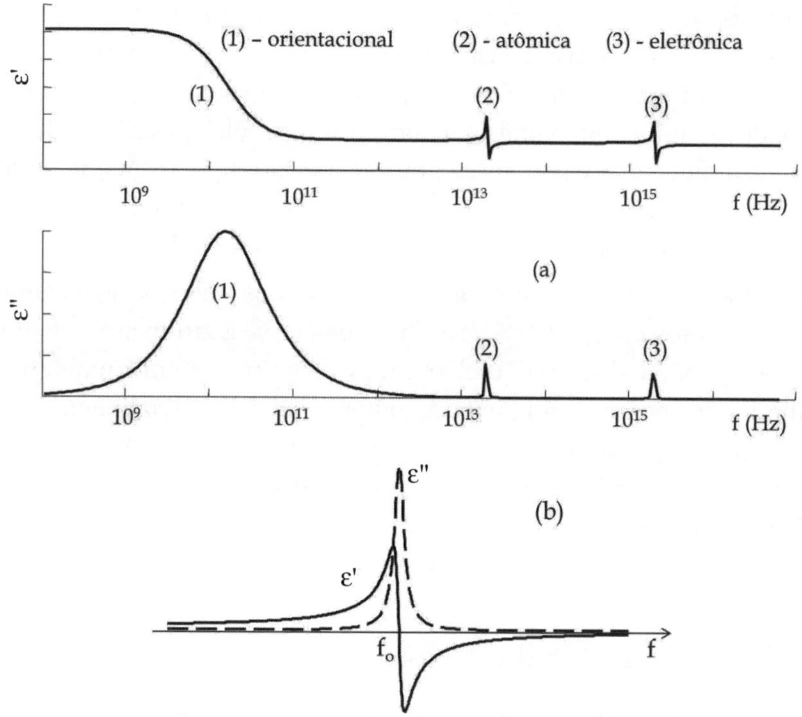

Figura 7.4 (a) Espectro conceitual de dispersão dielétrica de uma substância pura com apenas um modo de vibração eletrônica, vibração atômica e relaxação dipolar. (b) Detalhe da dispersão por ressonância.

Obtemos, assim, as seguintes expressões para as constantes dielétricas real e imaginária:

$$\varepsilon'(\omega) = 1 + \frac{\chi_{oe}\omega_{oe}^2\left(\omega_{oe}^2 - \omega^2\right)}{\left(\omega_{oe}^2 - \omega^2\right)^2 + \omega^2 / \tau_{de}^2} + \frac{\chi_{oa}\omega_{oa}^2\left(\omega_{oa}^2 - \omega^2\right)}{\left(\omega_{oa}^2 - \omega^2\right)^2 + \omega^2 / \tau_{da}^2} + \frac{\chi_{ori}}{1 + \omega^2\tau_{ori}^2} \tag{7.29}$$

$$\varepsilon''(\omega) = \frac{\chi_{oe}\omega_{oe}^2\omega / \tau_{de}}{\left(\omega_{oe}^2 - \omega^2\right)^2 + \left(\omega / \tau_{de}\right)^2} + \frac{\chi_{oa}\omega_{oa}^2\omega / \tau_{da}}{\left(\omega_{oa}^2 - \omega^2\right)^2 + \left(\omega / \tau_{da}\right)^2} + \frac{\chi_{ori}\tau_{ori}\omega}{1 + \omega^2\tau_{ori}^2} \quad (7.30)$$

A dispersão dielétrica em materiais reais apresenta diferenças marcantes em relação ao espectro conceitual mostrado na Figura 7.4. Moléculas poliatômicas apresentam diversos modos de vibração. Quando as frequências de ressonância são próximas, as bandas de dispersão se superpõem parcialmente, produzindo resultados complexos. Em contrapartida, o modelo simples de relaxação dipolar de primeira ordem descrito pela Equação (7.11) é adequado apenas para líquidos polares puros contendo moléculas rígidas (por exemplo, água, etanol, clorofórmio). Casos em que o modelo de primeira ordem não se aplica envolvem misturas de líquidos polares ou diluição de líquidos polares em solventes apolares. Outra situação de exceção são as substâncias contendo moléculas que apresentam rotações internas. Nesses casos, será necessário considerar mais de um tempo de relaxação ou uma distribuição contínua de tempos de relaxação, conforme se discutirá adiante. No estado sólido cristalino em baixas temperaturas, as moléculas não podem se orientar na direção do campo e não apresentam relaxação dipolar. Acima de certa temperatura, contudo, certos cristais polares passam a apresentar grau de liberdade de rotação de suas moléculas e, assim, manifestam relaxação dipolar.

Além dos mecanismos de polarização descritos anteriormente, outros processos relacionados com a existência de cargas móveis no meio podem produzir intensa polarização e dispersão dielétrica, principalmente em baixas frequências. São denominados polarização por carga espacial e são especialmente importantes em materiais heterogêneos e amorfos, nos quais existem muitas interfaces para a acumulação de cargas livres ou vacâncias que atuam como estados localizados para portadores móveis de carga elétrica. A seguir, apresentamos uma descrição simplificada de alguns desses processos.

7.5 POLARIZAÇÃO INTERFACIAL

A polarização interfacial resulta da acumulação de cargas elétricas nas interfaces entre materiais com diferentes condutividades e permissividades. Ocorre em soluções sólidas ou líquidas de partículas ou macromoléculas com condutividade diferente do meio dispersor. Considere o sistema formado pela diluição uniforme de partículas esféricas idênticas em um meio com propriedades dielétricas diferentes das partículas. A Figura 7.5 apresenta uma ilustração desse sistema. Podemos usar o resultado obtido no Capítulo 6 para a distribuição de campo elétrico no exterior de uma esfera com condutividade complexa $\gamma_p = \sigma_p + j\omega\varepsilon_p$, em um meio com condutividade $\gamma_d = \sigma_d + j\omega\varepsilon_d$ sujeito a um campo uniforme preexistente $\mathbf{E}_o$ [Equação (6.97), repetida a seguir]:

$$\hat{E}(r,\theta) = \hat{E}_o + \left(\frac{\gamma_p - \gamma_d}{\gamma_p + 2\gamma_d}\right)\left(\frac{R_p}{r}\right)^3 \hat{E}_o\left(2\cos\theta\,\mathbf{u}_r + \operatorname{sen}\theta\,\mathbf{u}_\theta\right) \tag{7.31}$$

onde R é o raio da esfera. Mostraremos a seguir como relacionar essa expressão com o momento de dipolo elétrico induzido na esfera. A princípio, consideremos a Equação (4.24), que apresenta o potencial elétrico de uma distribuição de cargas. Assumindo que a carga total e os momentos de multipolo são nulos, apenas o momento de dipolo elétrico produz potencial. O campo elétrico associado ao dipolo é, então, calculado por:

$$E = -\nabla V(r) = -\frac{p}{4\pi\varepsilon_o}\nabla\left(\frac{\cos\theta}{r^2}\right) = \frac{p}{4\pi\varepsilon_o r^3}\left(2\cos\theta\,\mathbf{u}_r + \operatorname{sen}\theta\,\mathbf{u}_\theta\right) \tag{7.32}$$

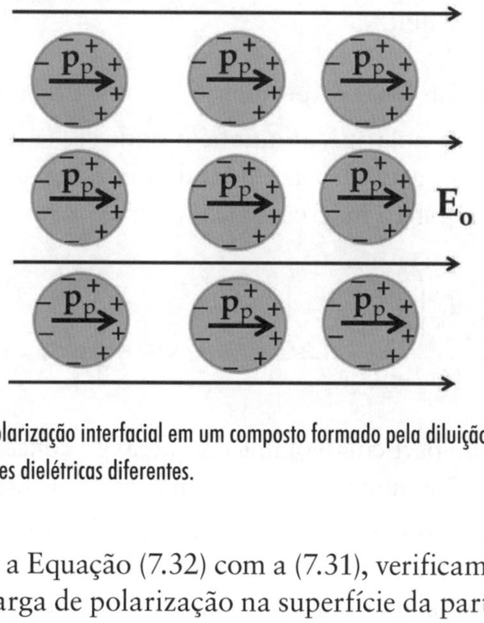

Figura 7.5 Ilustração da polarização interfacial em um composto formado pela diluição de partículas esféricas em um meio contínuo com propriedades dielétricas diferentes.

Ao se comparar a Equação (7.32) com a (7.31), verificamos que a contribuição da carga livre e da carga de polarização na superfície da partícula corresponde ao campo de um dipolo elétrico cujo momento é dado por:

$$\hat{p}_p = 4\pi\varepsilon_o R_p^3\left(\frac{\gamma_p - \gamma_d}{\gamma_p + 2\gamma_d}\right)\hat{E}_o \tag{7.33}$$

Observe que, nesse caso, estamos nos referindo ao momento de dipolo como uma grandeza complexa, pois envolve tanto a carga de polarização como a carga livre na superfície das partículas esféricas, e o processo de acumulação de carga varia no tempo com forma de onda senoidal, por isso podemos usar a representação fasorial das grandezas envolvidas. O sistema disperso de partículas polarizadas produz uma polarização macroscópica que determina o valor médio volumétrico da condutividade complexa do meio. Será necessário usar algum processo de promediação para se obter a polarização macroscópica e, com isso, a condutividade e a permissividade do sistema composto.

Maxwell propôs um método que facilita o processo de promediação. Se o sistema for observado de uma grande distância, não será significativamente diferente distribuir as partículas uniformemente em volumes esféricos arbitrários que contenham um grande número de partículas. Assim, a polarização desses volumes pode ser calculada usando-se novamente o momento de dipolo elétrico descrito na Equação (7.33), apenas substituindo o raio da partícula pelo raio da esfera macroscópica R_m e a condutividade complexa pelo valor promediado dentro da esfera $\gamma_m = \sigma_m + j\omega\varepsilon_m$. A polarização no volume da esfera é, então, dada por:

$$\hat{\mathbf{P}}_m = \hat{\mathbf{P}}_o + \frac{4\pi\varepsilon_o R_m^3 \left(\dfrac{\gamma_m - \gamma_d}{\gamma_m + 2\gamma_d} \right) \hat{\mathbf{E}}_o}{(4/3)\pi R_m^3} = \hat{\mathbf{P}}_o + 3\varepsilon_o \left(\frac{\gamma_m - \gamma_d}{\gamma_m + 2\gamma_d} \right) \hat{\mathbf{E}}_o \tag{7.34}$$

onde $\mathbf{P}_o$ é a polarização do meio dispersor.

Em contrapartida, a polarização também pode ser calculada pela soma dos momentos de dipolo das partículas na esfera dividida por seu volume. Se existem N_p partículas dentro da esfera macroscópica, temos:

$$\hat{\mathbf{P}}_m = \hat{\mathbf{P}}_o + \frac{N_p 4\pi\varepsilon_o R_p^3 \left(\dfrac{\gamma_p - \gamma_d}{\gamma_p + 2\gamma_d} \right) \hat{\mathbf{E}}_o}{(4/3)\pi R_m^3} = \hat{\mathbf{P}}_o + 3c\varepsilon_o \left(\frac{\gamma_p - \gamma_d}{\gamma_p + 2\gamma_d} \right) \hat{\mathbf{E}}_o \tag{7.35}$$

onde $c = N_p \times$ (volume da partícula/volume da esfera) é a concentração de partículas em vol/vol, geralmente denominada fração volumétrica do sistema composto.

Observe que, nas duas expressões anteriores, usamos o mesmo valor de campo macroscópico, o que é formalmente incorreto, uma vez que o campo local nas partículas é diferente do campo macroscópico no volume da esfera. Contudo, na hipótese de Maxwell, se o composto for bastante diluído, a diferença entre o campo macroscópico e o campo local é pequena o suficiente para ser desprezada. Nesse caso, podemos comparar diretamente a Equação (7.34) com a (7.35) para obtermos a seguinte relação entre a condutividade complexa promediada do composto e as condutividades complexas da partícula e do meio dispersor:

$$\frac{\gamma_m - \gamma_d}{\gamma_m + 2\gamma_d} = c\,\frac{\gamma_p - \gamma_d}{\gamma_p + 2\gamma_d} \tag{7.36}$$

Essa equação é conhecida como modelo Maxwell-Wagner. Ao resolvermos a Equação (7.36), obtemos a condutividade complexa do meio na seguinte forma:

$$\gamma_m = \gamma_d \frac{2(1-c)\gamma_d + (1+2c)\gamma_p}{(2+c)\gamma_d + (1-c)\gamma_p} \tag{7.37}$$

Para obtermos a condutividade e a constante dielétrica do composto, devemos substituir $\gamma_p = \sigma_p + j\omega\varepsilon_p$ e $\gamma_d = \sigma_d + j\omega\varepsilon_d$ na Equação (7.37) e separar as partes real e imaginária do resultado. O tratamento algébrico é bastante envolvente e será evitado neste contexto. Os resultados podem ser obtidos na literatura e levam a uma dispersão de primeira ordem, também conhecida por dispersão de Debye. As expressões gerais da condutividade e da permissividade são:

$$\sigma_m = \sigma_s + \frac{(\sigma_\infty - \sigma_s)\omega^2\tau_{int}^2}{1+\omega^2\tau_{int}^2} \tag{7.38}$$

$$\varepsilon_m = \varepsilon_\infty + \frac{(\varepsilon_s - \varepsilon_\infty)}{1+\omega^2\tau_{int}^2} \tag{7.39}$$

onde σ_s (ε_s) e σ_∞ (ε_∞) são as condutividades (permissividades) em baixa e alta frequência, respectivamente, e τ_{int} é a constante de tempo ou tempo de relaxação para a polarização interfacial. Segundo Foster e Schwan (1995), as seguintes expressões são obtidas a partir da Equação (7.37):

$$\sigma_\infty - \sigma_s = \frac{9c(1-c)(\sigma_d\varepsilon_p - \sigma_p\varepsilon_d)^2}{\left[2\sigma_d + \sigma_p + c(\sigma_d - \sigma_p)\right]\left[2\varepsilon_d + \varepsilon_p + c(\varepsilon_d - \varepsilon_p)\right]^2} \tag{7.40}$$

$$\varepsilon_s - \varepsilon_\infty = \frac{9c(1-c)(\sigma_p\varepsilon_d - \sigma_d\varepsilon_p)^2}{\left[2\sigma_d + \sigma_p + c(\sigma_d - \sigma_p)\right]^2\left[2\varepsilon_d + \varepsilon_p + c(\varepsilon_d - \varepsilon_p)\right]} \tag{7.41}$$

$$\tau_{int} = \varepsilon_o \frac{2\varepsilon_d + \varepsilon_p + c(\varepsilon_d - \varepsilon_p)}{2\sigma_d + \sigma_p + c(\sigma_d - \sigma_p)} \tag{7.42}$$

$$\sigma_s = \sigma_d \frac{2\sigma_d + \sigma_p - 2c(\sigma_d - \sigma_p)}{2\sigma_d + \sigma_p + c(\sigma_d - \sigma_p)} \tag{7.43}$$

$$\varepsilon_\infty = \varepsilon_d \frac{2\varepsilon_d + \varepsilon_p - 2c(\varepsilon_d - \varepsilon_p)}{2\varepsilon_d + \varepsilon_p + c(\varepsilon_d - \varepsilon_p)} \tag{7.44}$$

7.6 POLARIZAÇÃO DE DUPLA CAMADA IÔNICA

A dupla camada elétrica é uma região de carga espacial que se forma na interface entre uma superfície eletricamente carregada e uma nuvem de cargas livres. As cargas superficiais podem ser geradas por ionização de átomos da superfície, dissociação de grupos moleculares ou adsorção de íons do meio condutor. A força eletrostática de interação com a carga superficial atrai íons de sinal contrário e repele íons de mesmo sinal nas proximidades da interface. A Figura 7.6 mostra um esquema unidimensional de dupla camada para uma interface com uma solução iônica aquosa. Nesse caso, os íons estão cobertos com uma camada de moléculas de água em função da força de atração íon-dipolo. O modelo unidimensional Gouy-Chapman foi proposto no início do século XX com base na solução da equação de Poisson com uma distribuição de carga que, em equilíbrio termodinâmico, satisfaz à lei de Boltzmann. Para um eletrólito simétrico contendo n íons por unidade de volume e com carga ±Ze, a densidade de carga na dupla camada pode ser calculada por:

$$\rho_v^{\pm}(x) = \pm Zne\exp\left(\mp\frac{ZeV(x)}{K_BT}\right) \qquad (7.45)$$

Com esse resultado na equação de Poisson, obtemos:

$$\frac{d^2V(x)}{dx^2} = -\frac{\rho_v^+(x)+\rho_v^-(x)}{\varepsilon_r\varepsilon_o} = \frac{2neZ}{\varepsilon_r\varepsilon_o}\operatorname{senh}\left(\frac{ZeV(x)}{K_BT}\right) \qquad (7.46)$$

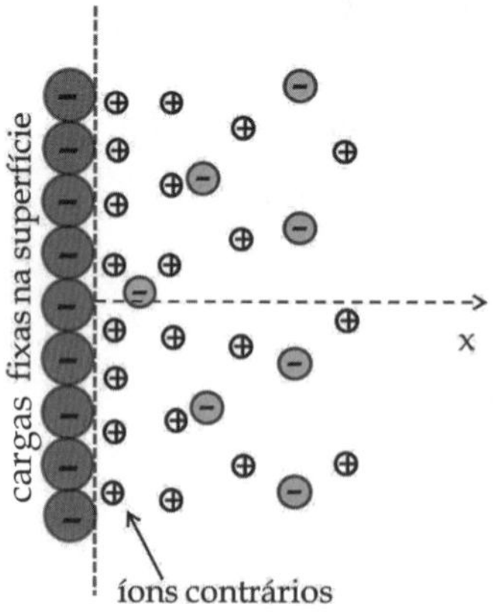

Figura 7.6 Ilustração do modelo unidimensional de dupla camada iônica em uma interface.

Essa equação tem uma solução complexa que não será considerada neste contexto. Apenas como ilustração, obtemos uma solução aproximada quando $V(x) \ll K_BT/Ze$. Nesse caso, a Equação (7.46) admite como solução a função exponencial:

$$V(x) = V_o\exp(-x/L_D) \qquad (7.47)$$

onde V_o é o potencial elétrico na interface em relação ao eletrólito neutro e L_D é denominado comprimento de Debye:

$$L_D = \sqrt{\frac{\varepsilon_r \varepsilon_o K_B T}{2ne^2 Z^2}} \tag{7.48}$$

Na superfície de partículas dielétricas suspensas em eletrólitos, a dupla camada que se forma tem distribuições de potencial e carga elétrica semelhantes ao que foi descrito na análise anterior (Figura 7.7). Na presença de campo elétrico aplicado, a nuvem de íons contrários na dupla camada sofre deformação por causa dos fluxos de condução e difusão na superfície da partícula. Podemos descrever esse transporte de carga pela seguinte equação para a densidade linear de corrente **k** tangencial à superfície em virtude dos íons de sinal contrário que são majoritários na parte difusa da dupla camada:

$$\mathbf{k} = -\left(\frac{en_s\mu}{R}\frac{\partial V_s}{\partial \theta} + \frac{\mu K_B T}{R}\frac{\partial n_s}{\partial \theta} \right)\mathbf{u}_\theta \tag{7.49}$$

onde R é o raio da partícula, n_s é a densidade superficial de íons contrários e o coeficiente de difusão foi substituído usando-se a relação de Einstein $\mu/D = e/K_BT$.

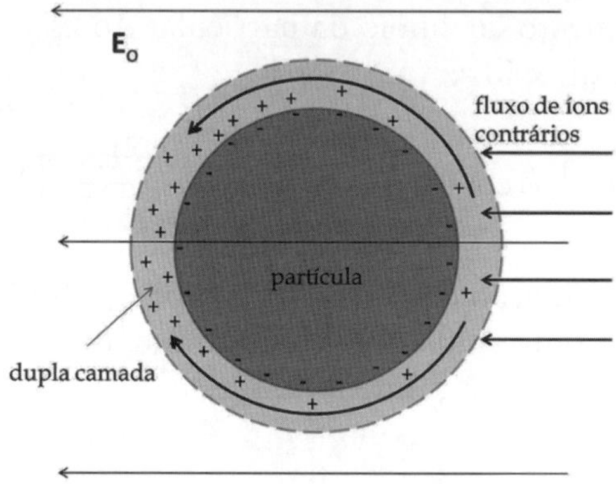

Figura 7.7 Ilustração do fluxo iônico e da polarização da dupla camada na superfície de uma partícula.

Ao utilizarmos a equação da continuidade da seguinte forma:

$$\nabla \cdot \mathbf{k} = -e\frac{\partial n_s}{\partial t} \tag{7.50}$$

Obtemos a seguinte equação diferencial relacionando a densidade de íons contrários e o potencial na superfície da partícula:

$$\frac{\partial n_s}{\partial t} = \frac{\mu K_B T}{e R^2 \,\text{sen}\theta} \frac{\partial}{\partial \theta}\left(\frac{e}{K_B T} n_s \,\text{sen}\theta \frac{\partial V_s}{\partial \theta} + \text{sen}\theta \frac{\partial n_s}{\partial \theta} \right) \tag{7.51}$$

Schwarz (1962) propôs uma solução para essa equação. A princípio, resolveu a equação de Laplace para o potencial elétrico dentro e fora da partícula esférica por métodos tradicionais (expansão em série de Legendre). Assumindo que o comprimento de Debye é muito pequeno comparado ao raio da partícula, o potencial na superfície V_s foi obtido da solução para o potencial fora da dupla camada fazendo $r \to R$. Além disso, assumiu que o campo elétrico superficial produz apenas uma pequena perturbação na densidade iônica na nuvem de íons contrários, de modo que $n_s \approx n_o$ no primeiro termo do segundo membro na Equação (7.51). Com isso, usando a técnica fasorial com campo aplicado senoidal, obteve a seguinte relação entre a variação na densidade superficial de íons contrários e o potencial de superfície:

$$\Delta\hat{n}_s(\theta) = -\frac{1}{1 + j\omega\tau_{dif}} \frac{e n_o}{K_B T} \hat{V}_s(\theta) \tag{7.52}$$

onde τ_{dif} é o tempo de relaxação para a difusão iônica na dupla camada:

$$\tau_{dif} = \frac{e R^2}{2\mu K_B T} \tag{7.53}$$

Usando a distribuição de excesso de íons contrários da Equação (7.52), podemos calcular o momento de dipolo da partícula. Ao assumirmos que o campo elétrico é aplicado na direção z:

$$\hat{\mathbf{p}}_p = \int_0^{\pi} \left[e\,\Delta\hat{n}_s(\theta)\,dS \right]\left(R\cos\theta\,\mathbf{u}_z\right) = -\frac{1}{1 + j\omega\tau_{dif}} \frac{e^2 R n_o}{K_B T} \int_0^{\pi} \hat{V}_s(\theta)\cos\theta\,dS\;\mathbf{u}_z \tag{7.54}$$

De acordo com a solução da equação de Laplace obtida no Capítulo 6 para um objeto esférico em um campo elétrico uniforme, o potencial na superfície da partícula pode ser escrito da seguinte forma:

$$\hat{V}_s(\theta) = -\frac{3\gamma_d}{\gamma_p + 2\gamma_d} R\hat{E}_o \cos\theta$$

Substituindo na Equação (7.54) e integrando com elementos de área $dS = 2\pi R^2 \text{sen}\theta d\theta$, obtemos:

$$\begin{aligned} \hat{\mathbf{p}}_p &= \frac{1}{1 + j\omega\tau_{dif}} \frac{e^2 R n_o}{K_B T} \frac{3\gamma_d}{\gamma_p + 2\gamma_d} \hat{E}_o 2\pi R^3 \int_0^{\pi} \cos^2\theta \,\text{sen}\theta d\theta \;\mathbf{u}_z = \\ &= \frac{1}{1 + j\omega\tau_{dif}} \frac{e^2 R n_o}{K_B T} \frac{3\gamma_d}{\gamma_p + 2\gamma_d} \hat{E}_o \frac{4\pi R^3}{3} \mathbf{u}_z \end{aligned} \tag{7.55}$$

A polarização da partícula pode ser calculada por $\mathbf{P}_p = \mathbf{p}_p/(4\pi R^3/3)$ e a variação da susceptibilidade elétrica da partícula é obtida por $\Delta\chi_p = P_p/\varepsilon_o E_o$. Desse modo, a polarização em função da difusão iônica na dupla camada aumenta a constante dielétrica da partícula segundo a equação:

$$\Delta\hat{\varepsilon}_p = \frac{e^2 R n_o}{\varepsilon_o K_B T}\frac{3\gamma_d}{\gamma_p + 2\gamma_d}\frac{1}{1 + j\omega\tau_{dif}} \tag{7.56}$$

Para o caso de uma partícula dielétrica em um meio condutor, é válido assumir, em geral, que $\gamma_d >> \gamma_p$, o que resulta em:

$$\Delta\hat{\varepsilon}_p = \frac{3e^2 R n_o}{2\varepsilon_o K_B T}\frac{1}{1 + j\omega\tau_{dif}} \tag{7.57}$$

A dispersão dielétrica macroscópica no meio pode ser obtida substituindo-se $\gamma_p \rightarrow \gamma_p + j\omega\varepsilon_o\Delta\varepsilon_p$ no modelo Maxwell-Wagner e calculando-se a variação da constante dielétrica do meio. O resultado modificado a partir daquele obtido por Schwarz (1962) é mostrado na seguinte equação:

$$\Delta\hat{\varepsilon}_r = \frac{9c}{4(1 + c/2)^2}\frac{3e^2 R n_o}{2\varepsilon_o K_B T}\frac{1}{1 + j\omega\tau_{dif}} \tag{7.58}$$

Concluímos que a contribuição da difusão iônica na dupla camada se manifesta como uma dispersão dielétrica de primeira ordem no meio. Como exemplo, consideremos partículas isolantes com diâmetro de 10 μm dispersas e com concentração c = 10% em volume, em um eletrólito com densidade superficial de íons contrários de 10^{17} m^{-2} e mobilidade de 5×10^{-8} $m^2V^{-1}s^{-1}$ a 300 K. A amplitude da dispersão obtida com a Equação (7.58) é aproximadamente de 10^5 com frequência de corte $f_c = 1/2\pi\tau_{dif} \approx 16$ Hz. Portanto, a polarização em dupla camada iônica contribui fortemente para a dispersão dielétrica em baixas frequências.

7.7 POLARIZAÇÃO POR SALTOS

O transporte de carga elétrica em baixas frequências em dielétricos ou semicondutores amorfos é determinado em grande parte pela existência de estados eletrônicos localizados ou vacâncias na estrutura atômica. Nesses sítios, o potencial elétrico da rede atômica possui posições de mínima energia que tendem a capturar e manter partículas carregadas por intervalos finitos de tempo. Na presença de campo elétrico aplicado e estimuladas pela agitação térmica, as partículas carregadas capturadas nos estados localizados podem realizar saltos para sítios vizinhos, o que contribui para a condução e a polarização elétrica no meio. Em virtude do processo de polarização por saltos, postula-se que, em sólidos amorfos (ou mesmo cristais iônicos), a dispersão dielétrica em baixas frequências é caracterizada pela relaxação com constante de tempo dependente da temperatura de acordo com a seguinte relação geral (MOTT; DAVIS, 1979):

$$\tau_h = \tau_o \, e^{2\alpha d} \, e^{E_a/K_B T} \tag{7.59}$$

onde d é a distância entre sítios vizinhos, α é o fator de decaimento da função de onda da partícula na forma exp(-αr) e E_a é a energia de ativação para o processo de salto.

Uma vez que a distância d e a energia E_a podem variar randomicamente para uma estrutura atômica desordenada, o processo de salto afeta macroscopicamente a condução e a polarização com uma distribuição de tempos de relaxação e, com isso, a dispersão dielétrica é diferente de uma dispersão de Debye. De fato, como diversos trabalhos experimentais mostraram, a condutividade em baixas e médias frequências (≤ 1 GHz) em dielétricos amorfos aumenta com uma potência fracionária da frequência:

$$\sigma = \sigma_{dc} + A\,\omega^n \tag{7.60}$$

onde σ_{dc} é a condutividade em frequência zero e o expoente n tem valor menor do que a unidade. Tanto σ_{dc} como o coeficiente A dependem exponencialmente da temperatura segundo a equação: $\exp(-C/T^{1/4})$, na qual C é uma constante (MOTT; DAVIS, 1979).

7.8 POLARIZAÇÃO DE ELETRODO

Eletrodos metálicos são usados, em geral, para aplicar ou medir diferenças de potencial elétrico em dispositivos eletrônicos e eletrólitos, bem como na medição das características elétricas de materiais. Na interface entre um eletrodo metálico e outro material, seja dielétrico, condutor iônico ou eletrônico, forma-se uma região de carga espacial com acumulação de cargas de sinais contrários em lados opostos da interface e uma barreira de potencial elétrico entre os dois materiais. As distribuições de carga espacial e potencial elétrico dependem de características dos materiais envolvidos, como estrutura de bandas de energia no caso de interfaces entre sólidos, potencial eletroquímico no caso de interfaces entre metal e eletrólito, densidade iônica ou eletrônica nesses materiais etc.

A variação da carga total acumulada em cada lado da interface em função de uma modificação do potencial elétrico aplicado determina um efeito capacitivo na interface. Adicionalmente, uma corrente de condução pode atravessar a dupla camada em virtude do movimento de elétrons ou íons que são injetados de um lado a outro da interface e conduzidos pelo campo elétrico existente no meio. Em células eletrolíticas, a corrente eletrônica nos eletrodos metálicos é convertida em corrente iônica no eletrólito por meio de reações de oxidação e redução nas interfaces metal-eletrólito.

Uma interface pode ser modelada como uma resistência por causa da transferência de carga em paralelo com uma capacitância da dupla camada. Contudo, a impedância da dupla camada apresenta um comportamento atípico que apenas empiricamente foi modelado até o momento. A equação a seguir é um dos modelos usados na caracterização da admitância de polarização (Y_i) de interfaces entre metais e eletrólitos (SCHWAN, 1992; MCADAMS et al., 1995):

$$Y_i = \frac{1}{R_i} + \frac{1}{Z_{CPE}} = \frac{1}{R_i} + \frac{1}{K(j\omega)^{-\beta}} \tag{7.61}$$

onde R_i é a resistência de transferência de carga e Z_{CPE} (CPE = *constant phase element*) é um modelo para um elemento cuja impedância apresenta ângulo polar independente da frequência com valor $-\beta\pi/2$, sendo β um valor positivo geralmente menor do que a unidade. K é uma constante. De acordo com esse modelo, a impedância da interface aumenta com a diminuição da frequência até um valor limite determinado por R_i. Esse fato é confirmado experimentalmente (MCADAMS et al., 1995).

7.9 DISPERSÃO E RESPOSTA NO TEMPO

Com o objetivo de descrever a dinâmica do processo de polarização em um meio linear com dispersão dielétrica arbitrária, consideremos inicialmente a resposta ao degrau:

$$E(t) = E_o u(t - t') \tag{7.62}$$

A variação temporal da polarização pode ser escrita da seguinte forma:

$$\begin{aligned} &\mathbf{P}(t < t') = 0 \\ &\mathbf{P}(t \geq t') = \chi_e \varepsilon_o E_o \left[1 - D_p(t - t')\right] \end{aligned} \tag{7.63}$$

onde χ_e é a susceptibilidade elétrica e D_p é a função de resposta ao degrau para a polarização do meio considerado. Note que, nesse caso, a susceptibilidade elétrica relaciona a polarização final $\mathbf{P}(\infty)$ com o campo elétrico aplicado: $\chi_e = \mathbf{P}(\infty)/\varepsilon_o E_o$. Além disso, devemos ter: $D_p(0) = 1$ e $D_p(\infty) = 0$. Se o campo elétrico varia no tempo de outra forma que não seja a função degrau, podemos descrevê-lo a partir de uma sequência de pulsos de largura infinitesimal com t' variável:

$$E(t = t') = \lim_{\Delta t \to 0} E(t')\left[u(t - t' + \Delta t) - u(t - t')\right] \tag{7.64}$$

Para cada pulso, a resposta da polarização pode ser obtida de maneira análoga à Equação (7.63) (BOTTCHER; BORDEWIJK, 1978):

$$d\mathbf{P} = \lim_{\Delta t \to 0} \chi_e \varepsilon_o E(t')\left[-D_p(t - t' + \Delta t) + D_p(t - t')\right] = -\chi_e \varepsilon_o E(t') \frac{\partial D_p(t - t')}{\partial t} dt' \tag{7.65}$$

Assim, a polarização pode ser calculada pela integração da Equação (7.65):

$$\mathbf{P}(t) = \chi_e \varepsilon_o \int_{-\infty}^{t} \mathbf{E}(t')\, f_p(t - t')dt' \tag{7.66}$$

onde a função de resposta ao pulso é obtida da função de resposta ao degrau pela seguinte relação:

$$f_p(t - t') = -\frac{\partial D_p(t - t')}{\partial t} \tag{7.67}$$

A Equação (7.66) pode ser usada para se obter a resposta no tempo da polarização elétrica de acordo com a forma de onda do campo aplicado. Também podemos usar essa equação para obter a dispersão dielétrica, conhecendo-se a função de resposta ao pulso. Ao calcularmos a transformada de Fourier em ambos os lados da Equação (7.66), obtemos:

$$\widehat{\mathbf{P}}(\omega) = \chi_e \varepsilon_o \widehat{\mathbf{E}}(\omega)\, F_p(\omega) \tag{7.68}$$

onde $F_p(\omega)$ é a transformada de Fourier de $f_p(t)$ e satisfaz às seguintes condições: $F_p(0) = 1$ e $F_p(\infty) = 0$. A susceptibilidade complexa e a constante dielétrica complexa do meio são obtidas a partir desse resultado por:

$$\widehat{\chi}_e(\omega) = \frac{\widehat{\mathbf{P}}(\omega)}{\varepsilon_o \widehat{\mathbf{E}}(\omega)} = \chi_e\, F_p(\omega) \tag{7.69}$$

$$\widehat{\varepsilon}_r(\omega) = 1 + \widehat{\chi}_e(\omega) = 1 + (\varepsilon_r - 1)\, F_p(\omega) \tag{7.70}$$

Uma aproximação muito útil baseia-se na grande diferença de velocidade de resposta no tempo da polarização induzida (eletrônica e atômica) em relação à polarização orientacional e por carga espacial. Quando o campo elétrico é aplicado, a polarização induzida responde rapidamente em menos de 10^{-12} s. Enquanto isso, as demais formas de polarização estão apenas iniciando a resposta ao campo aplicado. Com isso, na modelagem da polarização que responde lentamente, é possível considerar a resposta rápida como sendo instantânea. Nesse caso, podemos modificar a Equação (7.68) considerando que o efeito da função $F_p(\omega)$ produz apenas uma variação na polarização do meio em relação à polarização induzida:

$$\widehat{\mathbf{P}}(\omega) = \widehat{\mathbf{P}}_{ind}(\omega) + (\chi_s - \chi_\infty)\, \varepsilon_o \widehat{\mathbf{E}}(\omega)\, F_p(\omega) \tag{7.71}$$

onde $\chi_\infty = \mathbf{P}_{ind}(\omega)/\varepsilon_o \mathbf{E}(\omega)$ é a susceptibilidade elétrica em altas frequências em virtude da polarização induzida e χ_s é a susceptibilidade em frequência zero que leva em conta todas as contribuições para a polarização do meio. $(\chi_s - \chi_\infty)$ é a susceptibilidade associada aos processos lentos de polarização. Nesse caso, a função $F_p(\omega)$ descreve apenas esses processos lentos. Fazendo as substituições adequadas na Equação (7.71), obtemos a constante dielétrica complexa do meio:

$$\hat{\varepsilon}_r(\omega) = \varepsilon_{r\infty} + \left(\varepsilon_{rs} - \varepsilon_{r\infty}\right) F_p(\omega) \tag{7.72}$$

onde as constantes dielétricas ε_{rs} e $\varepsilon_{r\infty}$ estão relacionadas com as susceptibilidades χ_s e χ_∞, respectivamente.

Consideremos, então, o caso mais simples de um processo de relaxação de primeira ordem ou relaxação de Debye. No caso da relaxação dipolar, podemos resolver a equação a seguir para obtermos a polarização no domínio do tempo.

$$\frac{d\mathbf{P}(t)}{dt} = \frac{\mathbf{P}(\infty) - \mathbf{P}(t)}{\tau} \tag{7.73}$$

Substituindo $\mathbf{P}(\infty) = \chi_e \varepsilon_o \mathbf{E}(t)$, podemos reescrever essa equação de forma adequada à integração:

$$\frac{d}{dt}\left[\mathbf{P}(t)e^{t/\tau}\right] = \chi_e \varepsilon_o \mathbf{E}(t)\frac{e^{t/\tau}}{\tau} \tag{7.74}$$

Integrando no intervalo de tempo $(-\infty, t)$, obtemos:

$$\mathbf{P}(t) = \chi_e \varepsilon_o \int_{-\infty}^{t} \mathbf{E}(t')\frac{e^{-(t-t')/\tau}}{\tau} dt' \tag{7.75}$$

Ao compararmos essa equação com a Equação (7.66), verificamos que a resposta ao pulso no processo de relaxação de primeira ordem é dada por:

$$f_p(t) = \frac{e^{-t/\tau}}{\tau} \tag{7.76}$$

Consequentemente, a dispersão dielétrica na relaxação de primeira ordem é determinada pelo seguinte tipo de função da frequência:

$$F_p(\omega) = \int_{-\infty}^{\infty} f_p(t)\, e^{-j\omega t} dt = \frac{1}{1 + j\omega\tau} \tag{7.77}$$

onde a integração leva em conta o fato de o campo ser aplicado a partir de $t \geq 0$.

Esse resultado na Equação (7.72) nos permite obter a seguinte expressão para a dependência da constante dielétrica complexa com a frequência:

$$\hat{\varepsilon}_r(\omega) = \varepsilon_{r\infty} + \frac{\left(\varepsilon_{rs} - \varepsilon_{r\infty}\right)}{1 + j\omega\tau} \tag{7.78}$$

E suas partes real e imaginária são obtidas por:

$$\varepsilon'(\omega) = \varepsilon_{r\infty} + \frac{(\varepsilon_{rs} - \varepsilon_{r\infty})}{1 + \omega^2\tau^2} \tag{7.79}$$

$$\varepsilon''(\omega) = \frac{(\varepsilon_{rs} - \varepsilon_{r\infty})\omega\tau}{1 + \omega^2\tau^2} \tag{7.80}$$

A parte imaginária da constante dielétrica complexa está relacionada com a condutividade do meio. A densidade de corrente elétrica é obtida pela soma de dois termos: condução e deslocamento.

$$\hat{j} = \sigma_s\hat{E} + j\omega(\varepsilon' - j\varepsilon'')\varepsilon_o\hat{E} = (\sigma_s + \omega\varepsilon''\varepsilon_o)\hat{E} + j\omega\varepsilon'\varepsilon_o\hat{E} \tag{7.81}$$

onde σ_s é a condutividade estática. Então, a dispersão dielétrica adiciona um termo dependente da frequência na condutividade:

$$\sigma(\omega) = \sigma_s + \frac{(\varepsilon_{rs} - \varepsilon_{r\infty})\varepsilon_o\omega^2\tau}{1 + \omega^2\tau^2} \tag{7.82}$$

Ao compararmos a Equação (7.38) com a Equação (7.82), observamos que as amplitudes de dispersão da condutividade e da constante dielétrica na dispersão de Debye estão relacionadas:

$$(\sigma_\infty - \sigma_s)\tau = (\varepsilon_{rs} - \varepsilon_{r\infty})\varepsilon_o \tag{7.83}$$

Observamos também que, em baixas frequências, nas quais $\omega\tau << 1$, a condutividade apresenta um aumento quadrático com a frequência:

$$\sigma \approx \sigma_s + (\varepsilon_{rs} - \varepsilon_{r\infty})\varepsilon_o\tau\ \omega^2 \tag{7.84}$$

Sendo diferente da dispersão na polarização por saltos, uma vez que, segundo a Equação (7.60), a condutividade aumenta com uma potência fracionária da frequência menor do que a unidade.

7.10 RELAÇÕES DE KRAMERS-KRONIG

As partes real e imaginária da constante dielétrica não são independentes e as relações podem ser obtidas por meio da fórmula da integral de Cauchy. Para qualquer função analítica da variável complexa g(z), a integral de linha em um caminho fechado arbitrário no plano complexo em torno do ponto z_o tem o seguinte resultado:

$$\oint_C \frac{g(z)\,dz}{z - z_o} = j2\pi g(z_o) \tag{7.85}$$

Assumindo que a variável é a frequência complexa $z = \omega + j\alpha$; que o ponto z_o está situado no eixo real, ou seja, $z_o = \omega_o$; que a integração é feita em um caminho que envolve todo o semiplano inferior incluindo o eixo real ($\alpha \leq 0$); e que $g(z \to \infty) = 0$, a integral de Cauchy resulta em:

$$g(\omega_o) = \frac{j}{\pi}\int_{-\infty}^{\infty} \frac{g(\omega)}{\omega - \omega_o} d\omega \tag{7.86}$$

Para obter esse resultado, foi necessário contornar a singularidade no integrando com um semicírculo de raio infinitesimal centrado em ω_o. Desse modo, a integral na equação anterior deve evitar os pontos singulares do integrando, aproximando-se deles infinitesimalmente. Por essa razão, essa integral é denominada de valor principal da integral de Cauchy. Se usarmos a seguinte função complexa:

$$g(\omega) = \hat{\varepsilon}_r(\omega) - \varepsilon_{r\infty}$$

A fórmula (7.86) resulta em:

$$\hat{\varepsilon}_r(\omega_o) = \varepsilon_{r\infty} + \frac{j}{\pi}\int_{-\infty}^{\infty} \frac{\hat{\varepsilon}_r(\omega) - \varepsilon_{r\infty}}{\omega - \omega_o} d\omega = \varepsilon_{r\infty} + \frac{j}{\pi}\int_{-\infty}^{\infty} \frac{\hat{\varepsilon}_r(\omega)}{\omega - \omega_o} d\omega \tag{7.87}$$

onde se considerou que:

$$\int_{-\infty}^{\infty} \frac{d\omega}{\omega - \omega_o} = 0$$

Separando as partes real e imaginária da constante dielétrica complexa na Equação (7.87), obtemos as equações conhecidas como relações de Kramers-Kronig:

$$\varepsilon'(\omega_o) = \varepsilon_{r\infty} + \frac{2}{\pi}\int_{0}^{\infty} \frac{\omega\varepsilon''(\omega)}{\omega^2 - \omega_o^2} d\omega \tag{7.88}$$

$$\varepsilon''(\omega_o) = \frac{2}{\pi}\omega_o\int_{0}^{\infty} \frac{\varepsilon'(\omega)}{\omega^2 - \omega_o^2} d\omega \tag{7.89}$$

onde foi usado o fato de ε' ser uma função par e ε'' uma função ímpar de ω (uma vez que a constante dielétrica relaciona duas grandezas reais, o campo elétrico e a indução elétrica). As relações de Kramers-Kronig permitem que se calcule $\varepsilon'(\omega)$ quando $\varepsilon''(\omega)$ é conhecida e vice-versa.

Se um material apresenta perdas dielétricas significativas em bandas de dispersão bem definidas, a Equação (7.88) permite estimar de maneira simples a constante dielétrica real em baixas frequências a partir de integrações nessas bandas. Mostra-se facilmente, por meio dessa equação, que, para frequências bem abaixo de uma determinada banda de dispersão de largura $\Delta\omega$, a contribuição para a constante dielétrica é dada por:

$$\Delta\varepsilon' = \frac{2}{\pi}\int_{\Delta\omega} \varepsilon''(\omega)\, d(\ln\omega) \tag{7.90}$$

7.11 MODELOS EMPÍRICOS DE DISPERSÃO DIELÉTRICA

O modelo de relaxação dielétrica com uma única constante de tempo é, em geral, inadequado para descrever o comportamento de grande parte dos materiais. Uma das razões para isso é a existência de diversos processos de relaxação que atuam simultaneamente (relaxação dipolar, polarização interfacial, polarização por saltos), e cada processo contribui para a dispersão dielétrica de uma maneira particular. Outra razão é a heterogeneidade estrutural dos materiais. Por exemplo, se a composição ou a estrutura molecular de um material muda em seu volume, diferentes respostas para a relaxação dipolar podem ocorrer, o que leva a um comportamento médio que não se ajusta a um modelo com uma única constante de tempo. De modo análogo, uma suspensão de partículas com diferentes diâmetros produz uma distribuição de constantes de tempo diferentes na relaxação por polarização interfacial no volume do material. Se o modelo de primeira ordem não é adequado, uma possibilidade é o uso de uma distribuição discreta de tempos de relaxação de modo que a equação de dispersão seja escrita da seguinte forma:

$$\hat{\varepsilon}_r(\omega) = \varepsilon_{r\infty} + (\varepsilon_{rs} - \varepsilon_{r\infty})\sum_n \frac{g_n}{1 + j\omega\tau_n} \tag{7.91}$$

onde os coeficientes g_n indicam a importância relativa de cada termo com constante de tempo τ_n.

A distribuição, naturalmente, deve satisfazer à seguinte condição:

$$\sum_n g_n = 1 \tag{7.92}$$

Os coeficientes g_n e os tempos τ_n para um determinado material podem ser determinados por meio de métodos numéricos ajustando-se a Equação (7.91) para as curvas de dispersão desse material. Outra possibilidade é o uso de uma distribuição contínua de tempos de relaxação, de acordo com as equações a seguir:

$$\hat{\varepsilon}_r(\omega) = \varepsilon_{r\infty} + (\varepsilon_{rs} - \varepsilon_{r\infty})\int_0^\infty \frac{g(\tau)\, d\tau}{1 + j\omega\tau} \tag{7.93}$$

$$\int_0^\infty g(\tau)\, d\tau = 1 \tag{7.94}$$

Verifica-se facilmente que um processo dispersivo de primeira ordem tem como função de distribuição de tempos de relaxação uma função impulso:

$$g(\tau) = \delta(\tau - \tau_o) \tag{7.95}$$

Diversas outras funções $g(\tau)$ e as respectivas funções de dispersão $\varepsilon_r(\omega)$ já foram propostas para descrever situações experimentais específicas. Os três exemplos a seguir são os modelos mais citados na literatura, obtidos do estudo de Bottcher e Bordewijk (1978). Os gráficos mostrados para cada modelo são usados, em geral, na apresentação de resultados de espectroscopia de impedância elétrica. O gráfico que relaciona ε" como função de ε' é, em geral, denominado gráfico Cole-Cole.

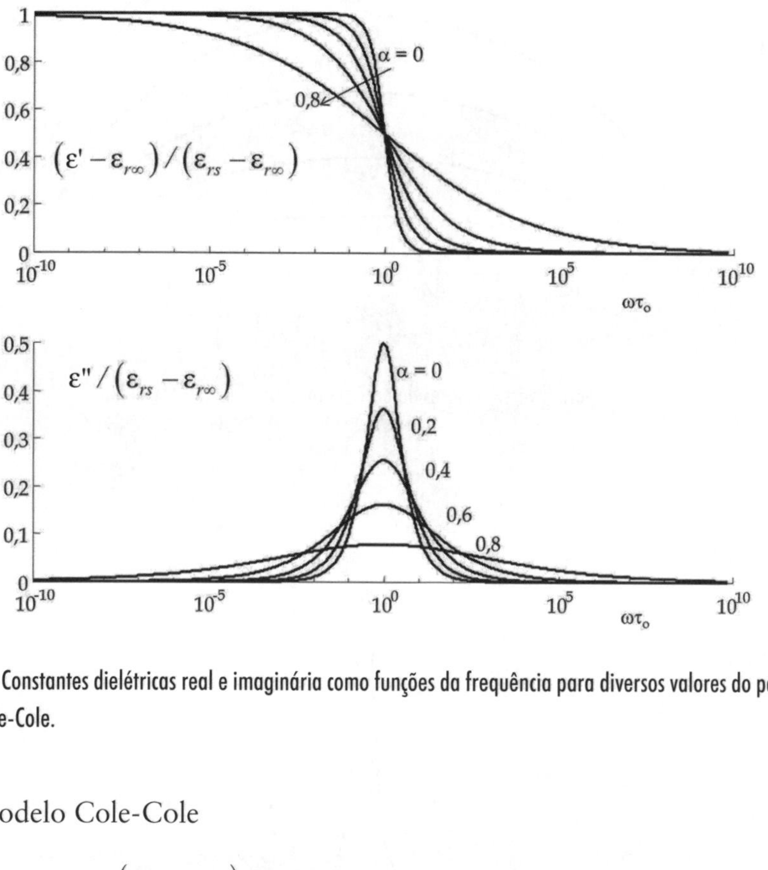

Figura 7.8 Constantes dielétricas real e imaginária como funções da frequência para diversos valores do parâmetro α no modelo Cole-Cole.

a) Modelo Cole-Cole

$$\hat{\varepsilon}_r(\omega) = \varepsilon_{r\infty} + \frac{(\varepsilon_{rs} - \varepsilon_{r\infty})}{1 + (j\omega\tau_o)^{1-\alpha}} \tag{7.96}$$

$$\varepsilon'(\omega) = \varepsilon_{r\infty} + (\varepsilon_{rs} - \varepsilon_{r\infty})\frac{1 + (\omega\tau_o)^{1-\alpha}\,\text{sen}(\alpha\pi/2)}{1 + 2(\omega\tau_o)^{1-\alpha}\,\text{sen}(\alpha\pi/2) + (\omega\tau_o)^{2(1-\alpha)}} \tag{7.97}$$

$$\varepsilon''(\omega) = \left(\varepsilon_{rs} - \varepsilon_{r\infty}\right) \frac{\left(\omega\tau_o\right)^{1-\alpha} \cos(\alpha\pi/2)}{1 + 2\left(\omega\tau_o\right)^{1-\alpha} \text{sen}(\alpha\pi/2) + \left(\omega\tau_o\right)^{2(1-\alpha)}} \tag{7.98}$$

$$g(\tau) = \frac{1}{2\pi} \frac{\text{sen}(\alpha\pi)}{\cosh\left[(1-\alpha)\ln\left(\tau_o/\tau\right)\right] - \cos(\alpha\pi)} \tag{7.99}$$

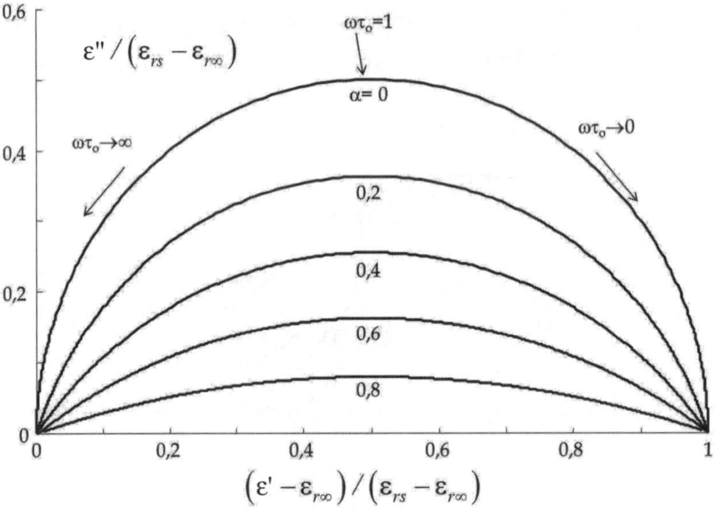

Figura 7.9 Gráfico de $\varepsilon'' \times \varepsilon'$ para diversos valores do parâmetro α no modelo Cole-Cole.

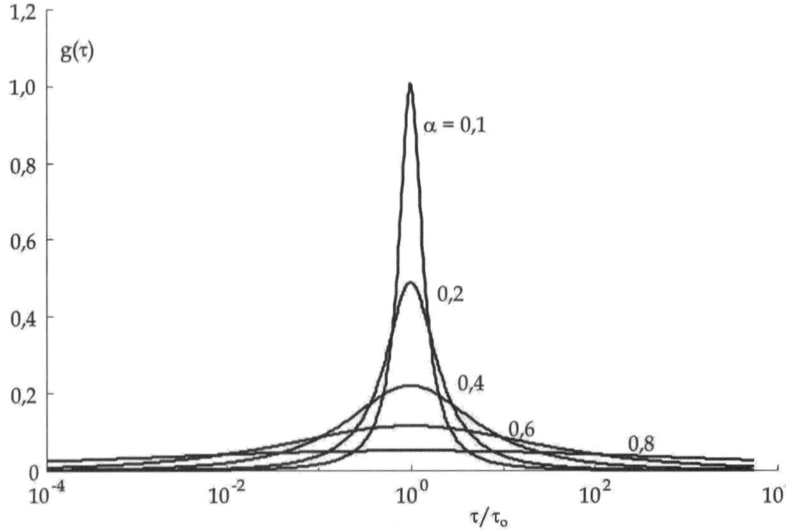

Figura 7.10 Distribuição de tempos de relaxação para diversos valores do parâmetro α no modelo Cole-Cole.

b) Modelo Cole-Davidson

$$\hat{\varepsilon}_r(\omega) = \varepsilon_{r\infty} + \frac{(\varepsilon_{rs} - \varepsilon_{r\infty})}{(1 + j\omega\tau_o)^\beta} \tag{7.100}$$

$$\varepsilon'(\omega) = \varepsilon_{r\infty} + (\varepsilon_{rs} - \varepsilon_{r\infty})(\cos\theta)^\beta \cos(\beta\theta) \tag{7.101}$$

$$\varepsilon''(\omega) = (\varepsilon_{rs} - \varepsilon_{r\infty})(\cos\theta)^\beta \operatorname{sen}(\beta\theta) \tag{7.102}$$

$$\operatorname{tg}\theta = \omega\tau_o \tag{7.103}$$

$$\begin{aligned} g(\tau) &= \frac{1}{\pi}\left(\frac{\tau}{\tau_o - \tau}\right)^\beta \operatorname{sen}(\beta\pi) \quad \text{para} \quad \tau < \tau_o \\ g(\tau) &= 0 \quad \text{para} \quad \tau > \tau_o \end{aligned} \tag{7.104}$$

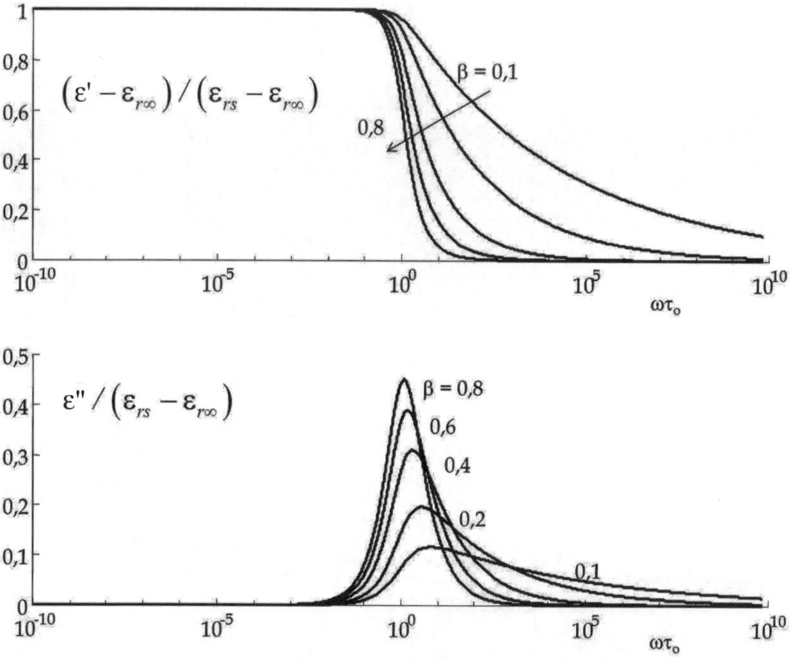

Figura 7.11 Constantes dielétricas real e imaginária como funções da frequência para diversos valores do parâmetro β no modelo Cole-Davidson.

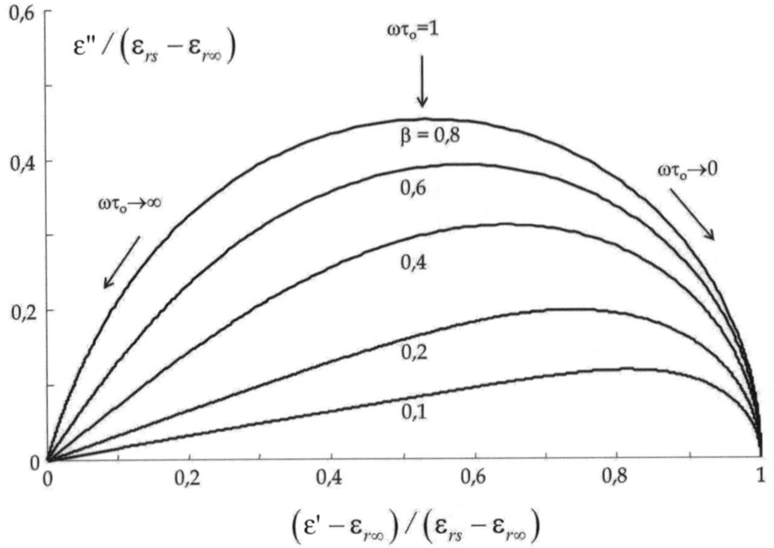

Figura 7.12 Gráfico de $\varepsilon'' \times \varepsilon'$ para diversos valores do parâmetro β no modelo Cole-Davidson.

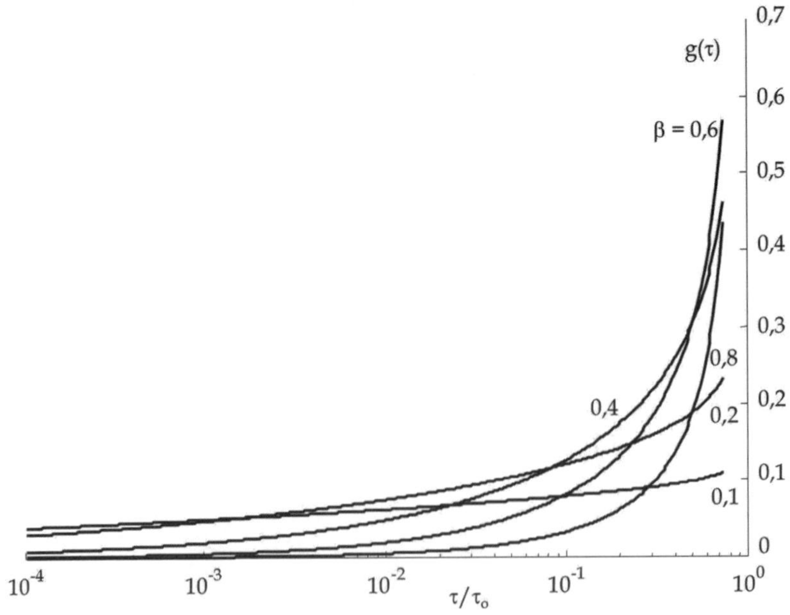

Figura 7.13 Distribuição de tempos de relaxação para diversos valores do parâmetro β no modelo Cole-Davidson.

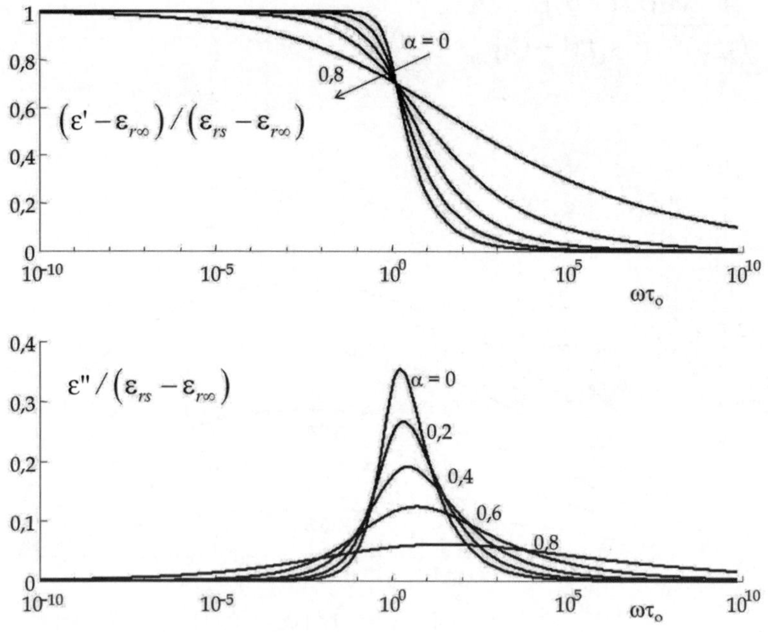

Figura 7.14 Constantes dielétricas real e imaginária como funções da frequência para diversos valores do parâmetro α e $\beta = 0,5$ no modelo Havriliak-Negami.

c) Modelo Havriliak-Negami

$$\hat{\varepsilon}_r(\omega) = \varepsilon_{r\infty} + \frac{(\varepsilon_{rs} - \varepsilon_{r\infty})}{\left[1 + (j\omega\tau_o)^{1-\alpha}\right]^{\beta}} \tag{7.105}$$

$$\varepsilon'(\omega) = \varepsilon_{r\infty} + (\varepsilon_{rs} - \varepsilon_{r\infty}) \frac{\cos(\beta\theta)}{\left[1 + 2(\omega\tau_o)^{1-\alpha}\,\text{sen}(\alpha\pi/2) + (\omega\tau_o)^{2(1-\alpha)}\right]^{\beta/2}} \tag{7.106}$$

$$\varepsilon''(\omega) = (\varepsilon_{rs} - \varepsilon_{r\infty}) \frac{\text{sen}(\beta\theta)}{\left[1 + 2(\omega\tau_o)^{1-\alpha}\,\text{sen}(\alpha\pi/2) + (\omega\tau_o)^{2(1-\alpha)}\right]^{\beta/2}} \tag{7.107}$$

$$\text{tg}\,\theta = \frac{(\omega\tau_o)^{1-\alpha}\cos(\alpha\pi/2)}{1 + (\omega\tau_o)^{1-\alpha}\,\text{sen}(\alpha\pi/2)} \tag{7.108}$$

$$g(\tau) = \frac{1}{\pi} \frac{(\tau/\tau_o)^{\beta(1-\alpha)}\,\text{sen}(\beta\phi)}{\left\{(\tau/\tau_o)^{2(1-\alpha)} + 2(\tau/\tau_o)^{(1-\alpha)}\cos[\pi(1-\alpha)] + 1\right\}^{\beta/2}} \tag{7.109}$$

$$\operatorname{tg}\phi = \frac{\operatorname{sen}[\pi(1-\alpha)]}{(\tau/\tau_o) + \cos[\pi(1-\alpha)]} \tag{7.110}$$

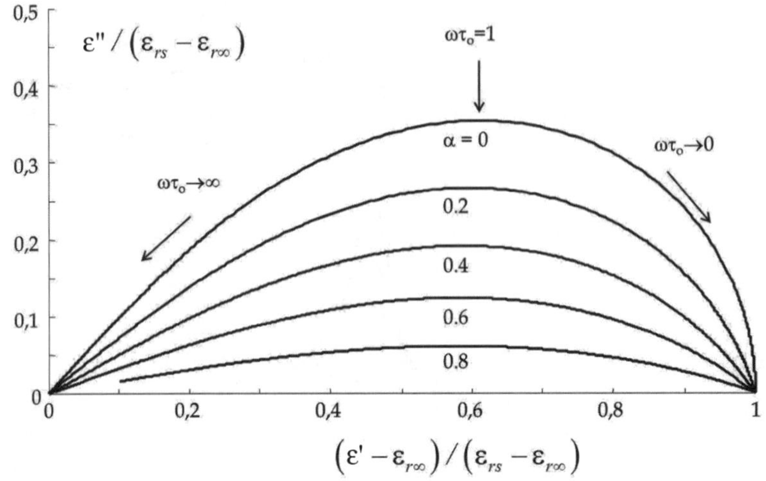

Figura 7.15 Gráfico de $\varepsilon'' \times \varepsilon'$ para diversos valores do parâmetro α e $\beta = 0{,}5$ no modelo Havriliak-Negami.

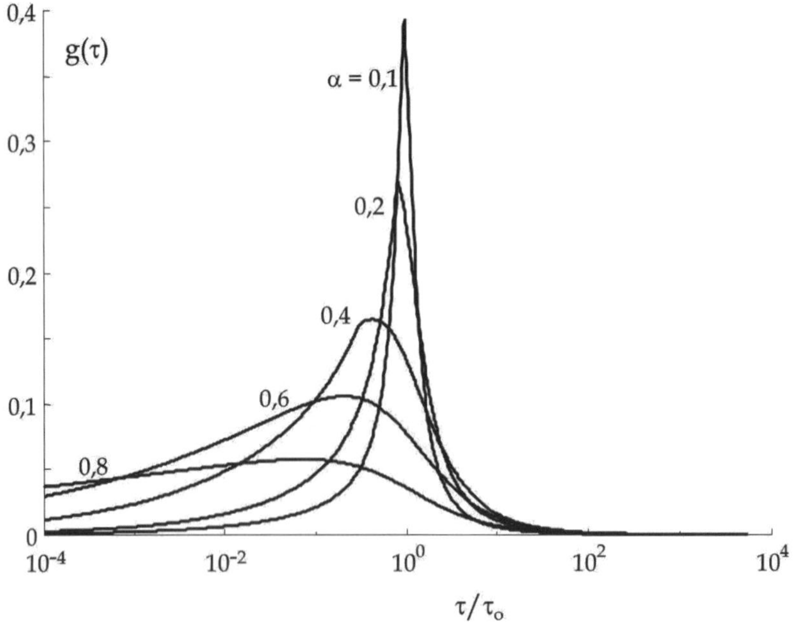

Figura 7.16 Distribuição de tempos de relaxação para diversos valores do parâmetro α e $\beta = 0{,}5$ no modelo Havriliak-Negami.

7.12 EXERCÍCIOS

1) Supondo que a equação de Onsager seja aplicável à água, estime sua constante dielétrica em altas frequências (antes da polarização induzida) na temperatura de 300 K com base no valor experimental 80 abaixo de 1 GHz.

2) Explique as diferenças entre o modelo de polarização de Clausius-Mossotti e o de Onsager nos seguintes aspectos:

   a) hipóteses de dedução das equações matemáticas;

   b) substâncias em que podem ser aplicados.

3) Mostre que uma esfera dielétrica de raio R e constante dielétrica ε_r colocada em um campo elétrico uniforme E_o no vácuo adquire um momento de dipolo elétrico dado por:

$$p = 4\pi\varepsilon_o R^3 \left(\frac{\varepsilon_r - 1}{\varepsilon_r + 2}\right) E_o$$

4) Considere uma placa de grande área formada por três camadas de mesma espessura e de materiais dielétricos diferentes com constantes dielétricas ε_{r1}, ε_{r2} e ε_{r3}. Essa placa é colocada em um campo elétrico uniforme perpendicular à sua superfície. Calcule a densidade de carga de polarização nas quatro interfaces (incluir as interfaces com o ar).

5) Explique a diferença no campo elétrico local nas moléculas das substâncias polares e apolares.

6) Considere uma substância hipotética com as seguintes características de polarização:

   Polarização eletrônica: $f_{oe} = 2{,}2 \times 10^{15}$ Hz, $\tau = 1 \times 10^{-15}$ s, $\chi_{oe} = 0{,}5$.
   Polarização atômica: $f_{oa} = 4{,}5 \times 10^{13}$ Hz, $\tau = 5 \times 10^{-14}$ s, $\chi_{oa} = 0{,}5$.
   Polarização dipolar: $\tau_{ori} = 11 \times 10^{-12}$ s, $\chi_{ori} = 20$.

   Faça gráficos das partes real e imaginária da constante dielétrica dessa substância no intervalo de frequências de 10^6 Hz a 10^{16} Hz.

7) Considere uma suspensão de partículas esféricas de epóxi ($\varepsilon_r = 3$, $\sigma \approx 0$) com diâmetro de 10 μm e fração volumétrica de 20% em solução aquosa de NaCl 10 mM. Considere a densidade de íons fixos negativos na superfície das partículas como sendo 10^{16} m^{-2}. Considerando a difusão iônica e a polarização interfacial, obtenha a variação da constante dielétrica e a frequência de corte para essas bandas de dispersão na suspensão.

8) Considere um material hipotético com três processos dispersivos dominantes e com as seguintes constantes de tempo e susceptibilidades elétricas: (τ_1,χ_1), (τ_2,χ_2), (τ_3,χ_3). Escreva a expressão da função de resposta ao impulso e as

equações da constante dielétrica e da condutividade como função da frequência para esse material (considerando que $\varepsilon_{r\infty}$ e σ_s são conhecidos).

9) Dada a expressão da parte imaginária da constante dielétrica de um material segundo o modelo de dispersão de Debye, calcule, usando as relações de Kramers-Kronig, a parte real da constante dielétrica.

$$\varepsilon''(\omega) = \frac{(\varepsilon_{rs} - \varepsilon_{r\infty})\omega\tau}{1+\omega^2\tau^2}$$

7.13 REFERÊNCIAS

BOTTCHER, C. J. F. **Theory of electric polarization**. Amsterdan: Elsevier, 1973, vol. 1.

FOSTER, K. R.; SCHWAN, H. P. Dielectric properties of tissues. In: POLK C., POSTOW, E. (Ed.). **Handbook of biological effects of electromagnetic fields**. Boca Raton: CRC Press, 1995.

McADAMS, E. T. et al. The linear and non-linear electrical properties of the electrode--electrolyte interface. **Biosensors & bioelectronics**, v. 10, n. 1-2, p. 67-74, 1995.

BOTTCHER, C. J. F.; BORDEWIJK, P. **Theory of electric polarization**. Amsterdan: Elsevier, 1978, vol. 2.

MOTT, N. F.; DAVIS, E. A. **Electronic process in non-crystalline materials**. Oxford: Clarendon Press, 1979.

SCHWAN, H. P. Linear and nonlinear electrode polarization and biological materials. **Annals of biomedical engineering**, v. 20, p. 269-288, 1992.

SCHWARZ, G. A theory of the low frequency dielectric dispersion of colloidal particles in electrolyte solution. **The journal of physical chemistry**, v. 66, n. 12, p. 2636-2642, 1962.

CAPÍTULO 8

Ferromagnetismo

Alguns metais e ligas paramagnéticas apresentam uma temperatura crítica abaixo da qual ocorre uma transição para um estado magnético altamente ordenado, denominado de ferromagnético ou antiferromagnético. Esse fenômeno foi inicialmente explicado por Pierre Weiss em 1907, que afirmou que os momentos magnéticos de átomos vizinhos interagem entre si com tal intensidade que resultam no alinhamento espontâneo dos dipolos magnéticos, os quais, então, se organizam em pequenos volumes completamente magnetizados no interior do objeto. Os ferromagnéticos são os materiais mais úteis na construção de máquinas elétricas, uma vez que permitem obter fluxo magnético intenso e fortemente concentrado em pequenos volumes.

8.1 ESTADO FERROMAGNÉTICO

8.1.1 Energia de troca e campo molecular

No estado ferromagnético, os dipolos magnéticos tendem a se alinhar em função da mútua interação entre átomos vizinhos. Uma amostra de material no estado ferromagnético apresenta regiões internas completamente orientadas magneticamente. Essas regiões são denominadas domínios magnéticos. O agente físico responsável pela ordenação magnética, denominado interação de troca, foi descrito por Heisenberg em 1928 por meio da expressão da energia de interação entre os *spins* de átomos vizinhos:

$$U_i = -2\sum_n \kappa_{in} S_i \cdot S_n \tag{8.1}$$

onde S_i e S_n são os *spins* de átomos vizinhos (números quânticos na forma vetorial) e κ é a constante de troca que depende da distância entre os átomos considerados.

O somatório deve, a princípio, se estender a todos os átomos do cristal, mas é tomado, em geral, apenas entre os vizinhos mais próximos. A interação de troca não tem análoga clássica. Ela surge em virtude do princípio quântico de exclusão de Wolfgang Pauli, de acordo com o qual dois elétrons que interagem não podem estar no mesmo estado quântico, ou seja, não podem ter conjuntos idênticos de números quânticos. Dependendo dos orbitais eletrônicos que se superpõem entre os átomos que interagem, esse princípio determina um tipo de alinhamento característico, paralelo ou antiparalelo, uma vez que a função de onda eletrônica total deve ser antissimétrica. Se $\kappa_{in} > 0$, os *spins* devem ser paralelos para minimizar a energia de interação. Essa condição leva ao ferromagnetismo. Se $\kappa_{in} < 0$, os *spins* devem ser antiparalelos, o que resulta em antiferromagnetismo.

A análise a seguir, proposta por Jiles (1998), nos permite avaliar a intensidade do campo molecular associado à energia de troca. Se atribuirmos a energia de troca à mútua interação magnética entre os átomos, podemos obter um campo magnético médio equivalente no cristal. Considerando a interação apenas com os N_{viz} vizinhos mais próximos, para os quais κ_{viz} tem o mesmo valor, e usando a Equação (4.64) com $J = S$, obtemos:

$$U_i = -N_{viz}\kappa_{viz} S_i \cdot \langle S_{viz} \rangle = \mu_o g_J \mu_B S_i H_m \tag{8.2}$$

onde $<S_{viz}>$ é o *spin* médio entre os vizinhos mais próximos e o fator 2 na Equação (8.1) desaparece no processo de soma sobre todos os vizinhos.

Considerando que o material tem N_o átomos por unidade de volume, a magnetização pode ser calculada usando-se a Equação (4.56), com $M = N_o\, m_{az} = -N_o\, g_J\, \mu_B <S_{viz}>$ (sendo $m_J = J = S$). Usando esse resultado para substituir $<S_{viz}>$ na Equação (8.2), obtemos o campo médio:

$$\mathbf{H}_m = \frac{N_{viz}\kappa_{viz}}{N_o \mu_o g_J^2 \mu_B^2}\mathbf{M} \tag{8.3}$$

Esse resultado equivale ao campo molecular postulado por Pierre Weiss para explicar o ferromagnetismo, embora a teoria quântica do magnetismo não existisse naquela época. Como exemplo, consideremos o ferro, para o qual temos os seguintes valores: $N_{viz} = 8$, $\kappa_{viz} = 2{,}5 \times 10^{-21}$ J, $N_o = 8{,}58 \times 10^{28}$ m^{-3} e $g_J = 2{,}22$. Com isso, na equação anterior, obtemos a constante do modelo de campo molecular de Pierre Weiss com valor $\alpha \approx 438$. Observe que poderíamos estimar essa constante também pela temperatura Curie segundo a equação $\alpha = T_c/C$. Ao utilizarmos a Equação (4.71) com $J = S = 1$, obtemos $C \approx 2{,}206$; e usando o valor $T_c = 1.043$ K para o ferro, obtemos $\alpha \approx 473$, o que concorda razoavelmente com o valor obtido anteriormente. Note que, com o valor da magnetização de saturação no ferro a 300 K de $1{,}71 \times 10^6$ A/m, podemos estimar o campo molecular em um domínio magnético em aproximadamente $7{,}5 \times 10^8$ A/m, o que equivale à indução magnética de 941 T. Essa intensidade de campo excede em muito a que se pode obter ordinariamente em montagens de laboratório, o que mostra que a interação molecular necessária para formar domínios magnéticos é extremamente elevada.

8.1.2 Domínios magnéticos

Pierre Weiss postulou em 1907 que o interior de uma amostra de material ferromagnético, abaixo de sua temperatura Curie, é formado por regiões em que os momentos magnéticos atômicos estão quase completamente alinhados. Essas regiões foram denominadas domínios magnéticos e sua existência se deve à interação de troca descrita anteriormente. Isso significa que, mesmo sem a aplicação de campo externo, o material ferromagnético está microscopicamente magnetizado. Em uma amostra que não foi previamente magnetizada, a magnetização dos diversos domínios está orientada aleatoriamente no espaço, o que resulta em magnetização macroscópica nula. Dentro de um domínio magnético, a magnetização espontânea depende da temperatura do material. Ao utilizarmos as Equações (4.65) e (4.66) com campo aplicado nulo, ou seja, com $\mathbf{H} = \alpha\mathbf{M}$, obtemos:

$$M_s = g_J \mu_B N_o J B_J\left(\frac{\mu_o g_J \mu_B J \alpha M_s}{K_B T}\right) = M_o B_J\left(\frac{3J}{(J+1)}\frac{T_c}{T}\frac{M_s}{M_o}\right) \tag{8.4}$$

onde M_s é a magnetização de saturação do material. As constantes T_c e M_o são dadas por:

$$T_c = \frac{\alpha N_o \mu_o g_J^2 J(J+1)\mu_B^2}{3K_B} \tag{8.5}$$

$$M_o = g_J \mu_B N_o J \tag{8.6}$$

A Figura 8.1 mostra a dependência da magnetização de saturação com a temperatura do material ferromagnético abaixo da temperatura Curie. Observe que, abaixo de aproximadamente 30% de T_c, um domínio magnético tem seus dipolos completamente alinhados. Existem muitas evidências experimentais da existência de domínios magnéticos baseadas em observações com microscópio óptico e eletrônico, utilização dos efeitos Kerr e Faraday, difração de raios X e de nêutrons, entre outros (JILES, 1998).

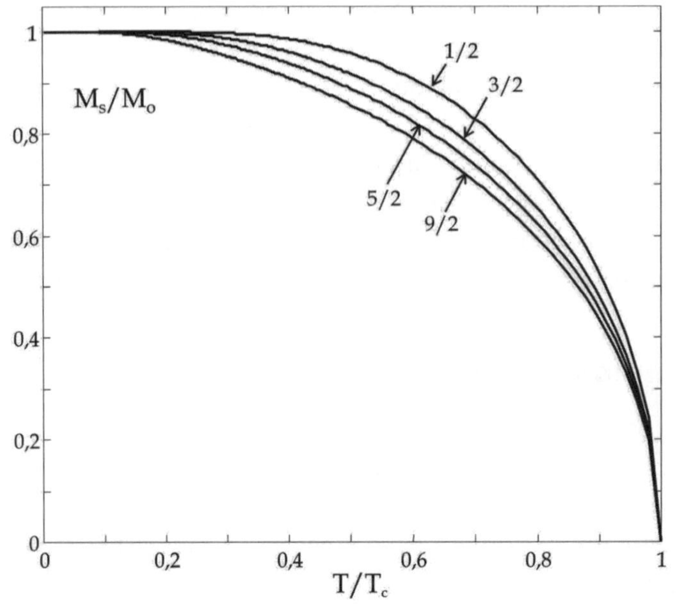

Figura 8.1 Variação da magnetização de saturação com a temperatura abaixo de T_c para um material ferromagnético ($J = S = 1/2, 3/2, 5/2$ e $9/2$ e $L = 0$).

A magnetização espontânea em um domínio é obtida com a orientação dos momentos magnéticos nas direções do cristal, nas quais a energia de interação entre os dipolos moleculares é minimizada. Essas são as direções de magnetização fácil indicadas na Figura 8.2 para o cristal cúbico de corpo centrado do ferro e para o cristal cúbico de face centrada do níquel. As direções são designadas quanto à facilidade para alcançar a saturação magnética como magnetização fácil, média e difícil. A direção de magnetização difícil exige maior campo magnético aplicado para alcançar a saturação.

Entre domínios magnéticos adjacentes, existe uma região de transição denominada parede de domínio (também conhecida como parede de Bloch), na qual os momentos magnéticos mudam gradualmente de orientação de um domínio para outro. A Figura 8.3 mostra dois tipos de parede de domínio. A parede que separa dois domínios magnetizados com direções opostas, por exemplo, [100] e [$\bar{1}$00], é denominada parede 180°. No caso da parede entre dois domínios magnetizados em direções ortogonais, por exemplo, [100] e [010], denomina-se parede 90°. A figura mostra, ainda, esquematicamente, que a magnetização de um objeto ocorre inicialmente pelo crescimento dos domínios favoravelmente orientados às custas da diminuição dos demais domínios. Isso ocorre pelo deslocamento das paredes de domínio. Eventualmente, com o aumento do campo aplicado, a amostra torna-se um único domínio magnético. A fase final do processo de magnetização é o alinhamento dos dipolos magnéticos na direção do campo aplicado.

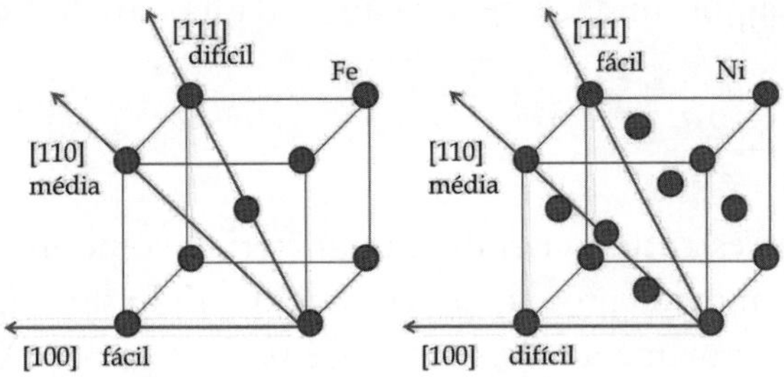

Figura 8.2 Direções preferenciais de magnetização nos cristais cúbicos de ferro e níquel.

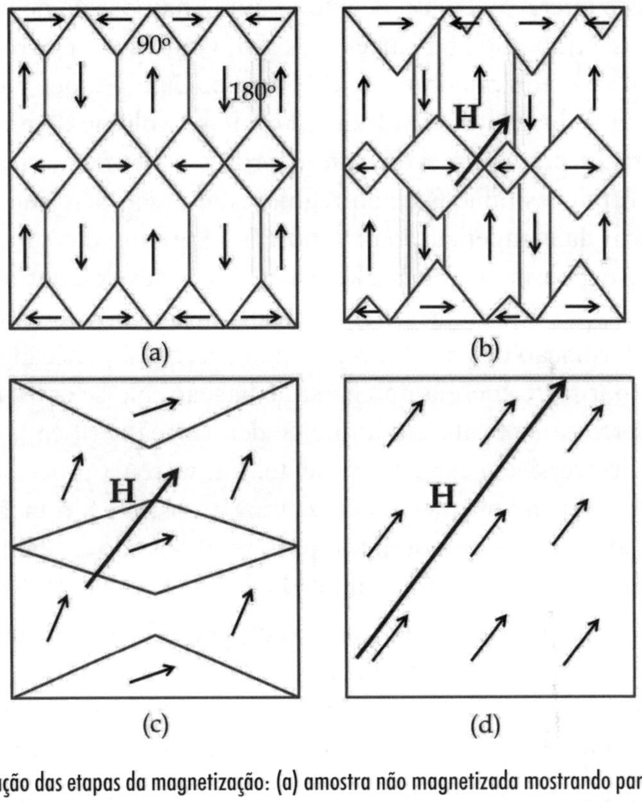

Figura 8.3 Ilustração das etapas da magnetização: (a) amostra não magnetizada mostrando paredes de domínio 180° e 90°; (b) amostra fracamente magnetizada mostrando aumento dos domínios favoráveis; (c) amostra moderadamente magnetizada com poucos domínios e rotação parcial dos dipolos magnéticos; (d) amostra saturada com um único domínio totalmente alinhado com o campo aplicado.

O movimento das paredes pode ser entendido pelo resultado da força exercida pelo campo aplicado. Se uma parede 180° de área S se desloca uma distância transversal dx, a variação da energia magnética é dada por:

$$dU_m = -\Delta \mathbf{M} \cdot \mathbf{B}\, S\, dx = -2\mu_o \mathbf{M}_s \cdot \mathbf{H}\, S\, dx \qquad (8.7)$$

Então, a força por unidade de área aplicada na parede é dada por:

$$F_x = \frac{1}{S}\frac{dU_m}{dx} = -2\mu_o M_s \cdot H \tag{8.8}$$

Os defeitos na estrutura cristalina do material, como impurezas ou deslocações, dificultam o movimento das paredes de domínio. Em virtude da interação com os defeitos, o movimento das paredes é não uniforme. Ao se aproximar de um defeito, uma parede de domínio sofre uma variação de energia potencial Ep(x). Se Ep(x) > 0, o movimento da parede enfrenta uma força contrária, sendo necessário aumentar o campo aplicado para se manter o movimento. Possivelmente, a força de interação com o defeito se anula na posição de potencial máximo e muda de sentido após passar esse ponto. Com isso, a parede recebe uma força aumentada e muda rapidamente de posição. Uma vez que a concentração e os tipos de defeitos distribuem-se aleatoriamente no volume do material, o movimento das paredes de domínio durante o processo de magnetização apresenta muitas dessas variações rápidas e não regulares, que são percebidas na forma de variações bruscas da magnetização da amostra. Esse é um dos processos que produzem o que se denomina **efeito Barkhausen**: variações descontínuas e irreversíveis da magnetização. Outro processo sugerido para o movimento de paredes de domínio é a deformação de paredes com baixa energia superficial, presas a defeitos estruturais por forte energia potencial de ligação. Nesse caso, a parede tende a se curvar reversivelmente até um limite de deformação crítica, a partir do qual varia brusca e irreversivelmente. Finalmente, um terceiro processo que provoca variações irreversíveis na magnetização de uma amostra é a rotação descontínua dos dipolos magnéticos em um domínio para uma posição de fácil magnetização mais próxima da direção do campo aplicado.

A espessura de uma parede de domínio depende do equilíbrio entre a energia de troca na parede e a energia anisotrópica associada às direções preferenciais de magnetização no cristal. Como mostra a Figura 8.4, ao longo da espessura da parede, os dipolos rotacionam da direção em um domínio para a direção no domínio adjacente. A energia de troca diminui com a espessura da parede porque o ângulo entre dipolos vizinhos é menor se existem mais átomos na parede. Em contrapartida, a energia anisotrópica aumenta com a espessura, porque existem mais dipolos orientados em direções de magnetização de maior energia. No balanço entre essas tendências, a espessura é estabelecida a partir da condição de mínima energia da parede. Para o ferro, pode-se estimar que paredes 180° tenham espessuras da ordem de 40 nm, ou cerca de 160 camadas atômicas (JILES, 1998).

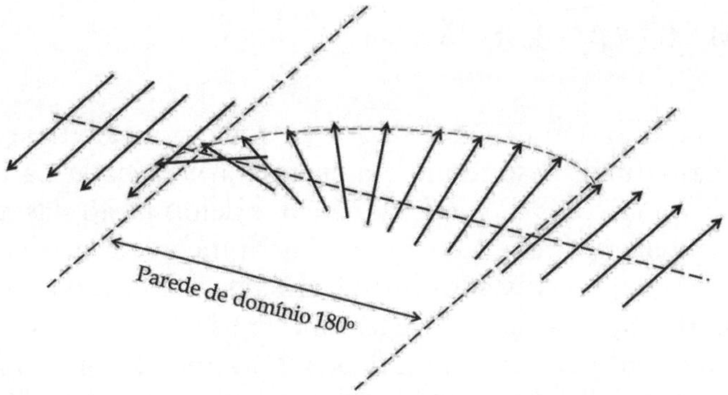

Figura 8.4 Ilustração da mudança de orientação dos dipolos magnéticos no interior da parede de domínio 180°.

8.1.3 Histerese

A histerese magnética acontece em virtude da irreversibilidade do processo de magnetização em materiais constituídos de domínios magnéticos. A dissipação de energia no movimento não reversível das paredes de domínio é a principal causa da histerese. Consideremos que, ao se movimentarem, as paredes de domínio interceptam defeitos na estrutura atômica do material. Assumindo que os defeitos estão distribuídos com uma densidade volumétrica uniforme, a energia dissipada nesse processo é proporcional ao volume (dV) deslocado pela parede. Então, a densidade de energia dissipada pode ser escrita na forma: $dw_{diss} = \zeta\, dV/V_a$, onde ζ é uma constante com dimensão de densidade volumétrica de energia e V_a é o volume da amostra. Uma vez que a magnetização do material também varia proporcionalmente ao volume deslocado pela parede ($dM = 2Ms\, dV/V_a$), podemos expressar a densidade de energia dissipada em função da variação da magnetização da amostra.

$$dw_{diss} = \frac{\zeta}{2M_s}|dM| = \mu_o\, k\,|dM| \qquad (8.9)$$

onde $\mu_o k$ é a constante de proporcionalidade incluindo, por conveniência, a permeabilidade magnética do vácuo. Usamos o módulo de dM nessa equação porque a energia dissipada é sempre positiva, ou seja, não importa se a magnetização aumenta ou diminui, ocorre dissipação sempre que há movimento das paredes de domínio.

A energia entregue pela fonte na variação da indução magnética no interior de um material inicialmente desmagnetizado é denominada energia de magnetização. A densidade volumétrica dessa energia é calculada no Capítulo 9 a partir da variação da energia magnética em todo o espaço, quando um objeto é colocado na presença de um campo preexistente no vácuo $\mathbf{B}_o$, modificando-o para o valor final **B**. Mostra-se que a densidade de energia de magnetização pode ser calculada pela seguinte equação:

$$w_m = \frac{1}{2}\mathbf{M}\cdot(\mathbf{B}_o + \mathbf{B}) - \int_0^B \mathbf{M}\cdot d\boldsymbol{B} \tag{8.10}$$

O primeiro termo não depende da forma como a magnetização varia entre os estados inicial e final. Esse termo é a energia armazenada na magnetização, nos processos de rotação dos dipolos magnéticos e deformação elástica das paredes de domínio. Essa energia retorna à fonte quando ocorre a desmagnetização da amostra. Observe que, se os estados inicial e final são iguais, ou seja, têm os mesmos valores de **M** e **B**, a variação de energia correspondente a esse termo é nula. O segundo termo, em contrapartida, depende da forma como a magnetização varia entre os estados inicial e final. Esse termo inclui a energia dissipada no processo de magnetização por causa das perdas por fricção na rotação dos dipolos magnéticos e na movimentação das paredes de domínio.

Um material hipotético em que a magnetização ocorra exclusivamente pelo alinhamento dipolar com o campo aplicado e sem dissipação de energia não apresenta histerese, embora sua curva de magnetização seja não linear. Para modelar essa condição ideal, consideremos inicialmente que o primeiro termo na Equação (8.10) seja escrito na forma de uma integral semelhante ao segundo termo, mas envolvendo uma função $\mathbf{M}_{an}(\mathbf{B})$ que representa a magnetização sem histerese (anisterética). Assim, a variação da energia de magnetização entre dois estados de indução magnética B_i e B_f é descrita por:

$$\Delta w_m = \int_{B_i}^{B_f} (\mathbf{M}_{an} - \mathbf{M})\cdot d\boldsymbol{B} \tag{8.11}$$

Para um material real, a magnetização apresenta dissipação e a energia de magnetização converte-se em uma parcela efetivamente armazenada e uma parcela dissipada. Assumindo que a diferença de energia na magnetização real em relação à magnetização anisterética é a energia dissipada no processo segundo a Equação (8.9), podemos escrever a seguinte equação de balanço de energia:

$$\int_{B_i}^{B_f} (\mathbf{M}_{an} - \mathbf{M})\cdot d\boldsymbol{B} = \mu_o k \int_{M_i}^{M_f} \xi \, dM_{irr} \tag{8.12}$$

onde ξ é definido de modo que $|dM| = \xi \, dM$, ou seja, $\xi = 1$ se $dM > 0$ e $\xi = -1$ se $dM < 0$.

Diferenciando essa equação, obtemos um modelo para o processo de magnetização com histerese (JILES; ATHERTON, 1986).

$$\frac{dM_{irr}}{dB} = \frac{(M_{an} - M_{irr})}{\mu_o \xi k} \tag{8.13}$$

onde acrescentamos o índice irr para identificar que se refere à parcela irreversível da magnetização.

Devemos observar que **M** e **B** são médias volumétricas sobre um grande número de domínios magnéticos. A magnetização média reflete o aumento dos domínios favoravelmente magnetizados em detrimento dos demais e contribui para estabelecer um campo magnético adicional que afeta o crescimento ou a redução dos domínios. Esse campo adicional é análogo ao campo molecular proposto por Pierre Weiss, embora nesse caso não seja gerado por dipolos individuais, e sim pela variação volumétrica dos domínios. O campo magnético efetivo no material, então, pode ser descrito por $\mathbf{H}_{ef} = \mathbf{H} + \alpha_e\mathbf{M}$, sendo α_e equivalente à constante da teoria do campo molecular de Weiss, embora com valor muito menor. Assim, a indução magnética efetiva no material é dada por:

$$\mathbf{B}_{ef} = \mu_o \mathbf{H}_{ef} = \mu_o\left(\mathbf{H} + \alpha_e \mathbf{M}\right) \tag{8.14}$$

Considerando essa equação, podemos reescrever a Equação (8.13) em termos do campo magnético. Deixamos a demonstração a cargo do leitor. A relação que se obtém é a seguinte (JILES, 1998):

$$\frac{dM_{irr}}{dH} = \frac{\left(M_{an} - M_{irr}\right)}{\xi k - \alpha_e\left(M_{an} - M_{irr}\right)} \tag{8.15}$$

Essa equação descreve a dependência da parte irreversível da magnetização com o campo magnético aplicado. Contudo, a magnetização total apresenta também uma parcela reversível adicional, não dissipativa, associada à deformação elástica das paredes de domínio. Essa parcela foi modelada por Jiles e Atherton como sendo proporcional à diferença entre a magnetização anisterética e a magnetização irreversível.

$$M_{rev} = c\left(M_{an} - M_{irr}\right) \tag{8.16}$$

onde c é uma constante que depende inversamente da energia superficial das paredes de domínio (JILES; ATHERTON, 1986). A magnetização total é a soma das parcelas reversível e irreversível.

$$M = M_{irr} + M_{rev} = c\,M_{an} + (1-c)\,M_{irr} \tag{8.17}$$

Assim, a magnetização total da amostra é obtida pela média ponderada pela constante c entre a magnetização anisterética e a magnetização irreversível. A magnetização anisterética, por sua vez, pode ser descrita por um modelo paramagnético clássico baseado na equação de Langevin para o processo de alinhamento dipolar:

$$M_{an} = M_s\left[\coth\left(\frac{H}{a}\right) - \frac{a}{H}\right] \tag{8.18}$$

onde a é uma constante a ser determinada experimentalmente. Esse modelo foi apresentado no estudo do alinhamento dipolar elétrico, no capítulo anterior, e resultou na Equação (7.8).

A Figura 8.5 mostra a curva de magnetização teórica de um material ferromagnético obtida numericamente por meio do modelo descrito anteriormente com as Equações (8.15) a (8.18) para os valores indicados das constantes (k, c, α_e, a, M_s). A magnetização tende a M_s à medida que o campo aplicado aumenta. A curva de magnetização é não linear em virtude da dissipação de energia e da saturação magnética. Os pontos de intersecção com os eixos são características importantes de materiais ferromagnéticos. M_r é a magnetização residual no material após este ser magnetizado até a saturação em um determinado sentido e depois de o campo aplicado ser reduzido a zero. Denomina-se magnetização remanente. O campo H_c é o campo magnético necessário para reduzir a magnetização a zero após o material ter sido magnetizado até a saturação no sentido contrário. Denomina-se campo coercitivo.

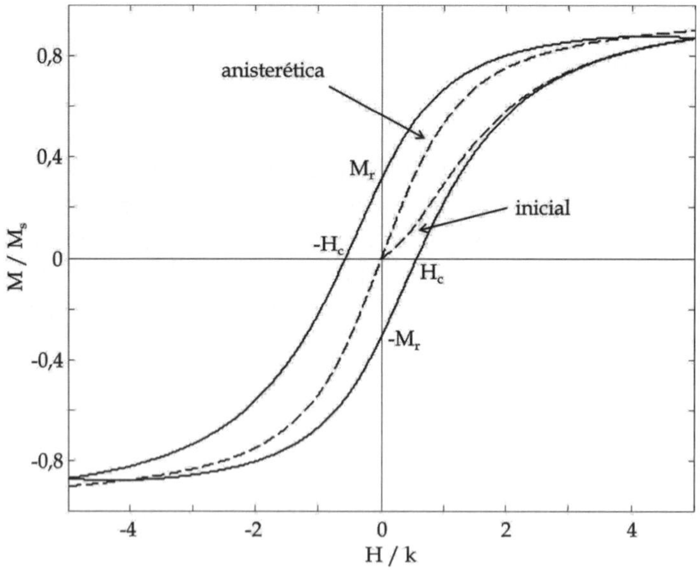

Figura 8.5 Curva de magnetização de um material ferromagnético obtida com o modelo descrito no texto. Valores usados no cálculo: c = 0,2; k = 2000 A/m; a = 1000 A/m; α_e = 0,001; e $M_s = 10^6$ A/m.

A Figura 8.6 apresenta curvas de magnetização para diversas amplitudes de campo aplicado. À medida que o campo diminui, a magnetização apresenta ciclos de histerese cada vez menores que tendem a se fechar em um ponto de polarização em torno do qual o campo está oscilando. Isso ocorre para qualquer valor do campo de polarização e não apenas em torno da origem, como mostra essa figura. Conectando-se os vértices dos ciclos de histerese centralizados na origem, obtém-se a curva normal de magnetização, geralmente considerada na obtenção da susceptibilidade magnética do material (gráfico B, Figura 8.6). Em virtude da não linearidade da curva de magnetização, a susceptibilidade depende do campo aplicado. As especificações de materiais magnéticos incluem, em geral, dois valores de susceptibilidade: a susceptibilidade inicial, obtida com campo próximo de zero, e a susceptibilidade máxima, que ocorre para um valor de campo magnético próximo do campo coercitivo. Após o ponto de máximo, a susceptibilidade diminui monotonicamente com o aumento do campo aplicado.

Uma forma alternativa de caracterizar o comportamento magnético de um material, que inclui os efeitos não lineares decorrentes da saturação e da histerese, é a susceptibilidade diferencial calculada pela derivada da magnetização em relação ao campo magnético aplicado.

$$\chi'_m = \frac{dM}{dH} \tag{8.19}$$

O gráfico interno (A) da Figura 8.6 mostra a susceptibilidade diferencial para a curva de magnetização maior nessa figura. Observe que os ramos superior e inferior do ciclo de histerese apresentam susceptibilidades diferenciais diferentes e que a susceptibilidade máxima ocorre em torno do campo coercitivo.

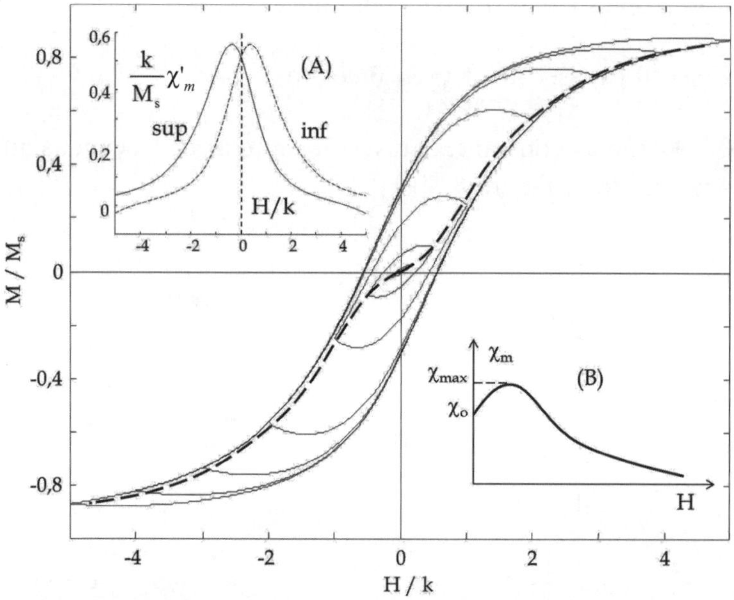

Figura 8.6 Curvas de magnetização de um material ferromagnético obtidas com o modelo descrito no texto para diversas amplitudes de campo. Valores usados no cálculo: $c = 0{,}2$; $k = 2000$ A/m; $a = 1000$ A/m; $\alpha_e = 0{,}001$; e $M_s = 10^6$ A/m. O tracejado indica a curva normal de magnetização. O gráfico interno (A) apresenta a susceptibilidade magnética diferencial para a curva de magnetização maior (ramos superior e inferior). O gráfico interno (B) apresenta a susceptibilidade magnética para a curva normal.

8.1.4 Anisotropia

Um material apresenta anisotropia magnética se a energia depende da direção de magnetização em relação aos eixos cristalográficos. Em cristais cúbicos, a energia anisotrópica de magnetização E_a é expressa, em geral, pela função dos cossenos diretores (BUSCHOW; BOER, 2004):

$$E_a = K + K_1(\cos^2\theta_1\cos^2\theta_2 + \cos^2\theta_2\cos^2\theta_3 + \cos^2\theta_1\cos^2\theta_3) + \\ + K_2\cos^2\theta_1\cos^2\theta_2\cos^2\theta_3 \tag{8.20}$$

onde K, K_1 e K_2 são as constantes anisotrópicas e θ_1, θ_2 e θ_3 são os ângulos de direção em relação aos eixos cristalinos cúbicos (Figura 8.7a).

As constantes anisotrópicas podem ser determinadas medindo-se a energia de magnetização do estado não magnetizado até a saturação nas três principais direções cristalinas. Na direção [100] temos $\theta_1 = 0$ e $\theta_2 = \theta_3 = \pi/2$, o que resulta em $E_a[100] = K$. Na direção [110] temos $\theta_1 = \theta_2 = \pi/4$ e $\theta_3 = \pi/2$, o que resulta em $E_a[110] = K + K_1/4$. Na direção [111] temos $\cos\theta_1 = \cos\theta_2 = \cos\theta_3 = 1/\sqrt{3}$, o que resulta em $E_a[111] = K + K_1/3 + K_2/27$. As constantes anisotrópicas são obtidas pela solução desse sistema de equações. Para um cristal hexagonal (Figura 8.7b), a energia anisotrópica é descrita pela seguinte expressão (JILES, 1998):

$$E_a = K_1\text{sen}^2\theta + K_2\,\text{sen}^4\theta + K_3\,\text{sen}^4\theta\cos 4\phi \tag{8.21}$$

onde K_1, K_2 e K_3 são as constantes anisotrópicas e as coordenadas angulares são medidas como mostra a Figura 8.7b.

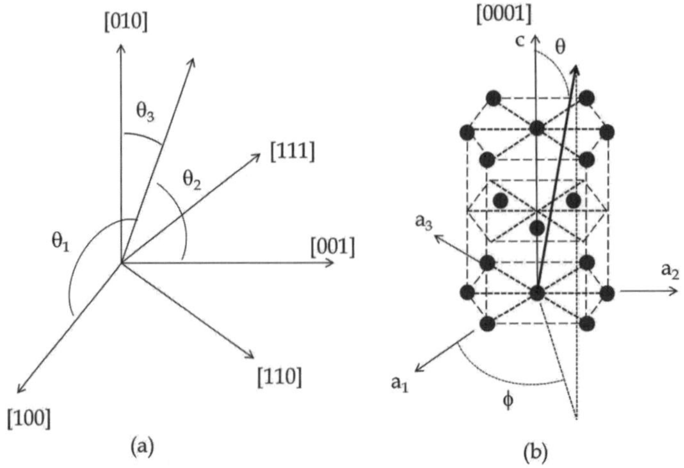

Figura 8.7 Direções cristalinas nos cristais cúbico e hexagonal.

Na Figura 8.8, são mostradas as distribuições angulares de energia anisotrópica em diversas direções nos cristais cúbico e hexagonal. As constantes anisotrópicas usadas nos cálculos são: Fe ($K_1 = 4{,}8 \times 10^4$ J/m^3, $K_2 = 5 \times 10^3$ J/m^3), Ni ($K_1 = -4{,}5 \times 10^3$ J/m^3, $K_2 = 2{,}3 \times 10^3$ J/m^3) e Co ($K_1 = 4{,}1 \times 10^5$ J/m^3, $K_2 = 1 \times 10^5$ J/m^3) (JILES, 1998). Verifica-se que, no cristal de ferro, a energia anisotrópica aumenta no seguinte sentido: direção [100] → [110] → [111]. Desse modo, a direção [100] é de magnetização fácil e a [111], de magnetização difícil. O contrário acontece no cristal de níquel. O cristal hexagonal de cobalto apresenta magnetização fácil na direção do eixo c [0001] e magnetização difícil no plano azimutal.

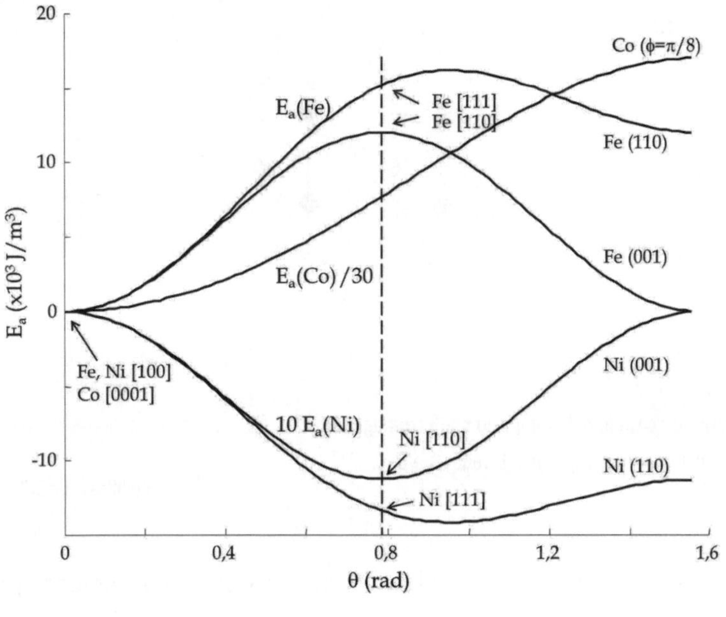

Figura 8.8 Energia anisotrópica para os cristais de ferro, níquel e cobalto. A curva de energia do níquel corresponde a 10 E_a(Ni) e a do cobalto, a E_a(Co)/30 para melhor visualização das curvas na mesma escala vertical.

8.2 ANTIFERROMAGNETISMO E FERRIMAGNETISMO

O estado magneticamente ordenado antiferromagnético ocorre abaixo de uma temperatura característica (temperatura de Néel). A estrutura cristalina de um material antiferromagnético pode ser dividida em duas sub-redes contendo átomos magnéticos (Figura 8.9). Em cada sub-rede, os átomos magnéticos interagem entre si com energia de troca ($U = -2\kappa_{ij}\, S_i \cdot S_j$), na qual a constante de troca κ_{ij} é positiva, o que favorece o alinhamento paralelo dos *spins* vizinhos. Os átomos em diferentes sub-redes também interagem com energia de troca, porém com constante de troca negativa, o que favorece o alinhamento antiparalelo. Se as magnetizações das sub-redes são iguais em módulo, uma vez que os *spins* são antiparalelos, a magnetização total é zero. Assim, embora magneticamente ordenado, o material antiferromagnético não apresenta propriedades magnéticas relevantes para aplicações tecnológicas. Alguns exemplos de materiais antiferromagnéticos são o cromo abaixo de 310 K, o manganês abaixo de 100 K e diversos óxidos de metais de transição (MnO, FeO, CoO, NiO) abaixo de suas respectivas temperaturas de Néel.

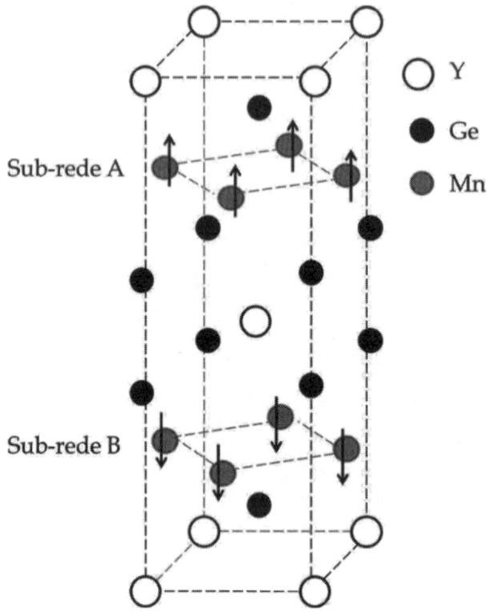

Figura 8.9 Estrutura cristalina do composto antiferromagnético YMn_2Ge_2 abaixo da temperatura de Néel de 395 K mostrando os momentos magnéticos nas sub-redes A e B.

Modificado de BUSCHOW; BOER, 2004.

Uma classe de materiais semelhantes aos antiferromagnéticos, porém muito importantes do ponto de vista tecnológico, são os ferrimagnéticos ou ferrites, que se assemelham aos antiferromagnéticos pela estrutura com duas sub-redes com *spins* antiparalelos. A diferença está na magnetização das sub-redes, que não é a mesma, o que proporciona uma magnetização resultante não nula. Os ferrimagnéticos mais conhecidos e utilizados possuem a forma molecular geral MFe_2O_4, na qual M é um metal de transição, tal como ferro, níquel, manganês, cobalto, zinco ou magnésio. Possuem a estrutura cúbica do tipo espinel (mineral espinela $MgAl_2O_4$) contendo oito blocos MFe_2O_4 em cada célula unitária (32 O^{2-}, 16 Fe^{3+}, 8 M^{2+}). Em cada célula unitária existem oito sítios tetraédricos (sítio A), contendo átomos M ou Fe circundados por quatro oxigênios, e dezesseis sítios octaédricos (sítio B), contendo átomos M ou Fe circundados por seis oxigênios (Figura 8.10). Na estrutura espinel normal, os íons M^{2+} ocupam apenas os sítios A e os íons de ferro ocupam apenas os sítios B. Na estrutura espinel invertida, os íons M^{2+} ocupam os sítios B e os íons de ferro se dividem entre os sítios A e B.

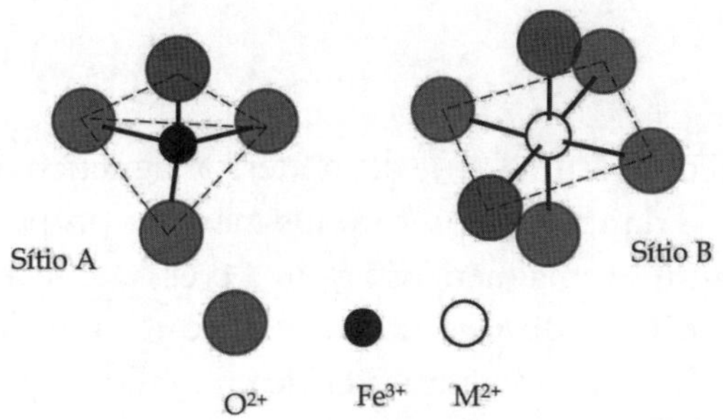

Figura 8.10 Sítios tetraédrico (A) e octaédrico (B) na estrutura cúbica espinel para um ferrimagnético.

As propriedades dos ferrites foram explicadas por Néel, o qual assumiu que os *spins* dos átomos metálicos nos sítios tetraédricos e octaédricos são acoplados de modo antiferromagnético por meio da interação de troca mediada pelos átomos de oxigênio (interação de troca indireta). A maioria dos ferrites de estrutura cúbica é do tipo espinel invertido (Fe_3O_4, $NiFe_2O_4$, $CoFe_2O_4$). Nesse caso, o momento magnético é determinado pelo íon M^{2+}. O ferrite de zinco $ZnFe_2O_4$ tem estrutura normal, mas os íons de ferro nos sítios B têm *spins* invertidos entre si. Uma vez que o íon Zn^{2+} possui momento magnético nulo (camada 3d preenchida), esse material se comporta como paramagnético. O ferrite de manganês apresenta uma ocupação parcial dos sítios A e B pelos íons Mn^{2+} e Fe^{3+}. Os sítios A são ocupados 80% por Mn^{2+} e 20% por Fe^{3+}. Os sítios B são ocupados 90% por Fe^{3+} e 10% por Mn^{2+} (FIORILLO, 2004).

Dois tipos de ferrites compostos são de grande aplicação, $Zn_xMn_{(1-x)}Fe_2O_4$ e $Zn_xNi_{(1-x)}Fe_2O_4$, conhecidos popularmente como ferrites MnZn e NiZn. Uma fração x de íons não magnéticos Zn^{2+} pode ser adicionada à estrutura do ferrite de manganês substituindo posições do íon Mn^{2+} nos sítios A e formando, com isso, o composto $Zn_xMn_{(1-x)}Fe_2O_4$. Uma vez que os *spins* dos íons Fe^{3+} nos sítios B são paralelos, a substituição de *spins* contrários de alguns dos íons Mn^{2+} por átomos de momento magnético nulo aumenta o momento magnético total por fórmula unitária em $5x\mu_B$ em comparação com o composto original $MnFe_2O_4$. No caso do ferrite NiZn, a adição de íons Zn^{2+} em x sítios A originalmente ocupados pelos íons Fe^{3+} transfere íons de ferro para sítios B com alinhamento paralelo e diminui na mesma quantidade os sítios ocupados por Ni^{2+}. Como o momento magnético do Fe^{3+} é maior que o do Ni^{2+}, o momento magnético do composto aumenta. O aumento no momento magnético do composto em relação ao ferrite de níquel é de $8x\mu_B$ por fórmula unitária.

O comportamento paramagnético de um material antiferromagnético ou ferrimagnético é semelhante ao do material ferromagnético, mas a temperatura crítica (θ_p) pode ser negativa. A susceptibilidade paramagnética nesse caso é dada pela seguinte expressão:

$$\chi_m = \frac{C}{T - \theta_p} \tag{8.22}$$

Observe que a temperatura Curie de um ferromagnético depende da constante de campo molecular α da teoria de Weiss. Os modelos propostos para a interação entre sub-redes em antiferromagnéticos levam a crer que, se a constante de campo molecular para interação entre *spins* em sub-redes diferentes for maior do que para *spins* na mesma sub-rede, a temperatura crítica no modelo paramagnético é negativa (BUSCHOW; BOER, 2004). De qualquer modo, existe uma temperatura real que determina a transição do estado desordenado paramagnético para o estado ordenado antiferromagnético ou ferrimagnético. Essa temperatura é denominada de temperatura de Néel (T_N). A Figura 8.11 ilustra uma comparação entre os estados paramagnético, ferromagnético e ferrimagnético. No estado paramagnético, o inverso da susceptibilidade varia linearmente com a temperatura. O ponto de cruzamento da reta $\chi^1 \times T$ com o eixo T corresponde à temperatura crítica, que, para um ferromagnético, é a temperatura de Curie, e para um ferrimagnético, é uma constante negativa θ_p. A temperatura de transição para o estado ordenado em um ferrimagnético é T_N. No estado ordenado, a magnetização diminui com a temperatura até T_C ou T_N, conforme o material considerado.

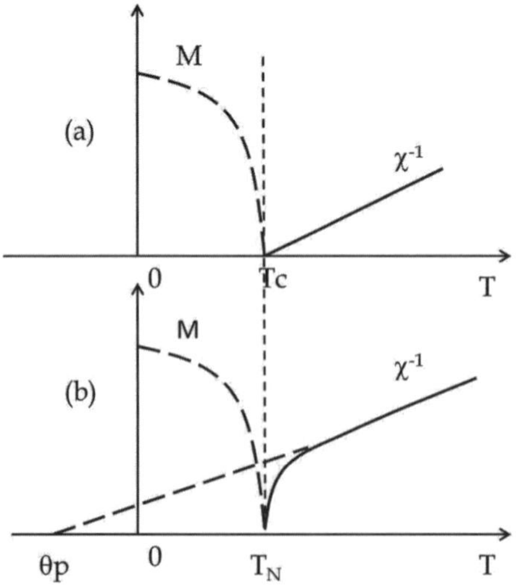

Figura 8.11 Comparação entre a magnetização e a susceptibilidade paramagnética (a) no estado ferromagnético e (b) no estado ferrimagnético.

Adaptado de BUSCHOW; BOER, 2004.

Existem outros dois grupos de materiais ferrimagnéticos que encontram aplicações específicas: o ferrite de estrutura hexagonal (hexaferrite) e o ferrite de terras raras (garnet). Os ferrites com estrutura hexagonal, tal como $BaO.6Fe_2O_3$ e $SrO.6Fe_2O_3$, são materiais magneticamente duros usados como ímãs permanentes. São altamente anisotrópicos com magnetização favorável ao longo do eixo c. O ferrite de terras raras tem a fórmula geral $3R_2O_3.5Fe_2O_3$, na qual R é um íon trivalente de terra rara, por exemplo, do elemento ítrio (Y^{3+}) e do lantânio (La^{3+}) ao itérbio (Yb^{3+}). Esses materiais são usados em circuitos de micro-ondas por causa da boa resposta em altas frequências.

Todos os tipos de ferrite comportam-se, sob o ponto de vista magnético, de modo similar aos ferromagnéticos, apresentando saturação e histerese. Duas diferenças, contudo, devem ser destacadas: a magnetização de saturação é menor e as perdas em altas frequências são muito mais baixas. Os ferrites são materiais cerâmicos que apresentam condutividade muito baixa se comparados aos ferromagnéticos, que são metálicos. As baixas perdas tornam esse tipo de material especialmente interessante para aplicações em altas frequências, como filtros, transformadores, antenas e guias de onda.

8.3 RESPOSTA EM FREQUÊNCIA

8.3.1 Relaxação dipolar

A resposta em frequência de materiais magnéticos depende essencialmente de três processos: alinhamento dipolar, movimento de paredes de domínio e correntes induzidas. A dinâmica do alinhamento dipolar é determinada pelo torque de alinhamento e pela dissipação de energia. O movimento de alinhamento dos momentos magnéticos com amortecimento foi descrito por Landau e Lifschitz em 1935 e modificado por Gilbert em 1955 (GILBERT, 2004). Atualmente, a equação dinâmica da magnetização em um domínio magnético é descrita por (JILES, 1998):

$$\frac{\partial \mathbf{M}}{\partial t} = -\gamma\mu_o \mathbf{M} \times \mathbf{H} + \frac{4\pi\upsilon}{\gamma\mu_o M^2} \mathbf{M} \times \frac{\partial \mathbf{M}}{\partial t} \tag{8.23}$$

Essa equação é baseada na segunda lei de Newton para o movimento rotacional:

$$\eta = \frac{d\mathbf{L}}{dt} = \mathbf{M} \times \mathbf{B} \tag{8.24}$$

onde substitui-se $\mathbf{B} = \mu_o\mathbf{H}$ e $\mathbf{M} = -\gamma\mathbf{L}$ e γ é a razão giromagnética do momento magnético. O segundo termo na Equação (8.23) representa o torque de amortecimento que resulta da dissipação de energia no movimento dos momentos magnéticos. Sem dissipação, o movimento seria apenas de precessão em torno da direção do campo aplicado. Esse termo produz um torque perpendicular a $\mathbf{M}$ e $\partial\mathbf{M}/\partial t$, o qual tende a girar o momento magnético diretamente para a direção de alinhamento com o campo. A constante ν tem a dimensão de frequência e determina o tempo de relaxação para o processo de alinhamento. Para pequenos valores de ν comparados com $\gamma\mu_0 M/4\pi$, a relaxação é lenta e o momento magnético realiza grande número de revoluções em torno do campo antes de alcançar o alinhamento. Para grandes valores dessa frequência, o alinhamento ocorre rapidamente em poucos ciclos de precessão. Valores típicos para ferrites NiZn e MnZn estão na faixa de 10 MHz a 100 MHz (JILES, 1998).

8.3.2 Movimento das paredes de domínio

A dinâmica do movimento das paredes de domínio também pode ser descrita usando a segunda lei de Newton, na qual a força normal por unidade de área exercida pelo campo magnético aplicado em paredes 180° é dada pela Equação (8.8).

$$F_n = -2\mu_0 M_s \cdot H \tag{8.25}$$

Adicionalmente, o movimento das paredes de domínio é determinado pela dissipação de energia em virtude dos defeitos estruturais do material e pela energia potencial elástica associada tanto à translação como à deformação das paredes. Assim, usando o modelo do oscilador harmônico, o movimento das paredes de domínio com área S, em primeira aproximação, pode ser descrito por uma equação de segunda ordem com tempo de relaxação τ e frequência natural de oscilação ω_0:

$$\frac{d^2\Delta x}{dt^2} + \frac{2}{\tau}\frac{d\Delta x}{dt} + \omega_0^2 \Delta x = \frac{F_n S}{m_p} \tag{8.26}$$

onde m_p é a massa equivalente à inércia do movimento da parede. Uma vez que os polos do sistema de segunda ordem são dados por:

$$s = -1/\tau \pm j\omega_0\sqrt{1-(\omega_0\tau)^{-2}} \tag{8.27}$$

podemos concluir que a resposta ao degrau apresenta relaxação com constante de tempo τ e oscilação em torno da resposta final com frequência:

$$\omega_d = \omega_0\sqrt{1-(\omega_0\tau)^{-2}} \tag{8.28}$$

se $\omega_0\tau > 1$. Caso $\omega_0\tau < 1$, o sistema é simplesmente amortecido e apresenta apenas relaxação.

A reposta a um campo que varia de forma senoidal no tempo, com pequena amplitude para que a linearidade implícita na Equação (8.26) seja aproximadamente válida todo o tempo, pode ser obtida com o auxílio da análise fasorial. Nesse caso, teremos:

$$\Delta\hat{x} = -\frac{2\mu_o M_s S\cos\theta / m_p}{\omega_o^2 - \omega^2 + j2\omega/\tau}\hat{H} \tag{8.29}$$

onde θ é o ângulo entre o vetor campo magnético e o vetor magnetização.

A parcela de susceptibilidade magnética resultante desse processo pode ser calculada verificando-se que o deslocamento de uma parede 180° resulta na variação do momento de dipolo magnético da amostra no valor $\Delta m = -2M_s\Delta xS$. Assim, ao utilizarmos a equação anterior, obtemos:

$$\Delta\hat{m} = \frac{4\mu_o M_s^2 S^2 \cos\theta / m_p}{\omega_o^2 - \omega^2 + j2\omega/\tau}\hat{H} \tag{8.30}$$

A variação de susceptibilidade magnética associada ao movimento da parede é obtida dividindo-se Δm pelo volume da amostra V_a e pela intensidade do campo magnético aplicado:

$$\Delta\chi_m = \frac{4\mu_o M_s^2 S^2 / m_p V_a}{\omega_o^2 - \omega^2 + j2\omega/\tau}\cos\theta = \frac{\Delta\chi_o \omega_o^2}{\omega_o^2 - \omega^2 + j2\omega/\tau}\cos\theta \tag{8.31}$$

onde $\Delta\chi_o$ é a amplitude da variação da susceptibilidade magnética para incidência normal do campo na parede e frequência nula.

A soma das contribuições de todas as paredes de domínio na amostra resulta em uma função de resposta em frequência da susceptibilidade magnética. Essa função apresentará picos da parte imaginária associados à dissipação de energia no movimento das paredes e variações bruscas da parte real da susceptibilidade em torno das frequências naturais de ressonância ω_o. Tanto a relaxação como a ressonância são ocasionadas pela interação das paredes com defeitos na estrutura atômica do material. No modelo aproximado de força restauradora elástica para o movimento das paredes em torno dos defeitos, a frequência natural é descrita por $\omega_o = (k_x/m_p)^{1/2}$, na qual k_x é a constante de força elástica ($F_x = -k_x\Delta x$) e m_p é a massa equivalente à inércia da parede. A constante de tempo de relaxação, por sua vez, depende da inércia da parede e da dissipação de energia em função da interação com os defeitos estruturais.

8.3.3 Correntes induzidas

Em virtude das correntes induzidas em um núcleo condutor, a distribuição de indução magnética variável no tempo na seção transversal do núcleo depende da frequência do campo aplicado. Consideremos as geometrias simples mostradas na Figura 8.12. Para o cilíndrico longo, a solução para a propagação da onda eletromagnética é semelhante ao caso do condutor cilíndrico estudado no Capítulo 6, com a diferença de que, no caso atual, o campo magnético é axial, ao passo que o campo elétrico é azimutal. A solução para o campo magnético pode ser obtida de maneira análoga à Equação (6.67) para a densidade de corrente:

$$\hat{H}_z(\rho) = \hat{H}_o \frac{J_o\left(e^{j3\pi/4}\sqrt{2}\rho/\delta\right)}{J_o\left(e^{j3\pi/4}\sqrt{2}a/\delta\right)} \tag{8.32}$$

onde a é o raio do cilindro e H_o é o campo na superfície do núcleo.

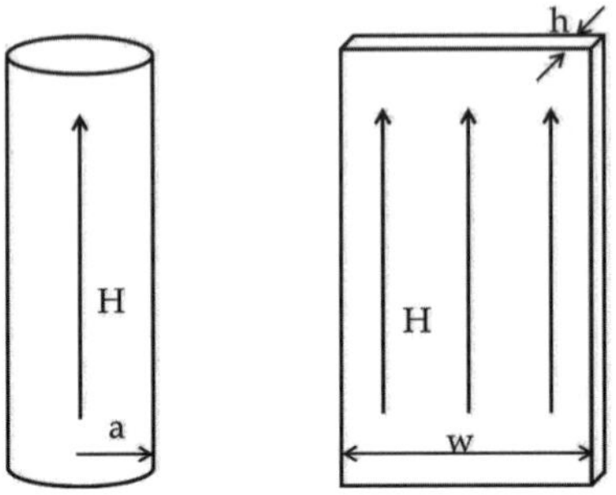

Figura 8.12 Formas geométricas de núcleos magnéticos para a análise do efeito das correntes induzidas.

Ao utilizarmos um procedimento semelhante ao cálculo da corrente no condutor cilíndrico que resultou na Equação (6.70), obtemos o fluxo magnético na seção transversal do núcleo da seguinte forma:

$$\varphi_m = \int_0^a \mu_r\mu_o\hat{H}_z(\rho)2\pi\rho\,d\rho = \frac{2\pi\mu_r\mu_o\hat{H}_o}{J_o\left(e^{j3\pi/4}\sqrt{2}a/\delta\right)}\int_0^a J_o\left(e^{j3\pi/4}\sqrt{2}\rho/\delta\right)\rho\,d\rho =$$

$$= \frac{2\pi\mu_r\mu_o\hat{H}_o a}{e^{j3\pi/4}\sqrt{2}/\delta}\frac{J_1\left(e^{j3\pi/4}\sqrt{2}a/\delta\right)}{J_o\left(e^{j3\pi/4}\sqrt{2}a/\delta\right)} \tag{8.33}$$

A permeabilidade magnética média do núcleo é obtida pela razão entre a indução média na seção transversal e o campo na superfície:

$$\mu_c = \frac{\varphi_m/\pi a^2}{\mu_o\hat{H}_o} = \frac{2\mu_r}{\left(e^{j3\pi/4}\sqrt{2}a/\delta\right)}\frac{J_1\left(e^{j3\pi/4}\sqrt{2}a/\delta\right)}{J_o\left(e^{j3\pi/4}\sqrt{2}a/\delta\right)} \tag{8.34}$$

Com a definição da frequência característica dada pela Equação (6.77), na qual $\delta(f_c) = a/2$ e que resulta em $f_c = 4/\pi\mu_r\mu_o\sigma a^2$, a equação da permeabilidade magnética relativa média no núcleo pode ser escrita da seguinte forma:

$$\frac{\mu_c}{\mu_r} = \frac{1}{\left(e^{j3\pi/4}\sqrt{2f/f_c}\right)} \frac{J_1\left(e^{j3\pi/4}2\sqrt{2f/f_c}\right)}{J_o\left(e^{j3\pi/4}2\sqrt{2f/f_c}\right)} \tag{8.35}$$

Para uma lâmina, o cálculo é análogo, mas a distribuição de campo magnético ao longo da espessura (direção z) é obtida por uma onda plana em um meio condutor [Equação (6.38)]. O campo na direção do comprimento da lâmina (direção x) pode ser escrito da seguinte forma:

$$\hat{H}_x(z) = \hat{H}_1 e^{-\gamma z} + \hat{H}_2 e^{\gamma z} \tag{8.36}$$

Se as faces da lâmina estão nas posições z = –h/2 e z = h/2, a condição de simetria par do campo magnético estabelece que $H_1 = H_2$. Assim, temos:

$$\hat{H}_x(z) = \hat{H}_o \frac{\cosh(\gamma z)}{\cosh(\gamma h/2)} \tag{8.37}$$

onde H_o é o campo na superfície da lâmina e a constante de propagação no caso de um bom condutor ($\sigma >> \omega\varepsilon$) é dada por:

$$\gamma = (1+j)\sqrt{\pi f \mu_r \mu_o \sigma} \tag{8.38}$$

O fluxo magnético na lâmina é calculado por:

$$\varphi_m = 2\int_0^{h/2} \mu_r \mu_o \hat{H}_x(z)\, w\, dz = \frac{2\mu_r\mu_o w\hat{H}_o}{\gamma\cosh(\gamma h/2)} \operatorname{senh}\left(\frac{\gamma h}{2}\right) \tag{8.39}$$

Podemos, assim, calcular a indução magnética média na lâmina e a permeabilidade relativa:

$$\mu_c = \frac{\varphi_m / wh}{\mu_o \hat{H}_o} = \frac{\mu_r}{(\gamma h/2)} \tanh\left(\frac{\gamma h}{2}\right) \tag{8.40}$$

Ao considerarmos novamente a frequência característica $f_c = 4/\pi\mu_r\mu_o\sigma h^2$, a equação da permeabilidade magnética relativa média no núcleo pode ser escrita da seguinte forma:

$$\frac{\mu_c}{\mu_r} = \frac{\tanh\left[(1+j)\sqrt{f/f_c}\right]}{(1+j)\sqrt{f/f_c}} \tag{8.41}$$

A Figura 8.13 mostra a resposta em frequência da permeabilidade magnética do núcleo cilíndrico e da lâmina segundo as Equações (8.35) e (8.41) na forma $\mu_c = \mu' - j\mu''$. Observe que a permeabilidade real apresenta forte redução a partir de $10^{-1} f_c$.

Quanto maiores a permeabilidade e a condutividade do material e a espessura da lâmina ou o diâmetro do cilindro, menor é a frequência característica f_c e, com isso, pior é a resposta do núcleo em altas frequências.

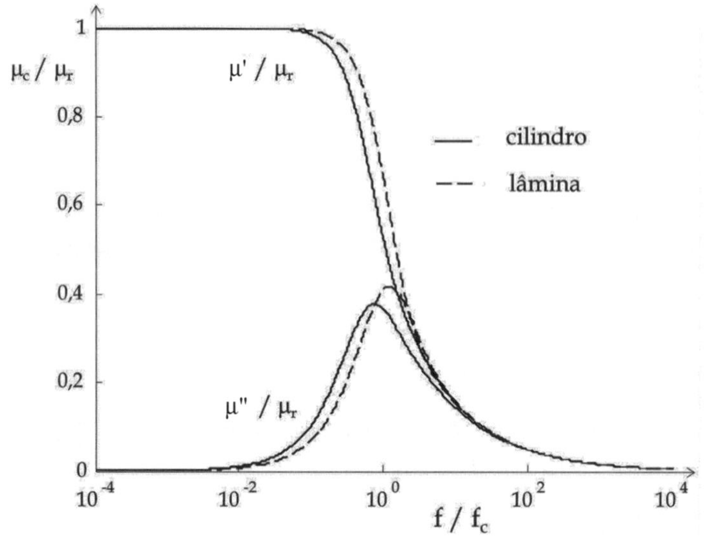

Figura 8.13 Permeabilidade magnética relativa média em um núcleo cilíndrico e uma lâmina de material magnético como função da frequência.

8.4 CAMPO DESMAGNETIZANTE

Uma amostra de material magnetizado apresenta, em geral, polos magnéticos nas interfaces entre regiões com diferentes propriedades magnéticas. Um núcleo aberto, por exemplo, apresenta polos magnéticos nas interfaces com o ar, nas quais a magnetização incide com uma componente perpendicular não nula. Podemos avaliar o efeito dos polos magnéticos na matéria considerando a lei de Gauss aplicada na relação constitutiva:

$$\nabla \cdot \mathbf{B} = \mu_o \left(\nabla \cdot \mathbf{H} + \nabla \cdot \mathbf{M} \right) = 0$$

Para satisfazer à lei de Gauss, o campo magnético e a magnetização devem manter entre si a seguinte relação:

$$\nabla \cdot \mathbf{H} = -\nabla \cdot \mathbf{M} = \rho_{mv} \tag{8.42}$$

A relação $\nabla \cdot \mathbf{M} = -\rho_{mv}$ significa que a magnetização com divergência não nula produz uma densidade volumétrica de carga magnética. Assim, na interface entre duas regiões em que a magnetização seja descontínua, podemos assumir que existe uma densidade superficial de carga magnética que satisfaz à condição: $(\mathbf{M}_1 - \mathbf{M}_2) \cdot \mathbf{u}_n = \rho_{ms}$, na qual $\mathbf{u}_n$ é o vetor unitário normal à interface apontando da região 1 para a região 2. Por sua vez, a relação $\nabla \cdot \mathbf{H} = \rho_{mv}$ mostra que a carga magnética no material produz campo magnético com orientação oposta à magnetização. Esse campo é denominado de campo desmagnetizante.

Considerando o teorema de Gauss, podemos concluir que o fluxo do campo magnético através de uma superfície fechada é igual à carga magnética total no volume. Então, uma carga infinitesimal $\rho_{mv}(\mathbf{r}')\,dV'$ produz um campo esfericamente simétrico que, na distância $\mathbf{r} - \mathbf{r}'$ pode ser calculado pela relação:

$$dH(r)\,4\pi\left|\mathbf{r}-\mathbf{r}'\right|^2 = \rho_{mv}(\mathbf{r}')dV'$$

$$\rightarrow \quad \mathbf{H}(\mathbf{r}) = \frac{1}{4\pi}\int_{V'} \frac{\rho_{mv}(\mathbf{r}')(\mathbf{r}-\mathbf{r}')dV'}{\left|\mathbf{r}-\mathbf{r}'\right|^3} \tag{8.43}$$

O campo desmagnetizante é gerado, então, pela carga magnética da mesma forma que a indução elétrica é gerada pela carga elétrica. Considerando as contribuições da carga volumétrica e da carga superficial, podemos escrever a seguinte expressão para o campo desmagnetizante em uma amostra de matéria magnetizada:

$$\mathbf{H}_d(\mathbf{r}) = \frac{1}{4\pi}\int_{S'} \frac{\left[(\mathbf{M}_1-\mathbf{M}_2)\cdot\mathbf{u}_n\right](\mathbf{r}-\mathbf{r}')dS'}{\left|\mathbf{r}-\mathbf{r}'\right|^3} - \frac{1}{4\pi}\int_{V'} \frac{\nabla\cdot\mathbf{M}\;(\mathbf{r}-\mathbf{r}')dV'}{\left|\mathbf{r}-\mathbf{r}'\right|^3} \tag{8.44}$$

Em uma amostra homogênea, $\nabla \cdot \mathbf{M} = 0$ e apenas a superfície externa contribui para o campo desmagnetizante:

$$\mathbf{H}_d(\mathbf{r}) = \frac{1}{4\pi}\int_{S'} \frac{(\mathbf{M}\cdot\mathbf{u}_n)(\mathbf{r}-\mathbf{r}')dS'}{\left|\mathbf{r}-\mathbf{r}'\right|^3} \tag{8.45}$$

Por exemplo, para uma esfera magnetizada por um campo uniforme (Figura 8.14), a magnetização e o campo desmagnetizante também são uniformes. Podemos calcular facilmente $\mathbf{H}_d$ no centro da esfera. Por causa da simetria azimutal em torno da direção do campo aplicado, o campo desmagnetizante terá componente apenas nessa direção. A densidade de carga magnética é obtida por $\mathbf{M} \cdot \mathbf{u}_r = \rho_{ms} = M\cos\theta$. O cálculo é mostrado a seguir:

$$\begin{aligned} \mathbf{H}_d &= \frac{1}{4\pi}\int_S \frac{(M\cos\theta)(R^2\mathrm{sen}\theta\, d\phi\, d\theta)}{R^2}(-\cos\theta\;\mathbf{a}_M) = \\ &= -\frac{\mathbf{M}}{4\pi}\int_0^{2\pi} d\phi \int_0^{\pi} \cos^2\theta\;\mathrm{sen}\theta\, d\theta = -\frac{\mathbf{M}}{3} \end{aligned} \tag{8.46}$$

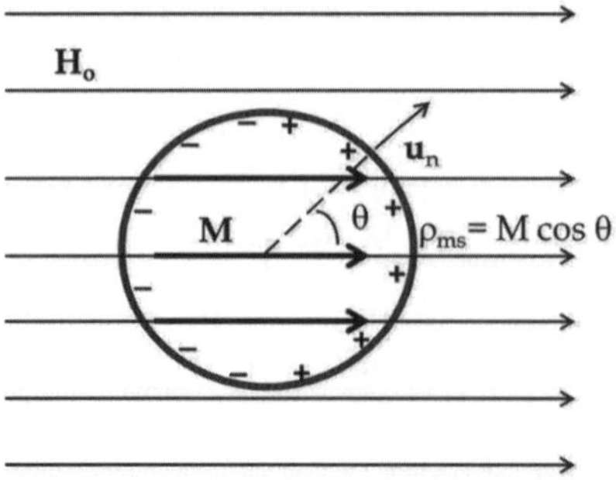

Figura 8.14 Carga magnética na superfície de uma esfera em um campo uniforme.

De modo análogo, pode-se mostrar que um elipsoide de revolução apresenta campo desmagnetizante uniforme quando colocado em um campo magnético uniforme. Nesse caso, o campo desmagnetizante é diferente em cada um dos eixos principais do elipsoide. A relação entre o campo desmagnetizante e a magnetização, denominada fator de desmagnetização, $N_d = |\mathbf{H}_d|/|\mathbf{M}|$, é mostrada na Tabela 8.1.

Tabela 8.1 Fator de desmagnetização para um elipsoide de revolução.

prolato c > a = b, k = c/a 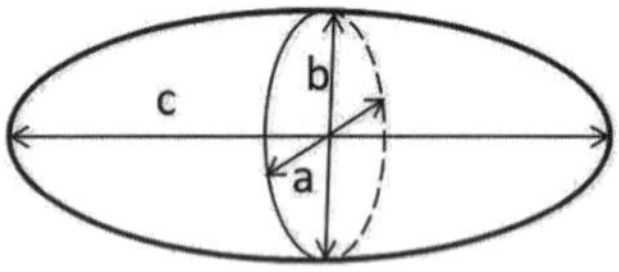	$N_{dc} = \frac{1}{k^2-1}\left[\frac{k}{\sqrt{k^2-1}}Ln\left(k+\sqrt{k^2-1}\right)-1\right]$ $N_{da} = N_{db} = \frac{1}{2}(1-N_{dc})$
oblato c < a = b, k = c/a 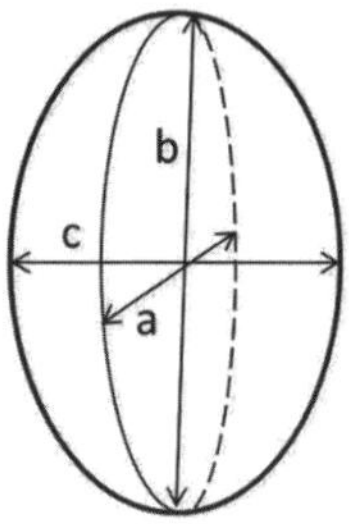	$N_{dc} = \frac{1}{1-k^2}\left[1-\frac{k}{\sqrt{1-k^2}}\text{arcsen}\left(\sqrt{1-k^2}\right)\right]$ $N_{da} = N_{db} = \frac{1}{2}(1-N_{dc})$

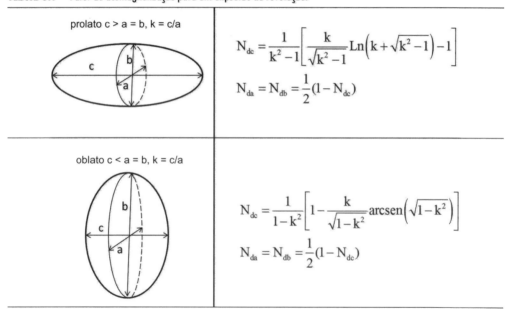

Fonte: FIORILLO, 2004.

Para uma forma cilíndrica, o campo desmagnetizante não é uniforme e o fator de desmagnetização varia com a posição no interior da amostra. Considere um cilindro de base circular com diâmetro D e comprimento L em um campo magnético axial uniforme. A magnetização axial estabelece cargas magnéticas nas bases formando dois polos opostos, como mostra a Figura 8.15. A magnetização é não uniforme em função do efeito desmagnetizante dos polos. Contudo, para se obter uma estimativa do campo desmagnetizante, vamos assumir que a magnetização é uniforme, o que resulta em densidade de carga magnética uniforme nos polos. A integração analítica da Equação (8.45) é possível apenas no eixo do cilindro e resulta em:

$$H_d(z) = -\frac{M}{2}\left[2 + \frac{2z - L}{\sqrt{D^2 + (2z - L)^2}} - \frac{2z + L}{\sqrt{D^2 + (2z + L)^2}}\right] \tag{8.47}$$

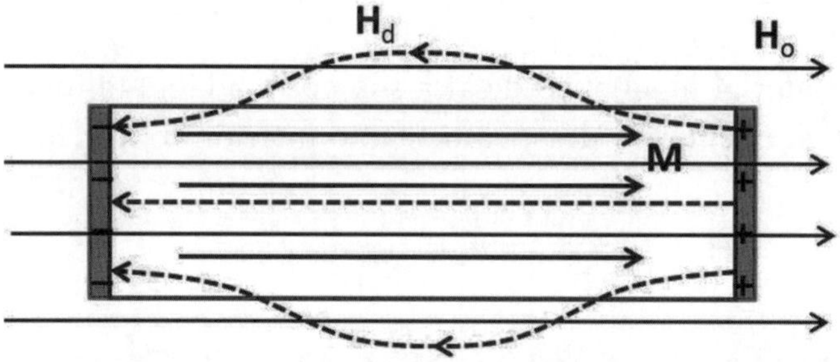

Figura 8.15 Ilustração da distribuição de campo magnético e magnetização em um núcleo cilíndrico magnetizado.

Assim, o fator de desmagnetização no centro do cilindro é obtido da seguinte forma:

$$N_d = \frac{|H_d(0)|}{M} = 1 - \frac{1}{\sqrt{1 + (D/L)^2}} \tag{8.48}$$

Contudo, essa fórmula fornece valores aceitáveis apenas se $D \approx L$. Para valores grandes da razão L/D, o campo magnético varia muito ao longo do comprimento do núcleo. De modo geral, para objetos magnéticos em que a magnetização é intrinsicamente não uniforme, mesmo quando colocados em campo magnético uniforme (é o caso do núcleo cilíndrico), o fator de desmagnetização deve ser calculado por métodos numéricos e promediado no volume do objeto:

$$N_d = \frac{\int_V |H_d| \, dV}{\int_V M \, dV} \tag{8.49}$$

Dados tabelados e gráficos do fator de desmagnetização para diversas geometrias podem ser encontrados na literatura especializada (JILES, 1998; FIORILLO, 2004). Para cilindros com L/D entre 1 e 20, uma aproximação numérica útil é $Nd \approx 0{,}3(L/D)^{-1{,}28}$.

Nas imediações dos polos fora do núcleo, o campo gerado pela carga magnética soma-se ao campo aplicado, o que intensifica o campo magnético no espaço em torno dos polos. Por sua vez, o campo magnético no interior do núcleo é reduzido pelo efeito desmagnetizante. Assumindo que o material magnético é linear, a magnetização é proporcional ao campo total. Temos, então:

$$\mathbf{M} = \chi_m \left(\mathbf{H}_o + \mathbf{H}_d\right) = \chi_m \left(\mathbf{H}_o - N_d \mathbf{M}\right) \rightarrow$$

$$\mathbf{M} = \frac{\chi_m \mathbf{H}_o}{1 + N_d \chi_m} \tag{8.50}$$

Para um material magnético de alta susceptibilidade, tal que $N_d\,\chi_m >> 1$, o campo magnético é reduzido drasticamente no interior do núcleo:

$$\mathbf{H} = \mathbf{H}_o + \mathbf{H}_d = \mathbf{H}_o - \frac{N_d \chi_m \mathbf{H}_o}{1 + N_d \chi_m} = \frac{\mathbf{H}_o}{1 + N_d \chi_m} \tag{8.51}$$

A Figura 8.16 mostra as distribuições de magnetização e campo magnético no ar e no interior de um núcleo magnético de susceptibilidade 1.000, com relação L/D = 4 para um solenoide com mesmas dimensões de núcleo e densidade uniforme de espiras. Observe que o campo magnético é descontínuo através das faces nos polos, ao passo que a indução magnética é contínua. Fora do núcleo, a indução é determinada somente pelo campo magnético ($\mathbf{B} = \mu_o \mathbf{H}$), ao passo que no interior do núcleo a indução é determinada praticamente pela magnetização ($\mathbf{B} \approx \mu_o \mathbf{M}$). Substituindo as Equações (8.50) e (8.51) na relação constitutiva, obtemos uma expressão para a permeabilidade magnética relativa efetiva do núcleo:

$$\mathbf{B} = \mu_o \left(\mathbf{H} + \mathbf{M}\right) = \frac{\mu_o \left(1 + \chi_m\right) \mathbf{H}_o}{1 + N_d \chi_m} \rightarrow$$

$$\mu_c = \frac{\mu_r}{1 + \left(\mu_r - 1\right) N_d} \tag{8.52}$$

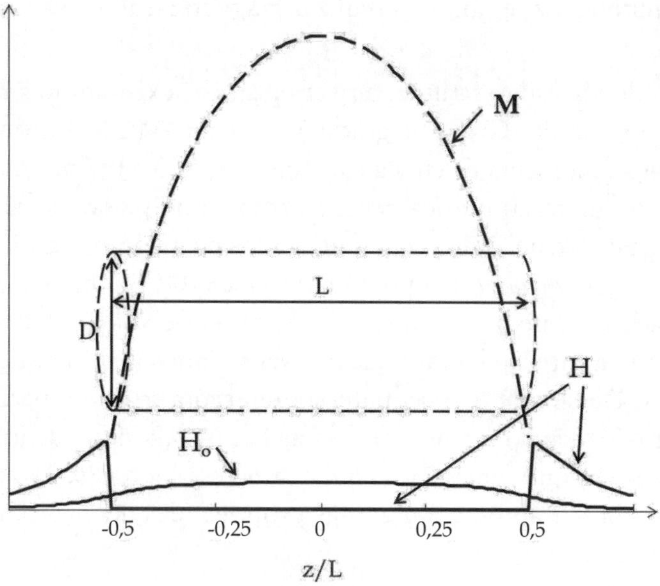

Figura 8.16 Distribuição de campo magnético e magnetização em um núcleo magnético cilíndrico com susceptibilidade 1000 e relação L/D = 4. O solenoide tem dimensões idênticas ao núcleo e densidade uniforme de espiras. Resultados obtidos por simulação numérica.

8.5 MATERIAIS MAGNÉTICOS

Os materiais magnéticos são classificados em macios ou duros. Os materiais macios apresentam pequeno campo coercitivo (menor que 10^3 A/m) e por isso podem ser operados com campos alternados sem apresentar excessiva dissipação de energia. O principal uso desses materiais ocorre no confinamento do fluxo magnético no interior de máquinas elétricas, como motores, geradores e transformadores elétricos, bem como em dispositivos usados em sistemas eletrônicos, como indutores, sensores, relés e eletroímãs. Os materiais magnéticos duros apresentam elevado campo coercitivo (maior que 10^4 A/m) e por isso tendem a manter o fluxo magnético relativamente alto e pouco dependente das características do circuito magnético ao qual está acoplado. Por isso são denominados ímãs permanentes. Quando devidamente magnetizados, são usados como fontes de fluxo magnético em máquinas elétricas e diversos dispositivos eletromagnéticos.

Entre os materiais magnéticos macios destaca-se o ferro com baixo conteúdo de carbono e com pequena adição de silício (da ordem de 3%). A inclusão de silício nessa proporção reduz em 75% a condutividade em relação ao ferro puro, reduzindo as perdas por correntes induzidas no núcleo. A presença de silício também reduz significativamente o efeito magnetoestritivo (variação do comprimento da amostra com a magnetização) na direção [100], o que reduz a vibração e o ruído com campo magnético alternado; reduz a anisotropia cristalina, o que diminui a coercitividade; e também reduz a magnetização de saturação e a temperatura Curie.

Do ponto de vista da estrutura cristalográfica, existem dois tipos de ferro silício: de grão orientado (GO) e de grão não orientado (GNO). Ambos são obtidos por laminação na forma de chapas de espessura 0,3 a 0,7 milímetros. O ferro silício GNO é um material praticamente isotrópico no plano das lâminas, sendo adequado para a construção de peças magnéticas de máquinas girantes cuja direção de magnetização varia no tempo. O ferro silício GO é obtido por um processo de laminação diferente que produz grãos com seus eixos de fácil magnetização [001] orientados na direção da laminação e seus planos (110) paralelos à superfície das lâminas. Desse modo, esse material apresenta máxima permeabilidade e mínima coercitividade na direção paralela às lâminas, sendo adequado para máquinas e dispositivos que funcionam com campo estacionário, como os transformadores. A Tabela 8.2 apresenta algumas propriedades de materiais magnéticos macios selecionados.

Tabela 8.2 Propriedades de materiais magnéticos macios selecionados.

Material	Composição	$\mu_{r\ (max)}$	H_c (A/m)	B_s (T)
FeSi-GNO	97% Fe + 3% Si	3 a 10 × 10^3	30 - 80	1,98 - 2,12
FeSi-GO	97% Fe + 3% Si	20 a 80 × 10^3	4 - 15	2,03
Permalloy	16% Fe + 79% Ni + 5% Mo	5 × 10^5	0,4	0,8
Ferrites	$Zn_xMn_{1-x}Fe_2O_4$	3 × 10^3	20 - 80	0,2 - 0,5
Liga amorfa	78% Fe + 13% B + 9% Si	1 × 10^5	2	1,56
Nanocristalino	73,5% Fe + 1% Cu + 3% Nb +13,5% Si + 9% B	1 × 10^5	0,5	1,2

Fonte: FIORILLO, 2004.

Existem diversas ligas ferromagnéticas envolvendo o ferro e o níquel como elementos principais. As mais conhecidas são o Permalloy (16% Fe + 79% Ni + 5% Mo) e o Mumetal (16% Fe + 77% Ni + 5% Cu + 2% Cr). As ligas Fe-Ni apresentam permeabilidade magnética muito elevada, maior que 10^5, e baixo campo coercitivo, menor que 1 A/m. Existem basicamente três composições dessa liga que são mais usadas e conferem diferentes propriedades ao material: a liga com 80% de níquel apresenta máxima permeabilidade; a liga contendo 50% de níquel apresenta máxima magnetização de saturação; e a liga com 30% a 40% de níquel apresenta máxima resistividade elétrica (JILES, 1998). Por causa da alta permeabilidade magnética, esses materiais são especialmente usados na construção de blindagens magnéticas de grande eficiência. Além disso, em virtude das baixas perdas por histerese, são também utilizados em elementos de circuito elétrico operando em radiofrequência, como indutores e transformadores de alto rendimento.

As ligas amorfas contendo ferro e diversos outros elementos, como níquel, cobalto, boro, fósforo e silício, são obtidas com o resfriamento rápido a partir da fase líquida. O resfriamento impede a cristalização da liga, mas mantém a ordem em curtas distâncias. Com tratamento térmico adequado, é possível obter ligas amorfas com coercitividades de uma ordem de grandeza menor do que o ferro-silício e com permeabilidade magnética superior. As ligas amorfas mais conhecidas são as que contêm boro na proporção de 1% a 20% e são denominadas de Metglas, geralmente fabricadas na forma de fitas e que podem apresentar coercitividade menor que 1 A/m e permeabilidade maior que 10^5. Sua maior limitação na comparação com o ferro-silício é a magnetização de saturação consideravelmente menor, o que impede a sua aplicação em equipamentos que operam com elevada concentração de fluxo magnético. Suas principais aplicações envolvem núcleos para sensores magnéticos, blindagens magnéticas e dispositivos magnéticos de baixa potência.

Materiais nanocristalinos são ligas baseadas em ferro que possuem tamanho de grão de 10 a 15 nanômetros, obtidos por solidificação rápida e recozimento acima da temperatura de cristalização. Excelentes propriedades magnéticas são obtidas, como baixa coercitividade e alta permeabilidade semelhantes às do Permalloy e do Metglas, mas com a vantagem de magnetização de saturação superior e muito alta resistividade, da ordem de 10^6 Ωm, o que torna esse material adequado para aplicações como núcleo de indutores e transformadores para altas frequências.

A Tabela 8.3 apresenta informações sobre alguns materiais usados como ímãs permanentes. As coercitividades desses materiais são muito elevadas quando comparadas com os materiais macios descritos anteriormente. Por esse motivo, eles se constituem em fontes de fluxo magnético que pouco dependem da relutância do circuito magnético ao qual estão acoplados. O Alnico foi um dos primeiros ímãs permanentes desenvolvidos, sendo constituído basicamente de alumínio, níquel e cobalto em uma matriz de átomos de ferro com pequena quantidade de cobre.

Tabela 8.3 Propriedades de materiais usados como ímãs permanentes.

Material	Composição	BH_{max} (KJ/m³)	H_c (KA/m)	B_r (T)
Alnico	8% Al + 15% Ni + 24% Co +3% Cu + 50% Fe	52	56	1,31
Ferrite-Ba	$BaO{\cdot}6Fe_2O_3$	28	192	0,395
Platina-Co	77% Pt + 23% Co	76	344	0,645
Samario-Co	$SmCo_5$	160	696	0,9
Neodímio-Fe-B	$Nd_2Fe_{14}B$	320	1.120	1,3

Fonte: JILES, 1998.

Os ímãs de ferrite, ou ímãs cerâmicos, são constituídos de ferrites com estrutura hexagonal contendo bário ($BaO{\cdot}6Fe_2O_3$) ou estrôncio ($SrO{\cdot}6Fe_2O_3$). Eles apresentam maior coercitividade do que os ímãs de Alnico, mas sua remanência é muito mais baixa, o que resulta em baixos valores do produto BH_{max}. Esse produto indica a quantidade máxima de energia magnética que um ímã retém. A Figura 8.17 apresenta um diagrama conceitual da curva de desmagnetização de um material magnético duro e uma reta de desmagnetização que está associada a seu campo desmagnetizante. A partir das relações:

$$\mathbf{H} = -N_d\mathbf{M}$$

$$\mathbf{B} = \mu_o(\mathbf{H} + \mathbf{M})$$

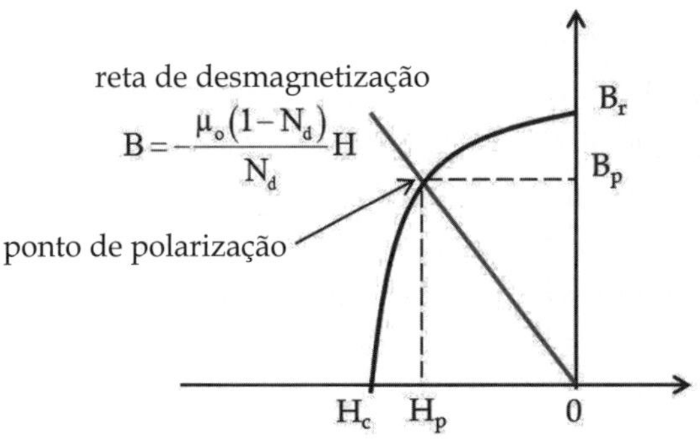

Figura 8.17 Ilustração do ponto de polarização na curva de magnetização em um ímã permanente.

A reta de desmagnetização é facilmente calculada por:

$$B = -\frac{\mu_o\left(1 - N_d\right)}{N_d}H \tag{8.53}$$

Na intersecção dessa reta com a curva de magnetização (segundo quadrante), obtém-se o ponto de polarização do ímã. O produto BH é calculado nesse ponto. Uma vez que o ponto de polarização depende do fator de desmagnetização, o ímã deve ter dimensões adequadas para operar em seu ponto de máximo produto BH. Embora quando conectado a um circuito magnético a reta de desmagnetização se modifique, o produto BH_{max} serve de parâmetro de comparação da energia total disponibilizada pelos diferentes materiais. Pode-se mostrar que a energia magnética total fora do ímã é numericamente igual à integral de BH/2 no volume interno do ímã. A razão disso está no fato de que, ao se magnetizar um ímã, a fonte de campo, por exemplo, um solenoide, terá sua corrente elétrica partindo de zero e retornando a zero no final do processo. Se ignorarmos a energia dissipada, concluiremos, então, que a energia total armazenada no espaço, incluindo o volume interno do ímã, deve ser zero. Assim, a energia total armazenada no campo magnético fora do ímã é igual ao negativo da energia total no campo interno.

$$W_{ext} = -\frac{1}{2}\int_{V_{int}} BH\,dV \tag{8.54}$$

A Figura 8.18 mostra a representação de um ímã com um entreferro. Em qualquer aplicação, a magnetização de um ímã é útil exclusivamente pelo campo magnético que se obtém no espaço externo e em torno de seu volume. No caso dessa figura, o campo externo está principalmente concentrado no entreferro. A lei de Ampère aplicada no percurso médio tracejado resulta em:

$$H_e L_e = H_i L_i \tag{8.55}$$

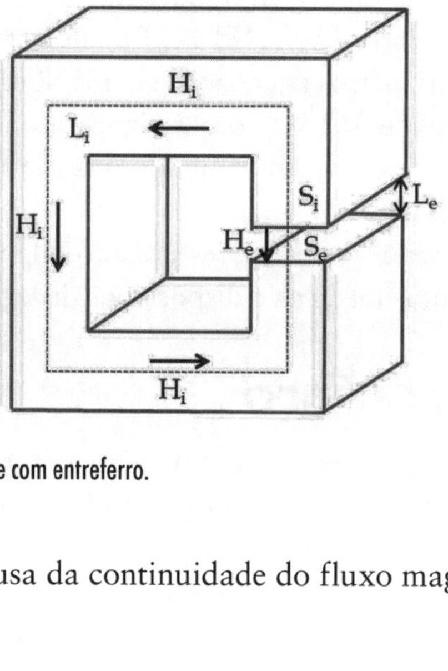

Figura 8.18 Um ímã permanente com entreferro.

Além disso, por causa da continuidade do fluxo magnético, temos:

$$\mu_o H_e S_e = B_i S_i \tag{8.56}$$

Podemos resolver as equações anteriores para determinar o campo magnético no entreferro. Com isso, obtemos:

$$\mu_o H_e^2 V_e = B_i H_i V_i \;\rightarrow$$

$$H_e = \sqrt{\frac{B_i H_i V_i}{\mu_o V_e}} \tag{8.57}$$

onde V_i e V_e são os volumes do ímã e do entreferro, respectivamente. Essa equação mostra que a energia total no entreferro é igual à energia total no interior do ímã. Concluímos que, para se obter o máximo campo magnético no entreferro com volume mínimo do ímã, é necessário operar no ponto de polarização BH_{max}. A reta de desmagnetização pode ser facilmente obtida das equações anteriores da seguinte forma:

$$B = -\mu_o \frac{S_e}{S_i} \frac{L_i}{L_e} H \tag{8.58}$$

Nas últimas décadas, foram desenvolvidas ligas de materiais magnéticos de coercitividade e produto BH_{max} altos combinando metais de transição de terras raras (como samário e neodímio) com metais de transição da série 3d (como cobalto e ferro). A vantagem desses materiais reside na combinação da alta anisotropia dos metais de terras raras com a elevada temperatura Curie dos metais 3d. O ímã de samário-cobalto ($SmCo_5$) foi desenvolvido primeiro nos anos de 1960, com coercitividade em torno de 700 kA/m, remanência próxima de 1 T, produto BH_{max} cerca do triplo dos ímãs Alnico e temperatura Curie de 720 °C. Duas décadas depois, surgiu o ímã de neodímio-ferro-boro ($Nd_2Fe_{14}B$), que apresenta melhora significativa em quase todos os parâmetros em relação ao ímã de samário-cobalto, mas com menor temperatura Curie (de 312 °C), o que significa que esse material não pode ser usado em aplicações que envolvam temperaturas elevadas. Os ímãs permanentes são principalmente usados em motores elétricos e geradores de energia, mas também encontram importantes aplicações em alto-falantes, geradores de campo magnético em equipamentos médicos e dispositivos de levitação magnética.

8.6 CIRCUITO MAGNÉTICO

Circuito magnético é qualquer sistema constituído de fontes de campo magnético associadas a núcleos de materiais de alta permeabilidade usados para manter o fluxo magnético confinado em caminhos e volumes finitos predefinidos. Em um circuito magnético, a fonte de fluxo pode ser um ímã permanente, como mostrado anteriormente, ou uma bobina transportando corrente elétrica. Para se analisar um circuito magnético de maneira simples, é comum utilizar a analogia com circuitos elétricos. Consideremos como exemplo a estrutura mostrada na Figura 8.19a. Se assumirmos que o campo magnético é uniforme no percurso médio do núcleo, podemos aplicar a lei de Ampère para obter:

$$H L_n = N i = F_m \tag{8.59}$$

Na modelagem de circuito magnético, a circulação do campo magnético é denominada de força magnetomotriz. Vemos, então, que a força magnetomotriz é igual ao produto da corrente pelo número de espiras na bobina que produz o campo magnético no circuito. Assumindo também, por simplicidade, que a indução magnética é uniforme na seção transversal do núcleo, podemos obter a seguinte relação entre o fluxo magnético e a força magnetomotriz:

$$\varphi_m = BS = \mu HS = \frac{\mu S}{L_n} HL_n = \frac{\mu S}{L_n} F_m \tag{8.60}$$

onde consideramos linear a relação constitutiva para o material do núcleo. Por causa dessa suposta linearidade, podemos definir um coeficiente de proporcionalidade entre fluxo e força magnetomotriz, denominado relutância do circuito magnético:

$$R_m = \frac{F_m}{\varphi_m} = \frac{L_n}{\mu S} \tag{8.61}$$

Estabelecendo a analogia com circuitos elétricos, podemos dizer que o fluxo magnético equivale à corrente elétrica, a força magnetomotriz equivale ao potencial elétrico e a relutância equivale à resistência elétrica. Assim, a Equação (8.61) é a expressão da lei de Ohm para o circuito magnético.

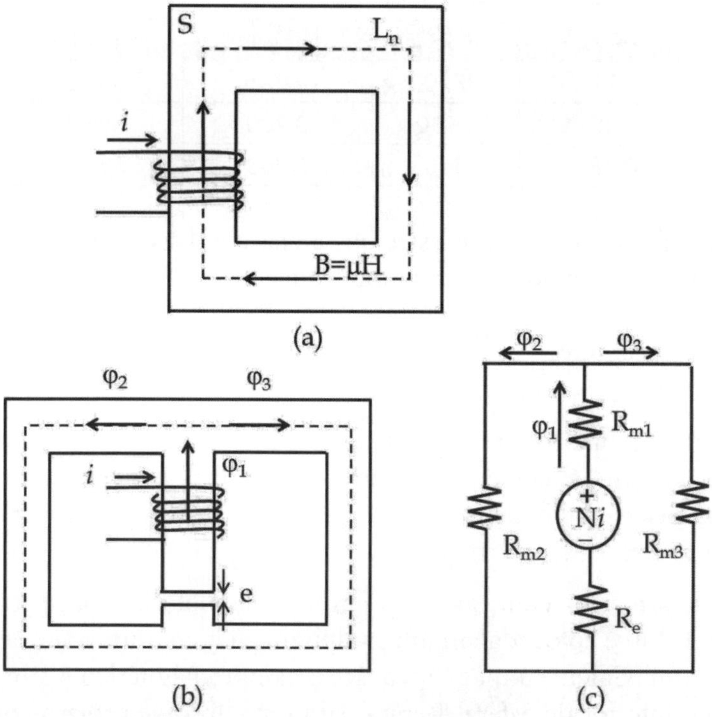

Figura 8.19 (a) Circuito magnético simples; (b) circuito magnético com duas malhas e um entreferro; (c) modelo para o circuito (b).

Para circuitos mais complexos, como aquele mostrado na Figura 8.19b, essa analogia permite realizar a análise usando associações de relutâncias (série e paralela) tal como ocorre com as resistências. O modelo para esse circuito é mostrado na Figura 8.19c. Além disso, pode-se verificar facilmente que as formas análogas das leis de Kirchhoff para malhas e nós de um circuito magnético são válidas.

Um entreferro em um circuito magnético atua como um elemento de alta relutância. Quando o espaçamento entre as faces do núcleo é pequeno comparado com o comprimento das arestas ou o perímetro de sua seção transversal, a relutância do entreferro pode ser facilmente calculada.

$$R_e = \frac{\mathrm{e}}{\mu_o S} \tag{8.62}$$

8.7 EXERCÍCIOS

1) Para os metais da Tabela 8.4, estime o campo molecular na saturação usando a expressão da constante de Curie [Equação (4.71)] e assumindo que, em todos os casos, $J = S$.

Tabela 8.4 Algumas propriedades de metais magnéticos.

Material	M_s (10^6 A/m)	T_c (°C)	ρ_m (kg/m^3)	Mmol (g)	H_m (A/m)
Fe	1,71	770	7.874	55,85	
Co	1,42	1.130	8.900	58,93	
Ni	0,48	358	8.908	58,69	

2) Usando a Equação (8.10), mostre que a energia dissipada por ciclo de histerese pode ser calculada pela seguinte equação:

$$w_{diss} = \mu_o \int_{ciclo} H \cdot dM \tag{8.63}$$

3) Considere um núcleo laminado de ferro silício com $\mu_r = 10^4$ e condutividade $\sigma = 2 \times 10^6$ S/m. Calcule a espessura das lâminas para que a frequência de corte da permeabilidade magnética seja 500 Hz. Calcule a permeabilidade relativa complexa nessa frequência.

4) Uma esfera maciça com raio de 5 cm feita de material com permeabilidade relativa 1.000 é colocada em um campo magnético uniforme com intensidade 100 A/m. Calcule a magnetização, o campo magnético e a indução magnética no interior da esfera. Repita para um elipsoide prolato com a = b = 1 cm, c = 5 cm e com campo aplicado na direção do eixo maior. Repita para um cilindro de diâmetro 1 cm, comprimento 5 cm e com campo aplicado na direção do comprimento.

5) A curva de magnetização mostrada na Figura 8.20 é descrita pela equação de Langevin (8.18) com $M_s = 10^6$ A/m, a = 10 A/m e H substituído por $H \pm H_c$, onde $H_c = 50$ A/m é o campo coercitivo do material. Com base nessa curva, calcule: a indução magnética remanente, a susceptibilidade magnética diferencial máxima e a energia dissipada por ciclo.

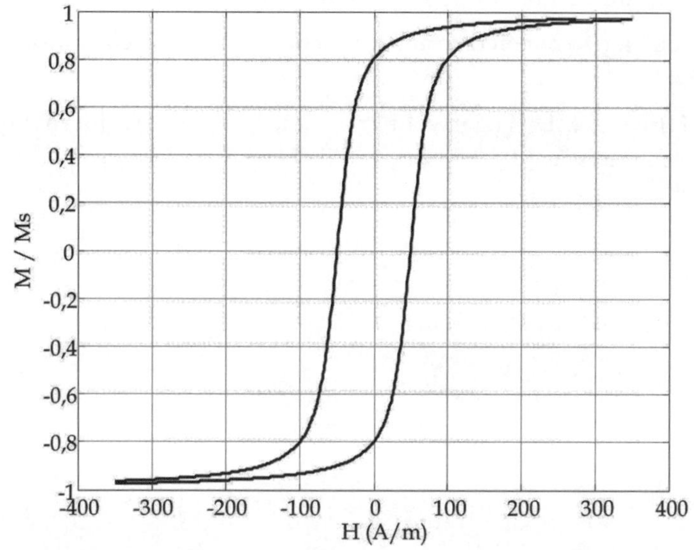

Figura 8.20 Ilustração para o exercício 5.

6) Calcule a indutância, o campo magnético no entreferro e a energia armazenada nos circuitos da Figura 8.21. Dados: $i = 1$ A, N = 50, raio médio do toroide = 30 mm, aresta do núcleo retangular (Z) = 50 mm, entreferro = 1 mm, área da seção transversal = 2 cm², permeabilidade magnética $\mu_r = 2000$.

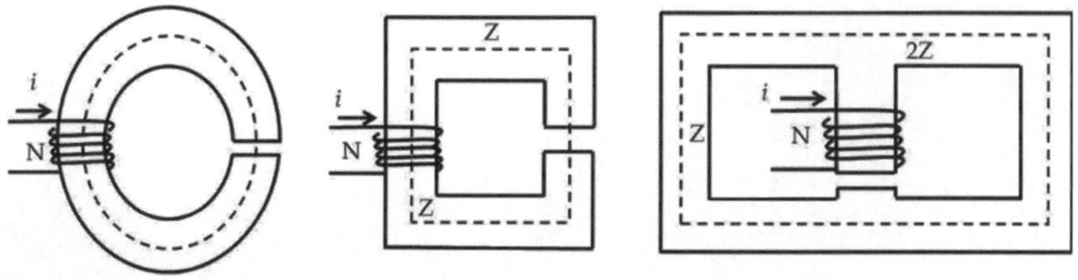

Figura 8.21 Ilustração para o exercício 6.

8.8 REFERÊNCIAS

BUSCHOW, K. H. J.; BOER, F. R. **Physics of magnetism and magnetic materials.** Nova York: Kluwer Academic Publisher, 2004.

FIORILLO, F. **Measurement and characterization of magnetic materials.** Amsterdan: Elsevier Academic Press, 2004.

GILBERT, T. L. A phenomenological theory of damping in ferromagnetic materials. **IEEE Transactions on Magnetics,** v. 40, n. 6, p. 3443-3449, 2004.

JILES, D. **Introduction to magnetism and magnetic materials.** 2. ed. Suffolk: St Edmundsbury Press, 1998.

JILES, D.; ATHERTON, D. Theory of ferromagnetic hysteresis. **Journal of Magnetism and Magnetic Materials,** v. 61, p. 48-60, 1986.

CAPÍTULO

9

Energia e força em sistemas eletromagnéticos

O cálculo da energia armazenada em um sistema eletromagnético no vácuo já foi considerado no Capítulo 3. Analisaremos, então, a parcela de energia necessária para polarizar e magnetizar o meio, ou seja, estabelecer distribuições de carga e de corrente em um meio que contém moléculas que se polarizam e se magnetizam. Na sequência, estudaremos a forma como as forças de interação entre campos e objetos podem ser obtidas a partir da energia de polarização e magnetização da matéria.

9.1 ENERGIA DE POLARIZAÇÃO

Durante o evento de polarização de um objeto, a fonte geradora do campo elétrico realiza trabalho na indução de polarização molecular e alinhamento de dipolos permanentes no material. A energia de polarização pode ser obtida pela variação da energia armazenada nos campos em todo o espaço quando ocorre uma mudança na permissividade elétrica de ε_0 para ε no volume do objeto, o que acarreta variação correspondente no campo e indução elétrica dos valores iniciais $\mathbf{E}_0$ e $\mathbf{D}_0$ para os valores finais $\mathbf{E}$ e $\mathbf{D}$ em todo o espaço. Esse é precisamente o caso em que a distribuição espacial da carga geradora do campo não varia durante a alteração da permissividade do meio. Contudo, o campo elétrico é estabelecido, em geral, a partir de potenciais fixos aplicados em eletrodos metálicos. Nesse caso, durante a variação da permissividade do meio, os potenciais elétricos são mantidos constantes nos eletrodos pela variação da carga acumulada em suas superfícies. Essa carga adicional é fornecida pela fonte de energia elétrica. Assim, em sistemas com potenciais fixos, existe uma energia adicional associada ao trabalho realizado pela fonte para variar a carga acumulada nos eletrodos e manter, com isso, os potenciais constantes.

Consideremos uma amostra de matéria de volume V_a submetida ao campo E_o produzido por uma fonte com distribuição de carga fixa. Em virtude da polarização do objeto, o campo total em todo o espaço é **E**, diferente de E_o. A energia de polarização é igual à variação na energia total no espaço com a variação da permissividade elétrica no volume V_a. Podemos, então, calcular a energia de polarização da seguinte forma:

$$\begin{aligned} W_{pol} = W - W_o &= \frac{1}{2}\int_{V_a+V_o} (\mathbf{E}\cdot\mathbf{D} - \mathbf{E}_o\cdot\mathbf{D}_o)dV = \\ &= \frac{1}{2}\int_{V_a+V_o} \mathbf{E}\cdot(\mathbf{D}-\mathbf{D}_o)dV + \frac{1}{2}\int_{V_a+V_o} (\mathbf{E}-\mathbf{E}_o)\cdot\mathbf{D}_o dV \end{aligned} \tag{9.1}$$

onde V_o é o volume externo ao objeto. Se substituirmos $\mathbf{E} = -\nabla\varphi$ e usarmos a identidade $\nabla \cdot (\varphi\mathbf{F}) = \nabla\varphi \cdot \mathbf{F} + \varphi\nabla \cdot \mathbf{F}$, podemos desenvolver a primeira das integrais citadas da seguinte maneira:

$$\begin{aligned} \frac{1}{2}\int_{V_a+V_o} \mathbf{E}\cdot(\mathbf{D}-\mathbf{D}_o)dV &= -\frac{1}{2}\int_{V_a+V_o} \nabla\cdot[\varphi(\mathbf{D}-\mathbf{D}_o)]dV + \\ &+ \frac{1}{2}\int_{V_a+V_o} \varphi\nabla\cdot(\mathbf{D}-\mathbf{D}_o)dV \end{aligned} \tag{9.2}$$

Porém, se a amostra não contém cargas livres, a segunda integral é nula, pois $\nabla \cdot \mathbf{D} = \nabla \cdot \mathbf{D}_o = 0$. Utilizando o teorema de Gauss, podemos reescrever a primeira integral:

$$\frac{1}{2}\int_{V_a+V_o} \nabla\cdot[\varphi(\mathbf{D}-\mathbf{D}_o)]dV = \frac{1}{2}\oint_{S_a}\varphi(\mathbf{D}-\mathbf{D}_o)\cdot d\mathbf{S}_a + \frac{1}{2}\oint_{S_o}\varphi(\mathbf{D}-\mathbf{D}_o)\cdot d\mathbf{S}_o$$

onde S_o é a superfície limitante do volume V_o e S_a é a superfície limitante do volume V_a.

Como o volume V_o corresponde ao espaço externo, uma parte de S_o coincide com S_a e a outra parte situa-se no infinito. O fluxo através da superfície de raio infinito é nulo. Assim, a integral no meio externo resume-se a uma integral em S_a. Entretanto, sobre a superfície temos $d\mathbf{S}_o = -d\mathbf{S}_a$, e como o potencial e a indução elétrica são contínuos, uma vez que não existe carga livre na interface, concluímos que a primeira integral no lado direito da igualdade na Equação (9.1) é nula. Portanto, a energia de polarização pode ser calculada apenas com a segunda integral, a qual reescrevemos da seguinte forma:

$$W_{pol} = \frac{1}{2}\int_{V_a} (\mathbf{E}-\mathbf{E}_o)\cdot\mathbf{D}_o dV + \frac{1}{2}\int_{V_o} (\mathbf{E}-\mathbf{E}_o)\cdot\mathbf{D}_o dV \tag{9.3}$$

No volume externo, a relação constitutiva é $\mathbf{D}_o = \varepsilon_o\mathbf{E}_o$ na ausência do objeto e $\mathbf{D} = \varepsilon_o\mathbf{E}$ em sua presença. Então, a segunda integral na equação anterior pode ser escrita na forma equivalente:

$$\frac{1}{2}\int_{V_o} (\mathbf{E}-\mathbf{E}_o)\cdot\mathbf{D}_o dV = \frac{1}{2}\int_{V_o} (\mathbf{D}-\mathbf{D}_o)\cdot\mathbf{E}_o dV$$

Porém, ao utilizarmos o mesmo desenvolvimento aplicado na Equação (9.2), concluímos que:

$$\frac{1}{2}\int_{V_a+V_o} (\mathbf{D}-\mathbf{D}_o)\cdot\mathbf{E}_o dV = 0 \rightarrow \frac{1}{2}\int_{V_o} (\mathbf{D}-\mathbf{D}_o)\cdot\mathbf{E}_o dV = -\frac{1}{2}\int_{V_a} (\mathbf{D}-\mathbf{D}_o)\cdot\mathbf{E}_o dV$$

Levando esse resultado à Equação (9.3), obtemos:

$$W_{pol} = \frac{1}{2}\int_{V_a} (\mathbf{E}\cdot\mathbf{D}_o - \mathbf{D}\cdot\mathbf{E}_o) dV \tag{9.4}$$

Se o objeto é um dielétrico linear, a energia de polarização assume formas mais simples:

$$W_{pol} = \frac{1}{2}\int_{V_a} \varepsilon_o(1-\varepsilon_r)\mathbf{E}\cdot\mathbf{E}_o dV = -\frac{1}{2}\int_{V_a} \chi_e\varepsilon_o\mathbf{E}\cdot\mathbf{E}_o dV = -\frac{1}{2}\int_{V_a} \mathbf{P}\cdot\mathbf{E}_o dV \tag{9.5}$$

onde **P** é a polarização da amostra.

Podemos, então, identificar o último integrando como uma densidade de energia de polarização, ou seja:

$$w_{pol(q)} = -\frac{1}{2}\mathbf{P}\cdot\mathbf{E}_o \tag{9.6}$$

O índice q na energia de polarização indica que a fonte de campo tem uma distribuição fixa de carga. Contudo, se o campo é mantido a partir de potenciais fixos em eletrodos metálicos, a carga nesses eletrodos modifica-se com a alteração da permissividade do meio e o trabalho adicional realizado pela fonte de energia deve ser considerado no cálculo da energia de polarização.

Para obtermos essa contribuição, consideremos que o processo de polarização com potenciais fixos se dá em duas etapas: inicialmente, os eletrodos são carregados até o seu potencial final, conectando-os a uma fonte de potencial elétrico; depois, a fonte é removida e os eletrodos permanecem carregados com uma carga fixa. O objeto é, então, introduzido no campo produzido por essas cargas. A energia de polarização nesse processo é dada pela Equação (9.6). O trabalho realizado pela fonte para carregar os eletrodos pode ser obtido da Equação (3.3) considerando-se uma relação linear entre potencial elétrico e carga:

$$W = \frac{1}{2}\int_{V_e} \rho_v V \, dV \tag{9.7}$$

onde V_e é o volume ocupado pelos condutores.

Em virtude da presença do objeto, o campo elétrico em todo o espaço se modifica e o potencial nos eletrodos se altera de uma quantidade δV_1, de modo que a energia armazenada varia de uma quantidade dada por:

$$\delta W_1 = \frac{1}{2}\int_{V_e} \rho_v \delta V_1 \, dV$$

onde o índice 1 indica o primeiro passo do processo de polarização.

Essa variação de energia é numericamente igual à energia de polarização calculada anteriormente na Equação (9.5). Então, após isso, conecta-se novamente a fonte de potencial nos eletrodos e carregam-se adicionalmente os condutores até o potencial final. Nessa etapa, tanto o potencial como a carga nos eletrodos se modificam, de modo que a variação de energia deve ser calculada por:

$$\delta W_2 = \frac{1}{2}\int_{V_e} \left(\delta\rho_v V + \rho_v \delta V_2\right) dV$$

Contudo, comparando com a Equação (3.3), concluímos que os dois termos no integrando dessa equação devem ser iguais. Então, como $\delta V_2 = -\delta V_1$, temos:

$$\delta W_2 = \int_{V_e} \rho_v \delta V_2 \, dV = -\int_{V_e} \rho_v \delta V_1 \, dV = -2\,\delta W_1 \tag{9.8}$$

Obtemos a seguinte conclusão: ao se restabelecer os potenciais originais nos eletrodos, o trabalho realizado é o dobro da primeira etapa com sinal contrário. Assim, a energia de polarização é igual à soma dos trabalhos realizados nas duas etapas:

$$W_{pol(V)} = -W_{pol(q)} = \frac{1}{2}\int_{V_a} \mathbf{P} \cdot \mathbf{E}_o dV \tag{9.9}$$

onde o índice *V* indica o potencial fixo.

Consideremos, então, a densidade de energia armazenada no espaço. Somando o trabalho para estabelecer o campo elétrico inicial com o trabalho de polarização do dielétrico, obtemos a energia total armazenada no espaço. Para uma fonte de campo com carga fixa, a densidade de energia é dada por:

$$w_{e(q)} = \frac{1}{2}\mathbf{D}_o \cdot \mathbf{E}_o - \frac{1}{2}\mathbf{P} \cdot \mathbf{E}_o \qquad (9.10)$$

Se substituirmos $\mathbf{E}_o = \mathbf{D}_o/\varepsilon_o$ e $\mathbf{P} = \varepsilon_o\chi_e\mathbf{E}$ e supusermos que todo o espaço é preenchido uniformemente com o dielétrico, uma vez que a indução elétrica não varia com a mudança da permissividade do meio (pois a carga é fixa na fonte), obtemos:

$$w_{e(q)} = \frac{1}{2}\mathbf{D}_o \cdot \frac{\mathbf{D}_o}{\varepsilon_o} - \frac{1}{2}\chi_e\varepsilon_o\frac{\mathbf{D}_o}{\varepsilon_r\varepsilon_o} \cdot \frac{\mathbf{D}_o}{\varepsilon_o} = \frac{1}{2}\frac{\mathbf{D}_o \cdot \mathbf{D}_o}{\varepsilon_o}\left(1 - \frac{\chi_e}{\varepsilon_r}\right) = \frac{1}{2}\frac{\mathbf{D}_o \cdot \mathbf{D}_o}{\varepsilon_r\varepsilon_o} = \frac{1}{2}\mathbf{D}_o \cdot \mathbf{E} \qquad (9.11)$$

A energia diminui com o aumento da permissividade elétrica do meio porque o campo elétrico diminui. No caso de fonte de potencial fixo, a densidade de energia é dada por:

$$w_{e(V)} = \frac{1}{2}\mathbf{D}_o \cdot \mathbf{E}_o + \frac{1}{2}\mathbf{P} \cdot \mathbf{E}_o \qquad (9.12)$$

Porém, se o espaço é preenchido uniformemente pelo dielétrico, o campo elétrico não muda com a variação da permissividade. Temos, então, que:

$$w_{e(V)} = \frac{1}{2}\varepsilon_o\mathbf{E}_o \cdot \mathbf{E}_o + \frac{1}{2}\chi_e\varepsilon_o\mathbf{E}_o \cdot \mathbf{E}_o = \frac{1}{2}\varepsilon_r\varepsilon_o\mathbf{E}_o \cdot \mathbf{E}_o = \frac{1}{2}\mathbf{D} \cdot \mathbf{E}_o \qquad (9.13)$$

A energia aumenta porque a indução elétrica aumenta com a mudança da permissividade elétrica. Em qualquer caso, a densidade de energia total é sempre calculada por $\frac{1}{2}\mathbf{D} \cdot \mathbf{E}$, como já foi deduzido no Capítulo 3.

Quando o campo aplicado varia de forma senoidal no tempo, é mais interessante para fins práticos utilizar valores médios de energia com base em uma descrição fasorial dos campos. Consideremos um material em que a polarização não está em fase com o campo senoidal aplicado. Nesse caso, evidentemente, ocorre dissipação de parte da energia de polarização, ou seja, uma parte do trabalho realizado na criação e na orientação de dipolos elétricos no material é transformada em calor. A energia média por unidade de volume em um período (T) de variação do campo aplicado é obtida por:

$$\langle w_e \rangle = \frac{1}{T}\int_T \left(\frac{\mathbf{E} \cdot \mathbf{D}}{2}\right)dt = \frac{1}{2T}\int_T \mathbf{E}_m \cdot \mathbf{D}_m \cos(\omega t)\cos(\omega t - \phi)\,dt = \frac{1}{4}\mathbf{E}_m \cdot \mathbf{D}_m \cos(\phi) \qquad (9.14)$$

onde ϕ é o ângulo de defasagem da indução elétrica em relação ao campo aplicado.

A potência dissipada no processo de polarização pode ser calculada pelo valor médio da taxa de variação no tempo da energia armazenada no sistema:

$$p_{diss} = \left\langle \frac{d}{dt}\left(\frac{E \cdot D}{2}\right)\right\rangle = \left\langle E \cdot \frac{dD}{dt}\right\rangle = \langle E \cdot J_d \rangle$$

No caso hipotético de polarização sem perdas, o valor médio citado é nulo, uma vez que o campo e a corrente de deslocamento estão defasados por $\pi/2$ radianos. Isso significa que no regime senoidal toda a energia fornecida pela fonte para polarizar o material durante um quarto de ciclo do campo aplicado é restituída no quarto de ciclo seguinte, sem haver dissipação. Contudo, havendo dissipação de energia na polarização, a potência média dissipada é calculada da seguinte forma:

$$p_{diss} = \frac{1}{T}\int_T E \cdot \frac{dD}{dt}\,dt = -\frac{1}{T}\int_T \omega E_m \cdot D_m \cos(\omega t)\mathrm{sen}(\omega t - \phi)\,dt = \frac{1}{2}\omega E_m \cdot D_m \mathrm{sen}(\phi) \tag{9.15}$$

Observe que, se o ângulo de defasagem ϕ for nulo, não há perda de energia no processo de polarização. Considerando, então, a relação constitutiva complexa:

$$\hat{D} = (\varepsilon' - j\varepsilon'')\varepsilon_o \hat{E} = \varepsilon_r\, \varepsilon_o (\cos\phi - j\,\mathrm{sen}\phi)\hat{E} \tag{9.16}$$

onde:

$$\tan(\phi) = \frac{\varepsilon''}{\varepsilon'}$$

$$\varepsilon_r = \sqrt{\varepsilon'^2 + \varepsilon''^2}$$

essas equações são, respectivamente, a tangente de perdas e o valor absoluto da constante dielétrica do material. Então, as componentes da indução elétrica em fase e atrasada $\pi/2$ radianos em relação ao campo elétrico são dadas por:

$$\begin{aligned} D_m \cos\phi &= \varepsilon'\varepsilon_o E_m \\ D_m \mathrm{sen}\phi &= \varepsilon''\varepsilon_o E_m \end{aligned} \tag{9.17}$$

Portanto, as expressões da energia média armazenada e da potência dissipada na polarização podem ser reescritas nas seguintes formas:

$$\langle w_e \rangle = \frac{1}{4}\varepsilon'\varepsilon_o E_m^2 \tag{9.18}$$

$$p_{diss} = \frac{1}{2}\omega\varepsilon''\varepsilon_o E_m^2 \tag{9.19}$$

9.2 ENERGIA DE MAGNETIZAÇÃO

Ao se estabelecer a distribuição de corrente em um sistema eletromagnético, a fonte de energia realiza trabalho, parte do qual é utilizado na magnetização da matéria existente no espaço. Essa parcela é denominada energia de magnetização. Podemos calculá-la considerando a variação na energia magnética armazenada em todo o espaço quando um objeto é introduzido no campo magnético preexistente. Consideremos, então, uma amostra de matéria de volume V_a introduzida em um campo magnético H_o de indução B_o, o que modifica o campo para os valores finais **H** e **B**. O trabalho de magnetização pode ser calculado pela diferença entre a energia inicial e a final:

$$W_{mag} = \left[\frac{1}{2}\int_{V_o} \mathbf{B}\cdot\mathbf{H}dV - \frac{1}{2}\int_{V_o} \mathbf{B}_o\cdot\mathbf{H}_o dV\right] + \left[\int_{V_a}\left(\int_0^B \mathbf{H}\cdot\delta\boldsymbol{B}\right)dV - \frac{1}{2}\int_{V_a} \mathbf{B}_o\cdot\mathbf{H}_o dV\right] \tag{9.20}$$

onde V_o é o volume do espaço externo.

Uma vez que o meio externo é o vácuo, temos $\mathbf{B}_o = \mu_o\mathbf{H}_o$ e $\mathbf{B} = \mu_o\mathbf{H}$ no volume V_o. As integrais no espaço externo podem ser combinadas da seguinte forma:

$$\frac{1}{2}\int_{V_o}(\mathbf{B}\cdot\mathbf{H} - \mathbf{B}_o\cdot\mathbf{H}_o)dV = \frac{1}{2}\int_{V_o}(\mathbf{H} - \mathbf{H}_o)\cdot(\mathbf{B} + \mathbf{B}_o)dV$$

Se a distribuição de corrente da fonte não se modifica com a introdução do objeto, temos $\nabla\times\mathbf{H} = \nabla\times\mathbf{H}_o$, ou seja, $\nabla\times(\mathbf{H} - \mathbf{H}_o) = 0$. Isso nos permite escrever que $\mathbf{H} - \mathbf{H}_o = \nabla\varphi$, na qual φ é uma função escalar. Com isso, se a integral anterior fosse realizada em todo o espaço, teríamos:

$$\frac{1}{2}\int_{V_o+V_a}\nabla\varphi\cdot(\mathbf{B} + \mathbf{B}_o)dV = \frac{1}{2}\int_{V_o+V_a}\nabla\cdot[\varphi(\mathbf{B} + \mathbf{B}_o)]dV - \frac{1}{2}\int_{V_o+V_a}\varphi\nabla\cdot(\mathbf{B} + \mathbf{B}_o)dV$$

Porém, a segunda integral no último membro dessa equação é nula porque o divergente da indução magnética é nulo. A primeira integral, de acordo com o teorema de Gauss, pode ser reescrita da seguinte forma:

$$\frac{1}{2}\int_{V_o+V_a}\nabla\cdot[\varphi(\mathbf{B} + \mathbf{B}_o)]dV = \frac{1}{2}\int_{S_o}\varphi(\mathbf{B} + \mathbf{B}_o)\cdot d\mathbf{S} + \frac{1}{2}\int_{S_a}\varphi(\mathbf{B} + \mathbf{B}_o)\cdot d\mathbf{S} = 0$$

Nessa última expressão, uma parte da superfície S_o está no infinito e não contribui para o fluxo. A outra parte é idêntica a S_a. Na interface entre o vácuo e o objeto, tanto φ como a componente normal de indução magnética são contínuas e, como os elementos de superfície nas duas integrais apontam em sentidos opostos em cada ponto sobre a superfície, os fluxos resultantes são iguais em módulo, mas têm sinais contrários. Por isso, o resultado final é nulo. Então, a partir da análise anterior, concluímos que:

$$\frac{1}{2}\int_{V_o}(\mathbf{B}\cdot\mathbf{H}-\mathbf{B}_o\cdot\mathbf{H}_o)dV=-\frac{1}{2}\int_{Va}(\mathbf{H}-\mathbf{H}_o)\cdot(\mathbf{B}+\mathbf{B}_o)dV$$

Levando esse resultado à Equação (9.20), obtemos:

$$W_{mag}=\int_{V_a}\left[\frac{1}{2}(\mathbf{B}\cdot\mathbf{H}_o-\mathbf{B}_o\cdot\mathbf{H}-\mathbf{B}\cdot\mathbf{H})+\int_0^B\mathbf{H}\cdot\delta\boldsymbol{B}\right]dV \tag{9.21}$$

Essa equação permite obter a energia de magnetização com uma integração no volume do objeto magnetizado. Substituindo a relação constitutiva $\mathbf{B}=\mu_o(\mathbf{H}+\mathbf{M})$, obtemos a seguinte forma da densidade de energia de magnetização no volume do objeto:

$$w_{mag}=\frac{1}{2}\mathbf{M}\cdot(\mathbf{B}_o+\mathbf{B})-\int_0^B\mathbf{M}\cdot d\boldsymbol{B} \tag{9.22}$$

Observe que essa equação foi usada no capítulo anterior [Equação (8.10)] na descrição da curva de magnetização de materiais ferromagnéticos. No caso dos materiais que se magnetizam proporcionalmente ao campo aplicado, podemos substituir $\int\mathbf{M}\cdot d\mathbf{B}=\mathbf{M}\cdot\mathbf{B}/2$, obtendo, então:

$$w_{mag}=\frac{1}{2}\mathbf{M}\cdot\mathbf{B}_o \tag{9.23}$$

Outra conclusão importante pode ser obtida quando consideramos um circuito formado por um núcleo fechado de material ferromagnético ou ferrimagnético envolvido por uma bobina percorrida por corrente elétrica (Figura 9.1a). Nesse caso, o termo envolvendo a integração no volume externo é nulo na Equação (9.20), se considerarmos que o fluxo magnético está confinado no volume do núcleo. Então, a densidade de energia de magnetização pode ser dada por:

$$w_{mag}=\int_0^B\mathbf{H}\cdot d\boldsymbol{B}-\frac{1}{2}\mathbf{B}_o\cdot\mathbf{H}_o \tag{9.24}$$

Usando a relação $\mathbf{B}=\mu_o(\mathbf{H}+\mathbf{M})$, podemos substituir $d\mathbf{B}=\mu_o(d\mathbf{H}+d\mathbf{M})$ e obter:

$$w_{mag}=\mu_o\int_0^H\mathbf{H}\cdot d\boldsymbol{H}+\mu_o\int_0^M\mathbf{H}\cdot d\boldsymbol{M}-\frac{1}{2}\mathbf{B}_o\cdot\mathbf{H}_o$$

Uma vez que o fluxo magnético está totalmente confinado, não há formação de polos magnéticos e o campo magnético não muda com a magnetização do material. Assim, o primeiro e o último termo na equação anterior se cancelam e a energia de magnetização é obtida por:

$$w_{mag} = \mu_o \int_0^M \mathbf{H} \cdot d\boldsymbol{M} \tag{9.25}$$

A energia de magnetização é numericamente igual à área abaixo da curva **H** = F(**M**). Para um ciclo completo de magnetização em que os valores iniciais e finais de **H** e **M** coincidem, a variação da energia de magnetização é numericamente igual à área interna do ciclo de histerese. Esse valor corresponde à energia dissipada por causa das perdas no processo de magnetização. Se a curva de magnetização é obtida com variações lentas do campo aplicado, a variação da energia de magnetização no ciclo é denominada dissipação por histerese e ocorre principalmente pelo deslocamento das paredes de domínio. Em contrapartida, se o material do núcleo é condutor, a variação no tempo do fluxo magnético produz correntes elétricas que contribuem para a dissipação de energia. Essa parcela é denominada dissipação por correntes induzidas.

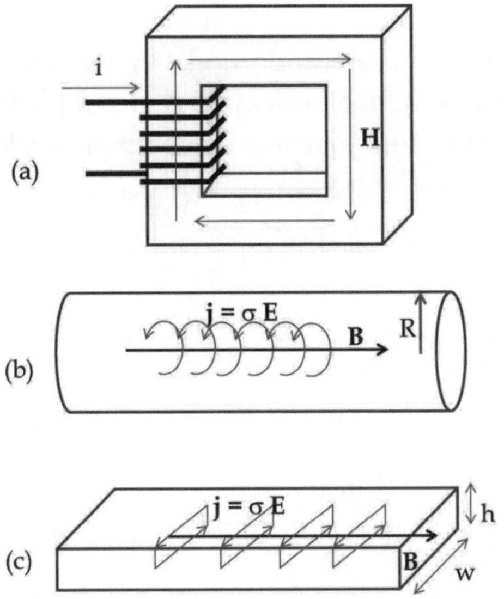

Figura 9.1 (a) Circuito magnético com núcleo fechado; (b) correntes induzidas em um cilindro; (c) correntes induzidas em uma lâmina.

Podemos estimar a dissipação por correntes induzidas para algumas geometrias simples de núcleo magnético, como aquelas mostradas nas Figuras 9.1b e 9.1c. No caso de um núcleo cilíndrico, com a aplicação da lei de Faraday em um caminho circular concêntrico com o cilindro e assumindo que a indução magnética é uniforme na seção transversal do núcleo, obtemos:

$$E2\pi\rho = -\frac{dB}{dt}\pi\rho^2 \quad \rightarrow \quad E = -\frac{\rho}{2}\frac{dB}{dt}\mathbf{u}_\phi$$

A partir desse resultado, a potência total dissipada no volume do núcleo pode ser calculada por:

$$P_{diss} = \int_V \sigma E^2 dV = \int_0^R \frac{\sigma\rho^2}{4}\left(\frac{dB}{dt}\right)^2 2\pi\rho d\rho L = \frac{\sigma\pi R^4 L}{8}\left(\frac{dB}{dt}\right)^2 \tag{9.26}$$

onde L é o comprimento do cilindro. Dividindo pelo volume $\pi R^2 L$, obtemos a densidade média de potência dissipada no núcleo cilíndrico:

$$P_{diss} = \frac{\sigma R^2}{8}\left(\frac{dB}{dt}\right)^2 \tag{9.27}$$

No caso de uma lâmina retangular com largura muito maior que a espessura, se a indução magnética for uniforme, podemos assumir que o campo elétrico não varia na largura da lâmina. Assim, no caminho de integração retangular mostrado na Figura 9.1c, considerando o eixo y paralelo à largura w, o eixo z paralelo à espessura h e estando a origem no centro da lâmina, podemos escrever a seguinte expressão como consequência da aplicação da lei de Faraday:

$$2E_y w = -\frac{dB}{dt}2wz \quad \rightarrow \quad E = -z\frac{dB}{dt}\mathbf{u}_y$$

onde desprezamos as parcelas da integral de linha do campo elétrico na direção z, muito pequenas se comparadas ao termo $2E_y w$.

A potência dissipada na lâmina é obtida da seguinte forma:

$$P_{diss} = \int_V \sigma E^2 dV = 2\int_0^{h/2} \sigma z^2\left(\frac{dB}{dt}\right)^2 wdzL = \frac{\sigma wLh^3}{12}\left(\frac{dB}{dt}\right)^2 \tag{9.28}$$

E a densidade média de potência dissipada é obtida dividindo-se o resultado anterior por wLh.

$$p_{diss} = \frac{\sigma h^2}{12}\left(\frac{dB}{dt}\right)^2 \tag{9.29}$$

Nos cálculos anteriores, desprezamos o efeito pelicular que, em altas frequências, concentra a indução magnética e o campo elétrico induzido nas regiões mais próximas da superfície do núcleo. Portanto, os resultados obtidos são válidos apenas em baixas frequências em que a profundidade de penetração dos campos seja grande quando comparada com o raio do cilindro e a espessura da lâmina. Observe que a densidade média de potência dissipada aumenta de forma quadrática com o raio do cilindro e a espessura de lâmina. A potência dissipada também aumenta de forma quadrática com a taxa de variação temporal da indução magnética. No caso de campo magnético que varia de forma senoidal no tempo, os cálculos anteriores podem ser feitos como médias temporais no período de variação dos campos. Sabendo que:

$$\frac{1}{T}\int_0^T\left[\frac{d}{dt}(B_m \cos \omega t)\right]^2 dt = \frac{B_m^2\omega^2}{2}$$

Podemos substituir nas Equações (9.27) e (9.29) para obtermos a densidade média de potência dissipada como função da frequência de oscilação do campo magnético.

$$\langle p_{diss}\rangle_{cilindro} = \frac{\sigma R^2 B_m^2 \omega^2}{16} \tag{9.30}$$

$$\langle p_{diss}\rangle_{lâmina} = \frac{\sigma h^2 B_m^2 \omega^2}{24} \tag{9.31}$$

Observe que a potência dissipada é proporcional à condutividade do núcleo e aumenta de forma quadrática com a dimensão do núcleo perpendicular ao campo (R ou h). Além disso, a potência também aumenta de forma quadrática com a amplitude e a frequência do campo magnético. Para operar em frequências elevadas, é necessário que o material do núcleo apresente baixa condutividade. Contudo, o ferro silício, o principal componente magnético das máquinas elétricas, é um bom condutor. Nesse caso, o núcleo deve ser construído com lâminas muito finas (h = 0,3 mm a 0,7 mm) superpostas e isoladas umas das outras, com o objetivo de reduzir a dissipação de potência.

As Equações (9.30) e (9.31) são aproximações válidas para frequências muito menores do que a frequência característica f_c descrita no capítulo anterior no estudo da dispersão por correntes induzidas. Por exemplo, no caso da lâmina:

$$f_c = \frac{4}{\pi\mu_r\mu_o\sigma h^2} \tag{9.32}$$

Se a frequência do campo é comparável ou maior do que f_c, pode-se usar o conceito de permeabilidade magnética complexa para se obter uma expressão para a potência dissipada. A densidade de potência média dissipada pode ser calculada da seguinte forma:

$$\langle p_{diss} \rangle = \left\langle \frac{d}{dt}\left(w_{mag}\right) \right\rangle$$

Para um material hipotético linear, a Equação (9.25) fornece $w_{mag} = \mu_o \mathbf{M} \cdot \mathrm{H}/2$. De modo análogo ao obtido no caso elétrico, nas Equações (9.15) e (9.16), a potência média dissipada com campos que variam de forma senoidal no tempo é dada por:

$$\langle p_{diss} \rangle = \frac{1}{2}\mu_o \left\langle \frac{d}{dt}(\mathbf{H} \cdot \mathbf{M}) \right\rangle = \mu_o \left\langle \mathbf{H} \cdot \frac{d\mathbf{M}}{dt} \right\rangle = \frac{1}{2}\omega\mu_o H_m M_m \mathrm{sen}\phi \tag{9.33}$$

onde ϕ é o ângulo de defasagem entre a magnetização e o campo magnético. Para um material de alta permeabilidade magnética ($\chi_m >> 1$), esse ângulo está relacionado com a permeabilidade complexa do núcleo por meio de:

$$\hat{\mathbf{M}} = (\mu' - j\mu'')\hat{\mathbf{H}} = \mu_r(\cos\phi - j\,\mathrm{sen}\phi)\hat{\mathbf{H}}$$

O que resulta nas seguintes relações:

$$\mu' = \mu_r \cos\phi$$
$$\mu'' = \mu_r \mathrm{sen}\phi$$

Substituindo senϕ na Equação (9.33), obtém-se a equação para a densidade de potência média dissipada:

$$\langle p_{diss} \rangle = \frac{1}{2}\omega\mu''\mu_o H_m^2 \tag{9.34}$$

Por sua vez, a energia magnética média armazenada é dada por:

$$\langle w_m \rangle = \frac{1}{T}\int_T \left(\frac{\mathbf{H} \cdot \mathbf{B}}{2}\right) dt = \frac{1}{2T}\int_T \mathbf{H}_m \cdot \mathbf{B}_m \cos(\omega t)\cos(\omega t - \phi)\, dt = \frac{1}{4}\mathbf{H}_m \cdot \mathbf{B}_m \cos(\phi) \tag{9.35}$$

Em termos da permeabilidade magnética, podemos reescrever esse resultado da seguinte forma:

$$\langle w_m \rangle = \frac{1}{4}\mu_r \mu_o H_m^2 \cos(\phi) = \frac{1}{4}\mu' \mu_o H_m^2 \tag{9.36}$$

A Figura 9.2 apresenta a energia dissipada por unidade de volume e por ciclo de magnetização como função da frequência do campo magnético para um material que apresente saturação e histerese. A energia dissipada em virtude da histerese em cada ciclo de magnetização independe da frequência. A energia dissipada por correntes induzidas aumenta linearmente com a frequência. Podemos obter isso multiplicando a potência média dissipada, segundo as Equações (9.30) e (9.31), pelo período $T = 2\pi/\omega$. Contudo, a energia efetivamente dissipada em núcleos reais apresenta um comportamento um pouco diferente daquele esperado a partir dos modelos clássicos de histerese e correntes induzidas. Isso é representado pela curva tracejada na Figura 9.2. Essa energia adicional é denominada dissipação por excesso ou anômala.

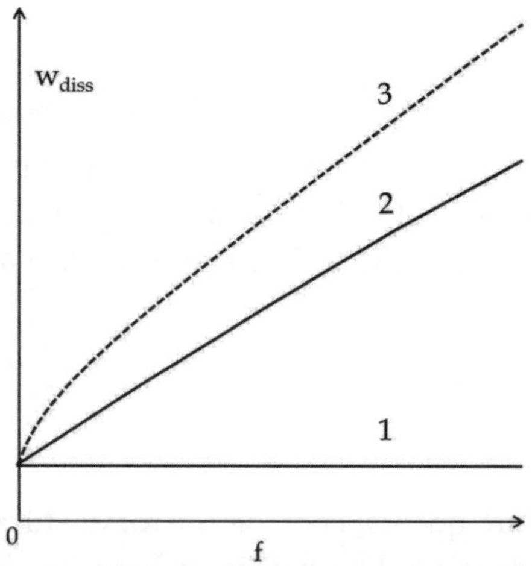

Figura 9.2 Ilustração da densidade de energia dissipada por ciclo de magnetização em função da frequência para um material que apresenta saturação e histerese. (1) Dissipação por histerese; (2) histerese + correntes induzidas; (3) histerese + correntes induzidas + dissipação por excesso.

A dissipação por excesso tem origem na heterogeneidade magnética do material. A magnetização ocorre com deslocamentos bruscos das paredes de domínio em função da interação com o potencial desordenado dos defeitos e impurezas. Isso afeta significativamente a dissipação por correntes induzidas em relação ao modelo clássico, uma vez que as variações bruscas do fluxo magnético resultam em força eletromotriz intensa que modifica a distribuição e a intensidade da corrente elétrica induzida no interior do objeto. Verifica-se experimentalmente que a energia total dissipada nos materiais magnéticos macios pode ser corretamente descrita pela soma de três termos:

$$w_{diss} = w_{hist} + w_{ind} + w_{exc} \qquad (9.37)$$

O primeiro termo é a dissipação por histerese que depende da indução magnética máxima na amostra. O modelo empírico de Steinmetz descreve a dependência da densidade de energia dissipada no ciclo de histerese por meio de uma lei exponencial fracionária:

$$w_{hist} = k_{hist} B_m^n \tag{9.38}$$

onde k_{hist} é uma constante que depende do material e o expoente n situa-se no intervalo entre 1,6 e 2,0 (JILES, 1998).

O segundo termo é a dissipação clássica por correntes induzidas discutida anteriormente e que pode ser descrita pela densidade de potência dissipada da seguinte forma:

$$p_{ind} = k_{ind} \sigma \left(\frac{dB}{dt} \right)^2 \tag{9.39}$$

onde k_{ind} depende da geometria e das dimensões da amostra.

O terceiro termo, por sua vez, é a dissipação por excesso que, segundo o modelo proposto por Bertotti (1988), resulta na densidade de potência dissipada com a seguinte expressão em função da condutividade e da taxa de variação da indução magnética:

$$p_{exc} = k_{exc} \sqrt{\sigma} \left(\frac{dB}{dt} \right)^{3/2} \tag{9.40}$$

onde k_{exc} é uma constante que depende da microestrutura do material e que se relaciona com a intensidade e a distribuição do potencial interno encontrado pelas paredes de domínio à medida que se movem dentro da amostra. A princípio, um material sem defeitos ou impurezas teria essa constante nula e não apresentaria perdas anômalas.

Uma vez que a Equação (9.37) descreve a densidade volumétrica de energia dissipada por ciclo de magnetização, podemos reescrevê-la de acordo com os termos anteriormente descritos:

$$w_{diss} = k_{hist} B_{max}^n + k_{ind} \sigma \int_T \left(\frac{dB}{dt} \right)^2 dt + k_{exc} \sqrt{\sigma} \int_T \left(\frac{dB}{dt} \right)^{3/2} dt \tag{9.41}$$

onde T é o período de oscilação do campo magnetizante. Se a indução magnética varia no tempo com a forma de onda senoidal, a energia dissipada por ciclo é dada por:

$$w_{diss} = k_{hist} B_{max}^n + \pi k_{ind} \sigma \omega B_m^2 + c k_{exc} \sqrt{\sigma \omega B_m^3} \tag{9.42}$$

onde a constante numérica c deve ser calculada segundo a equação:

$$c = \int_0^{2\pi} (\text{sen}\theta)^{3/2} \, d\theta$$

9.3 TENSOR DAS TENSÕES DE MAXWELL

Quando um objeto sólido é colocado na presença de campo elétrico ou magnético, o trabalho realizado pelas fontes na polarização e na magnetização do objeto, no caso de não ocorrer dissipação de energia, é integralmente armazenado no sistema na forma de energia potencial. Assim, pode-se calcular a força exercida sobre o objeto como o gradiente da sua energia de polarização ou de magnetização. No caso elétrico, usando as Equações (9.6) e (9.9), podemos escrever a seguinte expressão da força exercida sobre um objeto polarizado por um campo preexistente no espaço:

$$\mathbf{F}_V = -\mathbf{F}_q = -\nabla\left[\frac{1}{2}\int_{V_a} \mathbf{P}\cdot\mathbf{E}_o dV\right] \tag{9.43}$$

onde, como antes, os índices V e q indicam a fonte de potencial fixo e a fonte de carga fixa, respectivamente. Existe força apenas se a energia de polarização depende da posição espacial do objeto. Isso ocorre quando o campo polarizante $\mathbf{E}_o$ não é uniforme. No caso de um campo mantido por potenciais fixos, a força tende a deslocar o objeto para a posição de campo mínimo. Se o campo é mantido por cargas fixas, a força é exercida em sentido contrário.

No caso magnético, o cálculo de força envolve o trabalho que a fonte de campo magnético deve realizar para vencer a força eletromotriz induzida em seu circuito quando o objeto é inserido no espaço. Para analisar isso, é mais simples considerar, a princípio, o trabalho no deslocamento relativo entre dois circuitos magneticamente acoplados. A Figura 9.3 mostra duas espiras circulares sendo deslocadas com velocidade relativa constante por forças externas que se opõem às forças de origem magnética nas espiras. O trabalho mecânico realizado pelas forças externas é igual, mas contrário, ao trabalho da força magnética. O trabalho mecânico no deslocamento $d\mathbf{r}$ de um elemento de corrente $i_2 d\mathbf{L}$ na espira 2 pode ser calculado da seguinte forma:

$$dW_{mec} = \mathbf{F}_{ext}\cdot d\mathbf{r} = -i_2\, d\mathbf{L}\times\mathbf{B}_1\cdot d\mathbf{r} = -i_2\,\mathbf{B}_1\cdot d\mathbf{r}\times d\mathbf{L} = i_2\,\mathbf{B}_1\cdot d\mathbf{S} = i_2\, d\varphi_{m2}$$

onde $d\varphi_{m2}$ é o fluxo magnético na área varrida pelo deslocamento da espira 2. Contudo, o termo $i_2 d\varphi_{m2}$ é o trabalho da força eletromotriz gerada no circuito da espira 2 e que deve ser compensado pela fonte nesse circuito para se manter a corrente inalterada. Na espira 1, acontece o mesmo. Esse exemplo pode ser adaptado para o caso da magnetização. Quando um objeto é inserido com velocidade constante no campo magnético produzido por um circuito, a fonte nesse circuito realiza trabalho adicional de mesma magnitude e sinal contrário ao trabalho mecânico para superar a força eletromotriz induzida. Entretanto, conforme discutido na seção anterior, a variação da energia magnética em todo o espaço quando um objeto é deslocado para um campo magnético preexistente é a energia de magnetização, e isso corresponde exatamente ao trabalho adicional realizado pela fonte de campo. Assim, a força magnética que se opõe à força mecânica pode ser calculada por meio do gradiente da energia de magnetização, considerada como uma função das coordenadas de posição do objeto:

$$F_m = \nabla W_{mag} \tag{9.44}$$

Essa equação mostra que um objeto paramagnético ou ferromagnético colocado em um campo magnético preexistente tende a se deslocar para a posição de maior intensidade de campo.

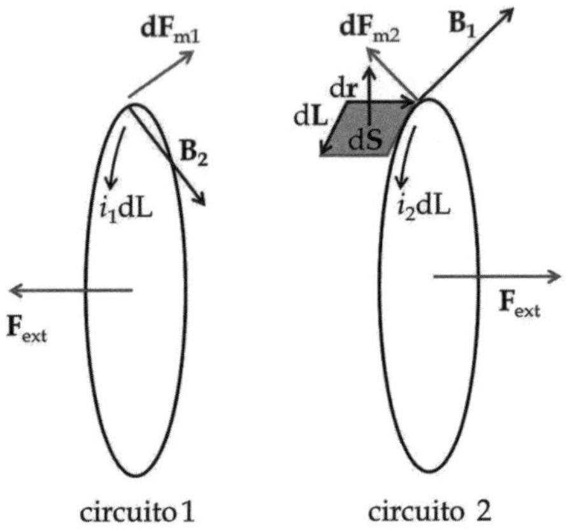

Figura 9.3 Ilustração simples para o cálculo do trabalho e da força magnética.

Uma forma alternativa de se calcular a força sobre objetos em campos eletromagnéticos consiste em considerar a força que os campos exercem sobre as distribuições de carga e de corrente na amostra. A força sobre uma partícula de carga q e velocidade **v** no campo eletromagnético é dada por:

$$F = q(E + v \times B)$$

Para um conjunto muito numeroso de partículas carregadas, a força média por unidade de volume é obtida multiplicando-se a equação anterior pela densidade de partículas. Com isso, obtemos o seguinte resultado:

$$f = \rho_v E + j \times B \tag{9.45}$$

Podemos substituir as densidades de carga e de corrente pelos campos por meio das equações de Maxwell:

$$\rho_v = \nabla \cdot D$$

$$j = \nabla \times H - \frac{\partial D}{\partial t}$$

Assim, a densidade volumétrica de força é obtida exclusivamente em função dos campos:

$$f = E(\nabla \cdot D) + B \times \frac{\partial D}{\partial t} - B \times (\nabla \times H) \tag{9.46}$$

Podemos, então, escrever o segundo membro à direita da seguinte forma:

$$B \times \frac{\partial D}{\partial t} = \frac{\partial}{\partial t}(B \times D) + D \times \frac{\partial B}{\partial t} = \frac{\partial}{\partial t}(B \times D) - D \times (\nabla \times E) \tag{9.47}$$

Além disso, levando em conta a lei de Gauss magnética, podemos somar o termo $H(\nabla \cdot B)$ sem afetar o resultado. Fazendo essas modificações na Equação (9.46), obtemos:

$$f + \frac{\partial}{\partial t}(D \times B) = E(\nabla \cdot D) + H(\nabla \cdot B) - D \times (\nabla \times E) - B \times (\nabla \times H) \tag{9.48}$$

O termo à esquerda da igualdade, no espaço livre, apresenta uma simples e interessante interpretação. Substituindo as relações constitutivas e considerando a segunda lei de Newton, podemos reescrevê-lo da seguinte forma:

$$f + \varepsilon_o \mu_o \frac{\partial}{\partial t}(E \times H) = \frac{\partial p_{mec}}{\partial t} + \frac{\partial}{\partial t}\left(\frac{P}{c^2}\right) = \frac{\partial}{\partial t}\left(p_{mec} + p_{emg}\right) \tag{9.49}$$

onde $P = E \times H$ é o vetor de Poynting, $c = 1/(\mu_o \varepsilon_o)^{1/2}$ é a velocidade da luz no vácuo e p_{mec} e p_{emg} são os momentos lineares mecânico (associado ao movimento das partículas) e eletromagnético (associado ao fluxo de energia eletromagnética), respectivamente, por unidade de volume do espaço. Ou seja, o lado esquerdo na Equação (9.48) é a taxa de variação do momento linear total por unidade de volume.

O lado direito da Equação (9.48), por sua vez, pode ser escrito na forma do divergente de uma densidade de fluxo, o que permite que se interprete essa equação como uma lei de conservação do momento linear. Para a componente x da parte elétrica dessa expressão, temos:

$$\left[E(\nabla \cdot D) - D \times (\nabla \times E)\right]_x = E_x\left(\frac{\partial D_x}{\partial x} + \frac{\partial D_y}{\partial y} + \frac{\partial D_z}{\partial z}\right) - D_y\left(\frac{\partial E_y}{\partial x} - \frac{\partial E_x}{\partial y}\right) -$$

$$-D_z\left(\frac{\partial E_z}{\partial x} - \frac{\partial E_x}{\partial z}\right) = \frac{\partial}{\partial x}(E_x D_x) + \frac{\partial}{\partial y}(E_x D_y) + \frac{\partial}{\partial z}(E_x D_z) - \frac{1}{2}\frac{\partial}{\partial x}(E \cdot D)$$

O último termo é correto apenas se o meio é linear. Então, essa componente pode ser escrita da seguinte forma compacta:

$$\left[\mathbf{E}(\nabla\cdot\mathbf{D})-\mathbf{D}\times(\nabla\times\mathbf{E})\right]_i=\sum_j\frac{\partial}{\partial x_j}\left[E_iD_j-\frac{1}{2}(\mathbf{E}\cdot\mathbf{D})\delta_{ij}\right]$$

onde δ_{ij} é o delta de Kronecker. De modo análogo, podemos escrever cada componente do lado direito da Equação (9.48).

$$\left[\mathbf{E}(\nabla\cdot\mathbf{D})+\mathbf{H}(\nabla\cdot\mathbf{B})-\mathbf{D}\times(\nabla\times\mathbf{E})-\mathbf{B}\times(\nabla\times\mathbf{H})\right]_i=$$
$$=\sum_j\frac{\partial}{\partial x_j}\left[E_iD_j+H_iB_j-\frac{1}{2}(\mathbf{E}\cdot\mathbf{D}+\mathbf{H}\cdot\mathbf{B})\delta_{ij}\right]$$

O operando no lado direito dessa equação é descrito como uma das componentes do tensor das tensões de Maxwell.

$$T_{ij}=E_iD_j+H_iB_j-\frac{1}{2}(\mathbf{E}\cdot\mathbf{D}+\mathbf{H}\cdot\mathbf{B})\delta_{ij}\tag{9.50}$$

Com essa definição, a Equação (9.48) é reescrita na forma da lei de conservação de momento linear:

$$\frac{\partial}{\partial t}\left(\boldsymbol{p}_{mec}+\boldsymbol{p}_{emg}\right)=\sum_i\left(\sum_j\frac{\partial T_{ij}}{\partial x_j}\right)\mathbf{u}_i\tag{9.51}$$

Integrando a Equação (9.51) no volume de um objeto sólido imerso no campo eletromagnético, obtém-se a força total aplicada sobre ele. Usando o teorema de Gauss, podemos obter a força resultante na forma do fluxo do tensor de Maxwell através da superfície do objeto.

$$\frac{\partial}{\partial t}\left(\boldsymbol{P}_{mec}+\boldsymbol{P}_{emg}\right)=\sum_i\left(\int_V\sum_j\frac{\partial T_{ij}}{\partial x_j}dV\right)\mathbf{u}_i=\sum_i\left(\sum_j\oint_S T_{ij}\,dS_j\right)\mathbf{u}_i\tag{9.52}$$

onde dS_j é a projeção de $d\mathbf{S}$ na direção j do sistema de coordenadas. Podemos interpretar as componentes do tensor de Maxwell como sendo a força por unidade de área, ou seja, a tensão mecânica que os campos elétrico e magnético exercem no objeto. Como exemplo, sendo a tensão na direção x:

$$t_x dS=T_{xx}dS_x+T_{xy}dS_y+T_{xz}dS_z=\left(E_xD_x+H_xB_x-\frac{1}{2}\mathbf{E}\cdot\mathbf{D}-\frac{1}{2}\mathbf{H}\cdot\mathbf{B}\right)dS_x+$$
$$+\left(E_xD_y+H_xB_y\right)dS_y+\left(E_xD_z+H_xB_z\right)dS_z$$

Assim, a tensão pode ser calculada com a seguinte fórmula matricial:

$$\begin{bmatrix} t_x \\ t_y \\ t_z \end{bmatrix} = \begin{bmatrix} T_{xx} & T_{xy} & T_{xz} \\ T_{yx} & T_{yy} & T_{yz} \\ T_{zx} & T_{zy} & T_{zz} \end{bmatrix} \cdot \begin{bmatrix} n_x \\ n_y \\ n_z \end{bmatrix} \tag{9.53}$$

onde n_i é a projeção do vetor unitário de área na direção do eixo i do sistema de coordenadas.

A Equação (9.52) pode, então, ser reescrita em uma forma compacta:

$$f = \oint_S \mathbf{t}\, dS - \frac{\partial \boldsymbol{P}_{emg}}{\partial t} \tag{9.54}$$

Por meio dessa equação, entendemos facilmente que a integração da tensão descrita pela Equação (9.53) na superfície de um objeto, descontada a taxa de variação do momento linear eletromagnético, resulta na força exercida pelos campos sobre esse objeto. Em virtude dos pequenos valores das constantes μ_o e ε_o, o momento linear eletromagnético tem, em geral, valor desprezível e sua contribuição na Equação (9.54) será considerada apenas em frequências muito elevadas.

Embora a expressão do tensor das tensões de Maxwell pareça complicada, sua interpretação geométrica é bem simples. A princípio, calcularemos a componente elétrica da tensão segundo a Equação (9.53):

$$\begin{aligned} \mathbf{t}_e = {} & \left[\left(E_x D_x - \frac{1}{2}\mathbf{E}\cdot\mathbf{D}\right)n_x + E_x D_y n_y + E_x D_z n_z\right]\mathbf{u}_x + \\ & + \left[E_y D_x n_x + \left(E_y D_y - \frac{1}{2}\mathbf{E}\cdot\mathbf{D}\right)n_y + E_y D_z n_z\right]\mathbf{u}_y + \\ & + \left[E_z D_x n_x + E_z D_y n_y + \left(E_z D_z - \frac{1}{2}\mathbf{E}\cdot\mathbf{D}\right)n_z\right]\mathbf{u}_z = \\ & = (\mathbf{D}\cdot\mathbf{u}_n)\mathbf{E} - \frac{1}{2}(\mathbf{E}\cdot\mathbf{D})\mathbf{u}_n \end{aligned}$$

Ou seja, a tensão tem uma componente na direção normal à interface e outra componente na direção do campo. Esses três vetores – tensão, campo e normal – são, portanto, coplanares. Escrevendo o campo em suas componentes normal e tangencial, temos que:

$$\mathbf{t}_e = D_n(E_n\mathbf{u}_n + E_t\mathbf{u}_t) - \frac{1}{2}(D_nE_n + D_tE_t)\mathbf{u}_n = \frac{1}{2}(D_nE_n - D_tE_t)\mathbf{u}_n + D_nE_t\mathbf{u}_t$$

O módulo da tensão pode ser facilmente calculado por:

$$t_e^2 = \frac{1}{4}(D_nE_n - D_tE_t)^2 + (D_nE_t)^2 = \frac{1}{4}\left[(D_nE_n)^2 + (D_tE_t)^2 - 2D_nE_nD_tE_t + 4(D_nE_t)^2\right]$$

Porém, se o meio, além de linear, for isotrópico, os dois últimos termos somados resultam em $2D_nE_nD_tE_t$. Com isso, temos:

$$t_e = \frac{1}{2}(D_nE_n + D_tE_t) = \frac{1}{2}\mathbf{D}\cdot\mathbf{E} = \frac{1}{2}\varepsilon E^2$$

Ou seja, a intensidade da tensão é numericamente igual à densidade de energia armazenada no campo. A direção da tensão depende da direção do campo aplicado em relação à normal. De acordo com as três equações anteriores, o vetor de tensão faz um ângulo ϕ_e com a direção normal que satisfaz à seguinte equação:

$$\text{sen}\phi_e = \frac{D_nE_t}{\varepsilon E^2/2} = 2\frac{E_n}{E}\frac{E_t}{E} = \text{sen}2\theta_e$$

onde θ_e é o ângulo entre o vetor campo elétrico e o vetor normal à interface. Concluímos que o ângulo de direção da tensão é sempre o dobro do ângulo de direção do campo. Para a componente magnética da tensão, as mesmas conclusões são válidas. As equações a seguir descrevem as relações entre a tensão e o campo eletromagnético:

$$\mathbf{t}_e = (\mathbf{D}\cdot\mathbf{u}_n)\mathbf{E} - \frac{1}{2}(\mathbf{E}\cdot\mathbf{D})\mathbf{u}_n = \frac{1}{2}(D_nE_n - D_tE_t)\mathbf{u}_n + D_nE_t\mathbf{u}_t \quad (9.55)$$

$$\mathbf{t}_m = (\mathbf{B}\cdot\mathbf{u}_n)\mathbf{H} - \frac{1}{2}(\mathbf{H}\cdot\mathbf{B})\mathbf{u}_n = \frac{1}{2}(B_nH_n - B_tH_t)\mathbf{u}_n + B_nH_t\mathbf{u}_t \quad (9.56)$$

$$t_e = \frac{1}{2}\mathbf{D}\cdot\mathbf{E} = \frac{1}{2}\varepsilon E^2 \quad (9.57)$$

$$t_m = \frac{1}{2}\mathbf{B}\cdot\mathbf{H} = \frac{1}{2}\mu H^2 \quad (9.58)$$

$$\phi_e = 2\theta_e, \; \phi_m = 2\theta_m \quad (9.59)$$

Consideremos, por exemplo, uma esfera de material magnético linear com alta permeabilidade magnética, inicialmente posicionada em um campo magnético uniforme preexistente. A magnetização da esfera é uniforme. Usando as Equações (8.50) e (9.23) com $N_d = 1/3$, a energia de magnetização da esfera é obtida por:

$$W_{mag} = \frac{1}{2}\left(\frac{3\chi_m}{3+\chi_m}H_o\right)\cdot(\mu_oH_o)\left(\frac{4}{3}\pi R^3\right) \approx 2\pi R^3\mu_oH_o^2$$

Se o campo é uniforme, não há variação da energia com a posição e a força é nula. Consideremos, contudo, uma situação aproximada em que o campo apresenta um pequeno gradiente, de modo que $R\ dH_o/dz << H_o$, sendo z a direção do campo preexistente. Isso significa que a variação do campo é muito pequena no volume da esfera. Com isso, podemos calcular a força magnética na esfera pela expressão:

$$\mathbf{F} = \frac{dW_{mag}}{dz}\mathbf{u}_z \approx 4\pi R^3 \mu_o H_o \frac{dH_o}{dz}\mathbf{u}_z \tag{9.60}$$

O campo magnético na superfície da esfera pode ser calculado por meio do campo interno aproximadamente uniforme. A Figura 9.4 mostra as relações de direção existentes na superfície da esfera. Segundo a Equação (8.51), para uma esfera de alta permeabilidade magnética, o campo interno pode ser aproximado por:

$$\mathbf{H}_i \approx \frac{3}{\mu_r}\mathbf{H}_o$$

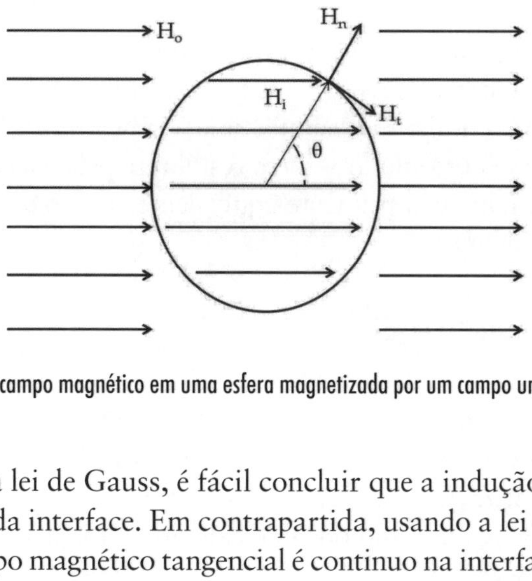

Figura 9.4 Ilustração do campo magnético em uma esfera magnetizada por um campo uniforme.

Em virtude da lei de Gauss, é fácil concluir que a indução magnética normal é contínua através da interface. Em contrapartida, usando a lei de Ampère, pode-se verificar que o campo magnético tangencial é continuo na interface (ver Apêndice D). Assim, temos as seguintes expressões para as componentes do campo na superfície da esfera:

$$H_n = 3H_o \cos\theta$$

$$H_t = \frac{3H_o}{\mu_r}\operatorname{sen}\theta$$

Levando à Equação (9.56), obtemos uma expressão para o tensor de Maxwell:

$$\mathbf{t}_m = \frac{\mu_o}{2}\left(H_n^2 - H_t^2\right)\mathbf{u}_n + \mu_o H_n H_t \mathbf{u}_t = \frac{9\mu_o}{2} H_o^2\left[\left(\cos^2\theta - \frac{\operatorname{sen}^2\theta}{\mu_r^2}\right)\mathbf{u}_n + \frac{\cos\theta\operatorname{sen}\theta}{\mu_r}\mathbf{u}_t\right]$$

Integrando na área do hemisfério, por exemplo, no lado direito da Figura 9.4, obtemos a força exercida pelo campo à direita da esfera. Em virtude da simetria azimutal, a força resultante está orientada na direção do campo aplicado. Assim, calculamos apenas a componente z:

$$F' = \int_0^{\pi/2}\left[(t_m)_n \cos\theta + (t_m)_t \operatorname{sen}\theta\right] 2\pi R^2 \operatorname{sen}\theta d\theta =$$

$$= 9\pi R^2 \mu_o H_o^2\left[\int_0^{\pi/2} \cos^3\theta \operatorname{sen}\theta d\theta + \frac{1}{\mu_r}\left(1 - \frac{1}{\mu_r}\right)\int_0^{\pi/2} \operatorname{sen}^3\theta \cos\theta d\theta\right] =$$

$$= \frac{9}{4}\pi R^2 \mu_o H_o^2\left[1 + \frac{1}{\mu_r}\left(1 - \frac{1}{\mu_r}\right)\right]$$

Na face esquerda, a força tem expressão equivalente, porém está orientada no sentido contrário. Se o campo preexistente for uniforme, essas forças são iguais em módulo e a resultante é nula. Entretanto, se a variação do campo é pequena no volume da esfera, podemos estimar a força resultante pela variação da força calculada anteriormente em um comprimento equivalente ao raio da esfera. Assim, assumindo que $\mu_r >> 1$, obtemos:

$$F = \frac{dF'}{dz} R\mathbf{u}_z \approx \frac{9}{2}\pi R^3 \mu_o H_o \frac{dH_o}{dz}\mathbf{u}_z \tag{9.61}$$

Embora os resultados das Equações (9.60) e (9.61) apresentem pequena diferença numérica, em consequência das aproximações efetuadas para a utilização do modelo de magnetização com campo uniforme, esse exemplo ilustra perfeitamente a equivalência dos dois métodos de cálculo de força.

9.4 EXERCÍCIOS

1) Considerando o dispositivo da Figura 9.5, calcule a energia de polarização e a força sobre o bloco isolante com constante dielétrica ε_r como função da distância z, desprezando a dispersão de fluxo elétrico nas bordas dos eletrodos. Considere as seguintes situações: a) a tensão é mantida no valor V_o todo o tempo; b) a tensão V_o é aplicada antes de inserir o isolante até o carregamento total do capacitor. Após esse breve intervalo de tempo, a fonte é desconectada e o bloco é inserido entre os eletrodos.

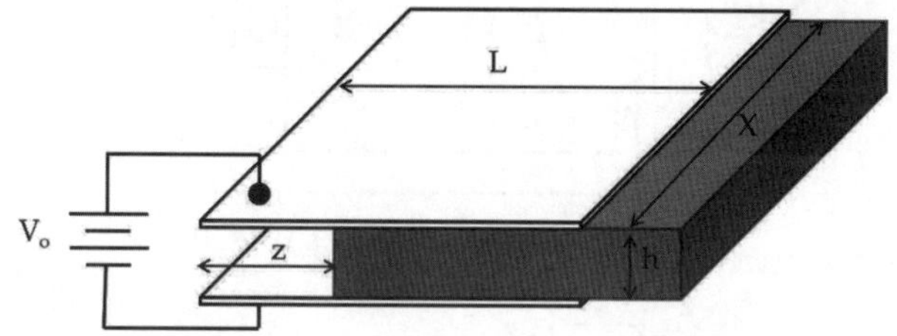

Figura 9.5 Ilustração para o exercício 1.

2) Uma esfera dielétrica de raio R, com constante dielétrica dependente da frequência $\varepsilon_r = \varepsilon' - j\varepsilon''$, é inserida em um campo elétrico uniforme oscilando no tempo, com uma forma de onda conhecida e frequência fundamental ω_o. Mostre que a potência total dissipada na esfera pode ser calculada pela seguinte expressão:

$$P_{diss} = 6\pi R^3 \varepsilon_o \omega_o \sum_n \frac{n\varepsilon_n'' |E_n|^2}{\left(2 + \sqrt{\varepsilon_n'^2 + \varepsilon_n''^2}\right)^2}$$

onde E_n, ε_n' e ε_n'' são as componentes espectrais na frequência $\omega = n\omega_o$ do campo elétrico, da parte real e da parte imaginária da constante dielétrica, respectivamente. Obtenha a expressão da potência dissipada com o campo elétrico variando no tempo como uma onda quadrada com amplitude E_o.

3) Calcule a potência dissipada e o aumento da temperatura em 100 ml de água sujeitos a um campo elétrico de 1 kV/m e frequência 2 GHz ($\varepsilon_r \approx 81 - j15$) durante 60 segundos. Considere que a capacidade térmica da água é de 4,2 J/g°C e suponha que a resistência térmica do volume de água no recipiente seja de 1 °C/W.

4) Considerando o dispositivo da Figura 9.6, ignore a dispersão de fluxo magnético nas bordas do entreferro e assuma que o material é linear e com susceptibilidade magnética χ_m. Com isso, calcule a energia de magnetização

como função da posição z do braço móvel. Depois, calcule a força que atua no braço. O comprimento total do retângulo tracejado é L e a área da seção transversal é S.

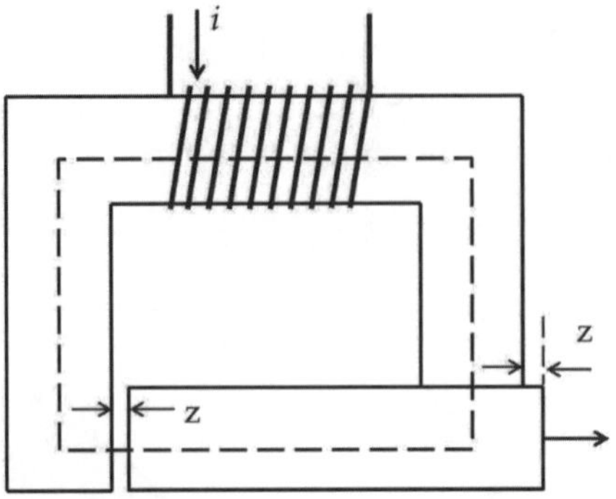

Figura 9.6 Ilustração para o exercício 4.

5) Uma esfera de material ferromagnético está posicionada na extremidade de um solenoide longo. Considere que o raio da esfera (R_e) seja bem menor que o raio do solenoide (R_s). O solenoide é constituído de N_s espiras circulares distribuídas uniformemente no comprimento L_s. Use a seguinte aproximação para a indução magnética na extremidade do solenoide (válida para $0{,}95\ L/2 \le z \le 1{,}05\ L/2$ e com z medido em relação ao centro do solenoide) e calcule a força sobre a esfera:

$$B_z = \frac{\mu_o i N_s}{2L_s}\left[1 + \frac{L_s}{2R_s} - \frac{z}{R_s}\right]$$

6) Mostre que a força exercida pelo campo elétrico de módulo E_o (estabelecido por uma fonte de potencial elétrico fixo) em uma esfera isolante no vácuo com raio R e susceptibilidade elétrica χ_e (assumindo que $R\,|\nabla(E_o)| << E_o$) pode ser calculada pela expressão a seguir:

$$F = -\frac{4\pi R^3 \chi_e \varepsilon_o}{3 + \chi_e} E_o \nabla(E_o)$$

9.5 REFERÊNCIAS

BERTOTTI, G. General Properties of Power Losses in Soft Ferromagnetic Materials. **IEEE Transaction on Magnetics**, v. 24, n. 1, p. 621-630, 1988.

JILES, D. **Introduction to magnetism and magnetic materials.** 2. ed. Suffolk: St. Edmundsbury Press, 1998.

10 CAPÍTULO

Ondas eletromagnéticas

Um dos fatos mais importantes do eletromagnetismo é a existência de ondas acopladas de campos elétrico e magnético que se propagam para longe das fontes, transportando parte da energia fornecida pelo agente físico que estabelece as distribuições de carga e corrente no sistema. Sabe-se que isso ocorre apenas para fontes dependentes do tempo. As relações de interdependência entre os campos são precisamente definidas nas equações das leis de Ampère e Faraday. Na lei de Ampère existe uma parcela do rotacional do campo magnético que é proporcional à derivada no tempo do campo elétrico. De modo análogo, na lei de Faraday, o rotacional do campo elétrico é proporcional à derivada no tempo do campo magnético. A partir dessas relações, verificamos que os campos estáticos são aparentemente independentes entre si, ao passo que os campos variáveis no tempo são mutuamente dependentes um do outro. Mostraremos, neste capítulo, que essa dependência mútua resulta em equações de onda idênticas para ambos os campos. Ou seja, os campos elétrico e magnético de fontes variáveis no tempo têm a forma matemática de distribuições que se deslocam no espaço à medida que o tempo passa. Esse fenômeno é denominado onda eletromagnética.

10.1 ORIGEM DAS ONDAS ELETROMAGNÉTICAS

Genericamente, pode-se atribuir a origem das ondas eletromagnéticas à irradiação de cargas elétricas em movimento não uniforme. Sabe-se muito bem que uma carga puntiforme em repouso em um referencial inercial gera um campo elétrico radial distribuído de forma isotrópica em torno da posição da carga (Figura 10.1a). Além disso, uma carga estacionária não produz campo magnético. É possível mostrar que uma carga que se desloca com velocidade constante não nula também produz um campo elétrico radial, porém não mais distribuído de forma isotrópica no espaço. O campo é mais intenso na direção perpendicular à direção do movimento da carga (Figura 10.1b). Uma carga em movimento uniforme também produz campo magnético azimutal em relação à direção do movimento. Finalmente, uma carga acelerada produz um campo elétrico que, além da componente radial, também apresenta uma componente na direção polar em relação à direção do movimento (Figura 10.1c). Essa componente de campo elétrico polar e o campo magnético azimutal constituem as componentes de campo associadas à onda eletromagnética gerada pela carga acelerada. O teorema de Poynting estabelece que o fluxo de energia eletromagnética é determinado pelo produto $\mathbf{E} \times \mathbf{H}$, no qual os campos são provenientes da mesma fonte. Com base nisso, podemos concluir que apenas a carga acelerada irradia energia na direção radial, ou seja, para longe de sua própria posição.

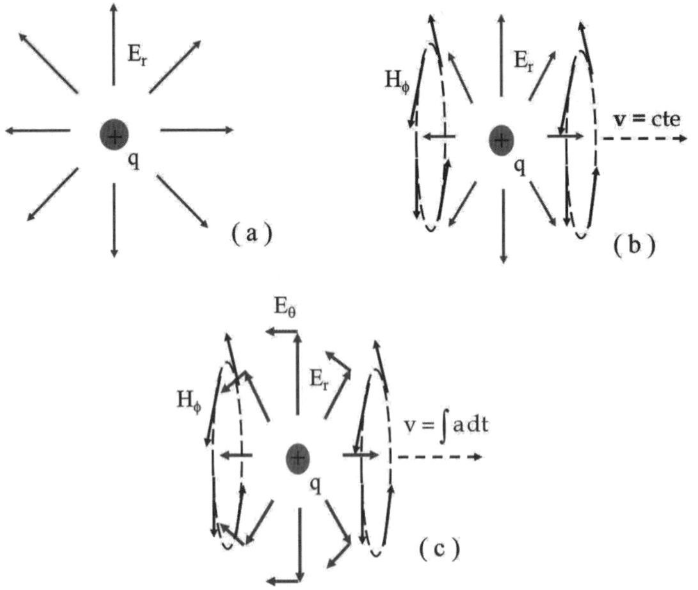

Figura 10.1 Ilustração dos campos de uma carga puntiforme: (a) em repouso; (b) com velocidade constante; (c) acelerada.

As ondas eletromagnéticas são geradas continuamente pela matéria ordinária, a partir do incessante movimento de suas partículas elementares. Quando um átomo sofre uma transição de um estado de maior energia para um de menor energia, ele pode irradiar a diferença na forma de ondas eletromagnéticas. Isso acontece tanto no interior das estrelas a partir de reações nucleares como no interior de um filamento metálico aquecido. Mesmo à temperatura ambiente, qualquer amostra de matéria irradia continuamente por causa da ativação de estados rotacionais e vibracionais moleculares, embora nesse caso não se trate de radiação visível.

Porém, ondas eletromagnéticas também podem ser geradas por equipamentos produzidos pelo homem. Qualquer sistema elétrico baseado em corrente alternada irradia uma parte de sua energia na forma de ondas. O exemplo mais característico disso é a antena, uma estrutura metálica excitada por corrente alternada que acopla eficientemente um gerador de energia elétrica ao espaço livre para obter ondas eletromagnéticas.

As ondas eletromagnéticas constituem uma das formas fundamentais de interação e troca de energia entre sistemas físicos, sendo responsáveis por uma série de fenômenos bem conhecidos de todas as pessoas, como a visão, as cores dos objetos, o aquecimento produzido pelo Sol e outros irradiadores etc. As ondas eletromagnéticas também constituem a base de funcionamento de muitos sistemas e equipamentos modernos, como os sistemas de telecomunicações, os fornos de micro-ondas, os equipamentos ópticos e assim por diante.

Uma vez emitida, a onda eletromagnética não depende mais da fonte que a produziu. As ondas eletromagnéticas se propagam em alta velocidade e transportam energia na direção de propagação. Objetos interceptados pelas ondas eletromagnéticas, por via de regra, absorvem uma parte da energia transportada, ao mesmo tempo que espalham o restante da energia disponível em várias direções do espaço.

Não existem limites para a frequência de um sinal eletromagnético. Ondas eletromagnéticas com frequência de alguns hertz a mais do que 10^{24} Hz podem ser geradas. Contudo, diferentes características de propagação e fenômenos de interação com a matéria determinam diferentes aplicações para os sinais eletromagnéticos, dependendo de sua frequência.

A Tabela 10.1 mostra o espectro eletromagnético conhecido, dividido e classificado de acordo com o uso principal de cada intervalo de frequências. Até cerca de 300 GHz, é mais usual a especificação da onda eletromagnética por sua frequência. A partir disso até o final da faixa de luz visível, é mais comum especificar o comprimento de onda. Do ultravioleta em diante, é mais usual especificar o sinal eletromagnético pela energia de fóton.

As ondas na faixa de 3 kHz a 3 GHz são denominadas genericamente ondas de rádio e, no intervalo de 3 GHz até 300 GHz, usa-se a designação geral micro-ondas. Essas faixas comportam especialmente as aplicações em radiodifusão comercial, telecomunicações, incluindo telefonia móvel, sensoriamento por radar, tecnologias industriais e militares. A absorção de energia na matéria para ondas de rádio ocorre principalmente por meio do movimento de cargas móveis em condutores. Na faixa de micro-ondas, um mecanismo importante de dissipação de energia é a relaxação dipolar que ocorre nas transições entre estados rotacionais de moléculas polares.

Tabela 10.1 Classificação do espectro eletromagnético.

Classificação	Faixa de frequências f (Hz)	Intervalo de comprimento de onda λ (m)	Intervalo de energia de fóton $E = hf = hc/\lambda$ (eV)
Raios γ	5×10^{19} 10^{24}	6×10^{-12} 3×10^{-16}	200×10^{3} 4×10^{9}
Raios X	3×10^{16} 5×10^{19}	10×10^{-9} 6×10^{-12}	124 200×10^{3}
Ultravioleta	$7{,}9 \times 10^{14}$ 3×10^{16}	380×10^{-9} 10×10^{-9}	3,26 124
Luz visível	$4{,}2 \times 10^{14}$ $7{,}9 \times 10^{14}$	$0{,}72 \times 10^{-6}$ 380×10^{-9}	1,72 3,26
Infravermelho	3×10^{12} $4{,}2 \times 10^{14}$	100×10^{-6} $0{,}72 \times 10^{-6}$	$1{,}24 \times 10^{-2}$ 1,72
Ondas milimétricas	$0{,}3/3 \times 10^{12}$	$1/0{,}1 \times 10^{-3}$	$1{,}24 \times 10^{-14}$ $1{,}24 \times 10^{-2}$
EHF	$30/300 \times 10^{9}$	$1/0{,}1 \times 10^{-2}$	
SHF	$3/30 \times 10^{9}$	$10/1 \times 10^{-2}$	
UHF	$0{,}3/3 \times 10^{9}$	1/0,1	
VHF	$30/300 \times 10^{6}$	10/1	
HF	$3/30 \times 10^{6}$	100/10	
MF	$0{,}3/3 \times 10^{6}$	$1/0{,}1 \times 10^{3}$	
LF	$30/300 \times 10^{3}$	$10/1 \times 10^{3}$	
VLF	$3/30 \times 10^{3}$	$100/10 \times 10^{3}$	
ULF	$0{,}3/3 \times 10^{3}$	$1/0{,}1 \times 10^{6}$	
SLF	30/300	$10/1 \times 10^{6}$	
ELF	3/30	$100/10 \times 10^{6}$	

Legenda: ELF – Extremely Low Frequency, SLF – Super Low Frequency, ULF – Ultra Low Frequency, VLF – Very Low Frequency, LF – Low Frequency, MF – Medium Frequency, HF – High Frequency, VHF – Very High Frequency, UHF – Ultra High Frequency, SHF – Super High Frequency, EHF – Extremely High Frequency.

Acima de 300 GHz e até cerca de 400 THz, existe a faixa denominada infravermelho, que costuma ser dividida em: infravermelho próximo (comprimento de onda entre 0,78 μm e 3 μm no vácuo), infravermelho intermediário (3 a 6 μm) e infravermelho distante (6 μm a 15 μm). A radiação no espectro infravermelho pode ser absorvida pela matéria e gerar transições entre estados vibracionais moleculares. Qualquer corpo aquecido emite radiação no infravermelho por meio do mesmo mecanismo de transições vibracionais. O corpo humano, por exemplo, emite radiação em uma ampla faixa do infravermelho e com intensidade máxima em torno de 10 μm.

A luz visível corresponde a um estreito intervalo de comprimentos de onda de 0,38 μm a 0,72 μm no vácuo. A radiação nessa faixa de frequências é produzida, em geral, por alterações nos estados eletrônicos em átomos e moléculas. Moléculas de gases excitados por calor ou corrente elétrica e átomos em metais aquecidos a altas temperaturas são as fontes mais comuns de luz visível. As cores são o resultado da percepção humana da radiação no espectro visível captado pelo sistema visual. O espectro visível pode ser dividido nas seguintes cores: vermelho, de 622 nm a 720 nm; laranja, de 597 nm a 622 nm; amarelo, de 577 nm a 597 nm; verde, de 492 nm a 577 nm; azul, de 455 nm a 492 nm; e violeta, de 380 nm a 455 nm.

Abaixo do menor comprimento de onda da luz violeta, começa a faixa denominada ultravioleta, caracterizada por energias de fóton de 3,3 eV a 124 eV. A radiação ultravioleta tem uma grande capacidade de ionizar átomos e moléculas. A radiação solar, que contém uma grande parcela de radiação ultravioleta, poderia ser letal à vida em nosso planeta, se não houvesse a camada protetora de ozônio na atmosfera, absorvendo intensamente a energia solar nessa faixa espectral. A radiação ultravioleta é produzida em transições eletrônicas nos átomos envolvendo grande variação de energia, por exemplo, quando um elétron fortemente ligado é excitado para níveis de energia maiores e depois retorna ao nível original ou quando ocorre recombinação entre íons e elétrons.

Os raios X apresentam energias de fóton muito altas, desde 124 eV até cerca de 200 keV, e podem ser produzidos por bombardeamento de um alvo metálico por um feixe de elétrons energéticos (radiação de frenagem), como ocorre em tubos de raios X. A emissão de raios X também ocorre na recombinação em átomos ionizados envolvendo elétrons internos fortemente ligados ao núcleo.

No topo do espectro estão os raios gama, os quais possuem energias de fóton extremas e são emitidos durante reações nucleares em que ocorrem transições entre diferentes estados de energia das partículas constituintes do núcleo atômico.

10.2 IRRADIAÇÃO DE CARGAS PUNTIFORMES

O cálculo dos campos gerados por uma partícula carregada com movimento arbitrário é baseado na teoria do potencial retardado (discutido de forma mais detalhada na próxima seção). Para uma partícula de volume finito em movimento, o potencial retardado, em princípio, é obtido por meio de uma integração no volume da partícula:

$$V(\mathrm{r},\mathrm{t}) = \frac{1}{4\pi\varepsilon_o}\int_{V'} \frac{\rho_v(\mathbf{r}',\mathrm{t}')}{|\mathbf{r}-\mathbf{r}'|}\,\mathrm{dV}'$$

onde a diferença entre t e t' se deve à velocidade finita de propagação dos campos no espaço. Contudo, à medida que a partícula se movimenta, o tempo retardado passa a depender da velocidade e a integração torna-se complexa em razão de diferentes partes do volume da partícula estarem contribuindo com tempos retardados (t') diferentes. Um desenvolvimento matemático diferente deve ser aplicado para que se possa contornar esse problema. Não abordaremos isso de forma detalhada neste contexto, mas usaremos resultados apresentados por Reitz et al., os quais servirão para uma análise sucinta do comportamento dos campos irradiados.

Para uma carga puntiforme em movimento e com velocidade **v**, os potenciais retardados devem ser calculados de acordo com as Equações (10.1) e (10.2) a seguir e são denominados potenciais de Liénard-Wiechert:

$$V(\mathrm{r},\mathrm{t}) = \frac{\mathrm{q}}{4\pi\varepsilon_o}\left[1\Big/\mathrm{R}\left(1-\frac{\mathbf{v}\cdot\mathbf{u}_\mathrm{R}}{\mathrm{c}}\right)\right]_{\mathrm{ret}} \tag{10.1}$$

$$\boldsymbol{A}(\mathrm{r},\mathrm{t}) = \frac{\mu_o \mathrm{q}}{4\pi}\left[\mathrm{v}\Big/\mathrm{R}\left(1-\frac{\mathbf{v}\cdot\mathbf{u}_\mathrm{R}}{\mathrm{c}}\right)\right]_{\mathrm{ret}} \tag{10.2}$$

onde R é o vetor de posição do ponto de observação no espaço em relação à carga puntiforme e $\mathbf{u}_R$ é o vetor unitário correspondente. A velocidade de propagação do potencial no espaço é c e o índice ret indica que as expressões entre colchetes devem ser calculadas no tempo retardado tal que $[R]_{ret} = R' = c(t - t')$. Observe que temos a seguinte relação entre os potenciais de uma carga puntiforme:

$$\boldsymbol{A}(\mathrm{r},\mathrm{t}) = \mu_o\varepsilon_o\mathbf{v}'\,V(\mathrm{r},\mathrm{t}) = \frac{\mathbf{v}'}{\mathrm{c}^2}V(\mathrm{r},\mathrm{t}) \tag{10.3}$$

onde **v**' é a velocidade da partícula no tempo retardado t'.

A obtenção de soluções para os potenciais e os campos de uma carga puntiforme no caso geral de movimento acelerado é muito envolvente, portanto, apresentaremos apenas os resultados. Veja a geometria do problema na Figura 10.2. O potencial elétrico é obtido por:

$$V(\mathrm{r},\mathrm{t}) = \frac{\mathrm{q}}{4\pi\varepsilon_o}\frac{1}{\left(\mathrm{R}'-\mathbf{R}'\cdot\dfrac{\mathbf{v}'}{\mathrm{c}}\right)} \tag{10.4}$$

Os campos são calculados de acordo com as relações já conhecidas entre campos e potenciais: $\mathbf{E} = -\nabla V - \partial \boldsymbol{A}/\partial t$ e $\mathbf{B} = \nabla \times \boldsymbol{A}$, nas quais se deve usar a Equação (10.3) para o potencial magnético. Os resultados são apresentados nas Equações (10.5) e (10.6).

$$\mathrm{E}(\mathrm{r},\mathrm{t}) = \frac{\mathrm{q}}{4\pi\varepsilon_o}\frac{\mathrm{c}^2\left(\mathbf{R}'-\mathrm{R}'\dfrac{\mathbf{v}'}{\mathrm{c}}\right)\left(1-\dfrac{\mathrm{v}'^2}{\mathrm{c}^2}\right)+\left(\mathbf{R}'-\mathrm{R}'\dfrac{\mathbf{v}'}{\mathrm{c}}\right)(\mathbf{a}'\cdot\mathbf{R}')-\mathrm{R}'\left(\mathrm{R}'-\mathbf{R}'\cdot\dfrac{\mathbf{v}'}{\mathrm{c}}\right)\mathbf{a}'}{\mathrm{c}^2\left(\mathrm{R}'-\mathbf{R}'\cdot\dfrac{\mathbf{v}'}{\mathrm{c}}\right)^3} \tag{10.5}$$

$$\mathbf{B}(\mathbf{r},t)=\frac{\mu_o q}{4\pi}\frac{(\mathbf{v}'\times\mathbf{R}')\left(1-\frac{v'^2}{c^2}\right)+\frac{\mathbf{R}'}{R'}\times\left\{\mathbf{R}'\times\left[\left(R'-\mathbf{R}'\frac{\mathbf{v}'}{c}\right)\times\frac{\mathbf{a}'}{c}\right]\right\}}{\left(R'-\mathbf{R}'\cdot\frac{\mathbf{v}'}{c}\right)^3} \quad (10.6)$$

onde a aceleração da partícula é identificada pelo símbolo a.

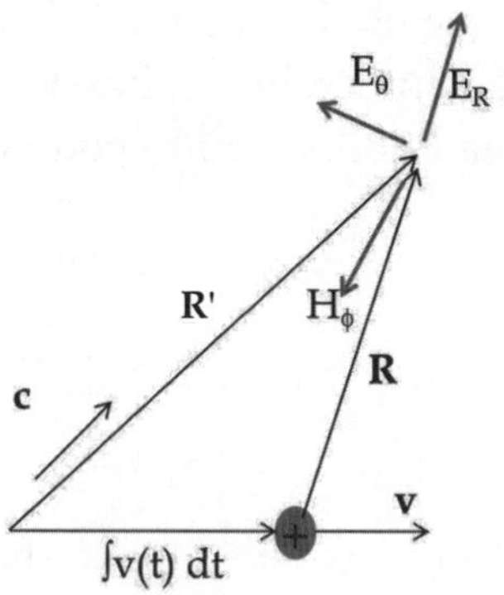

Figura 10.2 Ilustração para o cálculo dos campos gerados por uma carga puntiforme em movimento.

Verificaremos, então, a validade desses resultados nos casos já conhecidos. Para uma carga puntiforme em repouso, temos: **a**' = 0, **v**' = 0, **R**' = **R** = |**r** – **r**'|. As expressões anteriores são simplificadas para:

$$\mathbf{E}(\mathbf{r})=\frac{q}{4\pi\varepsilon_o}\frac{\mathbf{R}}{R^3}$$

$$\mathbf{B}(\mathbf{r})=0$$

Essa é, como se esperava, a situação na eletrostática. Para uma carga puntiforme em movimento e com velocidade constante, temos **a**' = 0, **v**' = **v**, e os campos são obtidos da seguinte forma:

$$\mathbf{E}(\mathbf{r},t)=\frac{q}{4\pi\varepsilon_o}\frac{\mathbf{R}}{\left(R'-\mathbf{R}'\cdot\frac{\mathbf{v}}{c}\right)^3}\left(1-\frac{v^2}{c^2}\right) \quad (10.7)$$

$$\mathbf{B}(\mathbf{r},t)=\frac{\mu_o q}{4\pi}\frac{(\mathbf{v}\times\mathbf{R}')\left(1-\frac{v^2}{c^2}\right)}{\left(R'-\mathbf{R}'\cdot\frac{\mathbf{v}}{c}\right)^3} \quad (10.8)$$

onde usamos a seguinte relação entre a posição atual e a posição retardada da partícula para movimento uniforme:

$$\mathbf{R} = \mathbf{R}' - R'\frac{\mathbf{v}'}{c} \tag{10.9}$$

Observamos na Equação (10.7) que o campo elétrico da carga em movimento uniforme continua sendo radial, como na carga estacionária, mas a distribuição de intensidade não é mais isotrópica. É simples constatar que o campo é mais intenso na direção perpendicular do que na direção paralela ao movimento. Por exemplo, para uma posição na frente ou atrás sobre o eixo de deslocamento da partícula, o quociente que depende de **R** na Equação (10.7) pode ser facilmente calculado por:

$$\frac{\mathbf{R}' - R'\frac{\mathbf{v}'}{c}}{\left(R' - \mathbf{R}'\cdot\frac{\mathbf{v}}{c}\right)^3} = \frac{\mathbf{R}}{R^3}$$

Entretanto, para uma posição a 90° do eixo de deslocamento da partícula, esse mesmo termo é obtido da seguinte forma:

$$\frac{\mathbf{R}' - R'\frac{\mathbf{v}'}{c}}{\left(R' - \mathbf{R}'\cdot\frac{\mathbf{v}}{c}\right)^3} = \frac{\mathbf{R}}{R^3\left(1 - \frac{v^2}{c^2}\right)^{3/2}}$$

Isso mostra que a intensidade do campo elétrico aumenta à medida que o ângulo entre **R** e **v** aumenta até 90°. A Equação (10.8) para a indução magnética, para v << c, pode ser reescrita da seguinte forma:

$$\mathbf{B}(\mathbf{r},t) = \frac{\mu_o}{4\pi}\frac{q\mathbf{v}\times\mathbf{R}}{R^3} = \frac{\mu_o}{4\pi}\int_{V'}\frac{\mathbf{J}(\mathbf{r}')\times\mathbf{R}}{R^3}dV'$$

onde usamos a expressão da densidade de corrente para uma carga puntiforme em movimento $\mathbf{J}(\mathbf{r}') = q\mathbf{v}\delta(\mathbf{r}' - \mathbf{v}t)$. O resultado obtido é a bem conhecida lei de Biot-Savart, usada na magnetostática. Da análise anterior, conclui-se que a lei de Coulomb é rigorosamente válida apenas para cargas estacionárias e a lei de Biot-Savart é válida apenas para cargas em movimento uniforme e com velocidade muito baixa em relação à velocidade da luz. Das Equações (10.7) e (10.8), assumindo que em baixas velocidades $\mathbf{R}' \approx \mathbf{R}$, podemos concluir ainda que:

$$\mathbf{B} = \mu_o\varepsilon_o\mathbf{v}\times\mathbf{E} = \frac{1}{c^2}\mathbf{v}\times\mathbf{E}$$

Essa relação mostra que os campos gerados por cargas elétricas em movimento uniforme não são independentes.

Consideremos, então, os termos relacionados com a aceleração (E_a e B_a) da partícula nas Equações (10.5) e (10.6). Assumindo que $v << c$ e $\mathbf{R}' \approx \mathbf{R}$, obtemos as seguintes aproximações:

$$E_a \approx \frac{q}{4\pi\varepsilon_o}\frac{R'(a'\cdot R') - R'^2 a'}{c^2R'^3} \approx \frac{q}{4\pi\varepsilon_o}\frac{R\times(R\times a)}{c^2R^3} \tag{10.10}$$

$$B_a \approx \frac{\mu_o q}{4\pi}\frac{R'\times[R'\times(R'\times a')]}{cR'^4} \approx \frac{1}{c}\frac{R\times E_a}{R} \tag{10.11}$$

onde usamos a fórmula vetorial $\mathbf{R} \times (\mathbf{R} \times \mathbf{a}) = \mathbf{R}(\mathbf{R} \cdot \mathbf{a}) - \mathbf{a}(\mathbf{R} \cdot \mathbf{R})$.

Por meio da Equação (10.10), verificamos que o campo elétrico gerado pela aceleração da carga puntiforme é perpendicular ao vetor de posição **R** e, portanto, está orientado na direção polar em relação ao movimento da partícula. A indução magnética obtida na Equação (10.11) é perpendicular ao campo elétrico e ao vetor de posição e, portanto, está orientada na direção azimutal. Ambos os campos diminuem com o inverso da distância à partícula. Esses fatos indicam que existe um fluxo de potência para longe da posição da carga em movimento, ou seja, a carga está irradiando ondas eletromagnéticas. A densidade de potência irradiada pode ser calculada substituindo-se a Equação (10.11) na equação do vetor de Poynting.

$$\mathbf{P} = E_a \times \frac{B_a}{\mu_o} = \frac{1}{\mu_o c}\frac{E_a\times(R\times E_a)}{R} = \frac{E_a^2}{\mu_o c}\mathbf{u}_R \tag{10.12}$$

onde usamos novamente a fórmula $\mathbf{E_a} \times (\mathbf{R} \times \mathbf{E_a}) = \mathbf{R}(\mathbf{E_a} \cdot \mathbf{E_a}) - \mathbf{E_a}(\mathbf{E_a} \cdot \mathbf{R})$, na qual $\mathbf{E_a} \cdot \mathbf{R} = 0$, pois o campo elétrico é ortogonal ao vetor de posição. Segundo a Equação (10.12), o fluxo de potência ocorre na direção radial para longe da partícula. Usando a Equação (10.10), obtemos o módulo do campo elétrico irradiado.

$$E_a = \frac{\mu_o q a}{4\pi}\frac{\operatorname{sen}\theta}{R}$$

onde θ é o ângulo entre o vetor de posição **R** e a aceleração **a**. Substituindo na Equação (10.12), obtemos:

$$\mathbf{P} = \frac{\mu_o}{c}\left(\frac{qa}{4\pi}\right)^2\frac{\operatorname{sen}^2\theta}{R^2}\mathbf{u}_R$$

Observe que a densidade de potência irradiada pela carga puntiforme acelerada em movimento retilíneo é máxima na direção transversal a seu movimento e nula na direção do próprio movimento. A potência total irradiada pode ser calculada pela integral de fluxo do vetor de Poynting em uma superfície esférica centrada na partícula.

$$P_{irr} = \oint_{esfera} P \cdot dS = \frac{\mu_o}{c}\left(\frac{qa}{4\pi}\right)^2 \int_0^{\pi}\left(\frac{sen^2\theta}{R^2}\right)\left(2\pi R^2\, sen\theta\, d\theta\right) = \frac{\mu_o q^2 a^2}{6\pi c}$$

Observe que, se a intensidade dos campos diminuir com a distância mais rapidamente do que R^{-1}, o vetor de Poynting diminuirá mais rapidamente do que R^{-2} e a potência não será irradiada, uma vez que, nesse caso, a integral de fluxo de potência se anula para R tendendo a infinito.

10.3 IRRADIAÇÃO DO DIPOLO HERTZIANO

Consideremos, então, a irradiação de uma antena linear de pequenas dimensões. Um dipolo hertziano é um segmento reto de condutor filamentar transportando corrente elétrica variável no tempo e irradiando ondas eletromagnéticas muito longas comparadas a seu comprimento. É o tipo mais simples de antena e, portanto, será nosso ponto de partida na análise da geração de ondas eletromagnéticas.

As equações para os potenciais variáveis no tempo obtidas no Capítulo 2 serão usadas neste contexto para calcularmos a emissão a partir de um dipolo. Não é necessário resolver as Equações (2.20) e (2.21), uma vez que podemos usar o calibre de Lorentz para calcular o potencial elétrico a partir do potencial magnético. Para o potencial magnético no vácuo, temos:

$$\nabla^2 A - \mu_o \varepsilon_o \frac{\partial^2 A}{\partial t^2} = -\mu_o\, j_c \tag{10.13}$$

Pode-se mostrar que a solução dessa equação é obtida pela seguinte integração na distribuição de corrente:

$$A(r,t) = \frac{\mu_o}{4\pi}\int_{V'} \frac{j_c\left(r', t - |r - r'|/c\right)}{|r - r'|}\, dV' \tag{10.14}$$

onde $c \approx 3 \times 10^8$ m/s é a velocidade da luz no vácuo e $\Delta t = |r - r'|/c$ é o tempo de retardo no potencial em virtude da velocidade finita de propagação da onda eletromagnética no espaço. A Equação (10.14) define o que se denomina potencial magnético retardado. O potencial elétrico retardado pode ser obtido de maneira análoga:

$$V(r,t) = \frac{1}{4\pi\varepsilon_o}\int_{V'} \frac{\rho_v\left(r', t - |r - r'|/c\right)}{|r - r'|}\, dV' \tag{10.15}$$

As soluções para os potenciais estão relacionadas pelo calibre de Lorentz:

$$\nabla \cdot A = -\mu_o \varepsilon_o \frac{\partial V}{\partial t} \qquad (10.16)$$

Entretanto, para as finalidades desta análise, precisamos fazer duas modificações no método do potencial retardado apresentado: assumiremos que o meio de propagação pode apresentar quaisquer valores de permissividade elétrica, permeabilidade magnética e condutividade; e faremos a análise considerando a variação senoidal da corrente elétrica no tempo, usando, assim, as equações de Maxwell fasoriais relacionadas a seguir:

$$\nabla \times \hat{E} = -j\omega\mu\hat{H} \qquad (10.17)$$

$$\nabla \times \hat{H} = \hat{j}_c + \sigma\hat{E} + j\omega\varepsilon\hat{E} \qquad (10.18)$$

onde j_c é a densidade de corrente elétrica no irradiador. Se usarmos as Equações (6.23) e (6.24), que relacionam os campos com os potenciais ($H = \nabla \times A/\mu$ e $E = -\nabla V - j\omega A$) na lei de Ampère, obtemos:

$$\nabla\left(\nabla \cdot \hat{A}\right) - \nabla^2\hat{A} = \mu\hat{j}_c - \mu(\sigma + j\omega\varepsilon)\nabla\hat{V} - j\omega\mu(\sigma + j\omega\varepsilon)\hat{A} \qquad (10.19)$$

Com a utilização da seguinte transformação de calibre:

$$\nabla \cdot \hat{A} = -\mu(\sigma + j\omega\varepsilon)\hat{V} \qquad (10.20)$$

e a definição da constante de propagação da onda eletromagnética pela seguinte expressão:

$$\gamma = \sqrt{j\omega\mu(\sigma + j\omega\varepsilon)} \qquad (10.21)$$

obtemos a equação de onda fasorial para o potencial magnético:

$$\nabla^2\hat{A} - \gamma^2\hat{A} = -\mu\hat{j}_c \qquad (10.22)$$

Consideremos, então, um elemento infinitesimal de volume dV na origem do sistema de coordenadas contendo corrente elétrica com densidade j_c. Uma vez que a fonte é puntiforme, podemos considerar o potencial irradiado isotrópico. Para uma posição qualquer diferente da origem, em coordenadas esféricas, a equação anterior pode ser escrita da seguinte forma para o potencial infinitesimal dA:

$$\frac{1}{r}\frac{\partial^2 d\hat{A}}{\partial r^2} = \gamma^2 d\hat{A} \qquad (10.23)$$

Cuja solução é facilmente obtida por:

$$d\hat{A}(\mathrm{r}) = d\hat{A}_o \frac{e^{-\mathbf{K}\cdot\mathbf{r}}}{r} \tag{10.24}$$

A constante vetorial **K** é denominada vetor de onda e depende da constante de propagação e da direção considerada segundo a equação:

$$\mathbf{K}\cdot\mathbf{u}_r = \gamma \tag{10.25}$$

Isso significa que podemos assumir que o vetor de onda está orientado na direção radial em relação à posição da corrente infinitesimal e tem módulo igual à constante de propagação.

Consideremos, então, o que ocorre nas vizinhanças da origem. No limite com r tendendo a zero, o potencial magnético dado pela Equação (10.24) se aproxima de dA_o/r. Assim, temos:

$$\nabla^2\left(\frac{d\hat{A}_o}{r}\right) = -4\pi\, d\hat{A}_o \delta(\mathrm{r})$$

Portanto, se integrarmos a Equação (10.22) em um volume esférico cujo raio tende a zero em torno da origem do sistema de coordenadas, o primeiro termo resulta em um valor finito, em virtude das propriedades da função delta, ao passo que o segundo termo tende a zero, pois o potencial aumenta com 1/r, enquanto o volume diminui com r^3. O termo no lado direito da Equação (10.22) não se anula em virtude de a densidade de corrente estar concentrada em um volume infinitesimal na origem. Como resultado, obtemos:

$$-4\pi\, d\hat{A}_o \int_V \delta(\mathrm{r})\,dV = -\mu \hat{j}_c\, dV \quad \rightarrow \quad d\hat{A}_o = \frac{\mu}{4\pi}\hat{j}_c\, dV$$

Substituindo esse resultado na Equação (10.24), obtemos uma equação diferencial que relaciona o potencial magnético e a densidade de corrente em um volume infinitesimal na origem do sistema de coordenadas. Facilmente podemos reescrever esse resultado de modo que se possa calcular o potencial irradiado a partir de uma distribuição macroscópica de corrente:

$$\hat{A}(\mathrm{r}) = \frac{\mu}{4\pi}\int_{V'} \frac{\hat{j}_c(\mathbf{r}')\,e^{-\mathbf{K}\cdot(\mathbf{r}-\mathbf{r}')}}{|\mathbf{r}-\mathbf{r}'|}\,dV' \tag{10.26}$$

Naturalmente, para uma distribuição filamentar de corrente, a equação anterior pode ser convertida na forma mais conveniente a seguir:

$$\hat{A}(\mathrm{r}) = \frac{\mu}{4\pi}\int_{L'} \frac{\hat{I}_c(\mathbf{r}')\,e^{-\mathbf{K}\cdot(\mathbf{r}-\mathbf{r}')}}{|\mathbf{r}-\mathbf{r}'|}\,dL' \tag{10.27}$$

A partir desse ponto, estamos aptos a analisar a irradiação do dipolo hertziano. Usando o modelo de corrente filamentar em um segmento de reta com comprimento infinitesimal orientado na direção z e posicionado na origem do sistema de coordenadas, como mostra a Figura 10.3, o resultado é obtido de forma simples como uma extensão natural da discussão anterior:

$$\widehat{A}(\mathrm{r}) = \frac{\mu \widehat{\mathrm{I}}_c \Delta z}{4\pi} \frac{e^{-Kr}}{r} \mathbf{u}_z \tag{10.28}$$

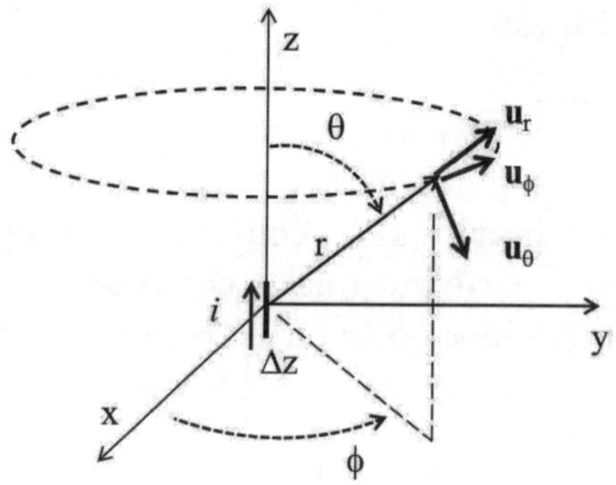

Figura 10.3 Ilustração para análise da irradiação do dipolo hertziano.

Os campos elétrico e magnético irradiados são obtidos por:

$$\widehat{\mathrm{H}} = \frac{\nabla \times \widehat{A}}{\mu} = \frac{\widehat{\mathrm{I}}\Delta z}{4\pi} \nabla \times \left[\frac{e^{-Kr}}{r} \left(\cos\theta \, \mathbf{u}_r - \mathrm{sen}\theta \, \mathbf{u}_\theta \right) \right] \tag{10.29}$$

$$\widehat{\mathrm{E}} = \frac{\nabla \times \widehat{\mathrm{H}}}{\sigma + j\omega\varepsilon} \tag{10.30}$$

Observe que na obtenção do campo elétrico usamos a lei de Ampère, na qual o campo magnético foi previamente calculado. O vetor unitário $\mathbf{u}_z$ foi escrito como a combinação de $\mathbf{u}_r$ e $\mathbf{u}_\theta$, uma vez que é mais conveniente usar o sistema de coordenadas esféricas nesse caso. Os cálculos são simples e propomos esse exercício ao leitor. Uma vez que o potencial irradiado não possui componente azimutal nem varia com a coordenada azimutal, o campo magnético está orientado nessa direção. Com isso, o campo elétrico obtido a partir do rotacional do campo magnético tem componentes radial e polar.

$$\widehat{\mathrm{H}}_\phi = \frac{\widehat{\mathrm{I}}\Delta z K^2}{4\pi} \left(\frac{1}{Kr} + \frac{1}{K^2 r^2} \right) e^{-Kr} \mathrm{sen}\theta \tag{10.31}$$

$$\hat{E}_r = \frac{\hat{I}\Delta z K^3}{2\pi(\sigma + j\omega\varepsilon)}\left(\frac{1}{K^2r^2} + \frac{1}{K^3r^3}\right)e^{-Kr}\cos\theta \qquad (10.32)$$

$$\hat{E}_\theta = \frac{\hat{I}\Delta z K^3}{4\pi(\sigma + j\omega\varepsilon)}\left(\frac{1}{Kr} + \frac{1}{K^2r^2} + \frac{1}{K^3r^3}\right)e^{-Kr}\text{sen}\theta \qquad (10.33)$$

Observe que todas as componentes de campo calculadas anteriormente apresentam a função exp(–Kr), cujas propriedades determinam algumas das características de propagação da onda eletromagnética. Usando as Equações (10.21) e (10.25), podemos avaliar como as propriedades eletromagnéticas do meio e a frequência afetam essa função.

$$K = \gamma = \sqrt{j\omega\mu(\sigma + j\omega\varepsilon)} = \alpha + j\beta \qquad (10.34)$$

É comum se referir à parte real da constante de propagação como sendo a constante de atenuação e à parte imaginária como sendo a constante de fase. Os valores de α e β já foram obtidos no Capítulo 6 e são reforçados a seguir.

$$\alpha = \frac{\omega\sqrt{\mu_o\varepsilon_o}\sqrt{\mu_r\varepsilon_r}}{\sqrt{2}}\left\{\left[1 + \left(\frac{\sigma}{\omega\varepsilon_r\varepsilon_o}\right)^2\right]^{1/2} - 1\right\}^{1/2} \qquad (10.35)$$

$$\beta = \frac{\omega\sqrt{\mu_o\varepsilon_o}\sqrt{\mu_r\varepsilon_r}}{\sqrt{2}}\left\{\left[1 + \left(\frac{\sigma}{\omega\varepsilon_r\varepsilon_o}\right)^2\right]^{1/2} + 1\right\}^{1/2} \qquad (10.36)$$

Se o meio apresentar dispersão dielétrica e magnética, ainda é possível utilizar as Equações (10.35) e (10.36), desde que as constantes reais μ, σ e ε sejam modificadas. Para um material com condutividade estática σ_s, constante dielétrica $\varepsilon' - j\varepsilon''$ e permeabilidade magnética relativa $\mu' - j\mu''$, a constante de propagação assume a seguinte forma:

$$\gamma = \sqrt{j\omega\mu_o(\mu' - j\mu'')\left[\sigma_s + j\omega\varepsilon_o(\varepsilon' - j\varepsilon'')\right]}$$

Verifica-se facilmente que essa expressão é equivalente à Equação (10.21) se as constantes reais são dadas por:

$$\mu = \mu'\mu_o \qquad (10.37)$$

$$\varepsilon = \varepsilon'\varepsilon_o - \frac{\mu''}{\omega\mu'}(\sigma_s + \omega\varepsilon''\varepsilon_o) \qquad (10.38)$$

$$\sigma = \sigma_s + \omega\varepsilon''\varepsilon_o + \frac{\omega\mu''}{\mu'}\varepsilon'\varepsilon_o \tag{10.39}$$

Observe que, em um meio ideal não dissipativo, a constante de atenuação é nula e a constante de fase é simplesmente proporcional à frequência.

$$\beta = \omega\sqrt{\mu_r\varepsilon_r}\sqrt{\mu_o\varepsilon_o} = \frac{\kappa\omega}{c} \tag{10.40}$$

onde $\kappa = (\mu_r\varepsilon_r)^{1/2}$ é denominado índice de refração do meio. Em contrapartida, em um meio condutor tal que $\sigma >> \omega\varepsilon$, as constantes α e β são aproximadamente iguais:

$$\alpha \approx \beta \approx \sqrt{\frac{\omega\mu\sigma}{2}} \tag{10.41}$$

Substituindo a Equação (10.34) na função exp(–Kr), obtemos dois efeitos diferentes dessa função na propagação dos campos:

$$e^{-Kr} = e^{-\alpha r}e^{-j\beta r}$$

O primeiro efeito é a atenuação ou o decaimento dos campos à medida que a onda se propaga para longe da fonte. Isso ocorre se o meio for dissipativo, ou seja, se σ for diferente de zero. O segundo efeito é a variação do ângulo polar do fasor dos campos proporcionalmente à distância percorrida pela onda. Podemos reescrever qualquer dos campos obtidos anteriormente no domínio do tempo. Por exemplo, para uma das componentes do campo elétrico:

$$E(r,\theta,t) = \mathrm{Re}\left(\hat{E}\,e^{j\omega t}\right) = \mathrm{Re}\left[E_o(r,\theta)e^{-Kr}e^{j\omega t}\right] = \left|E_o(r,\theta)\right|e^{-\alpha r}\cos(\omega t - \beta r + \phi) \tag{10.42}$$

onde $E_o(r,\theta) = |E_o(r,\theta)|\,e^{j\phi}$ é a amplitude complexa do campo que varia com as coordenadas radial e polar do sistema de referência.

A função $\cos(\omega t - \beta r + \phi)$ descreve uma distribuição cossenoidal que se desloca no espaço. Seu argumento é denominado fase da onda. Qualquer onda eletromagnética apresenta superfícies de fase constante. Essas superfícies recebem a denominação frentes de onda. No caso da irradiação do dipolo hertziano, as frentes de onda são superfícies esféricas centradas na posição do dipolo. Essas superfícies se deslocam no espaço com a velocidade de fase. Uma vez que a fase em uma frente de onda é sempre a mesma, obtemos a seguinte relação entre velocidade e frequência:

$$\frac{d}{dt}(\omega t - \beta r + \phi) = \omega - \beta u = 0 \rightarrow u = \frac{\omega}{\beta} \tag{10.43}$$

Observe que, para um meio não dissipativo, a velocidade de fase, segundo a Equação (10.40), é proporcional à velocidade da luz no vácuo.

$$u = \frac{1}{\sqrt{\mu_r \varepsilon_r}\sqrt{\mu_o \varepsilon_o}} = \frac{c}{\kappa} \tag{10.44}$$

Uma vez que $\kappa = 1$ apenas no vácuo, é fácil concluir que a velocidade da luz é a maior velocidade de propagação de uma onda eletromagnética. Podemos concluir também que a propagação em meios não dissipativos ocorre com velocidade independente da frequência.

A função ondulatória é periódica no tempo e no espaço. O período temporal é denominado simplesmente período.

$$T = \frac{2\pi}{\omega} = \frac{1}{f} \tag{10.45}$$

Ao passo que o período espacial é denominado comprimento de onda.

$$\lambda = \frac{2\pi}{\beta} = \frac{2\pi u}{\omega} = \frac{u}{f} \tag{10.46}$$

Observamos nas Equações (10.31) a (10.33) que as amplitudes das diversas componentes de campo irradiado variam de maneira diferente com a distância radial. Para uma conceituação mais simples desse fato, consideremos o que ocorre no caso de um meio não dissipativo. Podemos, então, substituir $K = j\beta$ e as equações dos campos podem ser reescritas:

$$\hat{H}_\phi = j\frac{I_o \Delta z \beta^2}{4\pi}\left(\frac{1}{\beta r} - \frac{j}{\beta^2 r^2}\right)e^{-j\beta r}\operatorname{sen}\theta \tag{10.47}$$

$$\hat{E}_r = \frac{I_o \Delta z \beta^3}{2\pi\omega\varepsilon}\left(\frac{1}{\beta^2 r^2} - \frac{j}{\beta^3 r^3}\right)e^{-j\beta r}\cos\theta \tag{10.48}$$

$$\hat{E}_\theta = j\frac{I_o \Delta z \beta^3}{4\pi\omega\varepsilon}\left(\frac{1}{\beta r} - \frac{j}{\beta^2 r^2} - \frac{1}{\beta^3 r^3}\right)e^{-j\beta r}\operatorname{sen}\theta \tag{10.49}$$

Nessas equações, o fasor de corrente foi considerado a referência da fase, portanto, é escrito apenas como um termo real I_o. Observe que todas as componentes de campo apresentam parte real e parte imaginária. Observe também que as amplitudes dos campos diminuem com a distância ao dipolo com três potências diferentes: $(\beta r)^{-1}$, $(\beta r)^{-2}$ e $(\beta r)^{-3}$. O gráfico da Figura 10.4 mostra a comparação entre esses termos. Para distâncias em que $\beta r << 1$, prevalecem os termos que variam com $(\beta r)^{-2}$ e $(\beta r)^{-3}$, principalmente o último. Essa região é denominada região de campo próximo do irradiador. Para $\beta r >> 1$, essas componentes são rapidamente atenuadas e prevalece o termo $(\beta r)^{-1}$. Essa é a região de campo distante do irradiador. Levando em conta a relação entre constante de fase e comprimento de onda, temos:

$r << \lambda/2\pi \rightarrow$ Campo próximo
$r >> \lambda/2\pi \rightarrow$ Campo distante

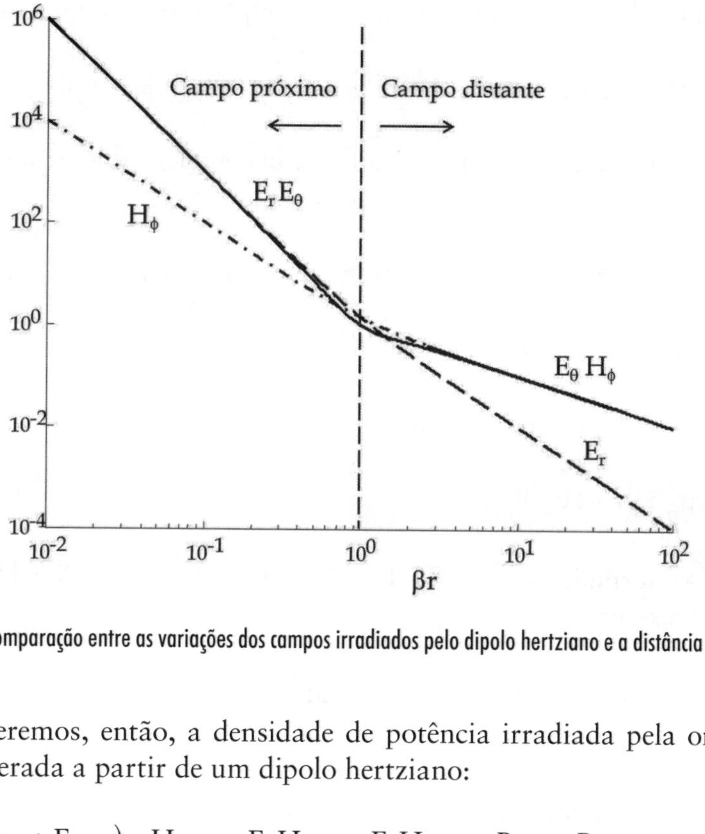

Figura 10.4 Comparação entre as variações dos campos irradiados pelo dipolo hertziano e a distância radial.

Consideremos, então, a densidade de potência irradiada pela onda eletromagnética gerada a partir de um dipolo hertziano:

$$\mathbf{P} = (E_r\mathbf{u}_r + E_\theta\mathbf{u}_\theta) \times H_\phi\mathbf{u}_\phi = E_\theta H_\phi\mathbf{u}_r - E_r H_\phi\mathbf{u}_\theta = P_r\mathbf{u}_r + P_\theta\mathbf{u}_\theta$$

A parcela do vetor de Poynting orientada na direção radial refere-se à potência irradiada para longe da fonte, ao passo que a componente orientada na direção polar sugere que uma parte do fluxo de potência não se afasta, mas circula em torno da fonte. Segundo o teorema de Poynting, essa parcela não contribui para a energia eletromagnética ou a dissipação no espaço, uma vez que o seu fluxo total através de uma superfície que envolve o irradiador é nulo. Assim, a potência efetivamente irradiada é dada pela componente radial do vetor de Poynting, ao passo que a parcela polar do fluxo de potência pode ser considerada como estando associada à energia reativa estacionária e, portanto, armazenada no espaço em torno do irradiador. Para avaliarmos corretamente esses termos de potência, devemos reinterpretar o teorema de Poynting levando em consideração a representação fasorial dos campos.

10.4 TEOREMA DE POYNTING COMPLEXO

Deduziremos novamente o teorema de Poynting, desta vez usando a representação fasorial das equações de Maxwell. Consideraremos que o meio é linear em todas as relações constitutivas. Na lei de Faraday, faremos a multiplicação de ambos os lados da equação pelo conjugado complexo do campo magnético.

$$\hat{H}^* \cdot \nabla \times \hat{E} = -j\omega(\mu' - j\mu'')\mu_o \hat{H} \cdot \hat{H}^* = -\omega\mu''\mu_o \left|\hat{H}\right|^2 - j\omega\mu'\mu_o \left|\hat{H}\right|^2$$

Na lei de Ampère, tomaremos o conjugado complexo dos termos dessa equação e multiplicaremos pelo campo elétrico.

$$\hat{E} \cdot \nabla \times \hat{H}^* = \sigma \hat{E}^* \cdot \hat{E} - j\omega(\varepsilon' + j\varepsilon'')\varepsilon_o \hat{E}^* \cdot \hat{E} = \sigma\left|\hat{E}\right|^2 + \omega\varepsilon''\varepsilon_o\left|\hat{E}\right|^2 - j\omega\varepsilon'\varepsilon_o\left|\hat{E}\right|^2$$

Subtraindo termo a termo as equações anteriores, obtemos:

$$\hat{H}^* \cdot \nabla \times \hat{E} - \hat{E} \cdot \nabla \times \hat{H}^* = -\left(\sigma\left|\hat{E}\right|^2 + \omega\varepsilon''\varepsilon_o\left|\hat{E}\right|^2 + \omega\mu''\mu_o\left|\hat{H}\right|^2\right) -$$

$$-j\omega\left(\mu'\mu_o\left|\hat{H}\right|^2 - \varepsilon'\varepsilon_o\left|\hat{E}\right|^2\right)$$

Usando a fórmula vetorial $\nabla \cdot (\mathbf{E} \times \mathbf{H}) = \mathbf{H} \cdot (\nabla \times \mathbf{E}) - \mathbf{E} \cdot (\nabla \times \mathbf{H})$, obtemos a seguinte expressão:

$$\nabla \cdot \left(\hat{E} \times \hat{H}^*\right) = -\left(\sigma\left|\hat{E}\right|^2 + \omega\varepsilon''\varepsilon_o\left|\hat{E}\right|^2 + \omega\mu''\mu_o\left|\hat{H}\right|^2\right) - j\omega\left(\mu'\mu_o\left|\hat{H}\right|^2 - \varepsilon'\varepsilon_o\left|\hat{E}\right|^2\right) \tag{10.50}$$

Para podermos interpretar os termos desse resultado, devemos calcular os valores médios temporais do vetor de Poynting e das densidades de energia dissipada e armazenada nos campos. Os cálculos a seguir são simples e, portanto, os detalhes foram omitidos.

Vetor de Poynting médio:

$$\langle \mathbf{P} \rangle = \frac{1}{T}\int_0^T \mathbf{P}(t)\,dt = \left|\hat{E}\right|\left|\hat{H}\right| \mathbf{u}_K \frac{1}{T}\int_0^T \cos(\omega t - \beta r)\cos(\omega t - \beta r - \phi)\,dt = \tag{10.51}$$

$$= \frac{1}{2}\left|\hat{E}\right|\left|\hat{H}\right|\cos\phi\,\mathbf{u}_K$$

onde ϕ é o ângulo de defasagem entre os campos.

Densidade média de potência dissipada na condução:

$$\langle p_{diss} \rangle_{cond} = \frac{1}{T}\int_0^T p_{diss}(t)\,dt = \sigma\left|\hat{E}\right|^2 \frac{1}{T}\int_0^T \cos^2(\omega t - \beta r)\,dt = \frac{1}{2}\sigma\left|\hat{E}\right|^2 \quad (10.52)$$

Densidade média de energia magnética:

$$\langle w_m \rangle = \frac{1}{T}\int_0^T w_m(t)\,dt = \frac{1}{2}\mu'\mu_o\left|\hat{H}\right|^2 \frac{1}{T}\int_0^T \cos^2(\omega t - \beta r - \phi)\,dt = \frac{1}{4}\mu'\mu_o\left|\hat{H}\right|^2 \quad (10.53)$$

Densidade média de energia elétrica:

$$\langle w_e \rangle = \frac{1}{T}\int_0^T w_e(t)\,dt = \frac{1}{2}\varepsilon'\varepsilon_o\left|\hat{E}\right|^2 \frac{1}{T}\int_0^T \cos^2(\omega t - \beta r)\,dt = \frac{1}{4}\varepsilon'\varepsilon_o\left|\hat{E}\right|^2 \quad (10.54)$$

E densidades médias de potência dissipada na magnetização e na polarização do meio, já obtidas no Capítulo 9:

$$\langle p_{diss} \rangle_{mag} = \frac{1}{2}\omega\mu''\mu_o\left|\hat{H}\right|^2 \quad (10.55)$$

$$\langle p_{diss} \rangle_{pol} = \frac{1}{2}\omega\varepsilon''\varepsilon_o\left|\hat{E}\right|^2 \quad (10.56)$$

Com os resultados anteriores e a seguinte definição do vetor de Poynting complexo:

$$\hat{\mathbf{P}} = \frac{1}{2}\hat{\mathbf{E}} \times \hat{\mathbf{H}}^* \quad (10.57)$$

A Equação (10.50) pode ser reescrita da seguinte forma denominada teorema de Poynting complexo:

$$\nabla \cdot \hat{\mathbf{P}} = -\langle p_{diss} \rangle - j2\omega\left(\langle w_m \rangle - \langle w_e \rangle\right) \quad (10.58)$$

onde $<p_{diss}>$ envolve todas as formas de dissipação de energia no meio. Verifica-se facilmente que a parte real do vetor de Poynting complexo é igual ao vetor de Poynting médio calculado na Equação (10.51). Se escrevermos o vetor de Poynting complexo na forma retangular:

$$\hat{\mathbf{P}} = \mathbf{P}_a + j\mathbf{P}_r$$

onde $\mathbf{P}_a$ e $\mathbf{P}_r$ são suas partes real e imaginária, respectivamente, o teorema de Poynting complexo pode ser reescrito na forma de duas equações reais:

$$\nabla \cdot \mathbf{P}_a = \nabla \cdot \langle \mathbf{P} \rangle = -\langle p_{diss} \rangle \tag{10.59}$$

$$\nabla \cdot \mathbf{P}_r = -2\omega\left(\langle w_m \rangle - \langle w_e \rangle\right) \tag{10.60}$$

$\mathbf{P}_a$ é a densidade do fluxo de potência ativa na onda eletromagnética. Se o meio é dissipativo, parte dessa potência é transferida para suas moléculas constituintes na forma de energia cinética segundo a Equação (10.59). $\mathbf{P}_r$ é a densidade do fluxo de potência reativa transferida para o meio por processos de magnetização e polarização.

Esse desenvolvimento do teorema de Poynting não incluiu a potência irradiada pela fonte que alimenta o sistema gerador das ondas eletromagnéticas. Na análise precedente, ignoramos o termo de corrente de condução nos condutores do irradiador que entraria na equação da lei de Ampère. Levando em conta essa contribuição, podemos deduzir que as equações anteriores devem ser modificadas para incluir, à direita da igualdade, a densidade volumétrica de potência ativa gerada (p_{ga}) na Equação (10.59) e a densidade volumétrica de potência reativa gerada (p_{gr}) na Equação (10.60).

$$\nabla \cdot \langle \mathbf{P} \rangle = -\langle p_{diss} \rangle + p_{ga} \tag{10.61}$$

$$\nabla \cdot \mathbf{P}_r = -2\omega\left(\langle w_m \rangle - \langle w_e \rangle\right) + p_{gr} \tag{10.62}$$

No caso da irradiação do dipolo hertziano em um meio não dissipativo, o cálculo da potência irradiada com base no teorema de Poynting complexo é relativamente simples. Os campos que contribuem para o fluxo de potência são H_ϕ e E_θ. Considerando as Equações (10.47) e (10.49), obtemos para o vetor de Poynting a seguinte expressão:

$$\widehat{\mathbf{P}} = \frac{1}{2}\widehat{\mathrm{E}} \times \widehat{\mathrm{H}}^* = \frac{1}{2}\mathrm{E}_\theta \mathrm{H}_\phi^* \mathbf{u}_r = \frac{1}{2}\left(\frac{I_o \Delta z}{4\pi}\right)^2 \frac{\beta^5}{\omega\varepsilon} \mathrm{sen}^2\theta \left(\frac{1}{\beta^2 r^2} - \frac{j}{\beta^5 r^5}\right)\mathbf{u}_r \tag{10.63}$$

Ao se aplicar o teorema de Gauss na Equação (10.61), obtemos:

$$\oint_S \langle \mathbf{P} \rangle \cdot d\mathbf{S} = -\int_V \langle p_{diss} \rangle dV + \int_V p_{ga} dV = -\langle P_{diss} \rangle + P_{ga} \tag{10.64}$$

Para um meio não dissipativo, a potência irradiada a partir da fonte pode ser, então, calculada apenas pelo fluxo de potência ativa através de qualquer superfície que envolva o irradiador. Usando uma superfície esférica e integrando a parte real da Equação (10.63), obtém-se:

$$P_{ga} = \oint_S \langle \mathbf{P} \rangle \cdot d\mathbf{S} = \int_0^\pi \langle P \rangle 2\pi r^2 \mathrm{sen}\theta d\theta = \pi\left(\frac{I_o \Delta z}{4\pi}\right)^2 \frac{\beta^3}{\omega\varepsilon}\int_0^\pi \mathrm{sen}^3\theta d\theta = \frac{I_o^2 \Delta^2 z}{12\pi}\sqrt{\frac{\mu}{\varepsilon}}\beta^2$$

$$P_{ga} = \frac{\pi}{3}\sqrt{\frac{\mu}{\varepsilon}}\left(\frac{\Delta z}{\lambda}\right)^2 I_o^2 \tag{10.65}$$

Para obtermos a potência reativa, devemos integrar a Equação (10.62) em um volume arbitrário envolvendo o irradiador.

$$\oint_S \mathbf{P}_r \cdot d\mathbf{S} = -2\omega\int_V \left(\langle w_m\rangle - \langle w_e\rangle\right)dV + \int_V p_{gr}dV \tag{10.66}$$

Contudo, a parte imaginária do vetor de Poynting diminui com r^{-5}, ao passo que a área de integração aumenta apenas com r^2. Para grandes distâncias do irradiador, o fluxo de potência reativa é nulo. Portanto, a potência reativa fornecida pela fonte é dada por:

$$P_{gr} = 2\omega\int_V \left(\langle w_m\rangle - \langle w_e\rangle\right)dV = 2\omega\left(\langle W_m\rangle - \langle W_e\rangle\right) \tag{10.67}$$

Esse cálculo é demasiado extenso e de menor importância neste contexto. Podemos, contudo, avaliar facilmente que apenas a energia armazenada no campo próximo é relevante para a potência reativa fornecida ao sistema. Na região de campo distante, os campos irradiados são obtidos a partir das Equações (10.47) e (10.49), retendo apenas os termos que decaem com r^{-1}. As densidades de energia são, então, obtidas por:

$$w_m = \frac{1}{4}\mu\left|\hat{H}_\phi\right|^2 = \frac{1}{4}\mu\left(\frac{I_o\Delta z\beta}{4\pi}\right)^2\left(\frac{\operatorname{sen}\theta}{r}\right)^2$$

$$w_e = \frac{1}{4}\varepsilon\left|\hat{E}_\theta\right|^2 = \frac{1}{4}\varepsilon\left(\frac{I_o\Delta z\beta}{4\pi}\right)^2\left(\frac{\beta}{\omega\varepsilon}\right)^2\left(\frac{\operatorname{sen}\theta}{r}\right)^2$$

Substituindo $\beta = \omega(\mu\varepsilon)^{1/2}$ nessas equações, verificamos que as duas densidades de energia são iguais na região de campo distante. Isso anula o integrando na Equação (10.67).

Do ponto de vista do gerador, o dipolo hertziano comporta-se como um elemento linear de circuito cuja impedância pode ser calculada por meio da seguinte igualdade:

$$P_{ga} + jP_{gr} = \frac{1}{2}(R_{irr} + jX_{ant})I_o^2 \tag{10.68}$$

onde R_{irr} é a resistência de irradiação e X_{ant} é a reatância da antena. A resistência de irradiação é calculada, então, usando-se o resultado da Equação (10.65).

$$R_{irr} = \frac{2P_{ga}}{I_o^2} = \frac{1}{6\pi}\sqrt{\frac{\mu}{\varepsilon}}(\beta\Delta z)^2 = \frac{2\pi}{3}\sqrt{\frac{\mu}{\varepsilon}}\left(\frac{\Delta z}{\lambda}\right)^2 \tag{10.69}$$

Observe que, quanto menor o comprimento de onda, mais potência pode ser acoplada à onda eletromagnética para uma mesma amplitude de corrente. Entretanto, uma vez que se assume que o comprimento físico do dipolo é muito pequeno quando comparado ao comprimento de onda para que a aproximação de corrente uniforme seja adequada, podemos concluir que a resistência de irradiação do dipolo hertziano é muito pequena. A reatância do dipolo pode ser calculada de maneira análoga.

$$X_{ant} = \frac{2P_{gr}}{I_o^2}$$

10.5 IMPEDÂNCIA DE ONDA

Uma grandeza muito importante no estudo da propagação de ondas eletromagnéticas é a impedância de onda, definida como o quociente entre os fasores de campo elétrico e magnético transversais à direção de propagação da onda. Usaremos as Equações (10.31) e (10.33) para um meio genérico.

$$Z_m = \frac{\hat{E}_\theta}{\hat{H}_\phi} = \frac{K}{(\sigma + j\omega\varepsilon)} \frac{\left(\frac{1}{Kr} + \frac{1}{K^2r^2} + \frac{1}{K^3r^3}\right)}{\frac{1}{Kr} + \frac{1}{K^2r^2}} = \sqrt{\frac{j\omega\mu}{\sigma + j\omega\varepsilon}}\left[1 + \frac{1}{(1+Kr)Kr}\right] \tag{10.70}$$

A impedância de onda para um dipolo hertziano depende da frequência, das propriedades eletromagnéticas do meio e da distância radial. Quanto mais próximo do irradiador, maior é a impedância. Para distâncias em que $\alpha r >> 1$ ou $\beta r >> 1$, o termo dependente da distância radial torna-se insignificante e a impedância assume um valor que independe do irradiador, sendo apenas uma propriedade do meio. Nesse caso, é denominada, em geral, impedância característica do meio.

$$Z_m = \sqrt{\frac{j\omega\mu}{\sigma + j\omega\varepsilon}} \tag{10.71}$$

Observe que as condições para que a impedância seja independente do irradiador são: distância radial muito maior que a profundidade de penetração ($r >> \delta = 1/\alpha$) no meio, no caso de meio dissipativo, e/ou distância radial dentro da região de campo distante do irradiador ($r >> \lambda/2\pi$), no caso de dipolo hertziano. Uma situação de grande interesse prático corresponde à propagação no vácuo, que é semelhante à propagação no ar.

$$Z_o = \sqrt{\frac{\mu_o}{\varepsilon_o}} \approx 376{,}8\ \Omega \tag{10.72}$$

10.6 IRRADIAÇÃO DE UMA ANTENA LINEAR

Uma antena prática deve ter comprimento físico comparável ao comprimento de onda irradiado. A Figura 10.5 mostra o arranjo geométrico para o cálculo dos campos irradiados por um dipolo finito. Em uma antena linear real, a corrente elétrica está distribuída de uma maneira particular dependendo de sua geometria e forma de onda no tempo. Em uma antena linear filamentar e alimentada por seu centro com tensão senoidal, a distribuição de corrente varia de modo senoidal com a distância ao centro da antena, como mostra a equação a seguir. Esse fato pode ser demonstrado por métodos analíticos ou numéricos e também pode ser verificado experimentalmente.

$$\begin{aligned} \hat{I}(z) &= I_o \operatorname{sen}\left[\beta\left(\frac{L}{2} - z\right)\right] \leftarrow z>0 \\ \hat{I}(z) &= I_o \operatorname{sen}\left[\beta\left(\frac{L}{2} + z\right)\right] \leftarrow z<0 \end{aligned} \tag{10.73}$$

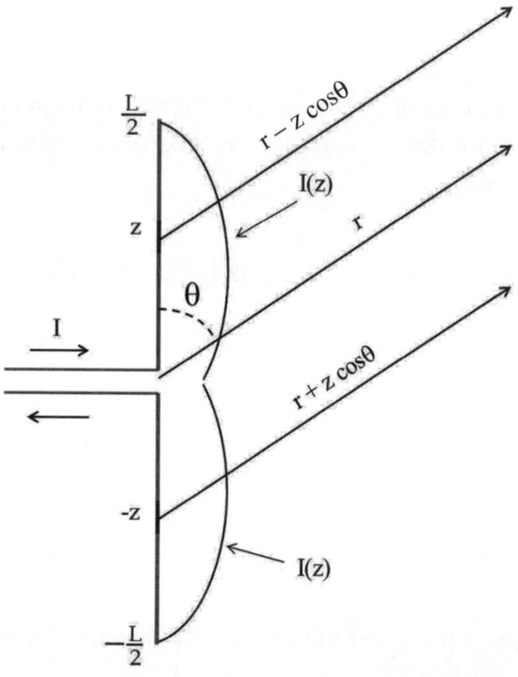

Figura 10.5 Ilustração para cálculo dos campos irradiados na região de campo distante por uma antena dipolo.

Para uma antena com comprimento físico comparável ao comprimento de onda, a condição de campo distante é diferente daquela estabelecida para o dipolo hertziano. Nesse caso, é comum usar como referência para o campo distante a relação $r > 2L^2/\lambda$. Consideraremos apenas a irradiação no campo distante, assim, os vetores de posição indicados na Figura 10.5 são paralelos por aproximação. Na região de campo distante, considerando a propagação no vácuo, os campos irradiados por um segmento dz da antena são obtidos do modelo de irradiação do dipolo hertziano.

$$d\hat{H}_\phi = j\frac{\hat{I}\beta}{4\pi}\frac{e^{-j\beta r}\,\text{sen}\theta\, dz}{r} = j\frac{\hat{I}}{2\lambda}\frac{e^{-j\beta r}\,\text{sen}\theta\, dz}{r} \tag{10.74}$$

$$d\hat{E}_\theta = Z_o d\hat{H}_\phi \tag{10.75}$$

Podemos calcular o campo magnético irradiado substituindo a corrente descrita pela Equação (10.73) e integrando no comprimento da antena:

$$\hat{H}_\phi = j\frac{I_o}{2\lambda}\text{sen}\theta\left[\int_{-L/2}^{0}\frac{e^{-j\beta(r+z\cos\theta)}\,\text{sen}\left[\beta(L/2+z)\right]dz}{r+z\cos\theta} + \right.$$
$$\left. + \int_{0}^{L/2}\frac{e^{-j\beta(r-z\cos\theta)}\text{sen}\left[\beta(L/2-z)\right]\,dz}{r-z\cos\theta}\right]$$

Ao assumirmos que a contribuição de z cosθ é muito pequena e pode ser desprezada nos denominadores, a equação anterior pode ser simplificada de forma considerável:

$$\hat{H}_\phi = j\frac{I_o}{2\lambda}\frac{\text{sen}\theta\, e^{-j\beta r}}{r}\left[\int_{-L/2}^{0} e^{-j\beta z\cos\theta}\,\text{sen}\left[\beta(L/2+z)\right]dz + \right.$$
$$\left. + \int_{0}^{L/2} e^{-j\beta z\cos\theta}\,\text{sen}\left[\beta(L/2-z)\right]\,dz\right]$$

Usando a seguinte solução da integral indefinida:

$$\int e^{az}\,\text{sen}(bz+c)\,dz = \frac{e^{az}}{a^2+b^2}\left[a\,\text{sen}(bz+c) - b\cos(bz+c)\right]$$

obtemos a solução para o campo magnético, após simplificações algébricas:

$$\hat{H}_\phi = j\frac{I_o}{2\pi}\frac{e^{-j\beta r}}{r}\left[\frac{\cos\left(\frac{\pi L}{\lambda}\cos\theta\right) - \cos\left(\frac{\pi L}{\lambda}\right)}{\text{sen}\,\theta}\right] = j\frac{I_o}{2\pi}\frac{e^{-j\beta r}}{r}F(\theta) \tag{10.76}$$

onde F(θ) é a função do ângulo polar que descreve a distribuição espacial do campo irradiado. A densidade de potência irradiada pela antena dipolo é obtida por meio do vetor de Poynting complexo.

$$\hat{P} = \frac{1}{2}\hat{E}_\theta \hat{H}^*_\phi = \frac{Z_o I_o^2}{8\pi^2 r^2} \frac{\left[\cos\left(\frac{\pi L}{\lambda}\cos\theta\right) - \cos\left(\frac{\pi L}{\lambda}\right)\right]^2}{\text{sen}^2\,\theta} = \frac{Z_o I_o^2}{8\pi^2 r^2}F^2(\theta) \tag{10.77}$$

A Figura 10.6 mostra os gráficos polares da função $F^2(\theta)$ para diversos valores da relação L/λ, denominada comprimento elétrico da antena. Observe que existem direções preferenciais de irradiação e que a máxima densidade de potência depende do comprimento elétrico.

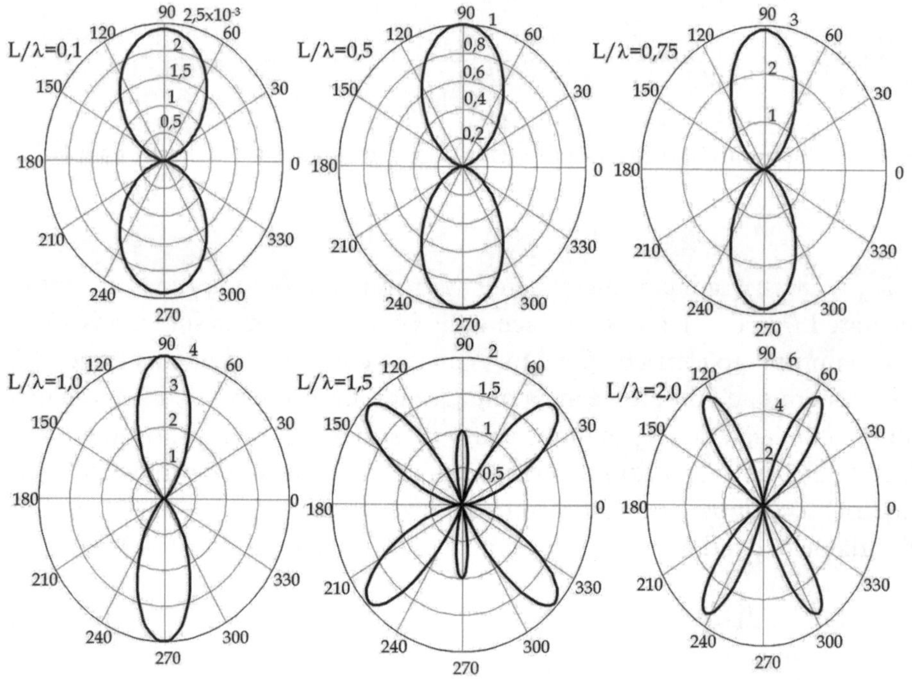

Figura 10.6 Diagramas polares da função $F^2(\theta)$ de uma antena dipolo para diversos valores do comprimento elétrico.

A potência total irradiada pela antena (P_{irr}) é calculada por meio da integração da densidade de potência média em uma superfície esférica centrada na antena.

$$P_{irr} = \oint_S \langle \mathbf{P} \rangle \cdot d\mathbf{S} = \frac{Z_o I_o^2}{8\pi^2}\int_0^\pi \frac{F^2(\theta)}{r^2} 2\pi r^2 \text{sen}\theta d\theta = \frac{Z_o I_o^2}{4\pi}\int_0^\pi F^2(\theta)\text{sen}\theta d\theta \tag{10.78}$$

A Figura 10.7 mostra a potência irradiada pela antena dipolo como função de seu comprimento elétrico para a amplitude de corrente I_o de 1 A.

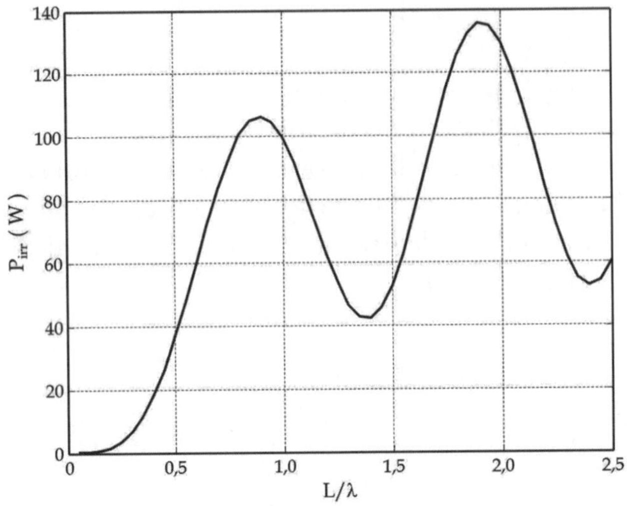

Figura 10.7 Potência irradiada pela antena dipolo como função de seu comprimento elétrico para a amplitude de corrente I_o de 1 A.

A potência irradiada inicialmente aumenta com o comprimento elétrico da antena até $L/\lambda = 0{,}9$. Depois, apresenta máximos e mínimos sucessivos à medida que o comprimento elétrico aumenta. A antena cujo comprimento elétrico é igual a 0,5 é denominada dipolo de meia onda, sendo muito popular. Essa antena operando na condição de ressonância, como mostra a Figura 10.6, irradia preferencialmente em seu plano azimutal. Se a posição de conexão da fonte for o centro geométrico do dipolo e se ignorarmos possíveis fatores de dissipação, a potência fornecida pelo gerador será igual à potência irradiada, sendo dada por:

$$P_{ga}(L = \lambda / 2) \approx 97 \times 10^{-3} Z_o I_o^2 \approx 36{,}55 I_o^2 \qquad (10.79)$$

Isso equivale a uma resistência de carga no valor aproximado de 73 Ω na extremidade de conexão do gerador com a antena.

10.7 MODELO DA ONDA PLANA UNIFORME

Para os irradiadores discutidos anteriormente, a superfície de fase constante da onda irradiada é esférica e a função F(θ) determina como a amplitude da onda varia com o ângulo polar em relação à direção da antena. Contudo, uma vez que a curvatura de uma superfície esférica diminui com o aumento do raio, podemos assumir que a superfície de fase constante tende a um plano à medida que a onda se afasta do irradiador. A variação da função F(θ) também se reduz para deslocamentos na direção polar à medida que a distância ao irradiador aumenta. A Figura 10.8 ilustra as aproximações possíveis no caso de uma frente de onda muito distante do irradiador. As variações na distância radial e no ângulo polar para um deslocamento lateral $x << r \approx z$ e as variações correspondentes de fase e de amplitude da onda, considerando a equação do campo magnético $H_\phi = H_o e^{j\psi} F(\theta)/r$, são dadas por:

$$\Delta\psi = \frac{2\pi}{\lambda}\Delta r \approx \frac{\pi}{\lambda}\frac{x^2}{z}$$

$$\Delta\left[\frac{F(\theta)}{r}\right] = \frac{1}{r}\frac{\partial F(\theta)}{\partial\theta}\Delta\theta + F(\theta)\frac{\partial}{\partial r}\left(\frac{1}{r}\right)\Delta r = \frac{\partial F(\theta)}{\partial\theta}\frac{x}{z^2} - \frac{1}{2}F(\theta)\frac{x^2}{z^3}$$

Essas variações de fase e amplitude podem ser muito pequenas para grandes distâncias do irradiador, de modo que a aproximação de frente de onda plana com distribuição uniforme de amplitude dos campos é justificável desde que a dimensão lateral da superfície plana (x) seja muito menor do que a distância axial até o irradiador (z).

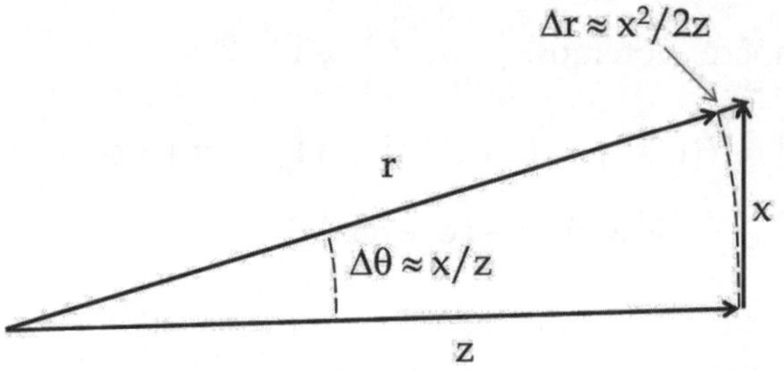

Figura 10.8 Ilustração das aproximações válidas para posições muito afastadas do irradiador.

A onda plana uniforme pode ser facilmente descrita a partir da solução em coordenadas retangulares da equação de onda para os campos elétrico e magnético. Em um meio homogêneo, linear e isotrópico, as equações fasoriais de Maxwell podem ser combinadas da forma mostrada a seguir para se obter a equação de onda. Aplicando o rotacional nas equações das leis de Faraday e Ampère, obtemos:

$$\nabla \times \nabla \times \hat{E} = \nabla\left(\nabla \cdot \hat{E}\right) - \nabla^2\hat{E} = -j\omega\mu\nabla \times \hat{H}$$

$$\nabla \times \nabla \times \hat{H} = \nabla\left(\nabla \cdot \hat{H}\right) - \nabla^2\hat{H} = (\sigma + j\omega\varepsilon)\nabla \times \hat{E}$$

Usando novamente as equações de Maxwell para substituir os rotacionais dos campos que aparecem à direita nas equações anteriores e considerando que os divergentes dos campos se anulam ($\nabla \cdot \mathbf{E} = 0$ e $\nabla \cdot \mathbf{H} = 0$ se a densidade de carga é nula no espaço e se o meio é homogêneo), obtemos as equações de onda:

$$\nabla^2 \hat{E} = j\omega\mu(\sigma + j\omega\varepsilon)\hat{E} = \gamma^2 \hat{E} \tag{10.80}$$

$$\nabla^2 \hat{H} = j\omega\mu(\sigma + j\omega\varepsilon)\hat{H} = \gamma^2 \hat{H} \tag{10.81}$$

Essas equações possuem as seguintes soluções gerais:

$$\hat{E} = \hat{E}_o e^{-K \cdot r} \tag{10.82}$$

$$\hat{H} = \hat{H}_o e^{-K \cdot r} \tag{10.83}$$

onde, por substituição direta nas equações de onda, verifica-se que $K = \gamma$. Além disso, substituindo essas soluções nas equações de Maxwell, obtemos importantes relações entre os vetores de campo e o vetor de onda **K**.

Na lei de Faraday, obtemos:

$$\nabla \times \left(\hat{E}_o e^{-K \cdot r}\right) = \nabla\left(e^{-K \cdot r}\right) \times \hat{E}_o + e^{-K \cdot r} \nabla \times \hat{E}_o = -j\omega\mu \hat{H}_o e^{-K \cdot r} \rightarrow \tag{10.84}$$
$$\rightarrow \quad K \times \hat{E}_o = j\omega\mu \hat{H}_o$$

Na lei de Ampère, obtemos:

$$\nabla \times \left(\hat{H}_o e^{-K \cdot r}\right) = \nabla\left(e^{-K \cdot r}\right) \times \hat{H}_o + e^{-K \cdot r} \nabla \times \hat{H}_o = (\sigma + j\omega\varepsilon)\hat{E}_o e^{-K \cdot r} \rightarrow \tag{10.85}$$
$$\rightarrow \quad K \times \hat{H}_o = -(\sigma + j\omega\varepsilon)\hat{E}_o$$

Essas equações mostram que os três vetores na onda eletromagnética no espaço livre (meio homogêneo e isotrópico) são ortogonais entre si. Com base nelas, pode-se deduzir que o produto $\mathbf{E} \times \mathbf{H}$ está orientado na direção de propagação da onda, indicada pelo vetor **K**. Essa é a direção do fluxo de potência conforme já havia sido constatado na formulação do teorema de Poynting. Resolvendo as Equações (10.84) e (10.85) para se obter a relação entre as amplitudes dos campos, verificamos facilmente que:

$$Z_m = \frac{\hat{E}_o}{\hat{H}_o} = \sqrt{\frac{j\omega\mu}{\sigma + j\omega\varepsilon}} \tag{10.86}$$

Essa é a impedância característica do meio, já definida anteriormente. A Figura 10.9 mostra como os campos se distribuem no espaço em uma onda plana uniforme.

A seguir, discutiremos as características de propagação de ondas planas uniformes em um meio homogêneo. Usando o sistema de referência mostrado na Figura 10.9a, podemos escrever os campos da onda eletromagnética plana e uniforme no domínio do tempo, a partir das Equações (10.82) e (10.83), da seguinte forma:

$$\mathbf{E}(z,t) = \text{Re}\left[\left|\hat{E}_o\right| e^{-(\alpha+j\beta)z} e^{j\omega t}\mathbf{u}_x\right] = \left|\hat{E}_o\right| e^{-\alpha z}\cos(\omega t - \beta z)\,\mathbf{u}_x \qquad (10.87)$$

$$\mathbf{H}(z,t) = \text{Re}\left[\left|\hat{H}_o\right| e^{-j\phi} e^{-(\alpha+j\beta)z} e^{j\omega t}\mathbf{u}_y\right] = \left|\hat{H}_o\right| e^{-\alpha z}\cos(\omega t - \beta z - \phi)\,\mathbf{u}_y \qquad (10.88)$$

onde ϕ é o ângulo polar da impedância do meio. Os campos da onda eletromagnética são atenuados se o meio é dissipativo. A profundidade de penetração $\delta = 1/\alpha$, já definida no Capítulo 6, corresponde ao deslocamento da onda para o qual a atenuação da amplitude dos campos corresponde ao fator $e^{-1} \approx 0,37$.

$$\frac{E_m(z_o + \delta)}{E_m(z_o)} = \frac{e^{-\alpha(z_o+\delta)}}{e^{-\alpha z_o}} = e^{-\alpha\delta} = \frac{1}{e}$$

onde E_m é a amplitude do campo elétrico e z_o é uma posição arbitrária no eixo z.

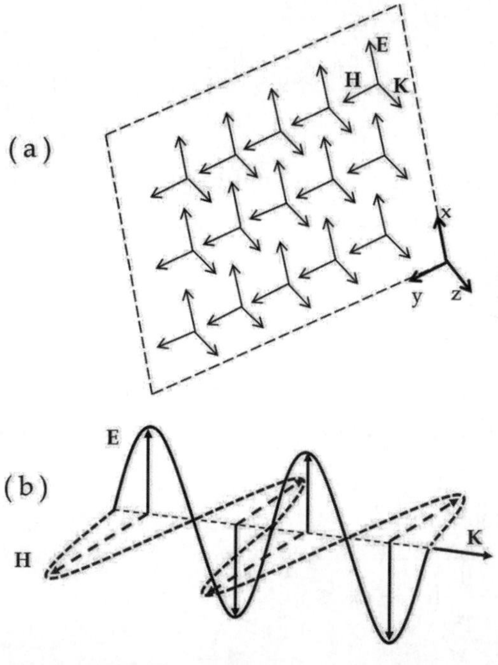

Figura 10.9 (a) Distribuição dos campos em um plano de fase constante; (b) distribuição dos campos na direção de propagação da onda eletromagnética.

A atenuação é expressa, em geral, na unidade decibel (dB), de modo que o mesmo valor numérico é obtido tanto para a perda de potência (vetor de Poynting) como para a redução nas amplitudes dos campos.

$$A = -20\,\mathrm{Log}\left[\frac{E_m(z_o + \delta)}{E_m(z_o)}\right] = 20\,\mathrm{Log}(e) \approx 8.686\ \mathrm{dB}$$

Portanto, a atenuação por unidade de comprimento no meio é dada por:

$$A = \frac{20\,\mathrm{Log}(e)}{\delta} = 20\,\mathrm{Log}(e)\alpha \approx 8.686\ \alpha\ (\mathrm{dB/m}) \tag{10.89}$$

A impedância característica é real quando o meio não apresenta dissipação.

$$Z_m = \sqrt{\frac{\mu}{\varepsilon}}$$

Essa pode ser uma boa aproximação em algumas faixas de frequência para muitos materiais não condutores (dielétricos e magnéticos). Contudo, qualquer material apresenta dispersão e dissipação nos processos de polarização e magnetização em uma ou várias regiões do espectro eletromagnético, de modo que o modelo anterior não se aplica de modo geral para meio real algum. Para um meio dissipativo, a impedância é complexa e pode ser escrita da seguinte forma:

$$Z_m = \sqrt{\frac{\mu}{\varepsilon}}\left[1 + \left(\frac{\sigma}{\omega\varepsilon}\right)^2\right]^{-1/4} e^{j\frac{1}{2}\mathrm{atg}\left(\frac{\sigma}{\omega\varepsilon}\right)} = \sqrt{\frac{\mu}{\varepsilon}}\left[1 + \mathrm{tg}^2(2\phi)\right]^{-1/4} e^{j\phi} \tag{10.90}$$

De acordo com essa equação, o ângulo polar da impedância (ângulo de defasagem entre os campos) pode ser calculado por:

$$\mathrm{tg}(2\phi) = \frac{\sigma}{\omega\varepsilon} \tag{10.91}$$

O quociente $\sigma/\omega\varepsilon$ é comumente denominado tangente de perdas. Podemos obter expressões equivalentes desse termo usando as Equações (10.38) e (10.39).

$$\mathrm{tg}(2\phi) = \frac{\sigma_s + \omega\varepsilon''\varepsilon_o + \dfrac{\omega\mu''}{\mu'}\varepsilon'\varepsilon_o}{\omega\varepsilon'\varepsilon_o - \dfrac{\mu''}{\mu'}(\sigma_s + \omega\varepsilon''\varepsilon_o)} \tag{10.92}$$

Por exemplo, para um material não condutor ($\sigma_s = 0$) e sem perdas magnéticas ($\mu'' = 0$), temos:

$$\text{tg}(2\phi) = \frac{\varepsilon''}{\varepsilon'} \tag{10.93}$$

Em contrapartida, para um material não condutor e sem dispersão dielétrica ($\varepsilon'' = 0$), mas que apresenta perdas magnéticas ($\mu'' \neq 0$), obtemos o seguinte resultado:

$$\text{tg}(2\phi) = \frac{\mu''}{\mu'} \tag{10.94}$$

A aproximação da Equação (10.90) válida para bons condutores é obtida ao se considerar $\sigma >> \omega\varepsilon$.

$$Z_m = \sqrt{\frac{\omega\mu}{\sigma}} e^{j\frac{\pi}{4}} \tag{10.95}$$

10.8 DISPERSÃO E DISTORÇÃO

A velocidade de propagação de uma onda monofrequencial foi obtida na Equação (10.43). Substituindo a constante de fase dada na Equação (10.36), obtemos a seguinte expressão para a velocidade de fase:

$$u = \frac{c / \kappa}{\sqrt{\frac{1}{2}\left[1 + \left(\frac{\sigma}{\omega\varepsilon_r\varepsilon_o}\right)^2\right]^{1/2} + \frac{1}{2}}} \tag{10.96}$$

Observe que nos meios que não apresentam dissipação a velocidade de propagação da onda monofrequencial é independente de sua frequência. Uma vez que a dissipação está intrinsecamente ligada às dispersões dielétrica e magnética, podemos dizer que nos meios não dispersivos as ondas eletromagnéticas de qualquer frequência viajam na mesma velocidade, a qual depende apenas do índice de refração do meio. Entretanto, em meios dispersivos, as ondas eletromagnéticas de diferentes frequências se deslocam com diferentes velocidades e isso acarreta um importante fenômeno de distorção espectral de sinais compostos de muitas harmônicas. No caso mais geral, as ondas eletromagnéticas devem ser descritas pela superposição de um número ilimitado de ondas monofrequenciais que determinam uma distribuição específica de densidade espectral de energia eletromagnética. De acordo com esse conceito, o campo elétrico em uma onda plana se propagando na direção z, resultante da superposição de infinitas ondas de diferentes frequências, pode ser descrito por:

$$\mathbf{E}(z,t) = \text{Re}\left[\sum_{i=1}^{\infty} \hat{E}_{oi}\, e^{-\alpha_i z} e^{j(\omega_i t - \beta_i z)}\right]\mathbf{u}_z \qquad (10.97)$$

onde E_{oi} contém a informação de amplitude e fase das componentes, sendo obtida da transformada de Fourier do sinal representado pelo campo **E**.

Consideremos, a princípio, um caso simples de superposição de apenas duas ondas de frequências muito próximas ($\omega_o \pm \Delta\omega$, o que corresponde a $\beta_o \pm \Delta\beta$) e de mesma amplitude e fase inicial. Nesse caso, a Equação (10.97) pode ser expandida em dois termos:

$$\mathbf{E}(z,t) = E_o e^{-\alpha z}\,\text{Re}\left[e^{j(\omega_o - \Delta\omega)t - j(\beta_o - \Delta\beta)z} + e^{j(\omega_o + \Delta\omega)t - j(\beta_o + \Delta\beta)z}\right]\mathbf{u}_z$$

Essa equação pode ser reescrita da seguinte forma:

$$\begin{aligned}\mathbf{E}(z,t) &= E_o e^{-\alpha z}\,\text{Re}\left[e^{j(\omega_o t - \beta_o z)}\left(e^{-j(\Delta\omega t - \Delta\beta z)} + e^{j(\Delta\omega t - \Delta\beta z)}\right)\right]\mathbf{u}_z = \\ &2E_o e^{-\alpha z}\cos(\Delta\omega t - \Delta\beta z)\cos(\omega_o t - \beta_o z)\mathbf{u}_z\end{aligned} \qquad (10.98)$$

A Equação (10.98) representa uma onda de frequência ω_o e constante de fase β_o, que se propaga com velocidade da fase $u = \omega_o/\beta_o$, mas com amplitude descrita por outra onda que se desloca com velocidade $u_g = \Delta\omega/\Delta\beta$. Esse termo de amplitude que se propaga como uma onda é denominado pacote de onda e sua velocidade de propagação é a velocidade de grupo. A Figura 10.10 mostra um gráfico da distribuição espacial de campo obtida com a superposição de duas ondas cujas frequências são muito próximas. Observe que a amplitude resultante se distribui no espaço com comprimento de onda correspondente à diferença entre as frequências das componentes que se somam.

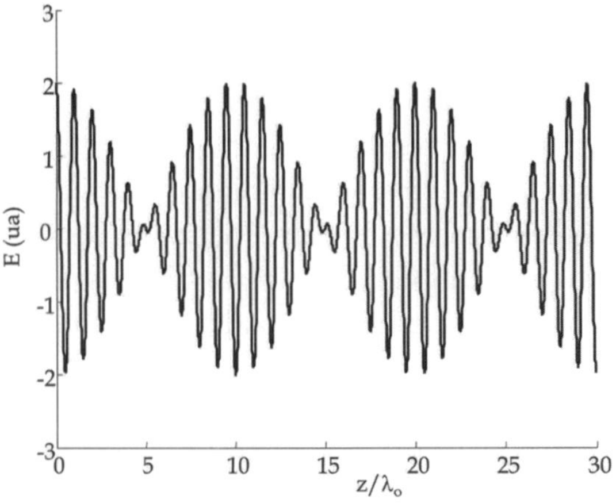

Figura 10.10 Superposição de duas ondas de mesma amplitude e frequências que diferem apenas +5% e −5%, respectivamente, em relação à frequência central $f_o = c/\lambda_o$.

Como se sabe, o vetor de Poynting é proporcional ao quadrado da amplitude dos campos e, por isso, podemos dizer que u_g é a velocidade em que a potência é transportada. Tomando o limite quando $\Delta\beta \rightarrow 0$, podemos definir formalmente a velocidade de grupo pela expressão:

$$u_g = \frac{d\omega}{d\beta} \qquad (10.99)$$

Em um meio não dispersivo, a relação entre ω e β é linear e, portanto, u e u_g são iguais. Isso significa que o pacote de onda se mantém com a mesma forma no espaço durante toda a trajetória da onda, porque todas as componentes viajam com a mesma velocidade. Em meios dispersivos, a relação entre ω e β é não linear e a velocidade de fase é diferente para cada componente. Nesses meios, o pacote de onda se modifica enquanto se propaga.

Para avaliarmos esse fenômeno de forma quantitativa, devemos assumir inicialmente uma distribuição espectral específica para a onda que é gerada a partir do irradiador. Para facilitar o cálculo do campo resultante de acordo com a Equação (10.97), assumiremos uma distribuição espectral contínua e altamente localizada em torno da frequência central ω_o e da constante de fase β_o. Seja, então, a amplitude da componente de frequência localizada entre ω e $\omega + d\omega$, que corresponde à constante de fase entre β e $\beta + d\beta$, dada pela função $g(\beta)\, d\beta$, na qual:

$$g(\beta) = \sqrt{a}\ e^{-a(\beta-\beta_o)^2}$$

Trata-se da função de distribuição espectral por unidade de β. A constante a determina a largura dessa distribuição, pois a amplitude da componente cai para e^{-1} quando a constante de fase aumenta ou diminui em torno de β_o, de modo que $\beta - \beta_o = \pm a^{-1/2}$. Quando $a \rightarrow \infty$, a função $g(\beta)$ tende a uma distribuição extremamente concentrada em torno de β_o e ω_o. Note que a integral dessa função em um intervalo infinito tem valor finito.

$$\int_{-\infty}^{+\infty} \sqrt{a} e^{-a(\beta-\beta_o)^2} d\beta = \sqrt{\pi}$$

Com base no conceito da função impulso, concluímos que se $a \rightarrow \infty$, $g(\beta)$ resulta em uma onda monofrequencial. Usando essa distribuição contínua, podemos reescrever a Equação (10.97) na forma de uma integral:

$$E(z,t) = \sqrt{a} e^{-\alpha z}\, \text{Re}\left[\int_{-\infty}^{+\infty} e^{-a(\beta-\beta_o)^2}\ e^{j(\omega t-\beta z)}\, d\beta\right]\mathbf{u}_z \qquad (10.100)$$

onde assumimos, para maior simplicidade matemática, que a constante de atenuação no meio não varia com a frequência.

Reconhecendo que ω pode ser encarada como uma função de β, podemos expandir a função $\omega(\beta)$ em uma série de potências em torno de β_o. Se $\omega(\beta)$ for uma função que não varia muito rapidamente em torno de β_o, é possível obter uma boa aproximação pelos três primeiros termos da série:

$$\omega = \omega_o + \left(\frac{d\omega}{d\beta}\right)_{\beta_o}(\beta - \beta_o) + \frac{1}{2}\left(\frac{d^2\omega}{d\beta^2}\right)_{\beta_o}(\beta - \beta_o)^2 = \omega_o + u_g(\beta - \beta_o) + b(\beta - \beta_o)^2$$

onde identificamos o coeficiente do termo de primeira ordem como sendo a velocidade de grupo do pacote de ondas e o coeficiente do termo de segunda ordem foi identificado por uma constante b.

Fazendo a substituição de variáveis $\eta = \beta - \beta_o$ e levando o resultado à Equação (10.100), obtemos:

$$\mathbf{E}(z,t) = \sqrt{a}e^{-\alpha z}\,\mathrm{Re}\left[e^{j(\omega_o t - \beta_o z)}\int_{-\infty}^{+\infty} e^{-(a-jbt)\eta^2}e^{j(u_g t - z)\eta}\,d\eta\right]\mathbf{u}_z =$$

$$= \sqrt{a}e^{-\alpha z}\,\mathrm{Re}\left[e^{j(\omega_o t - \beta_o z)}\int_{-\infty}^{+\infty} e^{-a'\eta^2}e^{jz'\eta}\,d\eta\right]\mathbf{u}_z$$

onde, para simplificar a escrita, definimos as variáveis auxiliares $a' = a - jbt$ e $z' = u_g t - z$. A integral na equação anterior pode ser interpretada como a amplitude do pacote de ondas. Podemos obter a solução exata dessa integral fazendo a seguinte substituição:

$$jz'\eta - a'\eta^2 = -a'\left(\eta - \frac{jz'}{2a'}\right)^2 - \frac{z'^2}{4a'}$$

O que nos leva ao seguinte resultado da integral:

$$\int_{-\infty}^{+\infty} e^{-a'\eta^2}e^{jz'\eta}d\eta = e^{-\frac{z'^2}{4a'}}\int_{-\infty}^{+\infty} e^{-a'\eta'^2}d\eta' = \sqrt{\frac{\pi}{a'}}e^{-\frac{z'^2}{4a'}}$$

onde $\eta' = \eta - jz'/2a'$. Assim, a amplitude do campo elétrico obtido pela superposição de todas as componentes do pacote de ondas é dada por:

$$\hat{\mathbf{E}}(z,t) = \sqrt{a}e^{-\alpha z}\sqrt{\frac{\pi}{a - jbt}}\,\exp\left[-\frac{(z - u_g t)^2}{4(a - jbt)}\right]\mathbf{u}_z \qquad (10.101)$$

Será mais simples e significativo considerar apenas o módulo do campo para se verificar a dispersão que ocorre na distribuição espacial da potência que é transportada pela onda. O módulo quadrado da amplitude do campo elétrico dado pela Equação (10.101) é:

$$|E_o|^2 = \frac{\pi a e^{-2\alpha z}}{\sqrt{a^2 + b^2 t^2}} \exp\left[-\frac{a}{2}\frac{(z - u_g t)^2}{(a^2 + b^2 t^2)}\right] \tag{10.102}$$

Por meio dessa equação, concluímos que a potência da onda se propaga com velocidade u_g, o que está de acordo com a conclusão similar obtida antes. Em segundo lugar, vemos que, se $b \neq 0$, como deve ser em um meio dispersivo, o pacote de ondas diminui de amplitude e se alarga à medida que a onda se propaga. A redução da amplitude em virtude do denominador na Equação (10.102) ocorre adicionalmente à dissipação de potência no meio descrita pelo termo $e^{-2\alpha z}$, sendo consequência do alargamento do pacote de ondas. A Figura 10.11 ilustra esse processo.

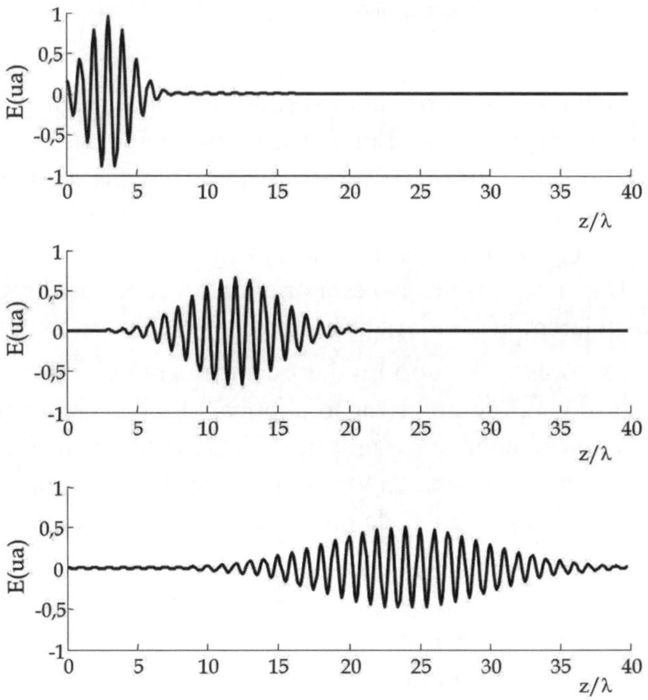

Figura 10.11 Ilustração da atenuação e do alargamento de um pacote de ondas em um meio dispersivo. A dissipação no meio não foi considerada neste exemplo.

10.9 POLARIZAÇÃO

Polarização de uma onda eletromagnética é um termo usado para definir a orientação espacial dos vetores de campo. Uma onda transversal (TEM) tem seus vetores orientados perpendicularmente à direção de propagação. Porém, a direção dos vetores de campo na frente de onda não é única e, assim, existem algumas possibilidades de polarização diferentes, conforme mostra a Figura 10.12. A polarização de uma onda eletromagnética é especificada pela direção de seu vetor de campo elétrico.

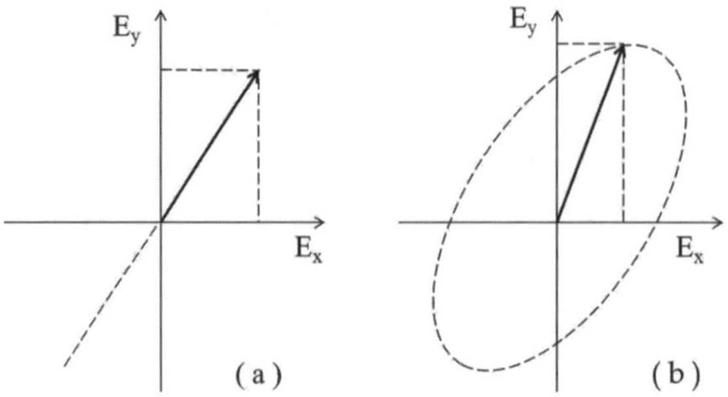

Figura 10.12 Tipos de polarização da onda eletromagnética: (a) polarização linear; (b) polarização elíptica.

Quando os campos estão orientados todo o tempo em uma única direção, chamamos de polarização linear. Em virtude das referências usuais às direções vertical e horizontal em sistemas de transmissão por ondas de rádio, é muito comum encontrarmos as especificações de onda com polarização vertical, quando o campo elétrico está sempre orientado na direção vertical, ou onda com polarização horizontal, se o campo elétrico está orientado sempre na direção horizontal. Ambos os casos referem-se à polarização linear.

Quando os vetores de campo mudam ciclicamente de direção na frente de onda, temos o caso geral de polarização elíptica. Um caso particular muito importante da polarização elíptica é a polarização circular, na qual o vetor de campo elétrico tem sempre o mesmo módulo, mas sua direção gira com velocidade angular igual à frequência angular da onda e com sentido horário ou anti-horário no plano da frente de onda.

O caso geral de polarização linear pode ser descrito pela superposição de duas ondas de mesma frequência e fase, com seus campos orientados em direções perpendiculares. A onda resultante é, então, descrita pela seguinte equação:

$$\mathbf{E} = E_o\left(\cos\theta\,\mathbf{u}_x + \operatorname{sen}\theta\,\mathbf{u}_y\right)\cos(\omega t - \beta z)$$

onde θ é o ângulo de direção do campo em relação ao eixo x.

Se as ondas que se superpõem em quadratura estiverem defasadas, o vetor resultante não terá uma direção única e a polarização será elíptica. Podemos descrever a trajetória do vetor campo elétrico pelo lugar geométrico de sua extremidade em relação à origem em um sistema de coordenadas no plano da frente de onda. Considerando que o campo na direção y está adiantado δ radianos em relação ao campo na direção x, temos:

$$E_x = E_{xo}\cos(\omega t - \beta z)$$

$$E_y = E_{yo}\cos(\omega t - \beta z + \delta) = E_{yo}\left[\cos(\omega t - \beta z)\cos\delta - \text{sen}(\omega t - \beta z)\text{sen}\delta\right]$$

Podemos escrever cos(ωt – βz) e sen(ωt – βz) como função de E_x/E_{xo} e substituir na expressão do campo E_y. Com isso, obtemos:

$$\frac{E_x^2}{E_{xo}^2\,\text{sen}^2\delta} + \frac{E_y^2}{E_{yo}^2\,\text{sen}^2\delta} - \frac{2\cos\delta}{E_{xo}\,E_{yo}\,\text{sen}^2\delta}E_xE_y = 1$$

Essa é a equação de uma elipse no plano dos vetores ortogonais E_x e E_y. No caso em que $\delta = \pm\,\pi/2$, temos:

$$\frac{E_x^2}{E_{xo}^2} + \frac{E_y^2}{E_{yo}^2} = 1$$

Trata-se de uma elipse com seus eixos coincidindo com as direções x e y. Se $E_{xo} = E_{yo}$, temos o caso particular de polarização circular. O sinal do ângulo de defasagem determina o sentido de rotação do vetor campo elétrico total da onda (ver Figura 10.13). Para $\delta > 0$, o campo gira no sentido horário (polarização circular esquerda) para um observador que vê a frente de onda se aproximar. Para $\delta < 0$, o campo gira no sentido anti-horário (polarização circular direita).

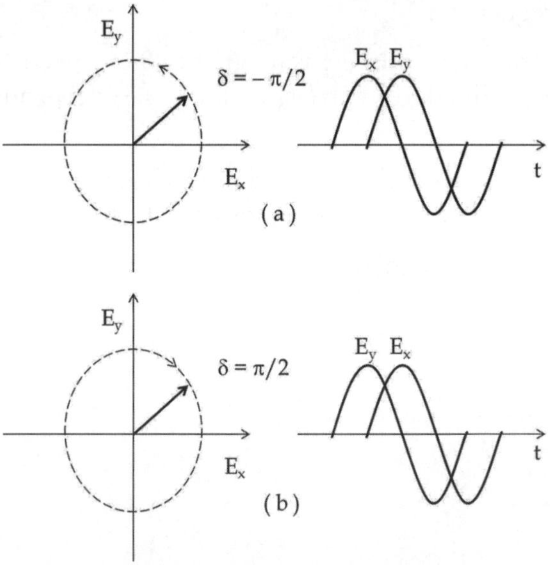

Figura 10.13 Sentido de rotação na polarização circular: (a) polarização circular direita; (b) polarização circular esquerda.

Se a defasagem entre as componentes ortogonais é diferente de $\pm\pi/2$, a elipse terá seus eixos não coincidentes com as direções x e y. Alguns exemplos são dados na Figura 10.14.

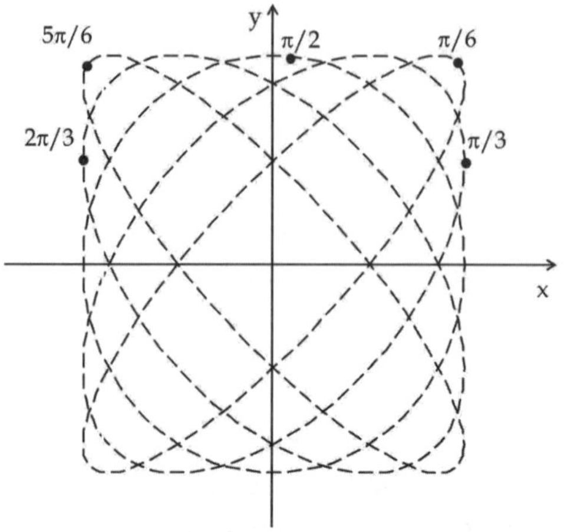

Figura 10.14 Casos de polarização elíptica com campos de mesma amplitude.

10.10 EXERCÍCIOS

1) Demonstre as Equações (10.35) e (10.36) para as constantes de propagação α e β de uma onda eletromagnética em função das propriedades eletromagnéticas e da frequência.

2) Mostre que para uma onda eletromagnética no espaço livre os vetores de campo são perpendiculares entre si e ambos são perpendiculares à direção de propagação.

3) Obtenha a expressão geral da impedância característica de um meio e as aproximações para bons isolantes e bons condutores.

4) Mostre que o campo magnético descrito por:

$$H_y(z,t) = H_o \cos\left[\omega\left(t \pm \sqrt{\mu\varepsilon}\, z\right)\right]$$

é uma solução da equação de onda:

$$\frac{\partial^2 H_y}{\partial z^2} = \mu\varepsilon \frac{\partial^2 H_y}{\partial t^2}$$

5) Mostre que o campo elétrico descrito por:

$$\hat{E}_x = E_o e^{-(\alpha + j\beta)z} e^{j\omega t}$$

é uma solução da equação de onda:

$$\frac{\partial^2 \hat{E}_x}{\partial z^2} = \mu\varepsilon \frac{\partial^2 \hat{E}_x}{\partial t^2} + \mu\sigma \frac{\partial \hat{E}_x}{\partial t}$$

6) Considere um dipolo de comprimento 10 cm alimentado com corrente de frequência 10 MHz e amplitude 1 A. Calcule os campos elétrico e magnético máximos na distância de 30 m. Calcule também a máxima densidade de potência irradiada pelo dipolo.

7) Calcule a impedância característica dos seguintes materiais em 1 MHz, 10 MHz, 100 MHz e 1 GHz:

Material	**σ (S/m)**	ε_r	μ_r
Ar	0	1	1
Água destilada	10^{-5}	81	1
Água do mar	4	81	1
Cobre	$5{,}8 \times 10^7$	1	1
Ferro	1×10^7	1	1.000

8) Uma onda eletromagnética de frequência 100 MHz se propaga em um meio não magnético com tangente de perdas 0,1 e velocidade de fase de 66% da velocidade da luz no vácuo. Calcule a constante dielétrica e a condutividade do meio, a constante de fase, a constante de atenuação, o comprimento de onda e a profundidade de penetração da onda. Calcule também a atenuação para uma distância percorrida de 10 m nesse meio.

9) Repita o exercício anterior no caso de tangente de perdas de 0,2 e atenuação de 10 dB/m nesse meio.

10) Uma piscina com água do mar ($\sigma = 4$ S/m, $\varepsilon_r = 81$, $\mu_r = 1$) de área 20 m^2 e profundidade 2 m está sofrendo a incidência a partir do ar de uma onda eletromagnética de 200 MHz. Assumindo que a intensidade do campo magnético na superfície da água é 1 A/m, calcule a potência média dissipada na água.

11) Uma onda eletromagnética plana e uniforme se propaga na direção e o sentido z > 0. O campo magnético na posição z = 1 m é dado por:

$$\mathbf{H} = 100 \cos(200\pi \times 10^6 t - \phi)\ \mathbf{u}_x \text{ (A/m)}$$

onde ϕ é o ângulo de fase inicial do campo nessa posição. O meio é não magnético e tem impedância $Z_m = 263 + j10\ \Omega$. Determine:

a) O ângulo ϕ considerando o campo elétrico como a referência de fase dessa onda.

b) A velocidade de fase dessa onda.

c) A distância percorrida para que a onda perca 99% de sua potência inicial.

d) As expressões completas dos campos elétrico e magnético dessa onda.

12) Uma onda eletromagnética plana e uniforme se propaga na direção e no sentido z > 0 em um meio dissipativo. Se o campo elétrico em z = 0 é E_o, mostre que a potência média dissipada em um volume cúbico de aresta a, com centro posicionado em z_o e arestas orientadas nas direções dos eixos xyz pode ser calculada por:

$$P_{diss} = \frac{E_o^2 a^2}{|Z_o|} \cos\phi \, e^{-2\alpha z_o} \, \mathrm{senh}(\alpha a)$$

13) Uma onda eletromagnética se propaga em um meio não magnético de modo que seu campo magnético pode ser descrito pela seguinte equação:

$$\mathbf{H} = (20\mathbf{u}_x - 10\mathbf{u}_y)e^{-0,1x-0,2y}\cos(50\pi \times 10^6 t - x - 2y) \text{ mA/m}$$

a) Escreva a expressão do vetor de onda.

b) Escreva a expressão completa do campo elétrico.

14) Uma onda eletromagnética se propaga no vácuo e seu campo elétrico é descrito pela seguinte equação:

$$\mathbf{E} = (160\mathbf{u}_x + 200\mathbf{u}_y - 50\mathbf{u}_z)\cos(1,2232 \times 10^9 t - 0,625x - 0,5y - 4z) \text{ V/m}$$

Calcule a potência média por unidade de área que atravessa o plano descrito por x + 3y + 2z = 6.

10.11 REFERÊNCIAS

REITZ, J. R.; MILFORD, F. J.; CHRISTY, R. W. **Fundamentos da teoria eletromagnética.** 2. ed. Rio de Janeiro: Editora Campus, 1982.

CAPÍTULO 11

Ondas eletromagnéticas em interfaces

No capítulo anterior, utilizamos o conceito de espaço livre como um meio ilimitado, homogêneo e isotrópico para estudar a propagação de ondas eletromagnéticas. Contudo, qualquer meio real é necessariamente limitado em extensão ou apresenta variações das propriedades eletromagnéticas em uma ou mais direções. Neste capítulo, vamos deixar a idealização de espaço livre para estudar os efeitos da variação abrupta da impedância característica em uma certa região do espaço. Em virtude da variação abrupta, podemos caracterizar com exatidão a existência de uma interface entre dois materiais com propriedades eletromagnéticas distintas. Com o objetivo de simplificar a análise matemática, consideraremos somente interfaces planas.

11.1 REFLEXÃO E TRANSMISSÃO

Consideremos o esquema mostrado na Figura 11.1: uma onda eletromagnética gerada no meio 1 propaga-se até a interface com o meio 2. Ao incidir na interface, dois processos ocorrem: uma parte da onda incidente retorna ao meio 1 e outra parte é transmitida para o meio 2. Surgem, então, uma onda refletida e uma onda transmitida. Nosso objetivo nesta seção é calcular as intensidades e as direções de propagação dessas ondas e relacionar isso com as características da onda incidente.

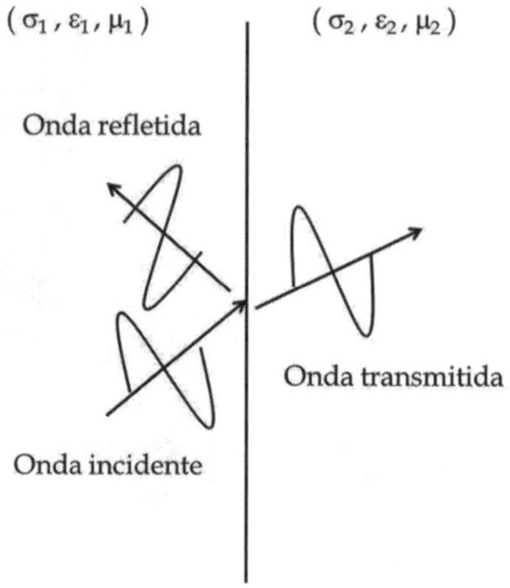

Figura 11.1 Ilustração da incidência de uma onda eletromagnética em uma interface, o que gera uma onda refletida e uma onda transmitida.

Definimos o plano de incidência como sendo o plano que contém o vetor de onda incidente e o vetor normal à interface. Como mostra a Figura 11.2, existem duas situações especiais de polarização da onda incidente em relação ao plano de incidência. Chamamos de polarização paralela se o campo elétrico incidente está contido no plano de incidência; e de polarização perpendicular se o campo elétrico é perpendicular ao plano de incidência. Qualquer outra polarização da onda incidente pode ser descrita por uma combinação adequada de uma onda polarizada paralelamente com outra onda polarizada perpendicularmente. Como as intensidades das ondas refletida e transmitida dependem da polarização da onda incidente, consideraremos esses dois casos especiais separadamente.

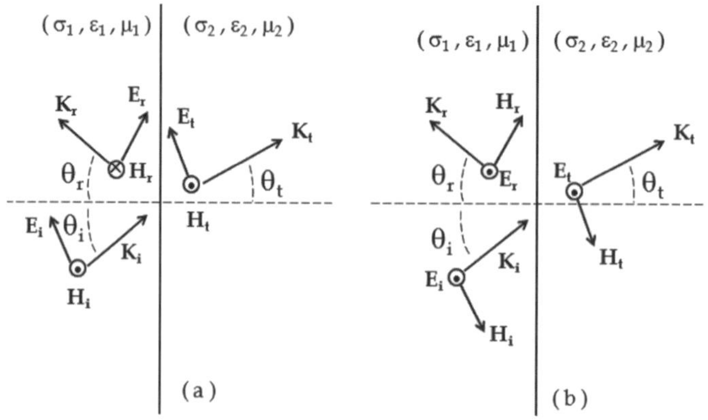

Figura 11.2 Símbolos e orientações dos vetores para o cálculo da reflexão e da transmissão em uma interface plana. Os símbolos (•, ×) indicam o vetor perpendicular ao plano da página (saindo, entrando). (a) Polarização paralela; (b) polarização perpendicular.

Os índices i, r e t são usados para identificar as ondas incidente, refletida e transmitida, respectivamente. Os campos associados a essas ondas são descritos pelas equações fasoriais a seguir:

$$\hat{E}_i = E_{oi}\, e^{-K_i \cdot r}$$
$$\hat{H}_i = H_{oi}\, e^{-K_i \cdot r}$$
$$\hat{E}_r = E_{or}\, e^{-K_r \cdot r}$$
$$\hat{H}_r = H_{or}\, e^{-K_r \cdot r}$$
$$\hat{E}_t = E_{ot}\, e^{-K_t \cdot r}$$
$$\hat{H}_t = H_{ot}\, e^{-K_t \cdot r}$$

Os campos das três ondas estão relacionados pela condição de continuidade das componentes paralelas dos campos elétrico e magnético na interface (ver Apêndice D). Podemos escrever essa condição, em geral, da seguinte forma:

$$\hat{E}_{ip} + \hat{E}_{rp} = \hat{E}_{tp} \tag{11.1}$$

$$\hat{H}_{ip} + \hat{H}_{rp} = \hat{H}_{tp} \tag{11.2}$$

onde o índice p indica a componente paralela do campo.

Essas equações são válidas em qualquer posição da interface, embora os campos não estejam distribuídos de forma uniforme nessa superfície. Então, deve haver alguma restrição às variações dos campos na direção paralela à interface. Por exemplo, para um deslocamento genérico $\Delta\mathbf{r}$ paralelo à interface, os campos variam da seguinte maneira:

$$\hat{F}(\mathbf{r} + \Delta\mathbf{r}) = F_o\, e^{-K\cdot(r+\Delta r)} = \hat{F}(\mathbf{r})\, e^{-K\cdot\Delta r}$$

Então, para que as condições de contorno sejam atendidas em todos os pontos da interface, é necessário que o termo $\exp(-\mathbf{K} \cdot \Delta\mathbf{r})$ seja igual para todos os campos (incidente, refletido e transmitido), o que implica que as componentes paralelas dos vetores de onda na interface sejam iguais para as três ondas.

$$K_i \operatorname{sen}\theta_i = K_r \operatorname{sen}\theta_r = K_t \operatorname{sen}\theta_t$$

Dessas relações, podemos deduzir duas consequências muito importantes: para as ondas no meio de incidência, os módulos dos vetores de onda são iguais, portanto, os ângulos de incidência e reflexão são iguais.

$$\theta_i = \theta_r \tag{11.3}$$

A relação entre os ângulos de incidência e transmissão depende das propriedades eletromagnéticas dos meios 1 e 2 e da frequência e pode ser escrita, em geral, da seguinte forma:

$$(\alpha_1 + j\beta_1)\text{sen}\theta_i = (\alpha_2 + j\beta_2)\text{sen}\theta_t \tag{11.4}$$

Consideremos, a princípio, o caso mais simples em que os meios são não dissipativos. Substituindo $\alpha = 0$ e $\beta = \kappa\omega/c$ na equação anterior, obtemos:

$$\kappa_1 \,\text{sen}\theta_i = \kappa_2 \,\text{sen}\theta_t \tag{11.5}$$

Essa é a conhecida lei de Snell da óptica. Se os meios envolvidos não apresentam magnetização significativa, podemos escrever essa equação da seguinte forma:

$$\text{sen}\theta_t = \sqrt{\frac{\varepsilon_{r1}}{\varepsilon_{r2}}}\,\text{sen}\theta_i$$

Uma onda eletromagnética, ao atravessar a interface entre dois dielétricos, é defletida de acordo com os valores das constantes dielétricas. Se o meio 2 apresenta maior (menor) constante dielétrica, a onda é transmitida em uma direção com ângulo menor (maior) em relação à onda incidente.

Se os meios envolvidos são dissipativos, a Equação (11.4) não possui uma interpretação simples, uma vez que os senos dos ângulos apresentam valores complexos. Ainda assim, a interpretação correta para o vetor de onda pode ser obtida. O ângulo de transmissão deve atender às seguintes condições:

$$\text{sen}\theta_t = \frac{(\alpha_1 + j\beta_1)}{(\alpha_2 + j\beta_2)}\text{sen}\theta_i = (a + jb)$$

$$\cos\theta_t = \sqrt{1-(a+jb)^2} = (c + jd)$$

onde a, b, c e d são as constantes obtidas a partir de α_1, α_2, β_1, β_2 e senθ_i. O vetor de onda transmitida pode ser escrito nas suas componentes paralela (K_{tp}) e normal (K_{tn}) à interface:

$$K_{tp} = (\alpha_2 + j\beta_2)\text{sen}\theta_t = (\alpha_2 + j\beta_2)(a + jb) = \alpha'_2 + j\beta'_2$$

$$K_{tn} = (\alpha_2 + j\beta_2)\cos\theta_t = (\alpha_2 + j\beta_2)(c + jd) = \alpha''_2 + j\beta''_2$$

A equação de propagação dos campos no meio 2 torna-se, então:

$$\hat{\mathbf{E}}_t = \mathbf{E}_{ot}\, e^{-(K_{tp}\mathbf{u}_p + K_{tn}\mathbf{u}_n)\cdot(\Delta x\,\mathbf{u}_p + \Delta z\,\mathbf{u}_n)} = \mathbf{E}_{ot}\, e^{-(\alpha'_2\Delta x + \alpha''_2\Delta z)} e^{-j(\beta'_2\Delta x + \beta''_2\Delta z)}$$

onde o deslocamento no meio 2 foi descrito como sendo Δx na direção paralela à interface e Δz na direção perpendicular à interface. Uma vez que as equações

$\alpha'_2 \Delta x + \alpha''_2 \Delta z = cte_1$ e $\beta'_2 \Delta x + \beta''_2 \Delta z = cte_2$ descrevem planos com diferentes inclinações em relação aos eixos coordenados x e z, podemos concluir que a onda transmitida não é uma onda plana uniforme. A superfície de amplitude constante não coincide com a superfície de fase constante. A Figura 11.3 ilustra esse conceito. Os ângulos de transmissão nesse caso são:

$$\theta_\alpha = \text{atg}\left(\frac{\alpha'_2}{\alpha''_2}\right)$$

$$\theta_\beta = \text{atg}\left(\frac{\beta'_2}{\beta''_2}\right)$$

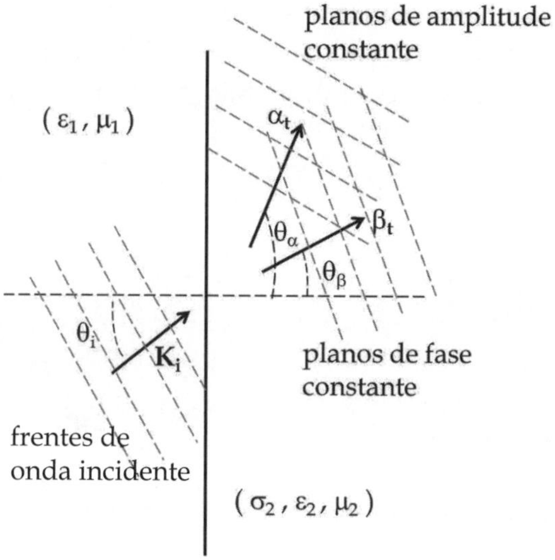

Figura 11.3 Ilustração da separação entre plano de fase constante e plano de amplitude constante na transmissão de uma onda plana uniforme para um meio dissipativo.

Consideremos, então, como as amplitudes das ondas refletida e transmitida se relacionam com a onda incidente. As Equações (11.1) e (11.2) mostram as condições de continuidade dos campos na interface em uma forma geral. Escreveremos, então, as equações resultantes para cada tipo de polarização indicada na Figura 11.2.

Para polarização paralela ao plano de incidência:

$$\begin{aligned} (E_{oi} + E_{or})\cos\theta_i &= E_{ot}\cos\theta_t \\ H_{oi} - H_{or} &= H_{ot} \end{aligned} \tag{11.6}$$

Para polarização perpendicular ao plano de incidência:

$$
\begin{aligned}
&E_{oi} + E_{or} = E_{ot} \\
&(H_{oi} - H_{or})\cos\theta_i = H_{ot}\cos\theta_t
\end{aligned}
\tag{11.7}
$$

Essas equações podem ser resolvidas acrescentando-se as relações entre os campos elétrico e magnético em cada meio.

$$
\begin{aligned}
&Z_1 = \frac{E_{oi}}{H_{oi}} = \frac{E_{or}}{H_{or}} \\
&Z_2 = \frac{E_{ot}}{H_{ot}}
\end{aligned}
\tag{11.8}
$$

Ao se obter as soluções para os campos refletido e transmitido em função dos campos da onda incidente, geralmente os resultados são apresentados na forma de coeficientes de reflexão e de transmissão, também denominados coeficientes de Fresnel.

Para o coeficiente de reflexão $r = E_{or}/E_{oi}$, temos:

$$
r_{\parallel} = \frac{Z_2\cos\theta_t - Z_1\cos\theta_i}{Z_2\cos\theta_t + Z_1\cos\theta_i} \tag{11.9}
$$

$$
r_{\perp} = \frac{Z_2\cos\theta_i - Z_1\cos\theta_t}{Z_2\cos\theta_i + Z_1\cos\theta_t} \tag{11.10}
$$

Para o coeficiente de transmissão $t = E_{ot}/E_{oi}$, temos:

$$
t_{\parallel} = \frac{2Z_2\cos\theta_i}{Z_2\cos\theta_t + Z_1\cos\theta_i} \tag{11.11}
$$

$$
t_{\perp} = \frac{2Z_2\cos\theta_i}{Z_2\cos\theta_i + Z_1\cos\theta_t} \tag{11.12}
$$

onde os símbolos $\parallel$ e $\perp$ indicam polarização paralela e perpendicular ao plano de incidência, respectivamente.

Pode-se verificar facilmente que os coeficientes de Fresnel são números complexos adimensionais que dependem das propriedades eletromagnéticas do meio e da frequência. O coeficiente de reflexão varia entre –1 e +1, ao passo que o coeficiente de transmissão apresenta valores entre 0 e 2. Veremos a seguir alguns casos particulares de significativa importância prática.

A) Incidência perpendicular na interface – Substituindo $\theta_i = 0$ [θ_t também é nulo segundo a Equação (11.4)] nas equações anteriores, obtemos os coeficientes de Fresnel independentes da polarização da onda.

$$r = \frac{Z_2 - Z_1}{Z_2 + Z_1} \tag{11.13}$$

$$t = \frac{2Z_2}{Z_2 + Z_1} \tag{11.14}$$

No meio de incidência ocorre a superposição da onda incidente com a onda refletida. Esse fenômeno tem como resultado a **onda estacionária.** Uma vez que as duas ondas apresentam a mesma polarização, podemos simplesmente somar algebricamente os fasores dos campos dessas ondas para obter o campo resultante.

$$\hat{E} = \hat{E}_i + \hat{E}_r = \hat{E}_{oi}\left(e^{-K_i z} + r\, e^{K_i z}\right)$$

As equações dos campos foram escritas tomando-se como origem a posição z = 0 na interface. Substituindo o vetor de onda $K = \alpha + j\beta$ e o coeficiente de reflexão $r = |r|e^{j\zeta}$, obtemos:

$$\hat{E} = E_{oi}e^{j\zeta/2}\left[e^{-\alpha z}e^{-j(\beta z+\zeta/2)} + |r|e^{\alpha z}e^{j(\beta z+\zeta/2)}\right]$$
$$= E_{oi}e^{j\zeta/2}\left[\cos(\beta z + \zeta/2)\left(e^{-\alpha z} + |r|e^{\alpha z}\right) - j\mathrm{sen}(\beta z + \zeta/2)\left(e^{-\alpha z} - |r|e^{\alpha z}\right)\right]$$

Dessa equação, obtemos o módulo do campo elétrico total no meio de incidência.

$$\left|\hat{E}\right| = \left|E_{oi}\right|\sqrt{\left(e^{-\alpha z} + |r|e^{\alpha z}\right)^2\cos^2(\beta z + \zeta/2) + \left(e^{-\alpha z} - |r|e^{\alpha z}\right)^2\mathrm{sen}^2(\beta z + \zeta/2)} \tag{11.15}$$

A Figura 11.4 apresenta um gráfico do módulo do campo elétrico no meio de incidência. Observe que ocorrem posições de máximos e mínimos na intensidade do campo. É simples verificar na Equação (11.15) que as posições de máximos e mínimos, bem como os valores do campo nessas posições, são indicados por:

$$\beta z_{max} + \zeta/2 = k\pi \rightarrow z_{max} = \frac{k\lambda}{2} - \frac{\zeta\lambda}{4\pi}$$
$$\left|\hat{E}\right|_{max} = \left|E_{oi}\right|\left(e^{-\alpha z_{max}} + |r|e^{\alpha z_{max}}\right) \tag{11.16}$$

$$\beta z_{min} + \zeta/2 = \left(k + \frac{1}{2}\right)\pi \rightarrow z_{min} = \frac{k\lambda}{2} - \frac{\zeta\lambda}{4\pi} + \frac{\lambda}{4}$$
$$\left|\hat{E}\right|_{min} = \left|E_{oi}\right|\left(e^{-\alpha z_{min}} - |r|e^{\alpha z_{min}}\right) \tag{11.17}$$

onde k é um número inteiro (k = 0, –1, –2,...).

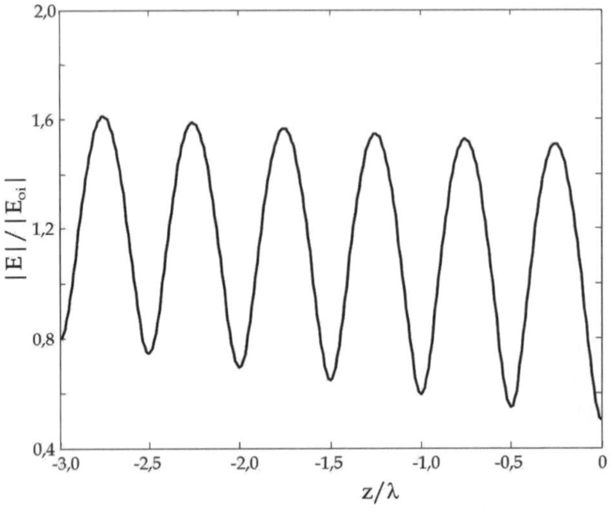

Figura 11.4 Distribuição de amplitude do campo elétrico em virtude da superposição da onda incidente com a onda refletida no caso de incidência perpendicular na interface ($\alpha = 0{,}01$ Np/m, $\beta = 1$ rad/m, $r = -1/2$).

Podemos concluir que os máximos e mínimos ocorrem a cada meio comprimento de onda e que máximos e mínimos adjacentes estão separados por um quarto de comprimento de onda. Além disso, as distâncias de máximos e mínimos em relação à interface dependem do ângulo polar do coeficiente de reflexão. Se o meio de incidência é dissipativo, as amplitudes máximas e mínimas do campo variam com a distância à interface. A razão de onda estacionária (ROE) é definida pelo quociente entre a amplitude máxima e a amplitude mínima do campo em posições adjacentes.

$$\text{ROE} = \frac{\left|\hat{E}\right|_{max}}{\left|\hat{E}\right|_{min}} = \frac{e^{-\alpha z_{max}} + |r| e^{\alpha z_{max}}}{e^{-\alpha z_{min}} - |r| e^{\alpha z_{min}}} \tag{11.18}$$

Essa grandeza é usada para dimensionar a intensidade da reflexão em um sistema baseado na propagação de ondas eletromagnéticas, sendo mais comumente aplicada em sistemas de ondas guiadas (linhas de transmissão e guias de onda, por exemplo). Em um meio dissipativo, a razão de onda estacionária se aproxima da unidade para grandes distâncias da interface (z deve ser considerado negativo na equação anterior). Para meios não dissipativos, a ROE depende apenas do módulo do coeficiente de reflexão:

$$\text{ROE} = \frac{1 + |r|}{1 - |r|}$$

Nesse caso, vemos que a ROE tem valor mínimo unitário se $|r| = 0$ (reflexão nula) e máximo infinito se $|r| = 1$ (reflexão total).

B) Reflexão nula – Nas Equações (11.9) e (11.10), existe uma condição que anula o coeficiente de reflexão.

Na polarização paralela:

$$Z_2 \cos\theta_t = Z_1 \cos\theta_i$$

Na polarização perpendicular:

$$Z_2 \cos\theta_i = Z_1 \cos\theta_t$$

Essas equações podem ser resolvidas junto da Equação (11.5) (lei de Snell) para se obter o ângulo de incidência em que não ocorre reflexão para cada uma das duas polarizações. Esse ângulo é denominado ângulo de Brewster (θ_B). No caso de meios não dissipativos, as equações podem ser escritas nas seguintes formas:

$$\frac{\mu_2}{\varepsilon_2}\cos^2\theta_t = \frac{\mu_1}{\varepsilon_1}\cos^2\theta_{B\|}$$

$$\frac{\mu_2}{\varepsilon_2}\cos^2\theta_{B\perp} = \frac{\mu_1}{\varepsilon_1}\cos^2\theta_t$$

$$\mu_1\varepsilon_1 \operatorname{sen}^2\theta_B = \mu_2\varepsilon_2 \operatorname{sen}^2\theta_t$$

Resolvendo para o ângulo de incidência, obtemos:

$$\operatorname{sen}\theta_{B\|} = \sqrt{\frac{1-(\mu_2/\mu_1)(\varepsilon_1/\varepsilon_2)}{1-(\varepsilon_1/\varepsilon_2)^2}} \quad (11.19)$$

$$\operatorname{sen}\theta_{B\perp} = \sqrt{\frac{1-(\mu_1/\mu_2)(\varepsilon_2/\varepsilon_1)}{1-(\mu_1/\mu_2)^2}} \quad (11.20)$$

No caso da polarização paralela, não há solução se os materiais têm a mesma constante dielétrica. Se os meios envolvidos são não magnéticos, a Equação (11.19) torna-se muito mais simples:

$$\operatorname{sen}\theta_{B\|} = \sqrt{\frac{\varepsilon_2}{\varepsilon_1+\varepsilon_2}} \rightarrow \operatorname{tg}\theta_{B\|} = \sqrt{\frac{\varepsilon_2}{\varepsilon_1}} = \frac{\kappa_2}{\kappa_1} \quad (11.21)$$

No caso da polarização perpendicular, não há solução se os materiais têm a mesma permeabilidade magnética. Se os meios envolvidos têm a mesma constante dielétrica, a Equação (11.20) pode ser simplificada de modo considerável para:

$$\text{sen}\theta_{B\perp} = \sqrt{\frac{\mu_2}{\mu_1 + \mu_2}} \rightarrow \text{tg}\theta_{B\perp} = \sqrt{\frac{\mu_2}{\mu_1}} = \frac{\kappa_2}{\kappa_1} \tag{11.22}$$

Se uma onda obliquamente polarizada (apresentando componentes paralela e perpendicular ao plano de incidência) incide em uma superfície sob o ângulo de Brewster, então a onda refletida terá polarização perpendicular se $\theta_i = \theta_{B\parallel}$ ou paralela se $\theta_i = \theta_{B\perp}$.

C) Reflexão total – Na lei de Snell, é possível verificar que existe um ângulo de incidência máximo para que ocorra transmissão. Esse ângulo é obtido ao se assumir a condição crítica em que o ângulo de transmissão é $\pi/2$.

$$\kappa_1 \,\text{sen}\theta_c = \kappa_2 \,\text{sen}\left(\frac{\pi}{2}\right) = \kappa_2 \rightarrow \text{sen}\theta_c = \frac{\kappa_2}{\kappa_1} \tag{11.23}$$

Acima do ângulo de incidência crítico não ocorre transmissão, ou seja, a reflexão é total. Para que isso ocorra, é necessário que $\kappa_2 < \kappa_1$. Essa condição exige que o meio de incidência tenha maior permeabilidade magnética e/ou constante dielétrica que o meio de transmissão. Esse fenômeno é crucial para que os guias de onda dielétricos possam conduzir a onda eletromagnética em seu interior.

D) Transmissão em uma interface condutora – A transmissão na interface entre um dielétrico e um bom condutor tem interesse prático no projeto de blindagens eletromagnéticas. Usando as aproximações já discutidas anteriormente para um bom condutor, podemos obter as características de transmissão da onda nessa interface. O ângulo de transmissão deve atender às seguintes condições:

$$\text{sen}\theta_t = \frac{j\beta_1}{(1+j)\beta_2}\text{sen}\theta_i = \frac{1}{2}(1+j)\frac{u_2}{u_1}\text{sen}\theta_i$$

$$\cos\theta_t = \sqrt{1 - \frac{1}{4}(1+j)^2\left(\frac{u_2}{u_1}\right)^2 \text{sen}^2\theta_i} \approx 1 - j\frac{1}{4}\left(\frac{u_2}{u_1}\right)^2 \text{sen}^2\theta_i$$

onde u_1 e u_2 são as velocidades de fase das ondas nos meio 1 e 2, respectivamente.

No cálculo de $\cos\theta_t$, usamos a aproximação para os dois primeiros termos da série de Taylor, assumindo que $u_2 << u_1$. As componentes do vetor da onda transmitida são:

$$K_{tp} = (\alpha_2 + j\beta_2)\text{sen}\theta_t = (1+j)\frac{\omega}{u_2}\left[\frac{1}{2}(1+j)\frac{u_2}{u_1}\text{sen}\theta_i\right] = j\frac{\omega}{u_1}\text{sen}\theta_i$$

$$K_{tn} = (\alpha_2 + j\beta_2)\cos\theta_t = (1+j)\frac{\omega}{u_2}\left[1 - j\frac{1}{4}\left(\frac{u_2}{u_1}\right)^2 \operatorname{sen}^2\theta_i\right] =$$

$$= \frac{\omega}{u_2}\left[1 + \frac{1}{4}\left(\frac{u_2}{u_1}\right)^2 \operatorname{sen}^2\theta_i\right] + j\frac{\omega}{u_2}\left[1 - \frac{1}{4}\left(\frac{u_2}{u_1}\right)^2 \operatorname{sen}^2\theta_i\right]$$

Podemos concluir que os ângulos de propagação no condutor são:

$$\theta_\alpha = \operatorname{atg}\left(\frac{\alpha'_2}{\alpha''_2}\right) = 0$$

$$\theta_\beta = \operatorname{atg}\left(\frac{\beta'_2}{\beta''_2}\right) = \operatorname{atg}\left[\frac{\frac{u_2}{u_1}\operatorname{sen}\theta_i}{1 - \frac{1}{4}\left(\frac{u_2}{u_1}\right)^2 \operatorname{sen}^2\theta_i}\right] \approx \frac{u_2}{u_1}\operatorname{sen}\theta_i \approx 0$$

A aproximação feita para θ_β é justificável ao se assumir que $u_2 << u_1$, o que é adequado nesse caso. Os resultados obtidos levam à conclusão de que a onda no condutor praticamente se propaga na direção perpendicular à interface independentemente da direção de incidência.

Consideremos, então, o coeficiente de transmissão na interface. As impedâncias dos dois meios são:

$$Z_1 = \sqrt{\frac{\mu_1}{\varepsilon_1}}$$

$$Z_2 = \sqrt{\frac{\omega\mu_2}{\sigma}}e^{j\frac{\pi}{4}} = \sqrt{\frac{\omega\mu_2}{2\sigma}}(1+j)$$

onde podemos assumir, naturalmente, que $|Z_2| << |Z_1|$. Substituindo nas expressões do coeficiente de transmissão e considerando $\theta_t = 0$, obtemos:

$$t_\parallel \approx \frac{2Z_2}{Z_1} = \sqrt{\frac{2\omega\mu_2\varepsilon_1}{\mu_1\sigma}}(1+j) \tag{11.24}$$

$$t_\perp = \frac{2Z_2}{Z_1}\cos\theta_i = \sqrt{\frac{2\omega\mu_2\varepsilon_1}{\mu_1\sigma}}(1+j)\cos\theta_i \tag{11.25}$$

A onda transmitida está defasada $\pi/4$ radianos em relação à onda incidente e sua amplitude aumenta com a raiz quadrada da frequência. Na polarização paralela, a amplitude da onda transmitida não depende do ângulo de incidência.

Na polarização perpendicular, por sua vez, a transmissão diminui conforme aumenta o ângulo de incidência. Em ambos os casos, o coeficiente de transmissão é muito pequeno quando o meio 2 é um metal. No caso da interface ar-cobre, por exemplo, temos $|\tau|_{max} \approx 6 \times 10^{-5}$ em 1 GHz.

E) Reflexão e transmissão através de uma parede – A situação mostrada na Figura 11.5 refere-se à reflexão e à transmissão em uma parede fina onde os meios de incidência e de transmissão são iguais, mas diferem do material da parede. A diferença em relação aos casos analisados anteriormente se deve ao fato de existirem múltiplas reflexões e transmissões nas duas faces da parede, o que resulta em uma dependência peculiar dos coeficientes de reflexão e de transmissão com a frequência, como se mostra a seguir.

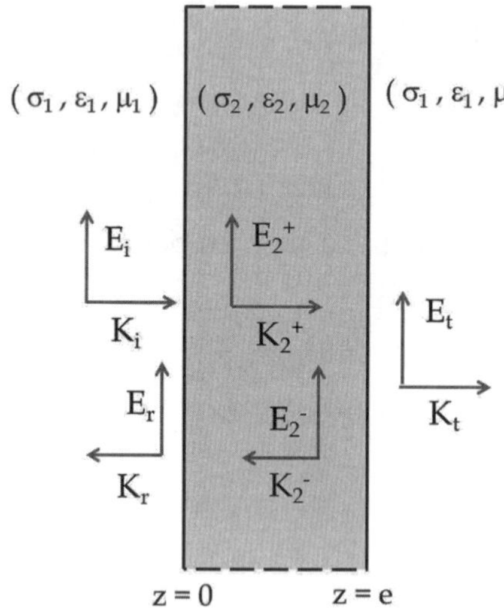

Figura 11.5 Ilustração do processo de reflexão e transmissão em uma parede. O eixo z é perpendicular à parede e sua origem foi posicionada na interface esquerda. A parede tem espessura e.

Se a incidência é perpendicular, as equações dos campos podem ser escritas nas formas descritas a seguir, nas quais se arbitrou a direção x para o campo elétrico e y para o campo magnético. A direção z, por sua vez, é perpendicular à parede e a origem foi definida na interface esquerda. A parede tem espessura e.

Para $z \leq 0$:

$$\hat{E}_1 = \left(E_{oi}\, e^{-\gamma_1 z} + E_{or}\, e^{\gamma_1 z}\right)\mathbf{u}_x$$

$$\hat{H}_1 = \left(\frac{E_{oi}}{Z_1} e^{-\gamma_1 z} - \frac{E_{or}}{Z_1} e^{\gamma_1 z}\right)\mathbf{u}_y$$

Para $0 \leq z \leq e$:

$$\widehat{E}_2 = \left(E_2^+ e^{-\gamma_2 z} + E_2^- e^{\gamma_2 z}\right)\mathbf{u}_x$$

$$\widehat{H}_2 = \left(\frac{E_2^+}{Z_2} e^{-\gamma_2 z} - \frac{E_2^-}{Z_2} e^{\gamma_2 z}\right)\mathbf{u}_y$$

Para $z \geq e$:

$$\widehat{E}_3 = E_{ot}\, e^{-\gamma_1 (z-e)}\mathbf{u}_x$$

$$\widehat{H}_3 = \frac{E_{ot}}{Z_1} e^{-\gamma_1 (z-e)}\mathbf{u}_y$$

Ao aplicarmos as condições de contorno nas duas interfaces, obtemos as seguintes equações:

$$E_{oi} + E_{or} = E_2^+ + E_2^-$$

$$\frac{E_{oi} - E_{or}}{Z_1} = \frac{E_2^+ - E_2^-}{Z_2}$$

$$E_2^+ e^{-\gamma_2 e} + E_2^- e^{\gamma_2 e} = E_{ot}$$

$$\frac{E_2^+ e^{-\gamma_2 e} - E_2^- e^{\gamma_2 e}}{Z_2} = \frac{E_{ot}}{Z_1}$$

As soluções para o campo elétrico refletido e para o campo elétrico transmitido são mostradas nas equações a seguir, que se referem aos coeficientes de reflexão e de transmissão, respectivamente.

$$r = \frac{E_{or}}{E_{oi}} = \left(\frac{Z_2 - Z_1}{Z_2 + Z_1}\right)\frac{1 - e^{-2\gamma_2 e}}{1 - \left(\frac{Z_2 - Z_1}{Z_2 + Z_1}\right)^2 e^{-2\gamma_2 e}} \tag{11.26}$$

$$t = \frac{E_{ot}}{E_{oi}} = \frac{4Z_1 Z_2}{(Z_2 + Z_1)^2}\frac{e^{-\gamma_2 e}}{1 - \left(\frac{Z_2 - Z_1}{Z_2 + Z_1}\right)^2 e^{-2\gamma_2 e}} \tag{11.27}$$

Para facilitar a análise e a interpretação desses resultados, consideraremos a situação em que ambos os materiais são não dissipativos, ou seja, suas impedâncias são reais, e tomaremos apenas o módulo dos coeficientes descritos pelas equações anteriores:

$$|r| = |r_o| \frac{\sqrt{[1-\cos(2\beta_2 e)]^2 + \text{sen}^2(2\beta_2 e)}}{\sqrt{[1-|r_o|^2\cos(2\beta_2 e)]^2 + |r_o|^4\,\text{sen}^2(2\beta_2 e)}} \tag{11.28}$$

$$|t| = \frac{|t_o||t'_o|}{\sqrt{[1-|r_o|^2\cos(2\beta_2 e)]^2 + |r_o|^4\,\text{sen}^2(2\beta_2 e)}} \tag{11.29}$$

onde $r_o = (Z_2 - Z_1)/(Z_1 + Z_2)$, $t_o = 2Z_2/(Z_1 + Z_2)$ e $t'_o = 2Z_1/(Z_1 + Z_2)$ são os coeficientes de reflexão e de transmissão nas interfaces e $\gamma_2 = j\beta_2$.

Para grandes comprimentos de onda em comparação com a espessura da parede, podemos aplicar as seguintes aproximações:

$$2\beta_2 e << 1 \rightarrow \lambda_2 >> 4\pi e \rightarrow f << \frac{c}{4\pi\kappa_2 e}$$

$$|r| \approx \frac{|r_o|}{1-|r_o|^2} 2\beta_2 e = 4\pi \frac{|r_o|}{1-|r_o|^2} \frac{f\kappa_2 e}{c}$$

$$|t| \approx \frac{|t_o||t'_o|}{1-|r_o|^2}$$

onde percebemos que o coeficiente de reflexão aumenta linearmente com a frequência e a espessura da parede, ao passo que o coeficiente de transmissão é independente dessas grandezas.

As Equações (11.28) e (11.29) apresentam valores extremos em certas frequências. Nas expressões a seguir, k é um número inteiro positivo.

Para

$$2\beta_2 e = (2k+1)\pi \rightarrow f_k = (2k+1)c / 4\kappa_2 e$$

ocorre máxima reflexão e mínima transmissão:

$$|r_{max}| = \frac{2|r_o|}{1+|r_o|^2}$$

$$|t_{min}| = \frac{|t_o||t'_o|}{1+|r_o|^2}$$

Para

$$2\beta_2 e = 2k\pi \rightarrow f_k = \frac{kc}{2\kappa_2 e}$$

ocorre mínima reflexão e máxima transmissão:

$$|r_{min}| = 0$$

$$|t_{max}| = \frac{|t_o||t'_o|}{1 - |r_o|^2}$$

A Figura 11.6 apresenta gráficos dos coeficientes de reflexão e transmissão para um valor arbitrário de $|r_o|$ e frequência normalizada para $f_o = c/4\kappa_2 e$, que é a primeira frequência de máxima reflexão. Observe o padrão de máximos e mínimos que seguem exatamente as previsões das equações anteriores.

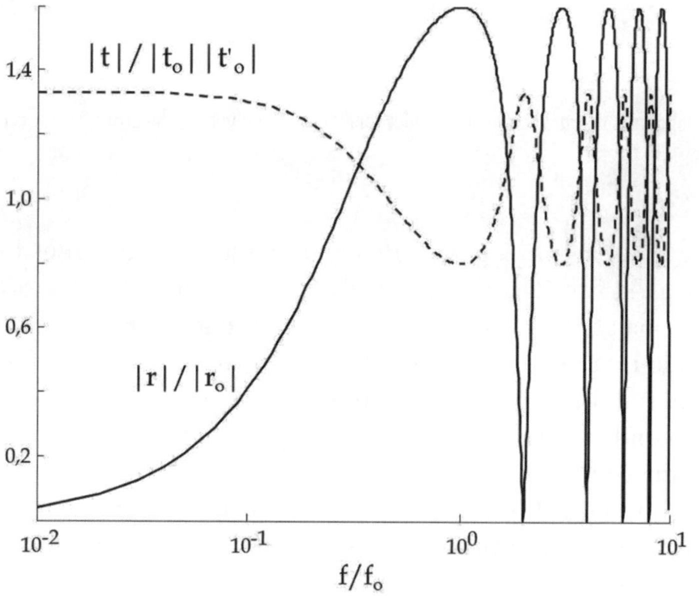

Figura 11.6 Dependência com a frequência dos coeficientes de reflexão e transmissão em uma parede não dissipativa com $|r_o| = 0{,}5$ e frequência normalizada para $f_o = c/4\kappa_2 e$.

Uma situação mais complexa, porém de grande interesse prático, ocorre se a parede é condutora. Consideremos o comportamento do coeficiente de transmissão nos casos de paredes de alumínio e de ferro no ar. A Figura 11.7 apresenta gráficos do módulo do coeficiente de transmissão para esses materiais segundo a

Equação (11.27), considerando as condutividades $\sigma = 3{,}65 \times 10^7$ S/m para o alumínio e $\sigma = 1{,}02 \times 10^7$ S/m para o ferro e as permeabilidades relativas $\mu_r = 1$ para o alumínio e $\mu_r = 1.000$ para o ferro. A espessura foi definida em 1 mm.

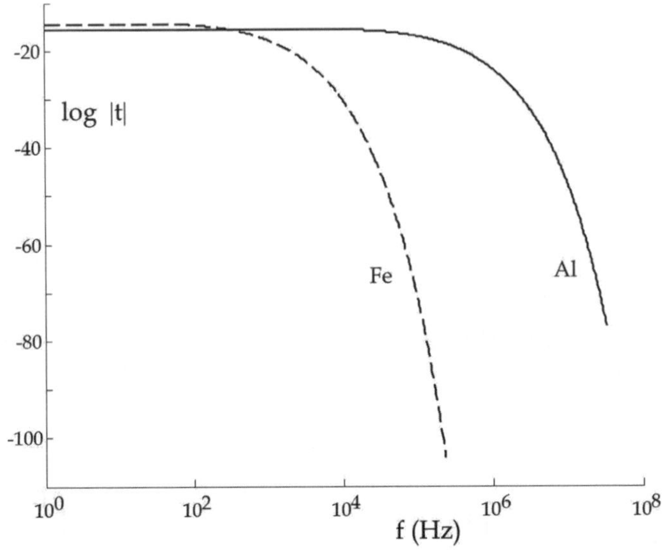

Figura 11.7 Coeficientes de transmissão em paredes condutoras de alumínio e de ferro com espessura de 1 mm como funções da frequência.

Observe que, embora a parede de ferro apresente maior transmissão em baixas frequências, a situação muda a partir de cerca de 300 Hz e o ferro passa a atenuar muito mais intensamente que o alumínio. Isso ocorre por causa da elevada permeabilidade magnética do ferro que afeta fortemente a constante de atenuação nesse material. Esses resultados são limitados às condições de incidência perpendicular da onda na parede e posição da parede no campo distante do irradiador. Esta última condição está relacionada com o modelo de impedância de onda na região de campo distante que usamos nos cálculos. Outro fator importante não levado em conta nos cálculos é a variação da permeabilidade magnética do ferro com a frequência. Como se percebe pelos valores de coeficiente de transmissão, paredes metálicas constituem excelentes blindagens para ondas eletromagnéticas praticamente em toda a faixa de radiofrequências.

11.2 DIFRAÇÃO

Quando uma onda eletromagnética encontra um obstáculo em sua trajetória de propagação, geralmente a parte da onda que atravessa esse obstáculo muda de direção. Quando esse obstáculo é apenas parcial, ou seja, não obstrui completamente a frente de onda, a parte que atravessa a abertura também sofre desvio de sua direção original de propagação (espalhamento). Isso ocorre, por exemplo, em fendas, arestas ou no perímetro de um objeto interceptado pela onda. Esse fenômeno é denominado difração.

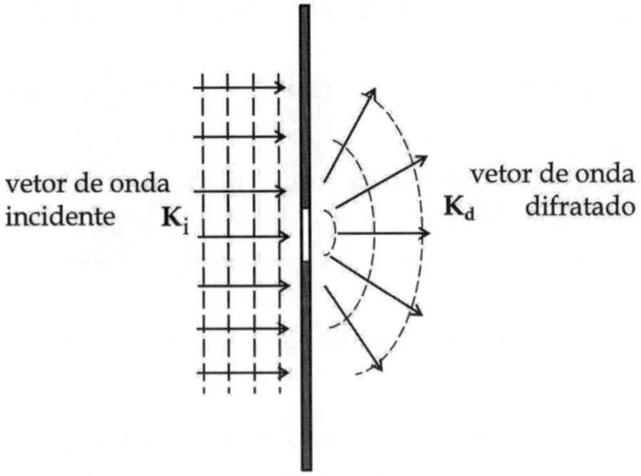

Figura 11.8 Ilustração da difração da onda eletromagnética ao atravessar uma abertura em um anteparo.

A modelagem da difração tradicionalmente utiliza um método proposto por Gustav Kirchhoff em 1882 e aperfeiçoado mais tarde por Lord Rayleigh. Em relação à Figura 11.8, a onda difratada pode ser descrita a partir de uma integração sobre a área não obstruída da onda incidente no anteparo. O método proposto por Kirchhoff baseia-se no teorema de Green:

$$\int_V \left(\varphi\nabla^2\psi - \psi\nabla^2\varphi\right)dV = \oint_S \left(\varphi\frac{\partial\psi}{\partial x_n} - \psi\frac{\partial\varphi}{\partial x_n}\right)dS \tag{11.30}$$

onde φ e ψ são funções arbitrárias e dx_n é um deslocamento perpendicular e para dentro da superfície S que limita o volume V.

Em relação ao problema da difração, vamos assumir que a onda difratada se propague no volume interno V, que o anteparo seja plano e infinito e que o restante da superfície S esteja no infinito. A função φ descreve qualquer componente dos campos da onda difratada, ao passo que ψ é uma função auxiliar denominada função de Green. Para descrever a propagação da onda no volume interno, ambas as funções devem satisfazer à equação de Helmholtz. Para maior simplicidade matemática, vamos assumir que o meio no volume interno é não dissipativo. A propagação da onda com constante da fase β pode ser descrita pelas seguintes equações:

$$\nabla^2\varphi(\mathbf{r}) + \beta^2\varphi(\mathbf{r}) = 0 \tag{11.31}$$

$$\nabla^2\psi(\mathbf{r}-\mathbf{r}')+\beta^2\psi(\mathbf{r}-\mathbf{r}')=\delta(\mathbf{r}-\mathbf{r}') \tag{11.32}$$

Em virtude do elevado grau de liberdade na escolha da função de Green, a opção feita pela Equação (11.32), na qual o termo independente à direita da igualdade é uma função impulso, resulta em grande simplificação na análise. Por essa formulação, ψ representa uma onda irradiada a partir de uma fonte puntiforme. Substituindo as Equações (11.31) e (11.32), o lado esquerdo da Equação (11.30) torna-se:

$$\int_{V'}\left\{\varphi(\mathbf{r}')\left[\delta(\mathbf{r}-\mathbf{r}')-\beta^2\psi(\mathbf{r}-\mathbf{r}')\right]+\psi(\mathbf{r}-\mathbf{r}')\beta^2\varphi(\mathbf{r}')\right\}dV'=\int_{V'}\varphi(\mathbf{r}')\delta(\mathbf{r}-\mathbf{r}')dV'=\varphi(\mathbf{r})$$

Além disso, podemos obter uma forma mais compacta do lado direito da Equação (11.30) ao escrevermos as derivadas direcionais a partir dos gradientes das funções φ e ψ sobre a face interna do anteparo. Com isso, obtemos:

$$\varphi(\mathbf{r})=\oint_{S'}\left[\varphi(\mathbf{r}')\nabla'\psi(\mathbf{r}-\mathbf{r}')\cdot\mathbf{u}'_n-\psi(\mathbf{r}-\mathbf{r}')\nabla'\varphi(\mathbf{r}')\cdot\mathbf{u}'_n\right]dS' \tag{11.33}$$

Assim, se usarmos a condição de contorno de Dirichlet para a função $\psi(\mathbf{r}-\mathbf{r}')$ no anteparo (lembre-se de que isso pode ser arbitrado por causa da liberdade na escolha dessa função), obtemos:

$$\varphi(\mathbf{r})=\int_{S'}\varphi(\mathbf{r}')\nabla'\psi(\mathbf{r}-\mathbf{r}')\cdot\mathbf{u}'_n dS' \tag{11.34}$$

Com base nesse resultado, podemos calcular o campo difratado a partir dos valores do campo na superfície interna do anteparo. Uma hipótese razoável consiste em assumir que a intensidade do campo nas aberturas é a mesma, como se não houvesse anteparo, e que nas regiões cobertas o campo é nulo. Isso limita a integração às áreas abertas do anteparo. Assumindo um sistema de coordenadas retangulares em que o anteparo coincide com o plano z = 0 (veja a Figura 11.9a), a função de Green que satisfaz à equação de onda e se anula sobre o anteparo é dada por:

$$\psi=\frac{1}{4\pi}\left(\frac{e^{-j\beta R}}{R}-\frac{e^{-j\beta R'}}{R'}\right)\rightarrow\begin{cases}R=\sqrt{(x-x')^2+(y-y')^2+(z-z')^2}\\R'=\sqrt{(x-x')^2+(y-y')^2+(z+z')^2}\end{cases} \tag{11.35}$$

Observe que cada termo da função de Green proposta é uma solução da equação de onda para uma fonte isotrópica e que sobre o anteparo, ou seja, para z = 0, temos R = R', o que anula a função, como requerido. A princípio, calculamos o gradiente de um dos termos separadamente:

$$\nabla'\psi_1=\frac{1}{4\pi}\nabla'\left(\frac{e^{-j\beta R}}{R}\right)=\frac{1}{4\pi}\left[\frac{\nabla'\left(e^{-j\beta R}\right)}{R}+e^{-j\beta R}\nabla'\left(\frac{1}{R}\right)\right]=\frac{-j\beta}{4\pi R}\left(1+\frac{1}{j\beta R}\right)e^{-j\beta R}\nabla'R$$

Para o outro termo, obtém-se resultado idêntico, bastando substituir R por R'.

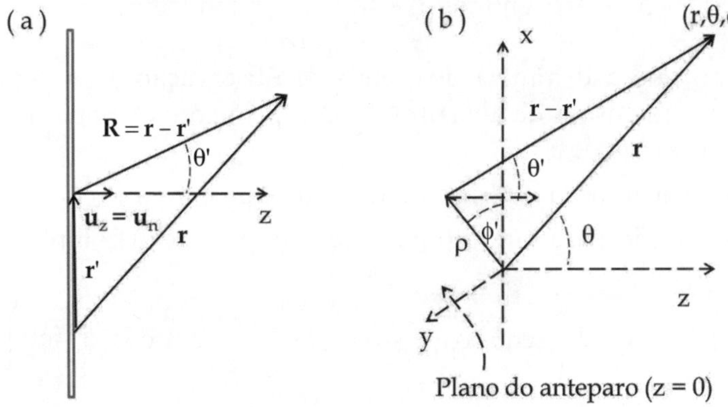

Figura 11.9 Ilustração para o cálculo da difração por um anteparo plano.

Os gradientes dos módulos dos vetores de posição são facilmente calculados:

$$\nabla' R = -\frac{\mathbf{R}}{R} \qquad \nabla' R' = -\frac{\mathbf{R}'}{R'} + \frac{2(z+z')\mathbf{u}_z}{R'}$$

Assim, reunindo os termos e substituindo z' = 0 (veja que no limite com z' → 0 temos R' → R), obtemos:

$$(\nabla'\psi)_{z'=o} = \frac{-j\beta}{4\pi R}\left(1+\frac{1}{j\beta R}\right)e^{-j\beta R}(\nabla' R - \nabla' R')_{z'=o} =$$

$$= \frac{-j\beta}{4\pi R}\left(1+\frac{1}{j\beta R}\right)e^{-j\beta R}\left(-\frac{2z}{R}\mathbf{u}_z\right) =$$

$$= \frac{j\beta}{2\pi R}\left(1+\frac{1}{j\beta R}\right)e^{-j\beta R}\cos\theta'\mathbf{u}_z$$

Substituindo este último resultado na Equação (11.34), obtemos a equação de Kirchhoff:

$$\varphi(\mathbf{r}) = \frac{j\beta}{2\pi}\int_{S'}\varphi(\mathbf{r}')\left(1+\frac{1}{j\beta|\mathbf{r}-\mathbf{r}'|}\right)\frac{e^{-j\beta|\mathbf{r}-\mathbf{r}'|}}{|\mathbf{r}-\mathbf{r}'|}\cos\theta' dS' \tag{11.36}$$

O caso clássico é a difração por uma abertura de pequena área em um anteparo plano com o campo sendo observado a uma grande distância em comparação com as dimensões da abertura. A situação é representada na Figura 11.9b, na qual a posição na abertura é descrita pelas coordenadas polares (ρ,ϕ') e a posição de observação é descrita pelas coordenadas esféricas (r,θ,ϕ). Nesse caso, podemos escrever para o vetor de posição:

$$|\mathbf{r}-\mathbf{r}'| = \sqrt{r^2+\rho^2-2r\rho\,\text{sen}\theta\cos(\phi-\phi')}$$

Assumindo que a distância do ponto de observação ao anteparo é muito maior do que as dimensões da abertura e o comprimento de onda, podemos fazer as seguintes aproximações:

a) Aproximação para o termo no denominador: $|\mathbf{r}-\mathbf{r}'| \approx \mathbf{r}$.

b) Aproximação para o termo na função exponencial complexa:

$$|\mathbf{r}-\mathbf{r}'| = r\sqrt{1+\frac{\rho^2}{r^2}-2\frac{\rho}{r}\text{sen}\theta\cos(\phi-\phi')} \approx r\left(1-\frac{\rho}{r}\text{sen}\theta\cos(\phi-\phi')\right) =$$
$$= r-\rho\,\text{sen}\theta\cos(\phi-\phi')$$

Uma vez que ρ pode ser comparável à λ, o termo ρ senθ cos$(\phi-\phi')$ não pode ser desprezado.

$$e^{-j\beta|\mathbf{r}-\mathbf{r}'|} = e^{-j\beta r}e^{-j2\pi\frac{\rho}{\lambda}\text{sen}\theta\cos(\phi-\phi')}$$

c) Aproximação para ângulo polar independente da posição no anteparo: $\theta' \approx \theta$.

d) Aproximação para posição muito distante comparada com o comprimento de onda:

$$\beta|\mathbf{r}-\mathbf{r}'| \approx \beta r = 2\pi\frac{r}{\lambda} >> 1$$

Com essas aproximações, a equação de Kirchhoff pode ser escrita da seguinte forma:

$$\varphi(r,\theta) = \frac{j\beta}{2\pi}\frac{e^{-j\beta r}}{r}\cos\theta\int_{S'}\varphi(\rho,\phi)e^{j\beta\rho\,\text{sen}\theta\cos(\phi-\phi')}\,dS' \tag{11.37}$$

Consideremos o caso de uma fenda estreita no eixo x (comprimento x e largura h) com campo elétrico incidente paralelo a seu comprimento. O elemento de área pode ser substituído por dS' = hdρ. A integração nesse caso pode ser efetuada apenas na coordenada radial com dois valores possíveis do ângulo azimutal, zero e π radianos:

$$\varphi(r,\theta,\phi) = \frac{j\beta h\varphi_o}{2\pi}\frac{e^{-j\beta r}}{r}\cos\theta\left[\int_0^{x/2}\left(e^{j\beta\rho\,\text{sen}\theta\cos\phi}+e^{-j\beta\rho\,\text{sen}\theta\cos\phi}\right)d\rho\right] =$$
$$= \frac{jh\varphi_o}{\pi}\frac{e^{-j\beta r}}{r}\frac{\cos\theta\,\text{sen}\left(\beta\frac{x}{2}\text{sen}\theta\cos\phi\right)}{\text{sen}\theta\cos\phi} \tag{11.38}$$

Essa equação descreve uma onda transversal com frente de onda esférica cuja amplitude diminui com o inverso da distância radial e apresenta uma dependência particular com os ângulos polar e azimutal descrita pela função F(θ,ϕ) a seguir. O gráfico da Figura 11.10 mostra a distribuição de amplitude da onda para $\phi = 0$ e diversos valores da relação λ/x.

$$F(\theta,\phi) = \frac{\cos\theta \ \mathrm{sen}\left(\beta \frac{x}{2} \mathrm{sen}\theta \cos\phi\right)}{\mathrm{sen}\theta \cos\phi} \tag{11.39}$$

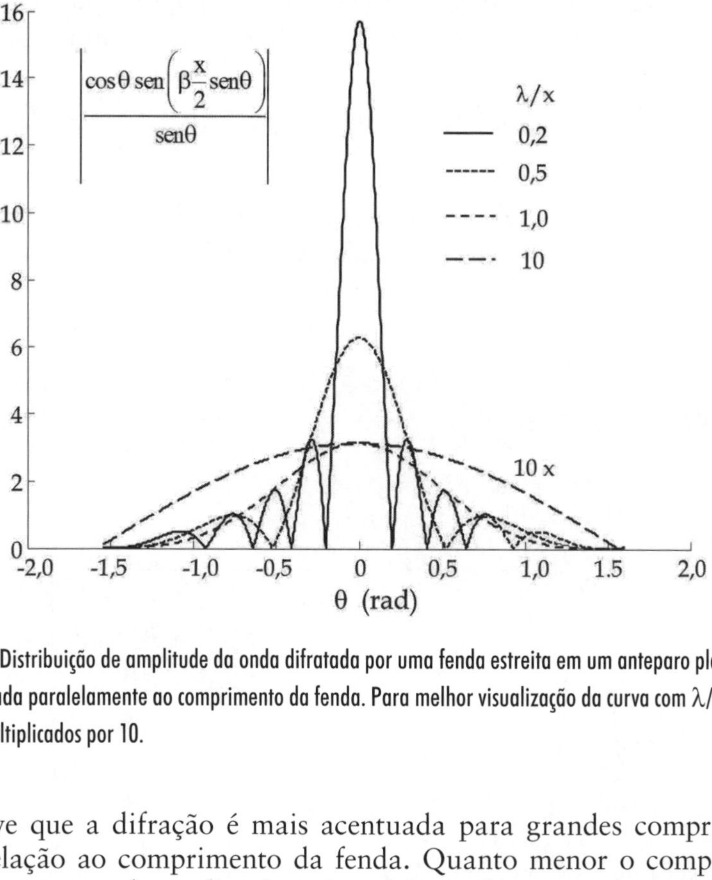

Figura 11.10 Distribuição de amplitude da onda difratada por uma fenda estreita em um anteparo plano com onda incidente polarizada paralelamente ao comprimento da fenda. Para melhor visualização da curva com $\lambda/x = 10$, seus valores foram multiplicados por 10.

Observe que a difração é mais acentuada para grandes comprimentos de onda em relação ao comprimento da fenda. Quanto menor o comprimento de onda, mais concentrada na direção original é a onda que atravessa a fenda. Para $\lambda \le x$, ocorrem máximos e mínimos na intensidade da onda difratada segundo as equações a seguir (não inclui o máximo central):

$$\beta \frac{x}{2} \mathrm{sen}\theta_{min} = n\pi \quad \rightarrow \quad \mathrm{sen}\theta_{min} = \frac{n\lambda}{x}$$

$$\beta \frac{x}{2} \mathrm{sen}\theta_{max} = \left(n + \frac{1}{2}\right)\pi \quad \rightarrow \quad \mathrm{sen}\theta_{max} = \frac{n\lambda}{x} + \frac{\lambda}{2x}$$

No plano perpendicular ao comprimento da fenda, a distribuição de amplitude da onda difratada segue um padrão diferente. Substituindo $\phi = \pi/2$ na Equação (11.39), obtemos:

$$F(\theta, \phi = \pi / 2) = \frac{\pi x}{\lambda} \cos\theta$$

Observe que, nesse caso, quanto maior o comprimento de onda, menor é a amplitude da onda difratada.

Para uma fenda circular de raio R, a distribuição de amplitude da onda difratada independe do ângulo azimutal. Então, a Equação (11.37) pode ser resolvida para $\phi = 0$. A integração com elementos de área $dS' = \rho d\rho d\phi'$ pode ser efetuada por métodos numéricos e mostra-se que, para $\lambda < R$, a seguinte aproximação é válida:

$$\varphi(r,\theta) = \frac{j\beta\varphi_o}{2\pi} \frac{e^{-j\beta r}}{r} \cos\theta \int_0^{2\pi} \int_0^{R} e^{j\beta\rho \operatorname{sen}\theta \cos\phi'} \rho \, d\rho d\phi' \approx jR\varphi_o \frac{e^{-j\beta r}}{r} \frac{J_1(\beta R \operatorname{sen}\theta)}{\operatorname{sen}\theta} \quad (11.40)$$

onde J_1 é a função de Bessel de primeira espécie e de ordem 1. A Figura 11.11 mostra a função $J_1(x)$ e seus primeiros zeros. Sendo z_n o zero de ordem n da função de Bessel $J_1(x)$, então a ocorrência de interferência destrutiva na onda difratada leva ao cancelamento da onda nos ângulos para os quais (não inclui o ângulo nulo):

$$\beta R \operatorname{sen}\theta = z_n \rightarrow \operatorname{sen}\theta = \frac{z_n \lambda}{2\pi R}$$

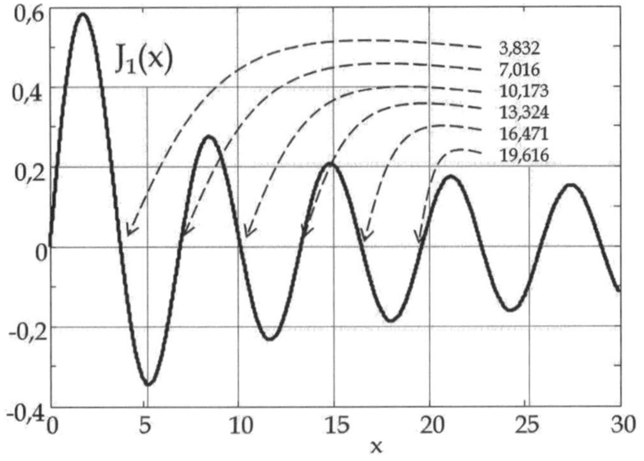

Figura 11.11 Gráfico da função de Bessel de primeira espécie e ordem 1. Os primeiros seis zeros dessa função são indicados.

A Figura 11.12 mostra a distribuição de amplitudes da onda difratada pela fenda circular para duas situações com diferentes valores da relação entre comprimento de onda e raio da abertura. Observe que a onda de maior frequência é mais concentrada no ângulo nulo, ou seja, sofre menor difração.

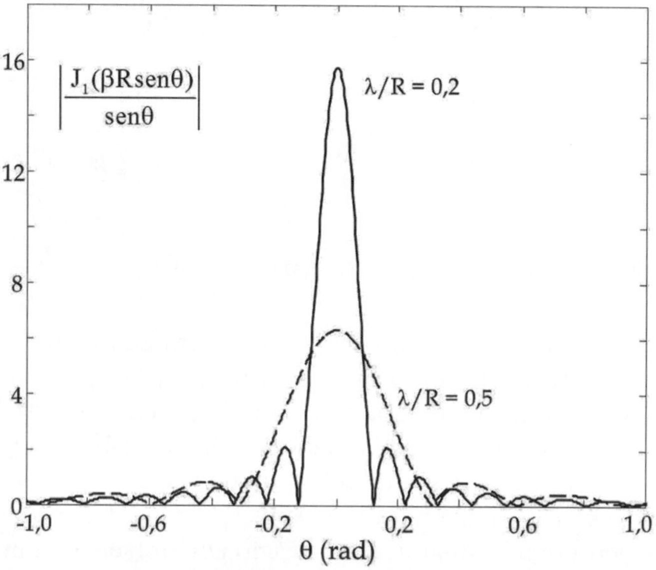

Figura 11.12 Distribuição de amplitudes da onda difratada pela fenda circular.

E, finalmente, um último exemplo. Consideremos que a abertura no anteparo seja equivalente à metade do plano z = 0, como mostra a Figura 11.13. Naturalmente, na região iluminada (x > 0), a onda se propaga com pouca alteração. Em virtude da difração, contudo, na região de sombra do anteparo (x < 0), a onda apresenta intensidade não nula que depende do comprimento de onda.

Consideremos que uma onda plana uniforme e linearmente polarizada na direção x incide pelo lado z < 0 no anteparo. A amplitude da onda difratada é calculada por meio da Equação (11.36). Podemos substituir cosθ' = z/R, onde a distância R para uma posição no plano y = 0 é dada por:

$$R = \sqrt{x^2 + z^2 + \rho^2 - 2x\rho\cos\phi'}$$

Com isso, a equação de Kirchhoff resulta em:

$$\varphi(x,z) = \varphi_o \frac{j\beta z}{2\pi} \int_{-\pi/2}^{\pi/2} \int_0^{\infty} \left(1 + \frac{1}{j\beta R}\right) \frac{e^{-j\beta R}}{R^2} \rho d\rho d\phi' \tag{11.41}$$

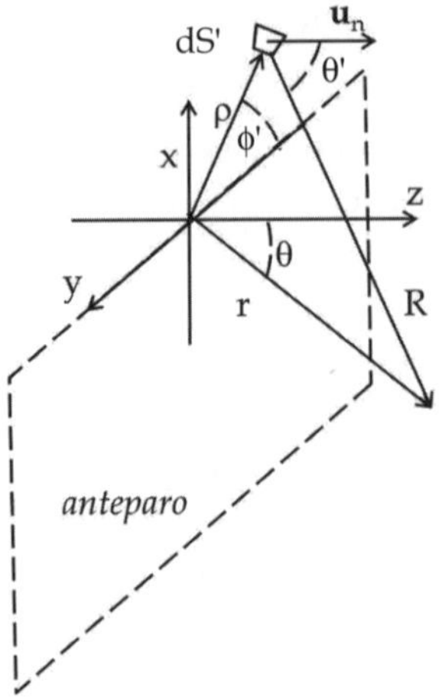

Figura 11.13 Ilustração para o cálculo da difração de um plano semi-infinito.

A Figura 11.14 mostra a amplitude da onda difratada na região de sombra a 1 m de distância do anteparo como função da posição sobre o eixo x. Os valores foram obtidos por meio de integração numérica da Equação (11.41). Observe que, quanto maior o comprimento de onda, maior é a intensidade do campo na região obstruída pelo anteparo. Por causa da difração, ondas de rádio com comprimento de onda de vários metros em diante conseguem contornar eficientemente os objetos interceptados e permitem a comunicação mesmo em ambientes com muitos obstáculos. A capacidade de contornar obstáculos, como prédios, montanhas e a própria curvatura da Terra, diminui à medida que a frequência aumenta e, eventualmente, resulta na propagação exclusivamente retilínea, ou seja, com difração desprezível, para ondas de frequência muito alta da região das micro-ondas em diante.

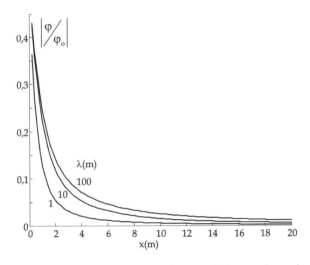

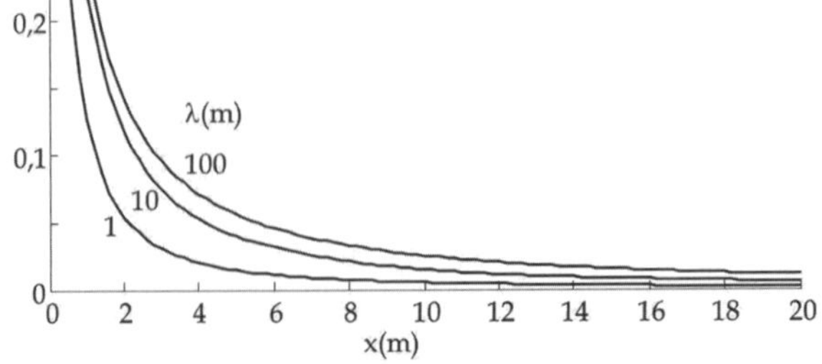

Figura 11.14 Amplitude da onda difratada na região de sombra a 1 m de distância de um plano semi-infinito para três diferentes comprimentos de onda.

11.3 EXERCÍCIOS

1) Uma onda eletromagnética plana e uniforme de comprimento de onda de 2 m no ar incide perpendicularmente em uma interface entre o ar e um dielétrico com $\varepsilon_r = 5$ e $\mu_r = 1$. Calcule os percentuais de potência que se reflete e se transmite nessa interface em relação à potência incidente.

2) Uma onda eletromagnética de 500 MHz incide pelo ar em uma interface com o vidro ($\sigma = 0$, $\varepsilon_r = 5$ e $\mu_r = 1$). Considere que a potência incidente é 1 W/m^2.

   a) Qual é o maior ângulo de transmissão possível?

   b) Se desejássemos que a onda refletida não apresentasse polarização paralela ao plano de incidência, qual deveria ser o ângulo de incidência na interface?

   c) Para um ângulo de incidência de 30°, calcule as potências refletida e transmitida no vidro nas duas polarizações.

3) Uma onda eletromagnética plana e uniforme de 100 MHz incide pelo ar perpendicularmente na interface com a água do mar ($\sigma = 4$ S/m, $\varepsilon_r = 81$ e $\mu_r = 1$). Na profundidade z = 0,1 m, a densidade de potência média na água é 20 mW/m^2. Calcule as densidades de potência média incidente e refletida na interface ar-água e as amplitudes dos campos na superfície.

4) Uma onda eletromagnética de 10 MHz incide perpendicularmente na interface entre dois meios não magnéticos: um dielétrico (meio de incidência) com $\sigma = 0$ e $\varepsilon_r = 9$; e um condutor (meio de transmissão) com impedância característica 100 + j20 Ω nessa frequência. Se a potência média incidente é 10 W/m^2, calcule:

   a) As amplitudes dos campos elétrico e magnético transmitidos a 1 m da interface.

   b) As amplitudes máxima e mínima dos campos elétrico e magnético no dielétrico.

   c) As distâncias do máximo e do mínimo mais próximos da interface na distribuição de intensidades de campo elétrico no dielétrico.

5) Uma onda eletromagnética de 50 MHz e potência média de 1 W/m^2 incide perpendicularmente na interface entre o ar e um dielétrico com $\varepsilon_r = 10 - j2$ e $\mu_r = 1$ nessa frequência. Escreva as expressões completas dos campos elétrico e magnético das ondas incidente, refletida e transmitida no domínio do tempo (considere que a fase inicial do campo elétrico incidente é zero).

6) Uma onda eletromagnética cujo campo elétrico é descrito pela equação a seguir incide em uma interface plana entre o ar e um dielétrico com $\varepsilon_r = 9$ e $\mu_r = 1$, cuja normal está orientada na direção z. Calcule as potências incidente, transmitida e refletida na interface.

$$\hat{\mathbf{E}}_i = \left(88\,\mathbf{u}_x + 120\,\mathbf{u}_y + 100\,\mathbf{u}_z\right)e^{-j(1{,}5x - 2{,}1y + 1{,}2z)}\ \text{V/m}$$

7) Considere a incidência de uma onda eletromagnética com amplitude E_o sobre uma placa condutora no ar. Mostre, usando as aproximações da transmissão para um condutor, que a densidade linear de corrente na superfície da placa para as duas polarizações possíveis pode ser calculada da seguinte forma:

$$K_{\parallel} = \frac{2\sqrt{2}E_o}{Z_o} \qquad K_{\perp} = \frac{2\sqrt{2}E_o}{Z_o}\cos\theta_i$$

8) Considere uma fenda de 20 cm de comprimento e 1 cm de largura em um anteparo plano e infinito e uma onda eletromagnética plana, linearmente polarizada na direção do comprimento da fenda e incidindo perpendicularmente no anteparo. Na distância de 1 m do anteparo, a largura do feixe central medida como a distância entre os primeiros zeros é de 30 cm. Calcule a frequência da onda incidente.

9) Uma onda eletromagnética plana e uniforme, de comprimento de onda λ e potência P_i, atravessa uma abertura circular de raio R em um anteparo. Mostre que a relação entre a potência da onda difratada P_d na distância radial r (em relação ao centro da abertura) e da onda incidente é dada por:

$$\frac{P_d}{P_i} = \frac{R^2}{r^2}\frac{J_1^{\,2}(2\pi\frac{R}{\lambda}\operatorname{sen}\theta)}{\operatorname{sen}^2\theta}$$

10) Em relação ao exercício anterior, considere $R/\lambda = 2{,}5$ e calcule os primeiros quatro ângulos de máxima intensidade e os primeiros quatro ângulos de mínima intensidade da onda difratada e a potência média nessas posições.

APÊNDICE

A

Fórmulas vetoriais

A.1 OPERADORES DIFERENCIAIS

Nas fórmulas a seguir, os operadores são apresentados em três sistemas de coordenadas: retangulares, cilíndricas e esféricas, respectivamente.

Gradiente – Máxima derivada direcional de uma função escalar.

$$\nabla f = \frac{\partial f}{\partial x}\mathbf{u}_x + \frac{\partial f}{\partial y}\mathbf{u}_y + \frac{\partial f}{\partial z}\mathbf{u}_z$$

$$\nabla f = \frac{\partial f}{\partial \rho}\mathbf{u}_\rho + \frac{1}{\rho}\frac{\partial f}{\partial \varphi}\mathbf{u}_\phi + \frac{\partial f}{\partial z}\mathbf{u}_z$$

$$\nabla f = \frac{\partial f}{\partial r}\mathbf{u}_r + \frac{1}{r}\frac{\partial f}{\partial \theta}\mathbf{u}_\theta + \frac{1}{r\,\mathrm{sen}\theta}\frac{\partial f}{\partial \phi}\mathbf{u}_\phi$$

Divergente – Densidade volumétrica de fluxo de uma função vetorial.

$$\nabla \cdot \mathbf{A} = \frac{\partial A_x}{\partial x} + \frac{\partial A_y}{\partial y} + \frac{\partial A_z}{\partial z}$$

$$\nabla \cdot \mathbf{A} = \frac{1}{\rho}\frac{\partial}{\partial \rho}\left(\rho A_\rho\right) + \frac{1}{\rho}\frac{\partial A_\phi}{\partial \phi} + \frac{\partial A_z}{\partial z}$$

$$\nabla \cdot \mathbf{A} = \frac{1}{r^2}\frac{\partial}{\partial r}\left(r^2 A_r\right) + \frac{1}{r\mathrm{sen}\theta}\frac{\partial}{\partial \theta}\left(A_\theta \mathrm{sen}\theta\right) + \frac{1}{r\,\mathrm{sen}\theta}\frac{\partial A_\phi}{\partial \phi}$$

Rotacional – Densidade superficial de circulação de uma função vetorial.

$$\nabla \times \mathbf{A} = \left(\frac{\partial A_z}{\partial y} - \frac{\partial A_y}{\partial z}\right)\mathbf{u}_x + \left(\frac{\partial A_x}{\partial z} - \frac{\partial A_z}{\partial x}\right)\mathbf{u}_y + \left(\frac{\partial A_y}{\partial x} - \frac{\partial A_x}{\partial y}\right)\mathbf{u}_z$$

$$\nabla \times \mathbf{A} = \left(\frac{1}{\rho}\frac{\partial A_z}{\partial \phi} - \frac{\partial A_\phi}{\partial z}\right)\mathbf{u}_\rho + \left(\frac{\partial A_\rho}{\partial z} - \frac{\partial A_z}{\partial \rho}\right)\mathbf{u}_\phi + \frac{1}{\rho}\left[\frac{\partial}{\partial \rho}(\rho A_\phi) - \frac{\partial A_\rho}{\partial \phi}\right]\mathbf{u}_z$$

$$\nabla \times \mathbf{A} = \frac{1}{r\,\text{sen}\theta}\left[\frac{\partial}{\partial \theta}(A_\phi\,\text{sen}\theta) - \frac{\partial A_\theta}{\partial \phi}\right]\mathbf{u}_r + \left[\frac{1}{r\,\text{sen}\theta}\frac{\partial A_r}{\partial \phi} - \frac{1}{r}\frac{\partial}{\partial r}(r A_\phi)\right]\mathbf{u}_\theta +$$

$$+\frac{1}{r}\left[\frac{\partial}{\partial r}(rA_\theta) - \frac{\partial A_r}{\partial \theta}\right]\mathbf{u}_\phi$$

Laplaciano – Resultado das operações gradiente e divergente aplicadas em sequência a uma função escalar → $\nabla^2 f = \nabla \times \nabla f$.

$$\nabla^2 f = \frac{\partial^2 f}{\partial x^2} + \frac{\partial^2 f}{\partial y^2} + \frac{\partial^2 f}{\partial z^2}$$

$$\nabla^2 f = \frac{1}{\rho}\frac{\partial}{\partial \rho}\left(\rho\frac{\partial f}{\partial \rho}\right) + \frac{1}{\rho^2}\frac{\partial^2 f}{\partial \phi^2} + \frac{\partial^2 f}{\partial z^2}$$

$$\nabla^2 f = \frac{1}{r}\frac{\partial^2}{\partial r^2}(rf) + \frac{1}{r^2\text{sen}\theta}\frac{\partial}{\partial \theta}\left(\text{sen}\theta\frac{\partial f}{\partial \theta}\right) + \frac{1}{r^2\text{sen}^2\theta}\frac{\partial^2 f}{\partial \phi^2}$$

A.2 IDENTIDADES DIFERENCIAIS

Nas fórmulas a seguir, f é uma função escalar, e **A** e **B** são campos vetoriais.

$$\nabla \times \nabla f = 0$$

$$\nabla \cdot \nabla \times \mathbf{A} = 0$$

$$\nabla \cdot (f\mathbf{A}) = \nabla f \cdot \mathbf{A} + f\nabla \cdot \mathbf{A}$$

$$\nabla \times (f\mathbf{A}) = \nabla f \times \mathbf{A} + f\nabla \times \mathbf{A}$$

$$\nabla \times \nabla \times \mathbf{A} = \nabla(\nabla \cdot \mathbf{A}) - \nabla^2\mathbf{A}$$

$$\nabla \cdot (\mathbf{A} \times \mathbf{B}) = (\nabla \times \mathbf{A}) \cdot \mathbf{B} - (\nabla \times \mathbf{B}) \cdot \mathbf{A}$$

$$\nabla \times (\mathbf{A} \times \mathbf{B}) = (\nabla \cdot \mathbf{B})\mathbf{A} - (\nabla \cdot \mathbf{A})\mathbf{B} + (\mathbf{B} \cdot \nabla)\mathbf{A} - (\mathbf{A} \cdot \nabla)\mathbf{B}$$

$$\nabla(\mathbf{A} \cdot \mathbf{B}) = (\mathbf{A} \cdot \nabla)\mathbf{B} + \mathbf{A} \times (\nabla \times \mathbf{B}) + (\mathbf{B} \cdot \nabla)\mathbf{A} + \mathbf{B} \times (\nabla \times \mathbf{A})$$

A.3 TEOREMAS INTEGRAIS

Nas fórmulas a seguir, f e g são funções escalares, **A** é um campo vetorial, V é um volume limitado pela superfície fechada S ou S é uma superfície aberta limitada pela curva C.

Teorema de Gauss

$$\int_V \nabla \cdot \mathbf{A}\, dV = \oint_S \mathbf{A} \cdot d\mathbf{S}$$

Teorema de Stokes

$$\int_S \nabla \times \mathbf{A} \cdot d\mathbf{S} = \oint_C \mathbf{A} \cdot d\mathbf{L}$$

$$\int_S \nabla f \times d\mathbf{S} = -\oint_C f\, d\mathbf{L}$$

$$\int_V \nabla f\, dV = \oint_S f\, d\mathbf{S}$$

$$\int_V \nabla \times \mathbf{A}\, dV = -\oint_S \mathbf{A} \times d\mathbf{S}$$

Teorema de Green

$$\oint_S (f\, \nabla g - g \nabla f) \cdot d\mathbf{S} = \int_V \left(f\, \nabla^2 g - g \nabla^2 f\right) dV$$

B

APÊNDICE

Demonstrações

B.1 DEMONSTRAÇÃO DA FÓRMULA

$$\nabla \cdot \frac{(\mathbf{r}-\mathbf{r}')}{|\mathbf{r}-\mathbf{r}'|^3} = 4\pi\,\delta(\mathbf{r}-\mathbf{r}')$$

Considere a seguinte função:

$$\mathbf{f}(\mathbf{r}) = \frac{(\mathbf{r}-\mathbf{r}')}{|\mathbf{r}-\mathbf{r}'|^3} = \frac{(x-x')\,\mathbf{u}_x + (y-y')\,\mathbf{u}_y + (z-z')\,\mathbf{u}_x}{\left[(x-x')^2 + (y-y')^2 + (z-z')^2\right]^{3/2}} \qquad \text{(b.1)}$$

O divergente dessa função pode ser calculado em qualquer posição $\mathbf{r} \neq \mathbf{r}'$. A derivada na direção x é obtida por:

$$\frac{\partial f_x}{\partial x} = \frac{1}{|\mathbf{r}-\mathbf{r}'|^3} - \frac{3(x-x')^2}{|\mathbf{r}-\mathbf{r}'|^5} \qquad \text{(b.2)}$$

Então, reunindo todos os termos, obtemos:

$$\nabla \cdot \mathbf{f} = \frac{3}{|\mathbf{r}-\mathbf{r}'|^3} - 3\frac{(x-x')^2 + (y-y')^2 + (z-z')^2}{|\mathbf{r}-\mathbf{r}'|^5} = \frac{3}{|\mathbf{r}-\mathbf{r}'|^3} - \frac{3}{|\mathbf{r}-\mathbf{r}'|^3} = 0 \qquad \text{(b.3)}$$

Embora o divergente não possa ser calculado em $\mathbf{r} = \mathbf{r}'$, a sua integral de volume em torno dessa posição pode ser obtida. Ao considerarmos um volume esférico centrado em $\mathbf{r}'$ e utilizando o teorema de Gauss, obtemos:

$$\int_V \nabla \cdot \mathbf{f}(\mathbf{r})\, dV = \oint_S \frac{(\mathbf{r}-\mathbf{r}')}{|\mathbf{r}-\mathbf{r}'|^3} . d\mathbf{S} = \frac{1}{R^2}\int_0^{\pi} 2\pi R^2 \operatorname{sen}\theta d\theta = 4\pi \tag{b.4}$$

onde $R = |\mathbf{r} - \mathbf{r}'|$ é o raio da superfície esférica. Uma função que não se anula em apenas uma posição do espaço e cuja integral de volume é finita e não nula quando envolve essa posição é uma função impulso. O impulso unitário $\delta(\mathbf{r})$ é centrado na origem do sistema de referência e sua integral de volume é igual a 1. Assim, o divergente de $(\mathbf{r} - \mathbf{r}')/|\mathbf{r} - \mathbf{r}'|^3$ pode ser escrito da seguinte forma:

$$\nabla \cdot \frac{(\mathbf{r}-\mathbf{r}')}{|\mathbf{r}-\mathbf{r}'|^3} = 4\pi\, \delta(\mathbf{r}-\mathbf{r}') \tag{b.5}$$

B.2 DEMONSTRAÇÃO DA FÓRMULA

$$\int_{V'} \nabla \times \left[\frac{\mathbf{j} \times (\mathbf{r}-\mathbf{r}')}{|\mathbf{r}-\mathbf{r}'|^3}\right] dV' = 4\pi\, \mathbf{j} - \int_{V'} \frac{(\mathbf{r}-\mathbf{r}')}{|\mathbf{r}-\mathbf{r}'|^3} (\nabla' \cdot \mathbf{j})\, dV'$$

O integrando na lei de Biot-Savart pode ser reescrito utilizando-se a seguinte fórmula vetorial:

$$\nabla \times \left(\frac{\mathbf{j}}{|\mathbf{r}-\mathbf{r}'|}\right) = \frac{\nabla \times \mathbf{j}}{|\mathbf{r}-\mathbf{r}'|} + \nabla\left(\frac{1}{|\mathbf{r}-\mathbf{r}'|}\right) \times \mathbf{j} = \frac{\mathbf{j} \times (\mathbf{r}-\mathbf{r}')}{|\mathbf{r}-\mathbf{r}'|^3} \tag{b.6}$$

onde $\nabla \times \mathbf{j} = 0$, uma vez que a densidade de corrente não depende das coordenadas de $\mathbf{r}$, embora dependa eventualmente das coordenadas de $\mathbf{r}'$.

Ao se aplicar o rotacional em ambos os lados da equação anterior, obtemos:

$$\nabla \times \left[\frac{\mathbf{j} \times (\mathbf{r}-\mathbf{r}')}{|\mathbf{r}-\mathbf{r}'|^3}\right] = \nabla \times \nabla \times \left(\frac{\mathbf{j}}{|\mathbf{r}-\mathbf{r}'|}\right) = \nabla\left[\nabla \cdot \left(\frac{\mathbf{j}}{|\mathbf{r}-\mathbf{r}'|}\right)\right] - \nabla^2\left(\frac{\mathbf{j}}{|\mathbf{r}-\mathbf{r}'|}\right) \tag{b.7}$$

onde utilizamos esta outra identidade: $\nabla \times \nabla \times \mathbf{F} = \nabla(\nabla \cdot \mathbf{F}) - \nabla^2\mathbf{F}$. A fórmula a ser demonstrada pode ser, então, reescrita na forma a seguir:

$$\int_{V'} \nabla \times \left[\frac{\mathbf{j} \times (\mathbf{r}-\mathbf{r}')}{|\mathbf{r}-\mathbf{r}'|^3}\right] dV' = \int_{V'} \nabla\left[\nabla \cdot \left(\frac{\mathbf{j}}{|\mathbf{r}-\mathbf{r}'|}\right)\right] dV' - \int_{V'} \nabla^2\left(\frac{\mathbf{j}}{|\mathbf{r}-\mathbf{r}'|}\right) dV' \tag{b.8}$$

Em relação à primeira das integrais no lado direito na Equação (b.8), podemos reescrever o argumento do operador divergente usando as seguintes fórmulas:

$$\nabla\cdot\left(\frac{\mathbf{j}}{|\mathbf{r}-\mathbf{r}'|}\right)=\nabla\left(\frac{1}{|\mathbf{r}-\mathbf{r}'|}\right)\cdot\mathbf{j}$$

$$\nabla'\cdot\left(\frac{\mathbf{j}}{|\mathbf{r}-\mathbf{r}'|}\right)=\nabla'\left(\frac{1}{|\mathbf{r}-\mathbf{r}'|}\right)\cdot\mathbf{j}+\frac{\nabla'\cdot\mathbf{j}}{|\mathbf{r}-\mathbf{r}'|}$$

$$\nabla\left(\frac{1}{|\mathbf{r}-\mathbf{r}'|}\right)=-\nabla'\left(\frac{1}{|\mathbf{r}-\mathbf{r}'|}\right)$$

onde ∇ opera nas coordenadas de $\mathbf{r}$ e ∇' opera nas coordenadas de $\mathbf{r}'$. Combinando essas equações, obtemos:

$$\nabla\cdot\left(\frac{\mathbf{j}}{|\mathbf{r}-\mathbf{r}'|}\right)=-\nabla'\cdot\left(\frac{\mathbf{j}}{|\mathbf{r}-\mathbf{r}'|}\right)+\frac{\nabla'\cdot\mathbf{j}}{|\mathbf{r}-\mathbf{r}'|} \tag{b.9}$$

Com isso, a primeira das integrais no lado direito da Equação (b.8) resulta na seguinte expressão:

$$\int_{V'}\nabla\left[\nabla\cdot\left(\frac{\mathbf{j}}{|\mathbf{r}-\mathbf{r}'|}\right)\right]dV'=-\nabla\left[\int_{V'}\nabla'\cdot\left(\frac{\mathbf{j}}{|\mathbf{r}-\mathbf{r}'|}\right)dV'\right]+\nabla\left(\int_{V'}\frac{\nabla'\cdot\mathbf{j}}{|\mathbf{r}-\mathbf{r}'|}dV'\right) \tag{b.10}$$

Usando o teorema de Gauss no primeiro termo do segundo membro da Equação (b.10) e calculando o gradiente no segundo termo, obtemos:

$$\int_{V'}\nabla\left[\nabla\cdot\left(\frac{\mathbf{j}}{|\mathbf{r}-\mathbf{r}'|}\right)\right]dV'=-\nabla\left(\int_{S'}\frac{\mathbf{j}\cdot d\mathbf{S}'}{|\mathbf{r}-\mathbf{r}'|}\right)-\int_{V'}\frac{(\mathbf{r}-\mathbf{r}')}{|\mathbf{r}-\mathbf{r}'|^3}(\nabla'\cdot\mathbf{j})dV'$$

Porém, uma vez que a distribuição de corrente está totalmente contida no volume V', não pode haver fluxo da função $\mathbf{j}$ através da superfície S' e a primeira integral acima é nula. Assim, como resultado para a primeira integral no lado direito da Equação (b.8), obtemos:

$$\int_{V'}\nabla\left[\nabla\cdot\left(\frac{\mathbf{j}}{|\mathbf{r}-\mathbf{r}'|}\right)\right]dV'=-\int_{V'}\frac{(\mathbf{r}-\mathbf{r}')}{|\mathbf{r}-\mathbf{r}'|^3}(\nabla'\cdot\mathbf{j})dV' \tag{b.11}$$

A segunda integral da relação (b.8) tem como integrando o laplaciano de $\mathbf{j}/|\mathbf{r}-\mathbf{r}'|$. Podemos escrever esse integrando da seguinte forma:

$$\nabla^2\left(\frac{\mathbf{j}}{|\mathbf{r}-\mathbf{r}'|}\right)=\mathbf{j}\,\nabla^2\left(\frac{1}{|\mathbf{r}-\mathbf{r}'|}\right)=\mathbf{j}\nabla\cdot\nabla\left(\frac{1}{|\mathbf{r}-\mathbf{r}'|}\right)=-\mathbf{j}\nabla\cdot\left(\frac{\mathbf{r}-\mathbf{r}'}{|\mathbf{r}-\mathbf{r}'|^3}\right)=-4\pi\,\delta(\mathbf{r}-\mathbf{r}')\,\mathbf{j} \tag{b.12}$$

Assim, a integral de volume desse termo resulta em:

$$\int_{V'} \nabla^2 \left(\frac{\mathbf{j}}{|\mathbf{r} - \mathbf{r}'|} \right) dV' = -4\pi \int_{V'} \delta(\mathbf{r} - \mathbf{r}')\, \mathbf{j}(\mathbf{r}')\, dV' = -4\pi\, \mathbf{j}(\mathbf{r}) \tag{b.13}$$

E, por fim, substituindo as Equações (b.11) e (b.13) em (b.8), obtemos o resultado pretendido:

$$\int_{V'} \nabla \times \left[\frac{\mathbf{j} \times (\mathbf{r} - \mathbf{r}')}{|\mathbf{r} - \mathbf{r}'|^3} \right] dV' = 4\pi\, \mathbf{j}(\mathbf{r}) - \int_{V'} \frac{(\mathbf{r} - \mathbf{r}')}{|\mathbf{r} - \mathbf{r}'|^3} (\nabla' \cdot \mathbf{j})\, dV' \tag{b.14}$$

B.3 PRECESSÃO DO MOMENTO ANGULAR

A dinâmica do movimento molecular sob a influência de um campo magnético aplicado é descrita pela seguinte equação:

$$\eta = \frac{dL_e}{dt} = \mathbf{m}_L \times \mathbf{B} \tag{b.15}$$

onde estamos considerando apenas o momento angular orbital. Contudo, o momento magnético é proporcional ao momento angular.

$$\frac{dL_e}{dt} = -\frac{e}{2m_e} L_e \times \mathbf{B} \tag{b.16}$$

Consideremos o campo magnético orientado na direção z e o momento angular em uma direção arbitrária.

$$\mathbf{B} = B\,\mathbf{u}_z$$
$$L_e = L_e \,\text{sen}\theta \cos\phi\, \mathbf{u}_x + L_e \,\text{sen}\theta\, \text{sen}\phi\, \mathbf{u}_y + L_e \cos\theta\, \mathbf{u}_z$$

onde θ e ϕ indicam a orientação do momento angular no plano polar e no plano azimutal, respectivamente. Substituindo na Equação (b.16), obtemos as seguintes relações:

$$\frac{d}{dt}\left(L_e \,\text{sen}\theta \cos\phi\right) = -\frac{eB}{2m_e} L_e \,\text{sen}\theta\, \text{sen}\phi$$
$$\frac{d}{dt}\left(L_e \,\text{sen}\theta\, \text{sen}\phi\right) = \frac{eB}{2m_e} L_e \,\text{sen}\theta \cos\phi$$
$$\frac{d}{dt}\left(L_e \cos\theta\right) = 0$$

A última dessas equações indica que a componente do momento angular na direção do campo ($L_e \cos\theta$) é constante, o que implica que o módulo da componente no plano azimutal ($L_e \operatorname{sen}\theta$) também o é. Com isso, qualquer das equações restantes leva ao seguinte resultado:

$$\frac{d\phi}{dt} = \omega_o = \frac{eB}{2m_e} \tag{b.17}$$

Ou seja, o momento angular realiza um movimento de precessão em torno da direção do campo magnético com frequência angular dada por ω_o.

B.4 MOMENTO MAGNÉTICO E TORQUE DE ALINHAMENTO

Para uma espira filamentar, o potencial na posição **r** do espaço pode ser calculado da seguinte forma:

$$A(\mathbf{r}) = \frac{\mu_o i}{4\pi} \oint_C \frac{d\mathbf{r}'}{|\mathbf{r} - \mathbf{r}'|} \tag{b.18}$$

Para pontos distantes da espira, ou seja, $\mathbf{r} >> \mathbf{r}'$, podemos usar a seguinte aproximação:

$$\frac{1}{|\mathbf{r} - \mathbf{r}'|} \approx \frac{1}{r}\left(1 + \frac{\mathbf{r} \cdot \mathbf{r}'}{r^2}\right)$$

Essa relação, substituída na Equação (b.18), resulta em:

$$A(\mathbf{r}) = \frac{\mu_o i}{4\pi r}\left(\oint_C d\mathbf{r}' + \frac{1}{r^2}\oint_C \mathbf{r} \cdot \mathbf{r}' d\mathbf{r}'\right)$$

A primeira integral é nula porque o caminho de integração é fechado. O segundo integrando pode ser expandido, ao se usar as identidades vetoriais $\mathbf{r} \times (d\mathbf{r}' \times \mathbf{r}') = d\mathbf{r}'(\mathbf{r} \cdot \mathbf{r}') - \mathbf{r}'(\mathbf{r} \cdot d\mathbf{r}')$ e $d[\mathbf{r}'(\mathbf{r} \cdot \mathbf{r}')] = \mathbf{r}'(\mathbf{r} \cdot d\mathbf{r}') + (\mathbf{r} \cdot \mathbf{r}')d\mathbf{r}'$ para se obter o seguinte resultado:

$$\mathbf{r} \cdot \mathbf{r}' d\mathbf{r}' = \frac{1}{2}\mathbf{r} \times (d\mathbf{r}' \times \mathbf{r}') + \frac{1}{2} d\left[\mathbf{r}'(\mathbf{r} \cdot \mathbf{r}')\right]$$

Desse modo, a expressão do potencial magnético é obtida na forma a seguir:

$$A(\mathbf{r}) = \frac{\mu_o i}{4\pi r^3}\left\{\frac{1}{2}\oint_C \mathbf{r} \times (d\mathbf{r}' \times \mathbf{r}') + \frac{1}{2}\oint_C d\left[\mathbf{r}'(\mathbf{r} \cdot \mathbf{r}')\right]\right\}$$

Porém, a integral do diferencial total se anula porque o caminho é fechado. Assim, usando a Equação (4.36), o potencial magnético para pontos distantes da espira é dado por:

$$A(\mathbf{r}) = \frac{\mu_o}{4\pi}\frac{\mathbf{m}\times\mathbf{r}}{r^3} \tag{b.19}$$

A aplicação de campo magnético sobre um dipolo resulta em um torque que tende a alinhar o dipolo com a indução aplicada. Cada comprimento diferencial $d\mathbf{r}'$ do caminho percorrido pela corrente no dipolo sofre a ação da força magnética $\mathbf{F} = i d\mathbf{r}' \times \mathbf{B}$. O torque resultante na espira pode ser calculado por:

$$\eta = i\oint_C \mathbf{r}'\times(d\mathbf{r}'\times\mathbf{B}) \tag{b.20}$$

Expandindo o duplo produto vetorial no integrando, obtemos:

$$\mathbf{r}'\times(d\mathbf{r}'\times\mathbf{B}) = d\mathbf{r}'(\mathbf{r}'\cdot\mathbf{B}) - \mathbf{B}(\mathbf{r}'\cdot d\mathbf{r}')$$

Porém, o termo $d\mathbf{r}'(\mathbf{r}'\cdot\mathbf{B})$ pode ser reescrito na seguinte forma:

$$d\mathbf{r}'(\mathbf{r}'\cdot\mathbf{B}) = (\mathbf{r}'\times d\mathbf{r}')\times\mathbf{B} + \mathbf{r}'(\mathbf{B}\cdot d\mathbf{r}')$$

Além disso, podemos usar o seguinte diferencial total para substituir o termo $\mathbf{r}'(\mathbf{B}\cdot d\mathbf{r}')$:

$$d\left[\mathbf{r}'(\mathbf{B}\cdot\mathbf{r}')\right] = d\mathbf{r}'(\mathbf{B}\cdot\mathbf{r}') + \mathbf{r}'(\mathbf{B}\cdot d\mathbf{r}')$$

Fazendo as substituições, obtemos a seguinte expressão para o duplo produto vetorial:

$$\mathbf{r}'\times(d\mathbf{r}'\times\mathbf{B}) = \frac{1}{2}(\mathbf{r}'\times d\mathbf{r}')\times\mathbf{B} + \frac{1}{2}d\left[\mathbf{r}'(\mathbf{B}\cdot\mathbf{r}')\right] - \mathbf{B}(\mathbf{r}'\cdot d\mathbf{r}')$$

Se a indução magnética é uniforme, a integral ao longo do caminho fechado se anula para os dois últimos termos, de modo que o torque sobre a espira é obtido por:

$$\eta = \frac{i}{2}\int_C(\mathbf{r}'\times d\mathbf{r}')\times\mathbf{B} = \mathbf{m}\times\mathbf{B} \tag{b.21}$$

APÊNDICE C

Expansão em funções ortogonais

C.1 SÉRIE DE FOURIER

O método da série de Fourier consiste em representar funções periódicas por meio de funções senos e cossenos da mesma variável e com a mesma periodicidade. Qualquer função $f(x)$ integrável e periódica com período L pode ser representada pela seguinte série:

$$f(x) = a_o + \sum_{n=1}^{\infty}\left[a_n \cos\left(\frac{2n\pi}{L}x\right) + b_n \operatorname{sen}\left(\frac{2n\pi}{L}x\right)\right] \tag{c.1}$$

A série converge para $f(x)$ nos pontos de continuidade e para:

$$\frac{1}{2}\left[f(x \to a^+) + f(x \to a^-)\right] \tag{c.2}$$

se $x = a$ é um ponto de descontinuidade de $f(x)$.

Os coeficientes a_n e b_n da série são determinados a partir da verificação da ortogonalidade das funções seno e cosseno. Essa condição é expressa nas seguintes relações:

$$\int_{x_o}^{x_o+L} \cos\left(\frac{2n\pi}{L}x\right)\operatorname{sen}\left(\frac{2m\pi}{L}x\right)dx = 0 \qquad \text{(c.3)}$$

$$\int_{x_o}^{x_o+L} \cos\left(\frac{2n\pi}{L}x\right)\cos\left(\frac{2m\pi}{L}x\right)dx = \begin{cases} L/2 & \text{se } m=n \\ 0 & \text{se } m\neq n \end{cases} \qquad \text{(c.4)}$$

$$\int_{x_o}^{x_o+L} \operatorname{sen}\left(\frac{2n\pi}{L}x\right)\operatorname{sen}\left(\frac{2m\pi}{L}x\right)dx = \begin{cases} L/2 & \text{se } m=n \\ 0 & \text{se } m\neq n \end{cases} \qquad \text{(c.5)}$$

onde x_o é qualquer posição inicial.

O coeficiente a_o é o valor médio da função obtido por:

$$a_o = \frac{1}{L}\int_{x_o}^{x_o+L} f(x)\,dx \qquad \text{(c.6)}$$

Os coeficientes a_n são obtidos multiplicando-se a Equação (c.1) por $\cos(2n\pi x/L)$ e integrando-se toda a expressão no período da função.

$$a_n = \frac{2}{L}\int_{x_o}^{x_o+L} f(x)\cos\left(\frac{2n\pi}{L}x\right)dx \qquad \text{(c.7)}$$

De maneira análoga, os coeficientes b_n são obtidos multiplicando-se a Equação (c.1) por $\operatorname{sen}(2n\pi x/L)$ e integrando-se toda a expressão no período da função.

$$b_n = \frac{2}{L}\int_{x_o}^{x_o+L} f(x)\operatorname{sen}\left(\frac{2n\pi}{L}x\right)dx \qquad \text{(c.8)}$$

O mesmo método pode ser aplicado a funções de mais de uma variável, por exemplo, para expandir o potencial elétrico nas três coordenadas retangulares. Outra abordagem importante com a série de Fourier é o uso da função exponencial complexa como base para a expansão. A série é escrita na seguinte forma:

$$f(x) = \sum_{n=-\infty}^{\infty} c_n e^{j\frac{2n\pi}{L}x} \qquad \text{(c.9)}$$

onde c_o é o valor médio da função $f(x)$ e os demais coeficientes são calculados pela equação:

$$c_n = \frac{2}{L}\int_0^L f(x)e^{-j\frac{2n\pi}{L}x}\,dx \qquad \text{(c.10)}$$

Se $f(x)$ é real, os coeficientes de suas séries trigonométrica e exponencial devem satisfazer às seguintes relações:

$$c_o = a_o$$

$$c_n = \frac{1}{2}(a_n - jb_n)$$

$$c_{-n} = \frac{1}{2}(a_n + jb_n)$$

C.2 FUNÇÕES DE BESSEL

A equação diferencial de Bessel é escrita, em geral, da seguinte forma:

$$\frac{d^2f}{dx^2} + \frac{1}{x}\frac{df}{dx} + (1 - \frac{n^2}{x^2})f = 0 \qquad \text{(c.11)}$$

As soluções dessa equação são obtidas na forma de série de potências:

$$f(x) = x^{\alpha} \sum_{m=0}^{\infty} c_m x^m \qquad \text{(c.12)}$$

Substituindo na Equação (c.11), agrupando todos os termos de mesma potência e igualando a zero cada termo, obtém-se a solução em duas formas:

$$J_n(x) = \left(\frac{x}{2}\right)^n \sum_{m=0}^{\infty} \frac{(-1)^m}{m!\,\Gamma(m+n+1)} \left(\frac{x}{2}\right)^{2m} \qquad \text{(c.13)}$$

$$J_{-n}(x) = \left(\frac{x}{2}\right)^{-n} \sum_{m=0}^{\infty} \frac{(-1)^m}{m!\,\Gamma(m-n+1)} \left(\frac{x}{2}\right)^{2m} \qquad \text{(c.14)}$$

A função gama é definida por:

$$\Gamma(n) = \int_0^{\infty} x^{n-1} e^{-x} dx$$

As funções J_n e J_{-n} são funções de Bessel de primeira espécie e ordem n. Para valores não inteiros de n, essas funções formam um conjunto linearmente independente de soluções da equação diferencial de Bessel. Para valores inteiros de n, a função de Bessel de primeira espécie assume a seguinte forma:

$$J_n(x) = \left(\frac{x}{2}\right)^n \sum_{m=0}^{\infty} \frac{(-1)^m}{m!\,(m+n)!}\left(\frac{x}{2}\right)^{2m} \qquad \text{(c.15)}$$

Pode-se mostrar que $J_{-n}(x) = (-1)^n J_n(x)$, ou seja, as soluções são linearmente dependentes. Nesse caso, define-se outra função, denominada função de Bessel de segunda espécie e ordem n, pela expressão:

$$N_n(x) = \lim_{p \to n} \frac{J_p(x)\cos(p\pi) - J_{-p}(x)}{\text{sen}(p\pi)} \qquad \text{(c.16)}$$

O limite deve evidentemente ser resolvido pela regra de L'Hospital e resulta em uma função linearmente independente de $J_n(x)$. Enquanto $J_n(x)$ é sempre limitada, $N_n(x)$ é singular em $x = 0$. As funções de Bessel de primeira e segunda espécies formam bases de funções que permitem resolver problemas de valor de contorno que envolvem a equação diferencial de Bessel. Ambas, independentemente da ordem, são funções oscilatórias que possuem infinitos zeros.

Tal como ocorre nas séries de Fourier, pode-se demonstrar a ortogonalidade das funções de Bessel segundo a expressão:

$$\int_0^1 x\, J_n(x_{nm}x)\, J_n(x_{np}x)\, dx = \begin{cases} \frac{J_{n+1}^2(x_{nm})}{2} \to m=p \\ 0 \to m \neq p \end{cases} \qquad \text{(c.17)}$$

onde x_{nm} é o m-ésimo zero de $J_n(x)$.

Então, as funções de Bessel de primeira espécie formam uma base ortogonal para expandir qualquer outra função de x integrável no intervalo de 0 a 1, com a condição adicional de que a função se anule em $x = 1$. Os coeficientes dessa expansão são dados por:

$$c_{nm} = \frac{2}{J_{n+1}^2(x_{nm})} \int_0^1 x\, f(x)\, J_n(x_{nm}x)\, dx \qquad \text{(c.18)}$$

Assim, uma função $f(x)$ definida no intervalo de 0 a 1, e que satisfaz à condição $f(1) = 0$, pode ser expandida em série de funções de Bessel com a seguinte forma:

$$f(x) = \sum_{m=1}^{\infty} c_{nm}\, J_n(x_{nm}x) \qquad \text{(c.19)}$$

C.3 POLINÔMIOS DE LEGENDRE

A equação diferencial associada de Legendre pode ser escrita da seguinte forma:

$$\frac{d}{dx}\left[\left(1 - x^2\right)\frac{df}{dx}\right] + \left(k^2 - \frac{m^2}{1 - x^2}\right) f = 0 \qquad \text{(c.20)}$$

Suas soluções são as funções associadas de Legendre. Em problemas que apresentam simetria azimutal, temos m = 0. Além disso, na solução da equação de Laplace, devemos atribuir ao parâmetro k^2 o valor n(n + 1). Assim, podemos reescrever a Equação (c.20):

$$\left(1-x^2\right)\frac{d^2f}{dx^2}-2x\frac{df}{dx}+n(n+1)f=0 \tag{c.21}$$

As soluções dessa equação são os polinômios de Legendre $P_n(x)$. Essas funções são obtidas na forma de série de potências. Propõe-se uma expressão geral na forma:

$$P(x)=x^{\alpha}\sum_{m=0}^{\infty}c_m x^m \tag{c.22}$$

Substituindo na Equação (c.21) e anulando independentemente cada termo de potência diferente de x, obtêm-se as seguintes relações para os coeficientes da série:

$$c_{m+2}=\frac{(\alpha+m)(\alpha+m+1)-n(n+1)}{(\alpha+m+1)(\alpha+m+2)}c_m \tag{c.23}$$

Pode-se demonstrar que a série converge para todos os pontos no intervalo $|x| < 1$. Nos extremos desse intervalo, a convergência é garantida apenas se a série é finita. Isso é obtido ao se escolher $c_o = 0$, de modo que todos os termos com m par se anulam, e ao se adotar $\alpha = 0$ ou $\alpha = 1$, de modo que a seguinte igualdade α + m = n ocorra para algum m ímpar, o que anula o coeficiente c_{m+2}. Uma vez que apenas os termos com m ímpar são diferentes de zero, existem as seguintes possibilidades:

n par $\rightarrow \alpha = 1 \rightarrow$ série de potências pares;
n ímpar $\rightarrow \alpha = 0 \rightarrow$ série de potências ímpares.

Obtém-se, assim, uma família de funções denominadas polinômios de Legendre, os quais, por convenção, são normalizados para o valor unitário em x = 1. A seguir, uma relação dos polinômios de ordem mais baixa.

$$P_o(x)=1$$
$$P_1(x)=x$$
$$P_2(x)=(3x^2-1)/2$$
$$P_3(x)=(5x^3-3x)/2$$
$$P_4(x)=(35x^4-30x^2+3)/8$$
$$P_5(x)=(63x^5-70x^3+15x)/8$$
$$P_6(x)=(231x^6-315x^4+105x^2-5)/16$$
$$P_7(x)=(429x^7-693x^5+315x^3-35x)/16$$

Os polinômios de Legendre formam uma base ortogonal para a expansão de funções no intervalo de $-1 \leq x \leq 1$. Isso ocorre em virtude da condição de ortogonalidade descrita pela seguinte equação:

$$\int_{-1}^{1} P_n(x)\,P_m(x)\,dx = \begin{cases} 0 \rightarrow & m \neq n \\ \frac{2}{2n+1} \rightarrow & m = n \end{cases} \tag{c.24}$$

Assim, qualquer função integrável no intervalo $-1 \leq x \leq 1$ pode ser expandida na forma:

$$f(x) = \sum_{n=0}^{\infty} c_n P_n(x) \tag{c.25}$$

onde os coeficientes da expansão são dados por:

$$c_n = \frac{2n+1}{2} \int_{-1}^{1} f(x) P_n(x)\,dx \tag{c.26}$$

APÊNDICE

D

Condições de continuidade em interfaces

Segundo as equações de Maxwell, os campos devem satisfazer a certas condições de continuidade nas interfaces entre meios com propriedades diferentes. A Figura d.1 mostra uma interface plana em que um caminho retangular é usado na integração das leis de Faraday e Ampère e uma superfície cilíndrica que é usada na integração da lei de Gauss. Nos dois casos, a dimensão w perpendicular à superfície tende a zero, uma vez que apenas nos interessam as relações entre os campos na interface. As circulações no caminho retangular resultam no seguinte:

$$\left(E_{1p} - E_{2p}\right)x = -\left(\frac{dB}{dt}wx\right)_{w\to 0} = 0 \;\rightarrow\; E_{1p} = E_{2p} \qquad \text{(d.1)}$$

$$\left(H_{1p} - H_{2p}\right)x = \left[\left(j_c + \frac{dD}{dt}\right)wx\right]_{w\to 0} = 0 \;\rightarrow\; H_{1p} = H_{2p} \qquad \text{(d.2)}$$

onde o índice p indica a componente paralela à interface.

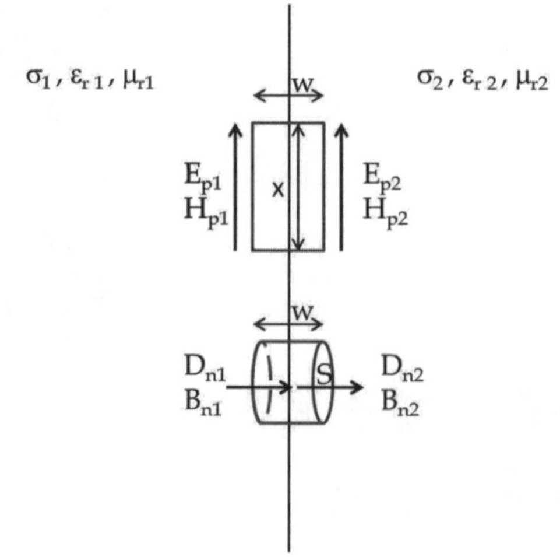

Figura D.1 Ilustração para o estudo das condições de continuidade em uma interface.

As componentes paralelas dos campos são contínuas na interface. Se um dos meios é condutor e a densidade de corrente de condução se concentra na superfície com uma profundidade de penetração infinitesimal, pode-se considerar que a integração no lado direito da lei de Ampère não se anula no limite com $w \to 0$, o que resulta em:

$$H_{1p} - H_{2p} = \left(j_c w\right)_{w \to 0} = k_{p'} \qquad \text{(d.3)}$$

onde $k_{p'}$ é a densidade linear de corrente na interface em uma direção perpendicular a H_p. Apenas as componentes do campo perpendiculares a **k** são afetadas pela relação anterior. As componentes paralelas permanecem contínuas. Isso pode ser expresso pela seguinte relação vetorial:

$$\left(\mathbf{H}_1 - \mathbf{H}_2\right) \times \mathbf{n} = \mathbf{k} \qquad \text{(d.4)}$$

Para as induções elétrica e magnética (com k = 0), temos:

$$\frac{D_{1p}}{\varepsilon_{r1}} = \frac{D_{2p}}{\varepsilon_{r2}} \qquad \text{(d.5)}$$

$$\frac{B_{1p}}{\mu_{r1}} = \frac{B_{2p}}{\mu_{r2}} \qquad \text{(d.6)}$$

Ou seja, as induções elétrica e magnética paralelas à interface são descontínuas se os meios têm diferentes permissividades e permeabilidades.

Consideremos, então, os fluxos na superfície cilíndrica:

$$\left(D_{2n} - D_{1n}\right)S = \left(\rho_v w\right)_{w \to 0} S = \rho_s S \;\rightarrow\; D_{2n} - D_{1n} = \rho_s \quad \text{(d.7)}$$

$$\left(B_{2n} - B_{1n}\right)S = 0 \;\rightarrow\; B_{1n} = B_{2n} \quad \text{(d.8)}$$

onde o índice n indica a componente normal ou perpendicular. As equações anteriores indicam que a indução magnética perpendicular é sempre contínua, ao passo que a indução elétrica é descontínua se existe carga elétrica superficial na interface. Para os campos perpendiculares, temos:

$$\varepsilon_{r2} E_{2n} - \varepsilon_{r1} E_{1n} = \frac{\rho_s}{\varepsilon_o} \quad \text{(d.9)}$$

$$\mu_{r1} H_{1n} = \mu_{r2} H_{2n} \quad \text{(d.10)}$$

Concluímos que as componentes perpendiculares dos campos são descontínuas. No caso do campo elétrico, isso ocorre mesmo se a densidade de carga superficial é nula, desde que os materiais tenham constantes dielétricas diferentes.

Consideremos em particular a situação em que um dos materiais que compõem a interface é um bom condutor. Sabe-se que, em condições estáticas, a carga elétrica em excesso em um bom condutor se acumula na superfície de tal modo que o campo elétrico interno é cancelado. Assim, em virtude da Equação (d.1), concluímos que o campo elétrico paralelo à superfície do condutor é nulo. Por sua vez, a Equação (d.9) fornece a relação entre o campo aplicado e a densidade de carga no condutor:

$$\rho_s = -\,\varepsilon_{r1}\,\varepsilon_o\,E_n \quad \text{(d.11)}$$

APÊNDICE

E

Respostas dos exercícios propostos

Capítulo 1 – As leis de força e o conceito de campo

1) $$\begin{cases} \mathbf{E} = 0 \text{ para } \rho < a \\ \mathbf{E} = \dfrac{\rho_s a}{\varepsilon_o \rho}\mathbf{u}_\rho \text{ para } \rho \geq a \end{cases} \qquad \begin{cases} \mathbf{B} = \dfrac{\mu_o j \rho}{2}\mathbf{u}_\phi \text{ para } \rho \leq a \\ \mathbf{B} = \dfrac{\mu_o j a^2}{2\rho}\mathbf{u}_\phi \text{ para } \rho \geq a \end{cases}$$

2) $$\mathbf{E} = \frac{Q\,z}{4\pi\varepsilon_o\left(R^2 + z^2\right)^{3/2}}\mathbf{u}_z \rightarrow \begin{cases} E_{min} = 0 \text{ em } z = 0 \\ E_{max} = \dfrac{(2/3)^{3/2} Q}{4\sqrt{2}\pi\varepsilon_o R^2} \text{ em } z = \dfrac{R}{\sqrt{2}} \end{cases}$$

3) $$\begin{cases} \mathbf{B} = \dfrac{\mu_o i}{\sqrt{2}\pi a}\mathbf{u}_n \text{ espira quadrada} \\ \mathbf{B} = \dfrac{\mu_o i}{2R}\mathbf{u}_n \text{ espira circular} \end{cases}$$

$\mathbf{u}_n$ é o vetor unitário normal à área da espira.

4) $\begin{cases} \mathbf{F}_e = -\dfrac{\rho_L^2}{2\pi\varepsilon_o d}\left(\sqrt{L^2+d^2}-d\right)\mathbf{u}_\rho \\ \mathbf{F}_m = -\dfrac{\mu_o i_1 i_2}{2\pi d}\left(\sqrt{L^2+d^2}-d\right)\mathbf{u}_\rho \end{cases}$ $\mathbf{u}_\rho$ é o vetor unitário perpendicular aos fios contido no plano dos condutores.

5)

$$\begin{cases} \mathbf{E} = 0 \ \text{ para } \ \rho < a \\ \mathbf{E} = \dfrac{\rho_s a}{\varepsilon_o \rho}\mathbf{u}_\rho \ \text{ para } \ a \le \rho \le b \\ \mathbf{E} = 0 \ \text{ para } \ b < \rho < b + w \end{cases} \quad \begin{cases} \mathbf{B} = \dfrac{\mu_o j\rho}{2}\mathbf{u}_\phi \ \text{ para } \ \rho \le a \\ \mathbf{B} = \dfrac{\mu_o j a^2}{2\rho}\mathbf{u}_\phi \ \text{ para } \ a \le \rho \le b \\ \mathbf{B} = \dfrac{\mu_o j a^2}{2\rho}\left[1 - \dfrac{\rho^2 - b^2}{(b+w)^2 - b^2}\right]\mathbf{u}_\phi \ \text{ para } \ b \le \rho \le b + w \end{cases}$$

7) $B_z \approx \dfrac{\mu_o N_e i}{L_s}$ aproximação para a indução magnética no centro do solenoide longo.

8) $B_z = \dfrac{\mu_o i R^2}{2}\left[\dfrac{1}{\left[R^2 + (z + R/2)^2\right]^{3/2}} + \dfrac{1}{\left[R^2 + (z - R/2)^2\right]^{3/2}}\right]$

R é o raio das espiras e a posição z é medida em relação ao centro da bobina de Helmholtz.

Capítulo 2 – As equações de Maxwell

2) $\begin{cases} \rho_v(t) = \dfrac{\beta j_o}{\omega} e^{\rho/\delta} \operatorname{sen}(\omega t - \beta z) \\ Q(t) = \dfrac{2\pi j_o \delta^2}{\omega} e^{a/\delta}\left(\dfrac{a}{\delta} - 1 + e^{-a/\delta}\right)\left[\cos(\omega t - \beta L) - \cos(\omega t)\right] \end{cases}$

3) $j_d(t) = \dfrac{I_o \, x \operatorname{sen}(\omega t)}{4\pi\left[(x/2)^2 + \rho^2\right]^{3/2}}\mathbf{u}_x$ ρ é a distância radial ao fio.

5) a) $V = \dfrac{k}{r}$

b) $V = \dfrac{k}{r^2}\cos\theta$

c) $V = V_o + k \operatorname{Ln}\left(\dfrac{a}{\rho}\right)$

d) $V = -k_1 x - k_2 y - k_3 z$

7) $\mathbf{H}(z,t) = \dfrac{E_o}{\mu_o \omega} e^{-\alpha z} \left[\alpha \operatorname{sen}(\omega t - \beta z) + \beta \cos(\omega t - \beta z)\right] \mathbf{u}_y$

8) $U_m = \dfrac{1}{2} R^2 \omega \mu_o H_o$

9) $U_m = \dfrac{v\mu_o I_o}{2\pi\rho}\left(\sqrt{L^2+\rho^2} - \rho\right)$ ρ é a distância radial entre os fios.

10) a) $U_m = \dfrac{\mu_o b \omega I_o}{2\pi} \cos(\omega t) \operatorname{Ln}\left(\dfrac{\rho_o - a}{\rho_o + a}\right)$

b) $U_m = \dfrac{\mu_o a b \omega I_o \rho_o}{4\pi}\left[\dfrac{\rho_1^2 + \rho_2^2}{\rho_1^2 \rho_2^2}\right] \operatorname{sen}(\omega t)$

onde:

$$\rho_1 = \sqrt{\rho_o^2 + a^2/4 - a\rho_o \cos(\omega t)}$$
$$\rho_2 = \sqrt{\rho_o^2 + a^2/4 + a\rho_o \cos(\omega t)}$$

Capítulo 3 – Potencial e energia

1) $\rho_s(\theta) = \dfrac{q}{4\pi R^2} \dfrac{1-(d/R)^2}{\left[1+(d/R)^2 - 2(d/R)\cos\theta\right]^{3/2}}$

2) $$E_n(\theta) = \frac{V_o}{2\operatorname{Ln}\left[d/2a + \sqrt{(d/2a)^2 - 1}\right]}\left[\frac{a - p\cos\theta}{a^2 + p^2 - 2ap\cos\theta} - \right.$$
$$\left. - \frac{a-(d-p)\cos\theta}{a^2 + (d-p)^2 - 2a(d-p)\cos\theta}\right]$$

Onde: $p = d/2 - \sqrt{(d/2)^2 - a^2}$

3) $$V(x,y,z) = \frac{8V_o}{\pi^2} \sum_{\substack{n \\ \text{ímpar}}} \sum_{\substack{m \\ \text{ímpar}}} \frac{\operatorname{sen}(2n\pi x/a)\operatorname{sen}(m\pi y/b)\operatorname{senh}\left(\sqrt{(2n/a)^2 + (m/b)^2}\,\pi z\right)}{n\,m\ \operatorname{senh}\left(\sqrt{(2n/a)^2 + (m/b)^2}\,\pi c\right)}$$

4) $\rho_s(\theta) = \dfrac{\varepsilon_o V_o}{2R} \sum_n (2n+1)\left[P_{n-1}(0) - P_{n+1}(0)\right] P_n(\cos\theta)$

5) $$\begin{cases} V(\rho,\phi) = \dfrac{2V_o}{\pi} \displaystyle\sum_{\substack{n \\ \text{ímpar}}} \dfrac{(\rho/a)^n \operatorname{sen}(n\phi)}{n} & \text{para } \rho \le a \\ V(\rho,\phi) = \dfrac{2V_o}{\pi} \displaystyle\sum_{\substack{n \\ \text{ímpar}}} \dfrac{(\rho/a)^{-n} \operatorname{sen}(n\phi)}{n} & \text{para } \rho \ge a \end{cases}$$

6) $$W = \frac{\mu_o i^2}{16\pi} + \frac{\mu_o i^2}{4\pi} \operatorname{Ln}(b/a) + \frac{\pi\varepsilon V_o^2}{\operatorname{Ln}(b/a)}$$

7) $$W = \frac{Q^2}{\pi\varepsilon_o a}\left(1 - \frac{1}{\sqrt{2}} - \frac{1}{\sqrt{3}}\right)$$

8) $$q = \frac{4\pi\varepsilon_o R_1 R_2 V_o}{R_1 + R_2 - {R_1 R_2}/{d}}$$

9) $$W = \frac{1}{8\pi\varepsilon_o}\left[\frac{4q_1q_2}{\sqrt{x^2 + (z_2 - z_1)^2}} - \frac{4q_1q_2}{\sqrt{x^2 + (z_2 + z_1)^2}} - \frac{q_1^2}{z_1} - \frac{q_2^2}{z_2}\right]$$

Capítulo 4 – Campo eletromagnético na matéria

1) $\tau = 2,47 \times 10^{-14}$ s

3) $$\begin{cases} N = 1,79 \times 10^{20}\ s^{-1} \\ P_{diss} = 28,67\ W \end{cases}$$

4) $$\begin{cases} \Delta V = 85\ mV \\ P_{diss} = 0,85\ W \end{cases}$$

5) $\sigma = 8,36$ S/m

6) $$\begin{cases} \sigma_{Ge} = 2,56\ S/m \\ \sigma_{GaAs} = 2,95 \times 10^{-7}\ S/m \end{cases}$$

7) $$\begin{cases} \sigma_{Si-P} = 2,10 \times 10^{-3}\ S/m \\ \sigma_{Si-B} = 8,64 \times 10^{-4}\ S/m \end{cases}$$

9) a) $$\begin{cases} p = 4,723\times10^{-30}\ \text{Cm} \\ Q = \begin{bmatrix} 0,761 & 0 & 0 \\ 0 & 0,761 & -0,675 \\ 0 & -0,675 & -1,522 \end{bmatrix}\times10^{-39}\ \text{Cm}^2 \end{cases}$$

b) $$\begin{cases} p = 9,962\times10^{-32}\ \text{Cm} \\ Q = \begin{bmatrix} -0,354 & 0 & 0 \\ 0 & -0,354 & -1,517 \\ 0 & -1,517 & 0,709 \end{bmatrix}\times10^{-41}\ \text{Cm}^2 \end{cases}$$

c) $$\begin{cases} p = 0 \\ Q = \begin{bmatrix} -8,623 & 0 & 0 \\ 0 & 4,311 & 0 \\ 0 & 0 & 4,311 \end{bmatrix}\times10^{-39}\text{Cm}^2 \end{cases}$$

12)

íon	m_a (μB)	íon	m_a (μB)	íon	m_a (μB)	íon	m_a (μB)
Ti^{3+}	1,55	Mn^{3+}	0	Co^{2+}	6,63	Ce^{3+}	2,54
V^{3+}	1,63	Fe^{3+}	5,92	Ni^{2+}	5,59	Nd^{3+}	3,62
Cr^{3+}	0,77	Fe^{2+}	6,71	Cu^{2+}	3,55	Sm^{3+}	0,84

14) $$\begin{cases} \mathbf{B} = \dfrac{(1+\chi_m)\mu_o N i}{2\pi\rho}\mathbf{u}_\phi \\ \mathbf{j}_m = 0 \\ \mathbf{k}_m = \dfrac{\chi_m N i}{2\pi a}\mathbf{u}_z \quad \text{para } \rho = a, 0 \le z \le h \\ \mathbf{k}_m = -\dfrac{\chi_m N i}{2\pi b}\mathbf{u}_z \quad \text{para } \rho = b, 0 \le z \le h \\ \mathbf{k}_m = \dfrac{\chi_m N i}{2\pi\rho}\mathbf{u}_\rho \quad \text{para } a \le \rho \le b, z = h \\ \mathbf{k}_m = -\dfrac{\chi_m N i}{2\pi\rho}\mathbf{u}_\rho \quad \text{para } a \le \rho \le b, z = 0 \end{cases}$$

Capítulo 5 – Parâmetros de circuito elétrico

1) a) $R = 7{,}6 \times 10^{-3}\ \Omega$
$L = 4{,}43 \times 10^{-8}$ H
$C = 1{,}06 \times 10^{-10}$ F
$G = 1 \times 10^{-6}$ S
$W = 5{,}31 \times 10^{-9}$ J
$P_{diss} = 1 \times 10^{-4}$ W

b) $R = 0{,}4\ \Omega$
$L = 1{,}51 \times 10^{-5}$ H
$C = 10 \times 10^{-12}$ F
$W = 7{,}57 \times 10^{-6}$ J
$P_{diss} = 0{,}4$ W

c) $R = 63{,}7 \times 10^{-3}\ \Omega$
$L = 9{,}17 \times 10^{-7}$ H
$C = 1{,}21 \times 10^{-11}$ F
$W = 5{,}18 \times 10^{-9}$ J
$P_{diss} = 6{,}36 \times 10^{-4}$ W

d) $R = 37{,}1 \times 10^{-3}\ \Omega$
$L = 3{,}22 \times 10^{-7}$ H
$C = 1{,}73 \times 10^{-10}$ F
$G = 3{,}9 \times 10^{-6}$ S
$W = 1{,}02 \times 10^{-8}$ J
$P_{diss} = 7{,}61 \times 10^{-4}$ W

2)
$$\begin{cases} L_1 = \dfrac{\mu h N_1^2}{2\pi} \operatorname{Ln}\left(\dfrac{b}{a}\right) \\ L_2 = \dfrac{\mu h N_2^2}{2\pi} \operatorname{Ln}\left(\dfrac{b}{a}\right) \\ M = \dfrac{\mu h N_1 N_2}{2\pi} \operatorname{Ln}\left(\dfrac{b}{a}\right) \\ i_2(t) = \dfrac{1}{R}\sqrt{\dfrac{L_2}{L_1}}\, V_o \cos \omega t \\ i_1(t) = \dfrac{V_o}{\omega L_1} \operatorname{sen} \omega t + \dfrac{L_2}{R L_1} V_o \cos \omega t \end{cases}$$

4) $$\begin{cases} L = \dfrac{\mu_o}{\pi}\left[b\,\mathrm{Ln}\left(\dfrac{a}{r_c}\right) + a\,\mathrm{Ln}\left(\dfrac{b}{r_c}\right)\right] \\ M = \dfrac{\mu_o b}{2\pi}\mathrm{Ln}\left(1+\dfrac{a}{c}\right) \\ i_{ind}(t) = -\dfrac{M}{L}i(t) \end{cases}$$

Capítulo 6 – Análise fasorial

1) $$\mathbf{E}(z,t) = \sqrt{\frac{\alpha^2+\beta^2}{\sigma^2+(\omega\varepsilon_r\varepsilon_o)^2}}H_o e^{-\alpha z}\cos\left[\omega t - \beta z + \mathrm{atg}\left(\frac{\beta}{\alpha}\right) - \mathrm{atg}\left(\frac{\omega\varepsilon_r\varepsilon_o}{\sigma}\right)\right]\mathbf{u}_x$$

2) $$\mathbf{H}(r,t) = \frac{\sqrt{\alpha^2+\beta^2}}{\omega\mu_r\mu_o}\frac{K\cos\theta}{r}e^{-\alpha r}\cos\left[\omega t - \beta r - \frac{\pi}{2} + \mathrm{atg}\left(\frac{\beta}{\alpha}\right)\right]\mathbf{u}_\phi$$

4) $$\begin{cases} \hat{\mathbf{E}}_{int} = \dfrac{3}{\varepsilon_r + 2 - j\sigma/\omega\varepsilon_o}\mathbf{E}_o \\ \hat{\mathbf{E}}_{sup}(\theta) = \mathbf{E}_o + \left(\dfrac{\varepsilon_r - 1 - j\sigma/\omega\varepsilon_o}{\varepsilon_r + 2 - j\sigma/\omega\varepsilon_o}\right)E_o\left(2\cos\theta\,\mathbf{u}_r + \mathrm{sen}\theta\,\mathbf{u}_\theta\right) \end{cases}$$

5) $$\hat{V}_m(\theta) = -\frac{3}{2}RE_o\frac{\sigma + j\omega\varepsilon_a}{\sigma + j\omega(3R\varepsilon_m/2e + \varepsilon_a)}\cos\theta$$

6) $$\hat{V}(\rho,\phi) = \frac{-2\rho E_o\cos\phi}{(\varepsilon_c/\varepsilon_o + 1) - j\sigma/\omega\varepsilon_o} \qquad \text{para } \rho \le R$$

$$\hat{V}(\rho,\phi) = \left[\left(\frac{R}{\rho}\right)^2\frac{(\varepsilon_c/\varepsilon_o - 1) - j\sigma/\omega\varepsilon_o}{(\varepsilon_c/\varepsilon_o + 1) - j\sigma/\omega\varepsilon_o} - 1\right]\rho E_o\cos\phi \qquad \text{para } \rho \ge R$$

Capítulo 7 – Dispersão dielétrica

1) $\varepsilon_\infty \approx 4{,}34$

4) $$\begin{cases} \rho_{ps1} = -\varepsilon_o E_o(1 - 1/\varepsilon_{r1}) \\ \rho_{ps2} = \varepsilon_o E_o(\varepsilon_{r1} - \varepsilon_{r2})/\varepsilon_{r1}\varepsilon_{r2} \\ \rho_{ps3} = \varepsilon_o E_o(\varepsilon_{r2} - \varepsilon_{r3})/\varepsilon_{r2}\varepsilon_{r3} \\ \rho_{ps4} = \varepsilon_o E_o(1 - 1/\varepsilon_{r3}) \end{cases}$$

6)

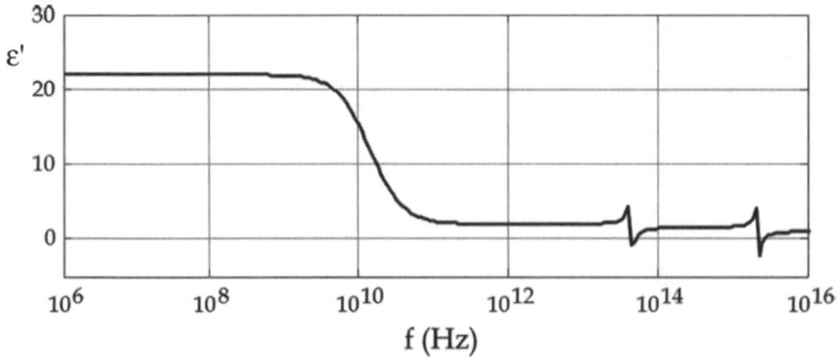

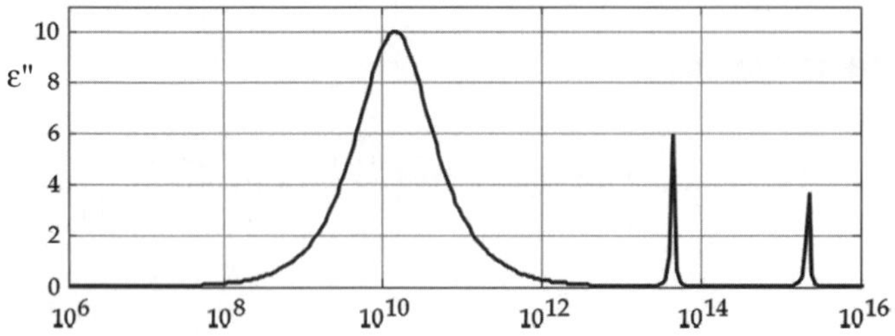

7)

$$\begin{cases} \Delta\varepsilon_r \approx 15\times10^{-3} \\ f_c \approx 28\text{ MHz} \end{cases} \quad \text{polarização interfacial}$$

$$\begin{cases} \Delta\varepsilon_r \approx 2\times10^{4} \\ f_c \approx 17\text{Hz} \end{cases} \quad \text{polarização por difusão superficial}$$

8)

$$\begin{cases} f_p(t) = \dfrac{\chi_1}{\tau_1}e^{-t/\tau_1} + \dfrac{\chi_2}{\tau_2}e^{-t/\tau_2} + \dfrac{\chi_3}{\tau_3}e^{-t/\tau_3} \\ \varepsilon_r(\omega) = \varepsilon_{r\infty} + \dfrac{\chi_1}{1+\omega^2\tau_1^2} + \dfrac{\chi_2}{1+\omega^2\tau_2^2} + \dfrac{\chi_3}{1+\omega^2\tau_3^2} \\ \sigma(\omega) = \sigma_s + \dfrac{\chi_1\tau_1\omega^2\varepsilon_o}{1+\omega^2\tau_1^2} + \dfrac{\chi_2\tau_2\omega^2\varepsilon_o}{1+\omega^2\tau_2^2} + \dfrac{\chi_3\tau_3\omega^2\varepsilon_o}{1+\omega^2\tau_3^2} \end{cases}$$

Capítulo 8 – Ferromagnetismo

1)

Material	H_m (A/m)
Fe	$3{,}36 \times 10^8$
Co	$5{,}60 \times 10^8$
Ni	$1{,}59 \times 10^8$

3)

$$\begin{cases} \text{espessura} \approx 0{,}32\,\text{mm} \\ \mu_c \approx 6778 - j4061 \end{cases}$$

4) $\begin{cases} \begin{cases} M = 299 \text{ A/m} \\ H = 0,3 \text{ A/m} \\ B = 376 \ \mu\text{T} \end{cases} & \text{esfera} \\ \begin{cases} M = 1,76 \text{ KA/m} \\ H = 1,76 \text{ A/m} \\ B = 2,2 \text{ mT} \end{cases} & \text{elipsoide} \\ \begin{cases} M = 2,5 \text{ KA/m} \\ H = 2,5 \text{ A/m} \\ B = 3,2 \text{ mT} \end{cases} & \text{cilindro} \end{cases}$

5) $\begin{cases} B_r = 1,0 \text{ T} \\ \chi'_m = 3,33 \times 10^4 \\ w_{diss} = 240 \text{ W/m}^3 \end{cases}$

6) $\begin{cases} \begin{cases} L = 574,46 \ \mu\text{H} \\ H = 45,71 \text{ kA/m} \\ W_m = 287,23 \ \mu\text{J} \end{cases} & \text{núcleo toroidal} \\ \begin{cases} L = 571,46 \ \mu\text{H} \\ H = 45,475 \text{ kA/m} \\ W_m = 285,73 \ \mu\text{J} \end{cases} & \text{núcleo quadrado} \\ \begin{cases} L = 591,64 \ \mu\text{H} \\ H = 47,081 \text{ kA/m} \\ W_m = 295,82 \ \mu\text{J} \end{cases} & \text{núcleo retangular} \end{cases}$

Capítulo 9 – Energia e força em sistemas eletromagnéticos

1) $\begin{cases} \text{a)}\ F_z = \dfrac{(\varepsilon_r - 1)\varepsilon_o X}{2h} V_o^2 \\ \text{b)}\ F_z = -\dfrac{(\varepsilon_r - 1)\varepsilon_o X}{2h} \dfrac{L^2}{\left[z + \varepsilon_r (L - z)\right]^2} V_o^2 \end{cases}$

2) $$P_{diss} = \frac{96 E_o^2 R^3 \varepsilon_o \omega_o}{\pi} \sum_{\substack{n \\ \text{ímpar}}} \frac{\varepsilon''_n}{n\left(2 + \sqrt{\varepsilon'^2_n + \varepsilon''^2_n}\right)^2}$$

3) $\begin{cases} P_{diss} = 83,41 \text{ W} \\ \Delta T(60 \text{ s}) = 11,1 \ ^\circ\text{C} \end{cases}$

4)
$$\begin{cases} W_m = \dfrac{(1+\chi_m)\mu_o N^2 i^2 S}{2(L+\chi_m x)} \\ F_x = -\dfrac{(1+\chi_m)\chi_m \mu_o N^2 i^2 S}{2(L+\chi_m x)^2} \end{cases}$$

5) $$F_z = -\frac{\pi R_e^3 \mu_o i^2 N_s^2}{L_s^2 R_s}$$

Capítulo 10 – Ondas eletromagnéticas

6)
$$\begin{cases} H_{max}(r = 30\,m) = 55{,}5 \times 10^{-6}\ A/m \\ E_{max}(r = 30\ m) = 20{,}9 \times 10^{-3}\ V/m \\ P_{max}(r = 30\ m) = 5{,}8 \times 10^{-7}\ W/m^2 \end{cases}$$

7)

Impedância característica em 1 MHz.

Material	|Z| (Ω)	φ (rad)
Ar	376,82	0
Água destilada	41,87	1,11m
Água do mar	1,405	0,785
Cobre	0,369m	0,785
Ferro	0,0281	0,785

8)
$$\begin{cases} \varepsilon_r = 2{,}29 \\ \sigma = 1{,}27\ mS/m \\ \beta = 3{,}173\ rad/m \\ \alpha = 0{,}158\ Np/m \\ \lambda = 1{,}98\ m \\ \delta = 6{,}32\ m \\ A = 13{,}75\ dB \end{cases}$$

9)
$$\begin{cases} \varepsilon_r = 30{,}5 \\ \sigma = 33{,}9\ mS/m \\ \beta = 11{,}627\ rad/m \\ \alpha = 1{,}15\ Np/m \\ \lambda = 0{,}54\ m \\ \delta = 0{,}869\ m \end{cases}$$

10) $P_{diss} = 153{,}26\ \text{W}$

11) $\begin{cases} \phi = 3{,}036\ \text{rad} \\ u = 2{,}096 \times 10^8\ \text{m/s} \\ z(1\%\,P_o) = 20{,}2\ \text{m} \\ \mathbf{E} = -2{,}95 \times 10^4 e^{-0{,}114z} \cos(200\pi \times 10^6 t - 2{,}998z)\,\mathbf{u}_y\ (\text{V/m}) \\ \mathbf{H} = 112{,}07 e^{-0{,}114z} \cos(200\pi \times 10^6 t - 2{,}998z - 0{,}038)\,\mathbf{u}_x\ (\text{A/m}) \end{cases}$

13) $\begin{cases} \mathbf{K} = (0{,}1 + j)(\mathbf{u}_x + 2\mathbf{u}_y)\,\text{m}^{-1} \\ \mathbf{E} = 1{,}964\ e^{-0{,}1x-0{,}2y} \cos(50\pi \times 10^6 t - x - 2y + 0{,}0997)\ \mathbf{u}_z\ \text{V/m} \end{cases}$

14) $P = 59{,}94\ \text{W/m}^2$

Capítulo 11 – Ondas eletromagnéticas em interfaces

1) $\begin{cases} \dfrac{P_r}{P_i} = 14{,}6\% \\ \dfrac{P_t}{P_i} = 85{,}4\% \end{cases}$

2) $\begin{cases} \theta_t = 0{,}4636\ \text{rad} = 26{,}57^\circ \\ \theta_B = 1{,}1503\ \text{rad} = 65{,}91^\circ \\ P_{r\parallel} = 0{,}1092\ \text{W/m}^2 \\ P_{r\perp} = 0{,}1860\ \text{W/m}^2 \\ P_{t\parallel} = 0{,}7915\ \text{W/m}^2 \\ P_{t\perp} = 0{,}7233\ \text{W/m}^2 \end{cases}$

3) $\begin{cases} P_i = 349{,}41\ \text{W/m}^2 \\ P_r = 312{,}76\ \text{W/m}^2 \\ E_{tsup} = 37{,}12\ \text{V/m} \\ H_{tsup} = 2{,}65\ \text{A/m} \end{cases}$

4) $$\begin{cases} E_t(1\,m) = 38{,}78\,V/m \\ H_t(1\,m) = 0{,}38\ A/m \\ E_{max} = 57{,}31\,V/m \\ E_{min} = 42{,}93\ V/m \\ z_{max} = 5{,}71\,m \\ z_{min} = 13{,}21\,m \end{cases}$$

5) $$\begin{cases} \mathbf{E}_i = 27{,}453\cos(100\pi\times10^6 t - 1{,}0477z)\,\mathbf{u}_x\ V/m \\ \mathbf{H}_i = 72{,}90\cos(100\pi\times10^6 t - 1{,}0477z)\,\mathbf{u}_y\ mA/m \\ \mathbf{E}_t = 13{,}105\,e^{-0{,}33z}\cos(100\pi\times10^6 t - 3{,}329z + 0{,}0752)\,\mathbf{u}_x\ V/m \\ \mathbf{H}_t = 111{,}1\,e^{-0{,}33z}\cos(100\pi\times10^6 t - 3{,}329z - 0{,}0235)\,\mathbf{u}_y\ mA/m \\ \mathbf{E}_r = 14{,}419\cos(100\pi\times10^6 t + 1{,}0477z + 3{,}0733)\,\mathbf{u}_x\ V/m \\ \mathbf{H}_r = -38{,}26\cos(100\pi\times10^6 t + 1{,}0477z + 3{,}0733)\,\mathbf{u}_y\ mA/m \end{cases}$$

6) $$\begin{cases} P_i = 42{,}652\ W/m^2 \\ P_r = 14{,}956\ W/m^2 \\ P_t = 12{,}251\ W/m^2 \end{cases}$$

8) $f = 10{,}11\ GHz$

10) $P_d = \dfrac{R^2}{r^2} P_i f^2(\theta)$

θ (rad)	f^2
0	61,685
0,247	0
0,333	1,079
0,463	0
0,566	0,257
0,705	0
0,833	0,099

GRÁFICA PAYM
Tel. [11] 4392-3344
paym@graficapaym.com.br